Aktuelle Fach- und Rechtsfragen des Lärmschutzes

BERLINER SCHRIFTEN
ZUR STADT- UND REGIONALPLANUNG

Herausgegeben von Stephan Mitschang

Band 9

PETER LANG
Internationaler Verlag der Wissenschaften

Stephan Mitschang (Hrsg.)

Aktuelle Fach- und Rechtsfragen des Lärmschutzes

Bauleitplanung, Fachplanung und Zulassung von Bauvorhaben

PETER LANG
Frankfurt am Main · Berlin · Bern · Bruxelles · New York · Oxford · Wien

Bibliografische Information der Deutschen Nationalbibliothek
Die Deutsche Nationalbibliothek verzeichnet diese Publikation in der Deutschen Nationalbibliografie; detaillierte bibliografische Daten sind im Internet über http://dnb.d-nb.de abrufbar.

ISSN 1861-762X
ISBN 978-3-631-59391-2

www.peterlang.de

Vorwort

Die Bevölkerung in Deutschland ist ebenso wie in den meisten anderen Industriestaaten der Welt in vielfältiger Hinsicht der Lärmbelastung ausgesetzt. Ein allgemeines Gesetz zum Schutz vor Lärm gibt es in Deutschland nicht. Lärmschutzfragen müssen anhand einer Vielzahl gesetzlicher Regelungen angegangen und gelöst werden. Die rechtliche Lage ist unübersichtlich, gleichzeitig aber auch komplex. So existieren Emissions- und Immissionsgrenz-, -richt- und Orientierungswerte getrennt für verschiedene Lärmquellen oder -arten mit spezifischen Berechnungs- und Bewertungsverfahren in Gesetzen, Verordnungen und Verwaltungsvorschriften sowie in einer Vielzahl von privaten Normen und Richtlinien. Für die durch Lärmbelastungen Betroffenen ist die rechtliche Situation schwer durchschaubar. Hinzukommt, dass Entscheidungen vielfach auch nicht nachvollziehbar sind, weil für die Lärmbeurteilung nicht die getrennte, sondern die summative Betrachtung von Lärmbelastungen entscheidend ist. Zwar wird durch die Umgebungslärm-Richtlinie der EU ein erster und richtiger Schritt in Richtung einer Summenbetrachtung gemacht, inwieweit durch die insoweit festgelegten Maßnahmen aber zu einer tatsächlich spürbaren Reduzierung von Lärmbelastungen beigetragen wird, kann gegenwärtig noch nicht beurteilt werden.

Vorliegend sind die im Rahmen einer wissenschaftlichen Fachtagung an der Technischen Universität Berlin unter der Überschrift „Aktuelle Fach- und Rechtsfragen des Lärmschutzes – Bauleitplanung, Fachplanung und Zulassung von Bauvorhaben" am 16. und 17. März 2009 dargebrachten Vorträge in ihrer schriftlichen Fassung zusammengefasst. Sie geben einen weit reichenden und vor allem aktuellen Überblick zu den vielfältigen Fragestellungen, denen sich die mit dem „Schutz vor Lärm" befassten Planer und Juristen tagtäglich gegenübergestellt sehen. Ihnen soll diese Abhandlung eine Hilfestellung bieten.

Berlin, im September 2009

Universitätsprofessor Dr.-Ing. habil. Stephan Mitschang

am Institut für Stadt- und Regionalplanung der TU Berlin
Fachgebiet Städtebau- und Siedlungswesen
– Orts-, Regional- und Landesplanung –
Hardenbergstraße 40 a
10623 Berlin

Inhaltsverzeichnis

I Lärmschutz – Eine Daueraufgabe für Kommunen

Norbert Portz

I. Kommunaler Lärmschutz – Ein Rückblick

Die Lärmproblematik ist nicht neu. Bereits der römische Dichter Juvenal (117 n. Ch.) wird mit folgendem Satz zitiert:

> *„Es ist absolut unmöglich, irgendwo in der Stadt zu schlafen. Der unaufhörliche Verkehr von Wagen in den Nachbarstraßen genügt, um Tote aufzuwecken."*

Auch im Mittelalter führte das Aufblühen der Städte und die damit verbundene erhebliche Konzentration der Bevölkerung (Köln: ca. 40 000 Einwohner) auf engem Raum zu Lärmproblemen. Uneben gepflasterte Straßen, eine enge Bebauung, aber insbesondere die Konzentration von Gewerbebetrieben in den Innenstädten gleich neben den Wohnungen führte zu heute kaum noch vorstellbaren Belästigungen durch Abwässer, Abfall, Gestank und Lärm. Ein Regelungsbedarf wurde nur sehr vereinzelt gesehen. So kam eine Schmiedeglocke als Signal zur Begrenzung der Arbeitszeit der Schmieden, die damals die größte Lärmquelle darstellten, zum Einsatz.

Mit der Industrialisierung im 19. und 20. Jahrhundert ging ein spürbares Wachstum der Bevölkerung in Westeuropa und auch eine weitere Konzentration einher (Bsp.: Berlin und Ruhrgebiet). Zu den größten Lärmquellen entwickelten sich die Produktionsbetriebe und nach und nach auch der Verkehr. Folge war, dass in der Bevölkerung ein wachsendes „Lärmbewusstsein" entstand.

So gründete der Philosoph und Schriftsteller Theodor Lessing im Jahre 1908 einen „Anti-Lärm-Verein". Der Nobelpreisträger, Mediziner und Bakteriologe Robert Koch sagte Anfang des 20. Jahrhunderts sogar einmal angesichts des zunehmenden Lärmproblems:

> *„Eines Tages wird der Mensch den Lärm ebenso bekämpfen wie Cholera und Pest."*

Dem zunehmenden Lärmschutz-Bewusstsein standen umgekehrt gerade in den Zeiten des industriellen Wachstums auch gegenläufige Strömungen im Weg. So wurde der Lärm einseitig als Luxusproblem der Eliten angesehen, während die arbeitende Unterschicht in der Industrie, den Gewerbebetrieben oder auch den Bergwerken den Lärm häufig als notwendiges Übel für den damit verbundenen industriellen Fortschritt ansah.

II. Lärm und Lärmschutz: Zwischen Objektivität und Subjektivität

1. Beeinflussung nach subjektiver Wahrnehmung

Obwohl der Lärm in seiner Kurzdefinition als „unerwünschter Schall" bezeichnet wird, wird dessen Wahrnehmung und auch die Belästigung durch ihn subjektiv sehr unterschiedlich empfunden. Kurt Tucholsky hat dies einmal mit dem Satz ausgedrückt:

„Lärm ist das Geräusch der Anderen."

Diese Aussage hat bis heute Gültigkeit. Wird z. B. das Gespräch eines Mitreisenden im Zug mit seinem Handy für die übrigen Reisenden oftmals als störend empfunden, wird der Handynutzer dies nicht selten anders sehen. Auch im Bereich von Nachbarstreitigkeiten zeigt sich, dass ein Bauherr den durch ihn verursachten Lärm für normal hält, während die benachbarte Bewohnerschaft hierin eine Belästigung sieht.

In subjektiver Hinsicht werden Geräuschquellen trotz gleicher Lautstärke zudem unterschiedlich beurteilt. Ein Beispiel ist etwa der inner- und außerhalb der Stadien während der Fußball-WM 2006 in Deutschland verursachte (Fan-)Lärm, der insgesamt wegen der allgemein vorherrschenden Begeisterung gerade im Vergleich zu Bau- oder Verkehrslärm positiv aufgenommen wurde. Das Bundesverwaltungsgericht spricht insoweit vom „sozialen Sympathiewert der Geräuschquelle".

Eine Besonderheit bildet in diesem Zusammenhang der durch Kinder verursachte Lärm, etwa auf Spielplätzen. Die TA Lärm und die Verwaltungsvorschriften zum BImSchG behandeln nach wie vor und trotz aller bisher gestarteten Initiativen Maschinenlärm und Kinderlärm gleich. Dies bedeutet, dass häufig in allgemeinen Wohngebieten (55 dB/A) und in den reinen Wohngebieten (50 dB/A) die dort zugelassenen Werte bei einem normalen Spielbetrieb (nicht selten 80 dB/A) überschritten werden. Will man das berechtigte Ziel einer kinderfreundlichen Gesellschaft erreichen, ist daher die Gleichstellung des Kinderlärms mit dem gewerblichen oder Verkehrslärm nicht sachgerecht. Diese Gleichstellung beinhaltet jedenfalls eine falsche Signalwirkung. Ziel muss es daher sein, den von Kindern verursachten Lärm, ähnlich wie dies z. T. für Biergärten und Kirchenglocken der Fall ist, durch eine Ausnahmeregelung von den „Lärmwerten" der TA Lärm und des Bundesimmissionsschutzgesetzes zu befreien.

2. Wahrnehmung auf der Grundlage objektiver Gelegenheiten

In objektiver Hinsicht findet die Messung von Lärm anhand des Schallpegels in Dezibel statt. Aber auch hier wird nach der Qualität des Geräuschs (Auffälligkeit / Impulshaftigkeit z. B. bei einer Startschusspistole auf einem Sportplatz), sowie dem

Informationsgehalt und der sonstigen Rechtfertigung (Signalhörner/ Krankenwagen) unterschieden.

Eine Unterscheidung findet auch zwischen Tages- (generell höhere Lärmbelastung erlaubt) und Nachtzeiten (niedrigere Lärmbelastung) statt. Entscheidend ist zudem die Vorbelastung eines Gebietes und natürlich damit verbunden die Gebietsart (Reines/ Allgemeines Wohngebiet oder Gewerbe- sowie Industriegebiet).

3. Gesundheitsschäden

Immer mehr in den Fokus rückt, dass insbesondere durch dauerhafte Lärmbeschallung erhebliche Gesundheitsschäden verursacht werden können. So wird bei einem Dauerschall ab 85 dB/A sowie bei einem Lärmimpuls ab 120 dB/A bereits von einer unmittelbaren Schädigung der Hörorgane und des Überschreitens der Schmerzgrenze ausgegangen.

Trifft die Beschallung mit Lärm auf einen psychisch oder/und physisch negativ vorbelasteten Menschen, potenzieren sich die Gesundheitsgefahren. Diese können über einen unruhigen Schlaf und dem Eintritt von Gehörschäden bis zur Mitverursachung von Bluthochdruck und Herzinfarkten führen. Gerade vor diesem Hintergrund ist es nachvollziehbar, dass sich immer mehr Menschen vom Lärm, insbesondere von Straßen- wie Fluglärm, beeinträchtigt fühlen. Sie gehen aktiv gegen diese Beeinträchtigungen vor und fordern Lärm schützende Maßnahmen.

III. Rechtlicher Rahmen für den Lärmschutz

1. Zivilrechtlicher und öffentlich-rechtlicher Gesetzesrahmen

Auf gesetzlicher Ebene kann der durch eine nicht zu duldende Lärmstörung Beeinträchtigte, insbesondere als Besitzer und Eigentümer, Ansprüche auf Unterlassen bzw. Beseitigung der Störung verlangen (vgl. §§ 862, 906 ff. und 1004 ff. BGB). Als öffentlich-rechtliche Gesetzesgrundlage können sich Ansprüche insbesondere aus dem Ordnungsrecht der Bundesländer sowie aus einem Verstoß gegen das BImSchG und die Landesimmissionsschutzgesetze der Länder ergeben. Dabei kommt insbesondere dem Trennungsgrundsatz des § 50 BImSchG eine besondere Bedeutung zu. Danach sind bei *„raumbedeutsamen Planungen und Maßnahmen die für eine bestimmte Nutzung vorgesehenen Flächen einander so zuzuordnen, dass schädliche Umwelteinwirkungen … auf die ausschließlich oder überwiegend dem Wohnen dienende Gebiete sowie auf sonstige schutzbedürftige Gebiete … vermieden werden“*.

Eine große Bedeutung kommt dem Lärmschutz bei der kommunalen Bauleitplanung zu. Dies gilt sowohl für die Neuausweisung von Gebieten als auch für die

Überplanung des Bestands. Denn ein maßgeblicher Beitrag der Bauleitplanung für die Sicherung einer menschenwürdigen Umwelt und dem Schutz der natürlichen Lebensgrundlagen (§ 1 Abs. 5 S. 2 BauGB) ist der Lärmschutz. Dieser kommt insbesondere bei den bei der Aufstellung der Bauleitpläne zu berücksichtigenden Belangen des Umweltschutzes (§ 1 Abs. 6 Nr. 7 und 1a BauGB) sowie bei der Erstellung und Beschlussfassung über den Umweltbericht (§ 2a BauGB) zum Tragen. Auch kann über Darstellungen im Flächennutzungsplan und Festsetzungen im Bebauungsplan ein wirksamer Lärmschutz erreicht werden (vgl. die Darstellungsmöglichkeiten des § 5 Abs. 2 BauGB sowie insbesondere die Festsetzungsmöglichkeiten des § 9 Abs. 1 BauGB). Zu nennen sind beispielhaft eine an Lärmschutzgesichtspunkten orientierte Ausrichtung der Gebäude, die Festsetzung hinreichender Abstandsflächen, eine den Lärm vermeidende bzw. mindernde Festsetzung von Verkehrswegen („kompakte Gemeinde"), die Förderung des Fahrradverkehrs sowie auch die Festlegung von aktiven und passiven Lärmschutzmaßnahmen (Lärmschutzwände, Doppelfenster etc.).

Im Rahmen der Bauleitplanung genießt der Lärmschutz keinen Vorrang vor anderen mit ihm konkurrierenden Belangen. Insoweit gilt auch hier, dass bei der Aufstellung der Bauleitpläne nach § 1 Abs. 7 BauGB die öffentlichen und privaten Belange gleichberechtigt gegeneinander und untereinander abzuwägen sind. Dennoch ist die Bauleitplanung insgesamt vom Gebot der Konfliktbewältigung geprägt. Ziel muss es daher sein, insbesondere unzumutbare (Lärm-) Beeinträchtigungen zu verhindern. Dies geschieht ganz vorrangig über eine sachgerechte Zuordnung der Bauflächen und Baugebiete sowie der jeweiligen Zulassung der konkreten Art der Nutzung auf der Grundlage der Baunutzungsverordnung (BauNVO). Insoweit bestimmt auch § 15 Abs. 1 S. 2 BauNVO, *„dass bauliche und sonstige Anlagen im Einzelfall unzulässig sind, wenn von ihnen Belästigungen oder Störungen ausgehen können, die nach der Eigenart des Baugebiets im Baugebiet selbst oder in dessen Umgebung unzumutbar sind, oder wenn sie solchen Belästigungen oder Störungen ausgesetzt werden"*.

Im Übrigen ist zu berücksichtigen, dass gesetzliche Regelungen über besondere Lärmquellen sich auch in speziellen Gesetzeswerken, wie z. B. dem Fluglärmgesetz, finden.

2. Untergesetzliches Regelungswerk

Als weiteres, insbesondere für den Lärmschutz relevantes untergesetzliches Regelungswerk sind die DIN 18005 (Schallschutz im Städtebau), die „Lärmwerte" vor allem bei Verkehrswegen und Gewerbelärm vorgibt, die 16. BImSchV für den Verkehrslärmschutz, die 18. BImSchV für den Schutz bei Sportanlagen sowie insbesondere auch die TA Lärm als Rechtsgrundlage bei Anlagen, die dem zweiten Teil des BImSchG unterliegen, zu nennen.

Während diese Normen bei der Frage der konkreten Genehmigung eines Einzelvorhabens die einzuhaltende Grundlage bilden, gilt für die Bauleitplanung mit ihrem Gesamtabwägungsansatz etwas anderes. Hier können die in den betreffenden

Regelungswerken genannten „Lärmwerte“ zwar eine Orientierungsgröße sein; sie beinhalten jedoch keine „absolute Verbotsnorm“, ab deren Überschreitung eine Bauleitplanung unzulässig wäre.

IV. Kommunale Lärmminderungsplanung

1. Historie

Schon seit 1990 gab es eine gesetzlich geregelte Lärmminderungsplanung in § 47a BImSchG, die sich auch an die Kommunen richtete. Diese Regelung hatte jedoch in ihrer Umsetzung eine geringe praktische Bedeutung. Grund war insbesondere, dass den verantwortlichen Behörden für konkrete Lärmminderungsmaßnahmen die erforderlichen Finanzmittel nicht zur Verfügung standen.

Auch gab es keine Grenzwerte, an denen sich eine Lärmminderungsplanung zu orientieren hatte. Schließlich fehlten auch verbindliche Fristen zur Umsetzung konkreter Lärmminderungsmaßnahmen.

2. Umsetzung der EG-Umgebungslärmrichtlinie

Erst durch die in nationales Recht verspätet erfolgte Umsetzung der EG-Umgebungslärmrichtlinie aus dem Jahre 2002 (§ 47a ff. BImSchG) hat die kommunale Lärmminderungsplanung, insbesondere durch die verbindlich vorgegebenen Fristen zur Aufstellung von Lärmkarten und Aktionsplänen, Fahrt aufgenommen. Nach § 47a BImSchG gilt die Lärmminderungsplanung für den Umgebungslärm, dem Menschen insbesondere in bebauten Gebieten, in öffentlichen Parks oder anderen ruhigen Gebieten eines Ballungsraums, in ruhigen Gebieten auf dem Land, in der Umgebung von Schulgebäuden, Krankenhäusern und anderen lärmempfindlichen Gebäuden und Gebieten ausgesetzt sind. Er gilt nicht für Lärm, der von der davon betroffenen Person selbst oder durch Tätigkeiten innerhalb von Wohnungen verursacht wird, für Nachbarschaftslärm, Lärm am Arbeitsplatz, in Verkehrsmitteln oder Lärm, der auf militärische Tätigkeiten in militärischen Gebieten zurückzuführen ist.

Auf der Grundlage der §§ 47b ff. BImSchG, insbesondere der §§ 47c (Lärmkarten) und 47d BImSchG (Lärmaktionspläne), haben die „zuständigen Behörden“ im Rahmen genau vorgegebener Fristen eine Lärmminderungsplanung vorzunehmen. Die jeweils im Rahmen der Fristen vorgegebenen Untersuchungsbereiche und die hieraus folgende Aufstellung von Lärmkarten und Lärmaktionsplänen können der folgenden Übersicht entnommen werden:

Abb. 1: Schritte zur Lärmminderungsplanung

Untersuchungsbereich	Lärmkarten bis	Aktionspläne bis
Ballungsräume > 250.000 Einwohner	30. Juni 2007	18. Juli 2008
Hauptverkehrsstraßen > 6 Mio. Fahrzeuge/Jahr		
Haupteisenbahnstrecken > 60.000 Züge/Jahr		
Großflughäfen > 50.000 Bewegungen/Jahr		
Ballungsräume > 100.000 Einwohner	30. Juni 2012	18. Juli 2013
Hauptverkehrsstraßen > 3 Mio. Fahrzeuge/Jahr		
Haupteisenbahnstrecken > 30.000 Züge/Jahr		

Während über die Lärmkarten im Wesentlichen eine Bestandserhebung und Analyse vorgenommen wird, haben die Lärmaktionspläne zum Ziel, konkrete Maßnahmen zum Lärmschutz aufzuzeigen und in der Folge auch umzusetzen.

Nach § 47e BImSchG sind die zuständigen Behörden für die Lärmkarten und die Lärmaktionspläne *„die Gemeinden oder die nach Landesrecht zuständigen Behörden, soweit nicht Abweichendes geregelt ist"*. Während nur wenige Bundesländer andere Behörden als die Gemeinden als Verantwortliche für die Lärmminderungsplanung bestimmt haben (in Hessen sind die Bezirksregierung für zuständig erklärt worden), haben es die meisten Bundesländer (Bsp.: Nordrhein-Westfalen) durch eine Nichtregelung bei der Zuständigkeit der Gemeinden – wie in § 47e Abs. 1 BImSchG vorgegeben – belassen. Allerdings hat die Landesregierung Nordrhein-Westfalen für die kreisangehörigen Städte und Gemeinden die bis zum 30. Juni 2007 zu erstellenden Lärmkarten (Erste Tranche) eigenständig erarbeitet.

3. Kommunale Problemfelder

Dennoch ist zu kritisieren, dass durch § 47e BImSchG die Gemeinden in einem verfassungsrechtlich umstrittenen Sinne durch den Bund einseitig mit Aufgaben und damit auch mit Kosten belastet worden sind. Insoweit bestimmt Art. 84 Abs. 1 S. 7 des durch die Föderalismusreform I geänderten Grundgesetzes, *„dass durch Bundesgesetz Gemeinden und Gemeindeverbänden Aufgaben nicht übertragen werden dürfen"*.

Dabei belaufen sich allein die Lärmsanierungskosten an kommunalen Straßen auf geschätzte zwei Milliarden Euro. Weiter ist zu berücksichtigen, dass durch die zwingend erforderliche Öffentlichkeitsbeteiligung als zentrales Element der Lärmminderungsplanung ein Erwartungsdruck gerade gegenüber den Städten und Gemeinden erweckt wird, der die Gefahr eines erheblichen Enttäuschungspotenzials insbesondere seitens der Bürger in sich birgt. Auch hierdurch wird deutlich, dass die Kommunen trotz ihrer Zuständigkeitsbestimmung alleine überfordert sind, die Lärmschutzproblematik zu lösen.

4. Konjunkturpaket II – Umfassende Maßnahmen für den Lärmschutz

Umso wichtiger ist es, dass durch das infolge der Wirtschaftskrise initiierte Konjunkturpaket II (Gesamtumfang: 13,5 Milliarden Euro) auch Finanzmittel für die sonstige Infrastruktur in den Kommunen und insbesondere für den Lärmschutz an Straßen zur Verfügung gestellt worden sind.

Voraussetzung eines effizienten Vorgehens ist aber, dass die zuständigen Behörden, also die Fachplanungsträger (Bahn/ Eisenbahnbundesamt etc.) sowie Bund, Länder und Kommunen, in gemeinsamer Verantwortung bei den Maßnahmen zum Lärmschutz zusammenarbeiten und auch gegenseitig ihre Informationen und Unterlagen zur Verfügung stellen.

Nur ein konzertiertes Vorgehen aller Beteiligten und die konkrete Umsetzung von zum Ziel führenden Maßnahmen kann dazu beitragen, dass im Anschluss an die Aufstellung von Lärmkarten und Lärmaktionsplänen am Ende nicht nur Aktionismus und Enttäuschung übrig bleibt.

Denn zweifellos gibt es ein Spannungsfeld zwischen dem Erwartungsdruck vieler Bürger, der durch die Veröffentlichung von Karten und Plänen im Internet mit den dort sichtbaren Lärmschwerpunkten noch gesteigert wird einerseits, und dem tatsächlichen Gestaltungsspielraum der Kommunen andererseits. Dieser Gestaltungsspielraum ist in vielen Bereichen begrenzt. So ist es z. B. trotz der zur Verfügung gestellten Mittel für den Lärmschutz durch das Konjunkturpaket II für die Städte und Gemeinden unmöglich, an einer mitten durch eine Gemeinde verlaufende und stark frequentierte Bundesstraße wirksame Lärmschutzmaßnahmen durchzuführen.

5. Lärm an der Quelle bekämpfen

Besser als die Erarbeitung von Lärmkarten und Lärmaktionsplänen ist allemal die Bekämpfung des Lärms an der Quelle. Hier muss es über eine verstärkte Produkt-

und Herstellerverantwortung gelingen, Immissionen erst gar nicht, etwa durch die Herstellung geräuscharmer Fahrzeuge etc., in dem bisherigen Maße entstehen zu lassen.

V. Kommunale Lärmminderung: Vorbildliche Beispiele seit langem

Es wäre aber falsch, die kommunale Lärmbekämpfung erst mit der EG-Umgebungslärmrichtlinie und deren Umsetzung beginnen zu lassen. Städte und Gemeinden haben bereits in der Vergangenheit vorbildliches zur Lärmminderung geleistet:

Große Fußgängerzonen in kleinen, mittleren und großen Städten (Erfurt, Freiburg, Bonn etc.) sowie auch die bereits seit den 1970er Jahren autofreien Nordseeinseln (Baltrum, Juist, Langeoog etc.) machen dies beispielhaft deutlich.

Auch die bereits seit vielen Jahren konsequent praktizierte Förderung des Fahrradverkehrs in unseren Städten und Gemeinden (Münster, Troisdorf etc.) sowie der Einsatz von Bürger- und Stadtbussen (Bünde, Lindau, Rheine etc.) haben zu einer maßgeblichen Lärmminderung geführt.

Hinzu kommen immer weiter verbesserte und attraktive Angebote des öffentlichen Nahverkehrs sowie Park and Ride-Systeme. Auch ein innovatives Güterverkehrs- oder Parkraummanagement ist in diesem Zusammenhang zu nennen.

Insbesondere im Bereich der Verkehrsführung hat sich durch Verlagerungs-, Verlangsamungs- und Verstetigungsmaßnahmen (Kreisverkehre etc.) in den letzten Jahren vieles innerhalb und außerhalb der Städte und Gemeinden getan. Nicht zu vergessen ist der vermehrte Einsatz von Flüsterasphalt, von Flüstergleisen sowie die umweltfreundliche Beschaffung und der umweltfreundliche Einsatz von Fahrzeugen (Bsp.: erdgasangetriebene Busse in Frankfurt/Oder).

Dennoch werden wir auch in der Zukunft in einer modernen Dienstleistungs- und auch Industriegesellschaft, die viel auf ihre Beweglichkeit hält, nicht ganz ohne Lärmbeeinträchtigung leben können. Daher wird es auch in Zukunft frei nach Wilhelm Busch immer wieder heißen:

> *„Als störend wird der Lärm empfunden, weil er mit Geräusch verbunden."*

II Lärmschutzprobleme und ihre Auswirkungen auf die Stadtentwicklung

Stephan Mitschang

I. Einleitung

Die Bevölkerung ist in Deutschland ebenso wie in den meisten anderen Industriestaaten der Welt in vielfältiger Hinsicht der Lärmbelastung ausgesetzt.[1] Ein allgemeines Gesetz zum Schutz vor Lärm gibt es in Deutschland nicht. Lärmschutzfragen müssen anhand einer Vielzahl gesetzlicher Regelungen angegangen und gelöst werden. Die rechtliche Lage ist unübersichtlich und gleichzeitig auch komplex. So existieren Emissions- und Immissionsgrenz-, -richt- und Orientierungswerte getrennt für verschiedene Lärmquellen oder -arten mit spezifischen Berechnungs- und Bewertungsverfahren in Gesetzen, Verordnungen und Verwaltungsvorschriften sowie in einer Vielzahl von privaten Normen und Richtlinien. Für die durch Lärmbelastungen Betroffenen ist die rechtliche Situation schwer durchschaubar und oftmals sind Entscheidungen auch nicht nachvollziehbar, ist doch für sie nicht die getrennte, sondern die summative Betrachtung von Lärmbelastungen[2] entscheidend.

An nahezu jeder Stelle im Stadtgebiet findet eine Konfrontation mit dem Umweltproblem „Lärm" statt. Es ist kaum noch möglich, sich Lärmbelastungen zu entziehen, weder im Berufsleben noch im privaten Wohnumfeld. Unterschiedliche Lärmquellen, die isoliert oder überlagernd mit anderen, am Tag sowie in der Nacht, mitunter auch mit wechselnden Intensitäten und aus unterschiedlichen Lärmquellen auf die Betroffenen einwirken, bestimmen die gegenwärtige Lärmsituation in den Städten und Gemeinden.

Dies veranlasst dazu, das Verhältnis von Lärmschutz und Stadtentwicklung näher in den Blick zu nehmen und die insoweit bestehenden Wechselwirkungen zu thematisieren. Dazu wird zunächst auf die unterschiedlichen Lärmbelastungen in der Stadt Bezug genommen und danach gefragt, welche Bedeutung diese für die städtebauliche Entwicklung haben.[3] Angesichts der festgestellten Verflechtungen zwi-

---

[1] Hierzu ausführlich: Kloepfer (Hrsg.), Leben mit Lärm?, Schriftenreihe der Europäischen Akademie zur Erforschung von Folgen wissenschaftlich-technischer Entwicklungen, Wissenschaftsethik und Technikfolgenbeurteilung, Band 28, Berlin Heidelberg, 2006.

[2] Michler, VBlBW 2004, S. 361 ff.; Feldt, UVP-report 2006, S. 59 ff.; Kühling, UPV-report 2004, S. 30 f. Steinebach/Rumberg, Fachliche Anforderungen der Gesamtgeräuschbetrachtung in der Raumentwicklung, in: Spannowsky/Mitschang (Hrsg.), Lärmschutz in der Bauleitplanung und bei der Zulassung von Bauvorhaben, Köln, 2002, S. 185 ff.

[3] Vgl. unten II.

schen Lärmbelastungen und Stadtentwicklung sowie des Erfordernisses, in der Lärmminderung auch eine wichtige Aufgabe der Stadtplanung[4] zu sehen, ergibt sich daraus folgend die Notwendigkeit, die wesentlichen Ansatzpunkte für die Berücksichtigung von Lärmaspekten im Rahmen der städtebaulichen Entwicklung einer näheren Betrachtung zu unterziehen. Im Wesentlichen angesprochen sind damit die in § 1 Abs. 5 BauGB enthaltenen bauleitplanerischen Oberziele der nachhaltigen Siedlungsentwicklung und des Schutzes der menschenwürdigen Umwelt sowie die sich aus § 1 Abs. 6 BauGB ergebenden Planungsgrundsätze und schließlich der planerische Abwägungsgrundsatz mit seinen Konkretisierungen durch das Gebot der Konfliktbewältigung und den Trennungsgrundsatz. Auf Grund ihrer gerade für die räumliche Entwicklung der Städte und Gemeinden zu erwartenden Bedeutung werden abschließend zwei neuere, eher strategisch ausgerichtete Aspekte des städtebaulichen Lärmschutzes genauer in den Blick genommen. Dabei handelt es sich auf der einen Seite um die Umgebungslärm-RL der EG, von der maßgebliche Impulse für den Lärmschutz ausgehen sollen und auf deren Anforderungen sich viele Hoffnungen für einen verbesserten Lärmschutz gründen.[5] Auf der anderen Seite wird das Fluglärmproblem in Bezug auf das erst kürzlich erlassene Fluglärmschutzgesetz (FluglSchG[6]) einer ebenfalls tiefer gehenden Erörterung unterzogen und in seinen räumlichen Auswirkungen auf die Siedlungsentwicklung untersucht[7]. Mit einem Ausblick auf die weitere Entwicklung werden die Betrachtungen zum Themenfeld Lärmschutz und Stadtentwicklung abgeschlossen.[8]

II. Lärmbelastungen in der Stadt

Wenngleich Lärmbelastungen in der freien Landschaft jedenfalls und insbesondere im Einzelfall nicht ausgeschlossen sind, so ergibt sich für den städtischen Bereich doch eine damit nicht vergleichbare, im Regelfall stärker belastete, Lärmsituation. Da es unterschiedliche Lärmarten gibt, ist im Hinblick auf die Lärmbelastung in der Stadt zu differenzieren. Die Berechnung der jeweiligen Lärmbelastung erfolgt nach unterschiedlichen Methoden und auf der Grundlage unterschiedlicher Berechnungen. Lärmbelastungen können durch Straßenverkehrslärm, Flugverkehrslärm, Schienenverkehrslärm, Nachbarschaftslärm, Industrie- und Gewerbelärm, Baustellen- und Baulärm sowie durch Sport- und Freizeitlärm entstehen. Deshalb ist die Bekämpfung von Lärm keineswegs einfach, denn je nach Lärmquelle muss die Rechtslage nicht nur unterschiedlich betrachtet, sondern auch bewertet werden.

---

[4] Vgl. unten IV.
[5] Vgl. unten V. 1.
[6] Gesetz zum Schutz gegen Fluglärm vom 31.10.2007, BGBl. I S. 2550.
[7] Vgl. unten V. 2.
[8] Vgl. unten VI.

Für die meisten Menschen stellen Lärmbelastungen die stärkste Umweltbeeinträchtigung dar. Dies ist zumindest das Ergebnis einer im Jahr 2006 durchgeführten Bevölkerungsumfrage bei etwa 2000 Erwachsenen.[9] Nicht nur dies hat sich bestätigt, sondern es hat sich auch herausgestellt, dass der Anteil der Bevölkerung, der sich von Lärm stark belästigt fühlt, ansteigt, allerdings nur insoweit als es sich um den Lärm von Straßen- und Flugverkehr sowie aus Industrie- und Gewerbenutzungen handelt.[10] Dabei ist der Straßenverkehr[11] schon seit vielen Jahren die dominierende Lärmquelle[12], gefolgt vom Flugverkehr, dem Lärm von Industrie und Gewerbe sowie dem Schienenverkehr.[13] Weit mehr als die Hälfte der Bevölkerung (62%) fühlen sich so durch Straßenverkehrslärm belästigt, beim Nachbarschaftslärm[14] sind es immerhin noch 47% und beim Flugverkehr 38%. Nur noch etwa jeder Vierte sieht sich durch Lärmbeeinträchtigungen, die durch industrielle und gewerbliche Nutzung oder durch Schienenverkehr hervorgerufen werden, gestört oder belästigt.[15]

Ein paar Daten zum Straßenverkehr, der nicht nur die stärkste Lärmbelastung für die Bevölkerung ist, sondern auch die dominierende Lärmquelle darstellt, sollen die Situation in den Städten sichtbar machen:

- Mit Schallpegeln von über 65 dB(A) sind tags 15,6% der Bevölkerung und mit Pegeln über 55 dB(A) knapp die Hälfte der Bevölkerung in den alten Ländern belastet.
- Selbst nachts sind noch 17% der Bevölkerung der alten Länder mit Pegelwerten von über 55 dB(A) und 31% mit solchen von über 50 dB(A) konfrontiert.[16]

Demgegenüber größere Akzeptanz wird dem Schienenverkehr[17] entgegengebracht.

- Hier sind nur 3,1% der Bevölkerung mit Pegeln über 65 dB(A), dagegen rund 20% mit Pegeln über 55 dB(A) belastet.

---

9 Siehe hierzu genauer: http://www.umweltbundesamt-umwelt-deutschland.de/umweltdaten/public/Theme.do?nodeIdent=2451. Zugriff am 20.2.2009.

10 Ebenda.

11 Zur Entwicklung des Verkehrs insgesamt, vgl. Kloepfer (Fußn. 1), S. 45 ff.

12 Durch Nachbarschaftslärm fühlt sich nahezu jede zweite Person beeinträchtigt, doch sind die Lärmquellen beim Nachbarschaftslärm sehr heterogen und insoweit nur schwer bestimmbar.

13 UBA (Hrsg.), Faltblatt Lärm – das unterschätzte Risiko, Dessau 2007.

14 Zwar stieg die Belästigung durch Nachbarschaftslärm stetig an, doch blieb die Zahl der durch diese Lärmart stark Belästigten nur konstant. http://www.umweltbundesamt-umwelt-deutschland.de/umweltdaten/public/Theme.do?nodeIdent=2451. Zugriff am 20.2.2009.

15 UBA (Hrsg.), Faltblatt Lärm – das unterschätzte Risiko, Dessau 2007.

16 Vgl. http://umweltbundesamt-umwelt-deutschland.de/umweltdaten/public/theme.do?nodeIdent=22452. Zugriff am 20.2.2009.

17 Die Daten stammen aus dem Jahr 1997. Vgl. http://umweltbundesamt-umwelt-deutschland.de/umweltdaten/public/theme.do?nodeIdent=22452. Zugriff am 20.2.2009.

- Nachts werden etwa 10% der Bevölkerung einer Belastung mit Pegeln über 55 dB(A), aber 21% mit Pegeln über 50 dB(A) ausgesetzt.

Ähnliche Daten lassen sich auch für die anderen Lärmquellen anführen. Zusammengenommen löst dies die Frage nach den Wirkungen der einzelnen oder summativ betrachteten Lärmbelastungen für die Stadt und die in ihr lebende Bevölkerung aus.

III. Auswirkungen der Lärmbelastungen

1. Zum Lärmbegriff

Lärm ist unerwünschter Schall.[18] Die Tonhöhe wird durch die Frequenz beschrieben. Die Belastung durch Schall wird regelmäßig in dB (Dezibel) angegeben. Das „A" in „dB(A)" berücksichtigt das Verhalten des menschlichen Ohres an der Hörschwelle und bedeutet, dass beim Messen des Schallpegels die Schall-Anteile bei mittleren Frequenzen höher gewichtet werden als hohe und tiefe Frequenzen.[19]

„Lärm" hat aber auch eine subjektive Komponente,[20] wie sich aus dem Adjektiv „unerwünscht" ergibt. Derjenige, der ein Geräusch hört, ordnet es nach dem jeweiligen Informationswert ein, den es für ihn in seiner gegenwärtigen Situation enthält und entscheidet dann, welche Handlungskonsequenzen sich für ihn daraus ergeben. Die aus dem Geräusch abgeleiteten Empfindungen bestimmen die persönliche Bewertung. Ist das Geräusch in der konkreten Situation nicht bedeutend und insoweit irrelevant und wirkt es gleichzeitig störend, verhindert also bspw. die Kommunikation oder die Konzentration, beeinträchtigt es die Erholung, die Entspannung oder den Schlaf, dann handelt es sich dabei um Lärm. Als Reaktion darauf, werden entweder Maßnahmen zur Reduzierung oder vollständigen Beseitigung der Störung ergriffen, nicht zuletzt auch bei entsprechend schwerwiegender Betroffenheit, auch ein Ortswechsel vorgenommen.

Interessant ist, dass für die Geräuschbewertung nicht nur akustische Einflussgrößen wie etwa der Schalldruck oder die Schallfrequenz eine Rolle spielen, sondern insbesondere persönliche Merkmale wie das Lebensalter, die berufliche und soziale

---

[18] Penn-Bressel, Die Bedeutung des planerischen Lärmschutzes für ein gesundes Wohnen und Arbeiten, in: Spannowsky/Mitschang (Hrsg.), Lärmschutz in der Bauleitplanung und bei der Zulassung von Bauvorhaben, Köln, 2003, S. 12.

[19] Zu weiteren technischen Besonderheiten, vgl. Kloepfer (Fußn. 1), S. 173 ff.; Penn-Bressel (Fußn. 18), S. 14 ff.

[20] Runkel, Entwicklungen im Umweltschutz- und Städtebaurecht unter besonderer Berücksichtigung des Lärmschutzes, in: Spannowsky/Mitschang (Hrsg.), Lärmschutz in der Bauleitplanung und bei der Zulassung von Bauvorhaben, Köln, 2003, S. 1.

Einbindung oder die persönliche Zufriedenheit. Setzt man dies in Relation zu dem Erfordernis, das Verhalten im Alltag immer an eine bestimmte Lärmsituation anpassen zu müssen, so ergibt sich, dass die zur Verfügung stehenden Möglichkeiten die Lärmbelastung zu beeinflussen, einen nicht unerheblichen Anteil an der subjektiven Geräuschbewertung haben. So wird zum Beispiel eine bestimmte Lärmsituation in einem Wohngebiet von demjenigen anders beurteilt, der die Möglichkeit hat, diese Lärmsituation durch Maßnahmen zu beeinflussen, also bspw. in einen ruhigen Raum auszuweichen oder das Fenster zu schließen. Auf Grund des dargestellten subjektiven Charakters von „Lärm" ist es in der Folge auch nachvollziehbar, dass Veränderungen an den physikalischen Eigenschaften von Schall, also etwa beim Schalldruck oder bei der Frequenz, nicht zwangsläufig von dem Lärmbetroffenen als eine Lärmreduzierung empfunden werden. Die physikalische Lärmbeurteilung muss mit der empfundenen Lärmbelastung also nicht übereinstimmen.

2. Lärm als Gesundheitsfaktor

Lärm ist für die davon Betroffenen aber nicht nur belästigend[21], sondern schädigt auch die Gesundheit.[22] Lärm macht krank. Die wichtigsten Beeinträchtigungen reichen von Schlafstörungen, Belästigungen und Beeinträchtigungen der Arbeits- und Leistungsfähigkeit sowie des sozialen Verhaltens bis zu kreislaufbedingten Erkrankungen, hormonellen Reaktionen und in der Folge auch zu Konsequenzen für den menschlichen Stoffwechsel sowie das Immunsystem.[23]

Vor allem beim Zusammenwirken mehrerer Lärmquellen können sich für den Einzelnen insgesamt unerträgliche Situationen ergeben. Lärm beeinträchtigt das vegetative Nervensystem, löst Stress aus und kann insoweit den Blutdruck sowie die Herz- und Atemfrequenz erhöhen. So können durch Straßen- und Schienenverkehr verursachte Geräusche bei Innenschallpegeln über 45 dB(A) nachts außerhalb der Wohnungen bei geöffnetem Fenster schon zu Schlafstörungen führen.[24] Liegt demgegenüber die Lärmbelastung über 65 dB(A) tags und 55 dB(A) nachts, sind erhöhte Risiken für Herz-Kreislauferkrankungen[25] zu befürchten.[26] Nach dem Rau-

---

[21] Siehe oben II.

[22] Siehe hierzu ausführlich unter Darlegung der neueren Erkenntnisse der Lärmwirkungsforschung: Kloepfer (Fußn. 1), S. 165 ff. Informativ: http://umweltbundesamt-umwelt-deutschland.de/Umweltdaten/public/theme.do?nodeIdent=3375. Zugriff am 21.2.2009.

[23] Hanns-Uve Schwedler, in: Europäische Akademie für städtische Umwelt Berlin (Hrsg.), Leisere Kommunen, Berlin, 2008, S. 1.

[24] http://umweltbundesamt-umwelt-deutschland.de/Umweltdaten/public/theme.do?nodeIdent=3375. Zugriff am 21.2.2009.

[25] Nach Hanns-Uve Schwedler (Fußn. 23), S. 1 steigt bei Männern das Herzinfarktrisiko um 30%, wenn sie längere Zeit in Gebieten mit einem Verkehrslärm-Pegel über 65 dB(A) wohnen. Allein in Deutschland sollen jährlich 4000 Herzinfarkte auf den Straßenverkehrslärm zurückzuführen sein.

[26] http://umweltbundesamt-umwelt-deutschland.de/Umweltdaten/public/theme.do?nodeIdent=3375. Zugriff am 21.2.2009.

chen gilt Lärm mittlerweile als die wichtigste Ursache für Herz-Kreislauf-Erkrankungen.[27] Nach neueren Untersuchungen im Bereich der Risikoforschung[28] sind etwa 1% der Bevölkerung fortdauernd Schallpegeln von über 75 dB(A) ausgesetzt.[29] Das daraus entwickelte Lebenszeitrisiko beträgt 70:1000, das bedeutet, dass 70 von 1000 Menschen vorzeitig an einem lärmbedingten Herzinfarkt versterben. Demnach liegen die Lebenszeitrisiken für das lärmbedingte Infarktrisiko höher als jene für kanzerogene Luftschadstoffe.

3. Lärm als Standort- und Kostenfaktor

Nach Schätzungen der Weltgesundheitsorganisation wird allein durch Verkehrslärm die Gesundheit von fast jedem dritten Europäer gefährdet oder zumindest dessen Wohlbefinden eingeschränkt.[30] Für die Städte und Gemeinden weisen die mit Lärmbelastungen verbundenen Auswirkungen auf die Bevölkerung in zweierlei Hinsicht wichtige Parameter auf, deren Vernachlässigung erhebliche Folgewirkungen haben kann. Insoweit stellen Lärmbelastungen nicht nur einen wichtigen Standortfaktor, sondern auch einen Kostenfaktor dar.[31]

3.1 Lärm als Standortfaktor

Nicht nur auf Grund der mit einer dauerhaften Lärmbelastung verbundenen Gesundheitsrisiken, sondern auch im Hinblick auf die tagtäglich erlebte Lärmbelastung im Wohnumfeld, stellt Lärm auch einen maßgeblichen Faktor für die Wohnstandortwahl dar. Vor allem die Belastung des Außenwohnbereiches, auf Balkons, Terrassen oder in Gärten mindert oder verhindert gänzlich die Erholung und beeinträchtigt das Ruhebedürfnis, insbesondere dann, wenn es sich um nächtliche Lärmbelastungen handelt.[32] Aber auch verlärmte Straßen, die eine Kommunikation nur schwerlich oder auch gar nicht zulassen, tragen zur lärmbedingten Wohnqualitätsminderung nicht unerheblich bei, so dass Lärmbelastungen in vielen Fällen auch der Anlass für einen Wohnortwechsel, also Auslöser eines Umzugs sind. Dabei werden selbst Nachteile in anderen Lebensbereichen in Kauf genommen, bspw. längere oder zeitintensivere Wege zum Arbeitsplatz.

---

[27] Penn-Bressel (Fußn. 18), S. 13.

[28] Siehe dazu die Zusammenfassung des Symposiums „Gesundheitsrisiken durch Lärm" durch Kunzmann, Zeitschrift für Lärmbekämpfung 1998, S. 126 ff.

[29] Zum Vergleich: Hauptverkehrsstraßen weisen am Straßenrand einen Schallpegel in Höhe von etwa 80 dB(A) auf.

[30] Hanns-Uve Schwedler (Fußn. 23), S. 1.

[31] Umweltbundesamt, Europäische Akademie für städtische Umwelt (Hrsg.), Silent City, Berlin 2008, S. 2.

[32] Zur Entwicklung einer räumlichen Wertverlustanalyse, mit der insbesondere für größere Räume eine überschlägige und vergleichsweise räumlich detaillierte Verlustgröße ermittelt werden kann, vgl. Kühling, UVP-report 2006, S. 112 ff.

Mit der Entscheidung, einen Ortswechsel vorzunehmen, sind für die Städte und Gemeinden konkrete Folgen verbunden. In diesem Sinne kann der Ortswechsel zu einem Wegzug aus der Gemeinde oder aber zu einer räumlichen Veränderung innerhalb der Gemeinde führen. Die Auswirkungen sind unterschiedlich. In beiden Fällen wird sozialen Veränderungen bei der von Lärmbelastungen betroffenen Bevölkerung Vorschub geleistet, mit der Folge, dass nur noch der Anteil der Bevölkerung in verlärmten Gebieten wohnt, der sich einen Standortwechsel nicht leisten kann. Können gesunde Wohn- und Arbeitsverhältnisse nicht mehr gewährleistet werden, so führt dies zu städtebaulichen Missständen, die wiederum in der Folge nur mit erheblichem Aufwand beseitigt werden können. Der lärmbedingte Ortswechsel in eine andere Gemeinde hat auch finanzielle Folgen für die Gemeinde, denn die Einkünfte aus der Einkommenssteuer sind einwohnergebunden.

Aber nicht nur beim Wohnen zeigt sich Lärm als wichtiger Standortfaktor. Auch wenn es um die Ansiedlung von Dienstleistungs- und Handelsbetrieben oder von Geschäften im gehobenen Segment geht, spielt die Lärmsituation eine vergleichbare Rolle wie bei der wohnbaulichen Nutzung.[33] Bei Nutzwertanalysen, die für die Identifizierung von standortadäquaten Nutzungen herangezogen werden, ist die Lärmbelastung ein Bewertungsfaktor, der mit anderen weichen Standortfaktoren wie der Aufenthaltsqualität oder der Versorgungssituation im Rahmen von immobilienwirtschaftlichen Analysen herangezogen wird, um die Eignung eines bestimmten Grundstücks für verschiedene Nutzungen zu bestimmen.[34] Daraus ergibt sich für die Städte und Gemeinden die Notwendigkeit, Lärm als einen wichtigen Standortfaktor in die städtebaulichen Entwicklungsabsichten einzubeziehen und durch das Bestreben, bestehende Lärmbelastungen zu verringern oder gänzlich abzubauen, einen Beitrag zur Standortattraktivität der Gemeinde oder einzelner Gemeindeteile zu leisten.

3.2 Lärm als Kostenfaktor

Die Bedeutung des Lärms als Kostenfaktor[35] tritt ebenfalls in mehreren Facetten auf. Zunächst anzuführen sind so die Kosten, die allein durch die direkten Gesundheitskosten für die Behandlung der durch Lärmbelastungen entstandenen Krankheiten[36] aufgewendet werden müssen. Hinzu kommen die Kosten, die sich aus der verringerten Produktivität, dem Produktionsausfall, erhöhten Unfallzahlen durch Stress und Konzentrationsbeeinträchtigungen sowie durch ein eingeschränk-

---

[33] Umweltbundesamt, Europäische Akademie für städtische Umwelt (Fußn. 31), S. 2.

[34] Genauer am Beispiel von Mischnutzungsprojekten: Baba, Immobilienwirtschaftliche Analyse von Mischnutzungsprojekten – Chancen und Grenzen, in: Deutsches Seminar für Städtebau und Wirtschaft im Deutschen Verband für Wohnungswesen, Städtebau und Raumordnung e. V. (Hrsg.), Nutzungsmischung als Schlüsselfaktor innerstädtischer Projektentwicklungen, Berlin, 2009, S. 27 ff.

[35] Siehe hierzu schon früher: Umweltbundesamt (Hrsg.), Kosten des Lärms in der Bundesrepublik Deutschland, Berlin, 1991.

[36] Vgl. oben III. 2.

tes Wohlbefinden der Lärmbetroffenen ergeben.[37] Allein die externen Kosten, die durch den Straßenverkehrslärm verursacht werden, liegen nach Schätzungen für eine Stadt in der Größenordnung von ca. 250 000 Einwohnern bei etwa 12,5 Mio. €/Jahr.[38]

Ein anderer Gesichtspunkt der Lärm als Kostenfaktor kennzeichnet, besteht in seinen Auswirkungen auf die Mieteinnahmen und die Immobilienpreise.[39] So soll der Wert eines Wohngebäudes mit jedem Dezibel über 50 dB(A) um 0,5% abnehmen, dänische Studien kommen sogar zu einem Wertverlust von 1,5%.[40] Hinzu kommt, dass der Einheitswert von Wohngebäuden ebenfalls abgesenkt werden kann.[41] Auch dies führt zu Steuermindereinnahmen.

IV. Lärmminderung als Aufgabe städtebaulicher Planungen

Vergegenwärtigt man sich die Auswirkungen von Lärmbelastungen in der Stadt einerseits auf die menschliche Gesundheit, andererseits aber auch auf das Immobilienvermögen, so ergibt sich daraus recht klar eine Verpflichtung zur Berücksichtigung von Belangen des Lärmschutzes bei der räumlichen Stadtentwicklung und den insoweit aufzustellenden städtebaulichen Planungen. Für die Bauleitplanung[42] sind im Hinblick darauf die einschlägigen rechtlichen Maßgaben § 1 Abs. 5 und 6 BauGB zu entnehmen. Sie sollen, entsprechend den bauleitplanerischen Oberzielen, eine nachhaltige städtebauliche Entwicklung,[43] die die sozialen, wirtschaftlichen und umweltschützenden Anforderungen auch in Verantwortung gegenüber den künftigen Generationen miteinander in Einklang bringen, und eine dem Wohl der Allgemeinheit dienende sozialgerechte Bodennutzung gewährleisten (§ 1 Abs. 5 Satz 1 BauGB). Sie sollen weiterhin dazu beitragen, die natürlichen Lebensgrundlagen zu schützen und zu entwickeln, auch in Verantwortung für den allgemeinen

[37] Hanns-Uve Schwedler (Fußn. 23), S. 312.

[38] Umweltbundesamt, Europäische Akademie für städtische Umwelt (Fußn. 31), S. 2 unter Hinweis auf noch höhere Kostenschätzungen.

[39] Mittelbar betroffen ist damit auch das Steueraufkommen an Umsatz-, Einkommens-, Grunderwerbs- und Grundsteuer. Ausführlich: Feilmayr/Müller/Beyer, Lärm als Preisfaktor auf dem Immobilienmarkt, in: Österreichische Gesellschaft für Raumplanung (Hrsg.), Lärm und Raumentwicklung, FORUM Raumentwicklung Band 15, Wien/Berlin 2007, S. 23 ff. zur Situation in Österreich.

[40] Umweltbundesamt, Europäische Akademie für städtische Umwelt (Fußn. 31), S. 2.

[41] Darauf weisen LÄRMKONTOR GmbH/BPW Hamburg/konsalt GmbH (Hrsg.), PULS, Hamburg 2004, S. 10 hin.

[42] Für die ebenfalls Bauland schaffenden Satzungen in § 34 Abs. 4 Satz 1 Nr. 2 und 3 BauGB bestimmt § 34 Abs. 5 Satz 1 Nr. 1 BauGB, dass diese mit einer geordneten städtebaulichen Entwicklung vereinbar sein müssen und nimmt insoweit die für die Bauleitplanung geltenden Bestimmungen in § 1 BauGB in Bezug. Dies gilt auch für Außenbereichs-Bausatzungen nach § 35 Abs. 6 Satz 3 Nr. 1 BauGB.

[43] Siehe IV. 1.

Klimaschutz, sowie die städtebauliche Gestalt und das Orts- und Landschaftsbild baukulturell zu erhalten und zu entwickeln und außerdem auch eine menschenwürdige Umwelt zu sichern (§ 1 Abs. 5 Satz 2 BauGB). In den diese bauleitplanerischen Oberziele konkretisierenden Planungsgrundsätzen, die in einer nicht abgeschlossenen Auflistung in § 1 Abs. 6 BauGB enthalten sind, werden ebenfalls Belange des Lärmschutzes in umfangreicher Art und Weise angesprochen.[44]

Nach § 1 Abs. 7 BauGB sind bei der Aufstellung der Bauleitpläne schließlich nach Maßgabe des Abwägungsgrundsatzes, die öffentlichen und privaten Belange gegeneinander und untereinander gerecht abzuwägen. Ergebnisse der Berücksichtigung der Belange des Lärmschutzes im Rahmen der bauleitplanerischen Abwägung sind die Darstellungen und Festsetzungen nach den §§ 5 und 9 BauGB, wie sie dann in den Bauleitplänen textlich und zeichnerisch getroffen werden. Auf die im vorgenannten Zusammenhang wesentlichen Aspekte, die zu einer unmittelbaren Berücksichtigung der Belange des Lärmschutzes führen, wird im Folgenden genauer eingegangen.

1. Leitvorstellung einer nachhaltigen Siedlungsentwicklung

In den Zielvorstellungen des § 1 Abs. 5 BauGB, an denen die Gemeinden ihre Bauleitplanung ausrichten sollen, werden Belange des Lärmschutzes außer durch das Oberziel der „nachhaltigen städtebaulichen Entwicklung" auch dadurch zum Ausdruck gebracht, dass die Bauleitpläne dazu beitragen sollen, eine menschenwürdige Umwelt zu sichern.

1.1 „Nachhaltige städtebauliche Entwicklung"

Die Verpflichtung mittels der Bauleitplanung eine nachhaltige städtebauliche Entwicklung zu gewährleisten, wurde im Rahmen des BauROG 1998 in das Städtebaurecht aufgenommen.[45] Die in § 1 Abs. 6 BauGB aufgelisteten Planungsgrundsätze geben Anhaltspunkte, welche sozialen, wirtschaftlichen und umweltbezogenen Anforderungen für eine nachhaltige städtebauliche Entwicklung in Betracht zu ziehen sind. Gewährleistet ist die „nachhaltige" städtebauliche Entwicklung, wenn diese Belange entsprechend ihrer Bedeutung zu einem Ausgleich[46] gebracht worden sind

---

[44] Genauer nachfolgend unter IV. 2.

[45] Siehe hierzu: Robers, Das Gebot der nachhaltigen Stadtentwicklung als Leitvorstellung des Raumordnungs- und Bauleitplanungsrechts, Münster, 2003; Bunzel, NuR 1997, S. 583 ff.; Erbguth, DVBl. 1999, S. 1082 ff.; Schink, DVBl. 2000, S. 221 ff.; Murswiek, NuR 2002, S. 641 ff.; Mitschang, DÖV 2000, S. 14 ff.; Kuschnerus, ZfBR 2000, S. 15 ff. sowie Krautzberger, UPR 2001, S. 130 ff.

[46] Schon daraus ergibt sich, dass den Umweltbelangen kein grundsätzlicher Vorrang im Rahmen der bauleitplanerischen Abwägung zukommt. Vgl. genauer unten IV. 4.

und dadurch eine nur fachlich einseitige Ausrichtung vermieden wurde.[47] Eine nachhaltige städtebauliche Entwicklung soll durch die Bauleitplanung – wie bei der Raumordnung – auch in Verantwortung gegenüber künftigen Generationen[48] gewährleistet werden. Der dergestalt dem Nachhaltigkeitsgedanken zu Grunde liegende und zeitlich nicht eingeschränkte Zukunftsbezug im Sinne einer dauerhaft ausgewogenen Entwicklung erfordert auch für die örtliche Planungsebene Entscheidungen angesichts der Ansprüche künftiger Generationen. Vor dem Hintergrund der Auswirkungen von Lärmbelastungen auf die Stadtentwicklung[49] ergeben sich daraus Anforderungen für beide Stufen der Bauleitplanung, einerseits im Hinblick auf die Berücksichtigung von Lärmschutzaspekten im Sinne des Vorsorgegrundsatzes[50], andererseits in Bezug auf Bewältigung von zu erwartenden oder bereits bestehenden Lärmkonflikten durch die Festsetzung konkreter Maßnahmen[51], vor allem auch zur Umsetzung von Lärmminderungsplanungen.[52] Folglich sind auch die langfristigen Auswirkungen von Lärmbelastungen Gegenstand einer dem Nachhaltigkeitsgebot verpflichteten Bauleitplanung.[53]

1.2 Sicherung einer menschenwürdigen Umwelt

Jedenfalls ist unabhängig von der Einbeziehung des Grundsatzes der nachhaltigen Siedlungsentwicklung in die Oberziele der Bauleitplanung und der insoweit vorgenommenen Verdeutlichung dahin gehend, dass die Umweltbelange nicht nur gleichgewichtig neben den anderen bauleitplanerischen Oberzielen stehen, sondern dass der Umweltschutz und insoweit natürlich auch der Schutz vor Lärm selbst vielmehr auch als ein Ziel der Bauleitplanung anzusehen ist,[54] ein spezifischer Umweltbezug schon seit der umweltbezogenen Erweiterung[55] der Bauleitplanung im Rahmen der BBauG-Novelle 1976[56] in dem bauleitplanerischen Oberziel „Sicherung einer menschenwürdigen Umwelt" deutlich zum Ausdruck gebracht worden.[57]

---

[47] Gaentzsch, in: Berliner Kommentar zum BauGB, 3. Aufl., Köln, 2002, Loseblattsammlung Stand: Dezember 2008, § 1 Rn. 51; Krautzberger, in: Battis/Krautzberger/Löhr, BauGB, 10. Aufl., München, 2007, § 1 Rn. 45; Söfker, in: Ernst/Zinkahn/Bielenberg/Krautzberger, BauGB, Loseblattsammlung Stand: Oktober 2008, § 1 Rn. 103.

[48] Sog. „intergenerativer Ansatz".

[49] Siehe hierzu schon oben II.

[50] Insbesondere bei den zu treffenden Raumnutzungsentscheidungen auf der Stufe der Flächennutzungsplanung.

[51] Durch klassische oder vorhabenbezogene Bebauungsplanung, ggf. unter Flankierung städtebaulicher Verträge.

[52] Zu diesem Aspekt ausführlicher unten: V. 1.

[53] Gierke, in: Brügelmann (Hrsg.), BauGB, Stuttgart, Loseblattsammlung Stand: September 2007, § 1 Rn. 508 f.

[54] Vgl. Kuschnerus, Die „Nachhaltigkeit" im Abwägungsprozess und in der gerichtlichen Überprüfung, in: Spannowsky/Mitschang (Hrsg.), Nachhaltige städtebauliche Entwicklung, Köln, 2000, S. 160 f.

[55] Vgl. z. B. Stich, VDI-Zeitschrift „Umwelt" 1977, S. 66.

[56] Bundesbaugesetz i. d. F. der Bek. vom 18. August, BGBl. I S. 2221, ber. S. 3617.

[57] Gaentzsch (Fußn. 47), § 1 Rn. 53.

Der Gesetzgeber hat durch die Aufnahme dieses Oberziels schon damals klargestellt, dass einer allein auf wirtschaftliche Gesichtspunkte ausgerichteten Bauleitplanung Grenzen gesetzt sind.[58] Die „Sicherung" einer menschenwürdigen Umwelt erfordert eine an der Umweltvorsorge orientierte Bauleitplanung und geht deshalb über die Umweltschutzstandards der technischen Regelwerke zum Lärmschutz sowie über die Bestimmungen des BImSchG hinaus.[59] Bauleitplanerisches Ziel der Gemeinden muss es insoweit zunächst sein, Lärmbelastungen durch umsichtige Planung zu vermeiden und weiterhin das ihr zur Verfügung stehende Instrumentarium einschließlich der städtebaulichen Verträge so einzusetzen, dass zu erwartende (prognostisch ermittelte) oder schon bestehende (z. B. in Gemengelagen) Lärmschutzkonflikte bewältigt werden können.

2. Berücksichtigung von Belangen des Lärmschutzes in den städtebaulichen Planungsgrundsätzen

Die abstrakt und generell gehaltenen Oberziele der Bauleitplanung werden durch Planungsgrundsätze konkretisiert, und zwar in der Weise, dass jeder Planungsgrundsatz einem oder mehreren bauleitplanerischen Oberzielen zugeordnet werden kann.[60] Ansatzpunkte für die Berücksichtigung von Lärmschutzbelangen finden sich vielfach innerhalb der Auflistung in § 1 Abs. 6 BauGB:

- Die allgemeinen Anforderungen an gesunde Wohn- und Arbeitsverhältnisse und die Sicherheit der Wohn- und Arbeitsbevölkerung (§ 1 Abs. 6 Nr. 1 BauGB).
- Die Belange des Umweltschutzes (§ 1 Abs. 6 Nr. 7 BauGB), insbesondere
  - umweltbezogene Auswirkungen auf den Menschen und seine Gesundheit sowie die Bevölkerung insgesamt (§ 1 Abs. 6 Nr. 7 c BauGB),
  - die Vermeidung von Emissionen (§ 1 Abs. 6 Nr. 7 e BauGB),
  - die Darstellungen von sonstigen Plänen, insbesondere des Immissionsschutzrechts (§ 1 Abs. 6 Nr. 7 g BauGB),
  - die Wechselwirkungen zwischen den einzelnen Belangen des Umweltschutzes nach § 1 Abs. 6 Nr. 7 a, c und d BauGB (§ 1 Abs. 6 Nr. 7 i BauGB).

---

[58] Ebenda.

[59] Ebenda.

[60] Eine Ausnahme bildet hier § 1 Abs. 6 Nr. 11 BauGB, wonach so genannte „informelle Planungen" bei der Bauleitplanung Berücksichtigung finden sollen, da dieser Bestimmung lediglich klarstellender Charakter beizumessen ist. Dazu unten IV. 2.3.

- Die Ergebnisse eines von der Gemeinde beschlossenen städtebaulichen Entwicklungskonzepts oder einer von ihr beschlossenen sonstigen städtebaulichen Planung (§ 1 Abs. 6 Nr. 11 BauGB).

2.1 Anforderungen an gesunde Wohn- und Arbeitsverhältnisse

Die allgemeinen Anforderungen an gesunde Wohn- und Arbeitsverhältnisse und die Sicherheit der Wohn- und Arbeitsbevölkerung korrelieren unmittelbar mit dem bauleitplanerischen Oberziel der „Sicherung einer menschenwürdigen Umwelt" in § 1 Abs. 5 Satz 2 BauGB und verlangen die Berücksichtigung von Lärmbelastungen im Rahmen der Bauleitplanung, und zwar insbesondere in Bezug auf die in die Zukunft gerichtete Komponente des planerischen Gestaltungsauftrages. Dabei einzuhaltende Standards können sich, bezogen auf die jeweilige Lärmart, vor allem aus anderen Rechtsvorschriften ergeben, wie bspw. dem Fluglärmschutzgesetz (FluglSchG[61]) oder insbesondere auch dem Immissionsschutzrecht. Ebenso können sie außer in Rechtsnormen auch in technischen Regelwerken zum Lärmschutz enthalten sein, z. B. DIN-Vorschriften. Die sich aus ihnen ergebenden planerischen Konsequenzen in Bezug auf den Lärmschutz sind differenziert zu betrachten. Insoweit von grundlegender Bedeutung ist, ob es sich um die Planung eines Neubaugebietes oder um eine Planung im baulichen Bestand[62] handelt.[63] Gerade an die Planung von Neubaugebieten sind umfassendere Lärmschutzanforderungen zu stellen als im Baubestand, weil hier mit den zur Verfügung stehenden planerischen Möglichkeiten uneingeschränkt gegebenenfalls zu erwartende Lärmschutzkonflikte bewältigt werden können. Anführen lassen sich diesbezüglich der Trennungsgrundsatz oder die Festsetzung von aktiven oder passiven Schallschutzmaßnahmen. Im baulichen Bestand herrschen insoweit andere Rahmenbedingungen, die kleinteiligere Lösungsansätze erforderlich machen, wie bspw. das Gebot der Rücksichtnahme.

Auf der Grundlage von § 1 Abs. 6 Nr. 1 BauGB lassen sich in den Bauleitplänen Darstellungen nach § 5 Abs. 2 Nr. 1, 2, 3, 5, 6, 9 und 10 sowie Festsetzungen gemäß § 9 Abs. 1 Nr. 1, 2, 2 a, 4, 5, 6, 9, 10, 11, 15, 18, 20, 22, 24, 25 und nach § 9 Abs. 2 BauGB treffen, insbesondere über

- die Berücksichtigung von Störgraden und Schutzempfindlichkeiten bei der Nutzungszuordnung,
- die Freihaltung von Flächen,

---

[61] I. d. F. der Bek. vom 31. Oktober 2007, BGBl. I S. 2550.

[62] Siehe hierzu auch § 1 Abs. 6 Nr. 4 BauGB, der eine derartige Differenzierung auch nahe legt.

[63] Hierbei kann für die Beantwortung, ob städtebauliche Missstände vorliegen, auch auf die Kriterien des § 136 Abs. 3 BauGB zurückgegriffen werden. Lärmschutzaspekte spielen insoweit eine Rolle als Einwirkungen, die von Grundstücken, Betrieben, Einrichtungen oder Verkehrsanlagen ausgehen.

- die spezifische Nutzung von Flächen (z. B. als Sport- und Spielanlagen),
- die Begrünung von Flächen,
- aktive und passive Schallschutzmaßnahmen,
- den lärmbezogenen Nutzungszweck von Flächen,
- die Verkehrsflächen,
- die räumliche Trennung zu schutzbedürftigen Nutzungen durch Abstandsflächen,
- die Heranziehung der Gliederungs- und Differenzierungsmöglichkeiten zur Modifizierung der einzelnen Baugebiete,
- zeitlich bedingte und befristete zulässige Nutzungen.

2.2 Belange des Umweltschutzes

§ 1 Abs. 6 Nr. 7 BauGB fasst die wichtigsten für die Bauleitplanung relevanten Umweltbelange zusammen. Ergänzt wird diese Bestimmung durch § 1 a BauGB, der zusammen mit § 1 Abs. 6 Nr. 7 BauGB die Gegenstände der Umweltprüfung gemäß § 2 Abs. 4 Satz 1 BauGB darstellt.[64] Bei genauerer Betrachtung der aufgelisteten Belange in § 1 Abs. 6 ist festzustellen, dass lärmschutzbezogene Gesichtspunkte in den Planungsgrundsätzen gemäß § 1 Abs. 6 Nr. 7 Buchst. c, e, g und i BauGB zum Ausdruck gebracht werden.

2.2.1 Umweltbezogene Auswirkungen auf den Menschen und seine Gesundheit sowie die Bevölkerung insgesamt (§ 1 Abs. 6 Nr. 7 Buchst. c BauGB)

§ 1 Abs. 6 Nr. 7 Buchst. c BauGB nimmt die umweltbezogenen Auswirkungen auf den Menschen und seine Gesundheit sowie die Bevölkerung insgesamt in Bezug und dient der Umsetzung europarechtlicher Anforderungen.[65] Mit diesem Planungsgrundsatz angesprochen, sind die Auswirkungen, die sich durch Veränderungen der Umweltfaktoren auf den Menschen, seine Gesundheit und damit auch auf die Bevölkerung aus der Verwirklichung der gemeindlichen Planungsabsichten ergeben. Vorhandene sowie künftige Lärmbelastungen fallen eindeutig auch darunter. In diesem Sinne wird zunächst entscheidend auf den Umfang oder die Größenordnung der Veränderungen und sodann auf deren Folgen für die einzelnen Schutzgüter abzustellen sein, bevor die Auswirkungen auf den Menschen und entsprechende

[64] Gaentzsch (Fußn. 47), § 1 Rn. 66.
[65] Vgl. Anhang I Nr. 3 der Plan-UP-RL (Richtlinie 2001/42/EG des Europäischen Parlaments und des Rates vom 27.6.2001 über die Prüfung der Umweltauswirkungen bestimmter Pläne und Programme, ABl. EG Nr. L 197 S. 30).

Schutzmaßnahmen ermittelt werden können.[66] Für die Belange des Lärmschutzes ist dies insbesondere im Hinblick auf bestehende Vorbelastungen von Bedeutung, aber im Übrigen natürlich ebenso für jede relevante Form der Verschlechterung der vorhandenen Lärmsituation. Solche Auswirkungen vermögen auch mittelbar über den immissionsschutzrechtlichen Begriff der schädlichen Umwelteinwirkungen[67] das Ergreifen von Schutz- sowie Vorsorgemaßnahmen durch bauleitplanerische Darstellungen und Festsetzungen auslösen.

Für die Belange des Lärmschutzes maßgeblich sind außerdem die zu treffenden Raumnutzungsentscheidungen in Anbetracht des räumlichen Trennungsgrundsatzes[68] nach § 50 BImSchG, also über die grundsätzliche räumliche Zuordnung von Flächen mit unterschiedlichen Bodennutzungen bei unterschiedlichen Schutzwürdigkeiten und zulässigen Störgraden. Für die Darstellungen und Festsetzungen in den Bauleitplänen können sich insbesondere hieraus Anforderungen in Bezug auf die Einhaltung von Abständen, das Ergreifen von Schutzmaßnahmen oder die Gliederung und Modifizierung von Nutzungsarten ergeben.[69] Auf der Grundlage von § 1 Abs. 6 Nr. 7 Buchstabe c BauGB lassen sich in den Bauleitplänen gemäß § 5 Abs. 2 Nr. 1, 2, 3, 5, 6 und 10 sowie nach § 9 Abs. 1 Nr. 1, 2, 2 a, 3, 4, 5, 9, 10, 11, 15 und 24 und Abs. 2 BauGB Festlegungen treffen, insbesondere

- Berücksichtigung von Störgraden und Schutzempfindlichkeiten bei der Nutzungszuordnung,
- Freihaltung von Flächen,
- aktive und passive Schallschutzmaßnahmen,
- den lärmbezogenen Nutzungszweck von Flächen,
- Verkehrsflächen,
- räumliche Trennung zu schutzbedürftigen Nutzungen durch Abstandsflächen,
- Heranziehung der Gliederungs- und Differenzierungsmöglichkeiten zur Modifizierung der einzelnen Baugebiete,
- zeitlich bedingte und befristete zulässige Nutzungen.

---

[66] Zustimmend: Gaentzsch (Fußn. 47), § 1 Rn. 67 c.

[67] Vgl. § 3 Abs. 1, aber auch § 3 Abs. 4 des Gesetzes zum Schutz vor schädlichen Umwelteinwirkungen durch Luftverunreinigungen, Geräusche, Erschütterungen und ähnliche Vorgänge (Bundes-Immissionsschutzgesetz – BImSchG) i. d. F. der Bek. vom 26.9.2002, zul. geänd. durch Gesetz vom 23.10.2007, BGBl. I S. 3830 sowie nicht zuletzt auch die Aufgabenzuweisung in § 1 BImSchG.

[68] Dazu genauer unten IV. 4.2.

[69] Söfker (Fußn. 47), § 1 Rn. 147 e.

2.2.2 Vermeidung von Emissionen (§ 1 Abs. 6 Nr. 7 Buchst. e BauGB)

§ 1 Abs. 6 Nr. 7 Buchst. e BauGB bezieht sich auf die „Vermeidung von Emissionen", und zwar ganz allgemein und richtet sich insoweit an den Verursacher von Emissionen.[70] Eine nähere Klarstellung dahin gehend, welche Arten von Emissionen hierdurch erfasst werden sollen, wird nicht gemacht. Die im Rahmen der Bestimmung in § 1 Abs. 6 Nr. 7 Buchst. e BauGB geforderte Betrachtung des Emissionsverhaltens setzt beim Emittenten an, während andere Anforderungen in erster Linie Schutzgut bezogen sind.

Anders als in § 1 Abs. 6 Nr. 7 Buchst. c BauGB sind außerdem auch nicht die Auswirkungen auf die Umwelt zu berücksichtigen, sondern es wird eine Zielvorgabe für die planende Gemeinde aufgestellt, nämlich die „Vermeidung" von jedweden Emissionen.[71] Es geht insoweit um die Vermeidung von Emissionen an sich, ohne dass es dabei auf deren Adressaten ankommt. Und schließlich spielt es keine Rolle, ob die Emissionen irgendeinen Schwellenwert erreichen oder nicht. Sie sollen vielmehr grundsätzlich vermieden werden. Das Städtebaurecht hat insoweit einen weiter gehenden Ansatz als das BImSchG, das zwar auch die Vermeidung von schädlichen Umwelteinwirkungen zum Gegenstand hat, hierunter aber Immissionen im Sinne von § 3 Abs. 1 BImSchG versteht. Diese müssen nach Art, Ausmaß oder Dauer geeignet sein, Gefahren, erhebliche Nachteile oder erhebliche Belästigungen für die Allgemeinheit oder für die Nachbarschaft herbeizuführen. Die durch § 1 Abs. 6 Nr. 7 Buchst. e BauGB in Bezug genommene umfassende Vermeidung von Emissionen hat demgegenüber dann eine eigenständige Bedeutung, wenn der Bauleitplan lärmschutzbezogene Regelungen trifft, die unterhalb der immissionsschutzrechtlich bedeutsamen Erheblichkeitsschwelle liegen.

Hinsichtlich des Emissionsbegriffs kann auf § 3 Abs. 3 BImSchG zurückgegriffen werden, wonach unter dieser Bezeichnung „die von einer Anlage ausgehenden Luftverunreinigungen, Geräusche, Erschütterungen, Licht, Wärme, Strahlen und ähnliche Erscheinungen" verstanden werden. Gegenstand dieser umweltschutzbezogenen Anforderung ist damit die Vermeidung von Lärmemissionen insgesamt. Die von einer Anlage im Sinne des BImSchG ausgehenden Emissionen können nur mittelbar, und zwar über die Umweltfaktoren und deren Veränderungen, zu umweltbezogenen Auswirkungen auf den Menschen und seine Gesundheit führen. Diesbezüglich ist schon vorangehend klargestellt worden, dass dadurch auch lärmschutzbezogene Gesichtspunkte ihre bauleitplanerische Berücksichtigung einfordern.

---

[70] Sie geht nämlich auf Anhang IV Nr. 1 der UVP-RL zurück und verlangt vom Projektträger in seinen Antragsunterlagen Angaben über die Lärmbelastung seines Vorhabens zu machen.

[71] Es findet insoweit eine quellenbezogene Betrachtungsweise statt. Demgegenüber findet nach § 1 Abs. 6 Nr. 7 Buchst. a und c BauGB eine Schutzgut bezogene Betrachtung statt .Vgl. Gaentzsch (Fußn. 47), § 1 Rn. 67 e.

Auf der Grundlage von § 1 Abs. 6 Nr. 7 Buchst. e BauGB können in den Bauleitplänen solche Darstellungen und Festsetzungen getroffen werden, durch die eine Vermeidung von Lärmemissionen erreicht werden kann.[72]

2.2.3 Darstellungen in Plänen, insbesondere des Immissionsschutzrechts (§ 1 Abs. 6 Nr. 7 Buchst. g BauGB)

Bei der Aufstellung von Bauleitplänen sind nach § 1 Abs. 6 Nr. 7 Buchst. g BauGB die Darstellungen von Landschaftsplänen sowie von sonstigen Plänen, insbesondere des Wasser-, Abfall- und Immissionsschutzrechts zu berücksichtigen. Dadurch soll gewährleistet werden, dass Aussagen von vor allem umweltspezifischen Fachplanungen, die ebenfalls einen räumlichen Bezug aufweisen, bei den bauleitplanerischen Entscheidungen Berücksichtigung finden.[73] Voraussetzung dafür ist allerdings, dass die Pläne ihre Rechtsgrundlage im Umweltrecht des Bundes haben.[74] Für eine gegebenenfalls durchzuführende Umweltprüfung[75] werden durch die Darstellungen in Plänen des Umweltrechts, insbesondere die Bestandsaufnahme der vorhandenen und zu erwartenden Umweltsituationen und deren Bewertung verkörpert und können so als Grundlage für die Ermittlung der Auswirkungen der Planung herangezogen werden.

Lärmschutzbezogene Planungen des Immissionsschutzrechts, die durch § 1 Abs. 6 Nr: 7 Buchst. g BauGB angesprochen sind, betreffen die in Umsetzung der Umgebungslärm-RL[76] künftig vermehrt aufzustellenden Lärmminderungspläne gemäß § 47 a ff. BImSchG und die insoweit insbesondere in den Lärmaktionsplänen enthaltenen Maßnahmen zum Lärmschutz.[77] Soweit derartige Lärmminderungspläne bereits bestehen, können sie außerdem zu einer Kostenreduzierung im Hinblick auf einzuholende Lärmschutzgutachten, auch im Rahmen einer ggf. durchzuführenden Umweltprüfung, führen.

2.2.4 Wechselwirkungen zwischen den einzelnen Belangen des Umweltschutzes nach § 1 Abs. 6 Nr. 7 a, c und d BauGB (§ 1 Abs. 6 Nr. 7 Buchst. i BauGB)

Schließlich verlangt § 1 Abs. 6 Nr. 7 Buchst. i BauGB, dass auch die Wechselwirkungen zwischen den einzelnen Belangen des Umweltschutzes berücksichtigt wer-

[72] Vgl. hierzu die zu den anderen Planungsgrundsätzen gemachten Auflistungen.

[73] Söfker (Fußn. 47), § 1 Rn. 151 weist zu Recht darauf hin, dass die Planungen im Sinne von § 1 Abs. 6 Nr. 7 Buchst. g BauGB keine eigene Verknüpfungsregelung enthalten müssen, um deren Berücksichtigungspflicht in der Bauleitplanung hervorzurufen.

[74] Informelle Pläne des Lärmschutzes fallen insoweit zwar nicht unter diese Bestimmung, werden aber umfänglich von § 1 Abs. 6 Nr. 11 BauGB erfasst und sind danach ebenfalls im Rahmen der zu treffenden Abwägungsentscheidungen zu berücksichtigen. Vgl. hierzu unten IV. 2.3.

[75] Vgl. genauer unten IV. 3.

[76] Richtlinie 2002/49/EG des Europäischen Parlaments und des Rates über die Bewertung und Bekämpfung von Umgebungslärm vom 18.7.2002, L 189, S. 12 ff.

[77] Dazu genauer unten V. 1.2.

den. Dies gilt aber nur für solche Wechselwirkungen, die sich auf der Grundlage der Buchstaben a, c und d ergeben, mithin also des Naturhaushalts, der Landschaft und der biologischen Vielfalt (Buchst. a), den umweltbezogenen Auswirkungen auf den Menschen, seine Gesundheit und die Bevölkerung insgesamt (Buchst. c) sowie den umweltbezogenen Auswirkungen auf Kulturgüter und sonstige Sachgüter (Buchst. d). Dies trägt dem Umstand Rechnung, dass die Berücksichtigung eines einzelnen Belangs oder eines einzelnen Schutzguts nicht alle Auswirkungen auf die Umwelt zu erfassen vermag, weil ein komplexes System wie die Umwelt von vielfältigen Wechselwirkungen und gegenseitigen Abhängigkeiten geprägt ist.[78] Auch aus der Berücksichtigung der Wechselwirkungen können sich Anforderungen in Bezug auf den Lärmschutz ergeben, die bei der bauleitplanerischen Abwägung zu berücksichtigen sind. Allerdings sind die wissenschaftlichen Grundlagen zur Erfassung der Wechselwirkungen zwischen den Belangen nach den Buchstaben a, c und d weitgehend nicht vorhanden, so dass dieser Gesichtspunkt in der planerischen Praxis regelmäßig unberücksichtigt bleiben muss.

2.3 Städtebauliches Entwicklungskonzept oder sonstige städtebauliche Planungen (§ 1 Abs. 6 Nr. 11 BauGB)

Bei der bauleitplanerischen Abwägung sind nach § 1 Abs. 6 Nr. 11 BauGB „die Ergebnisse eines von der Gemeinde beschlossenen städtebaulichen Entwicklungskonzeptes oder einer von ihr beschlossenen sonstigen städtebaulichen Planung" zu berücksichtigen. Mit dem Begriff des „städtebaulichen Entwicklungskonzepts" nimmt der Gesetzgeber Bezug auf eine aktuelle Aufgabe der Stadtentwicklung, nämlich den Stadtumbau. Solche städtebaulichen Entwicklungskonzepte sind für das Stadtumbaugebiet aufzustellen. In ihnen sind die Ziele und Maßnahmen des Stadtumbaus schriftlich darzustellen.[79] Stadtumbaumaßnahmen sollen nach § 171 a Abs. 3 Nr. 2 BauGB[80] unter anderem auch dazu beitragen, dass die Wohn- und Arbeitsverhältnisse sowie die Umwelt verbessert werden. Anforderungen an den Lärmschutz können insoweit in zweierlei Hinsicht ihre Berücksichtigung finden. Einerseits geht es dabei um bauliche und technische Verbesserungen der Wohnungen, anderseits aber auch um die Verbesserung des Wohnumfeldes.

Während städtebauliche Entwicklungskonzepte in § 1 Abs. 6 Nr. 11 BauGB ausdrücklich angesprochen werden, verweist die Bestimmung im Übrigen noch auf

---

[78] Söfker (Fußn. 47), § 1 Rn. 156. Vgl. auch BVerwG, Urteil vom 25.1.1996 – 4 C 5.95 –, BVerwGE 100, 238 zum Begriff der Wechselwirkungen im Sinne der UVP-RL.

[79] Vgl. 171 b Abs. 2 BauGB.

[80] Vgl. für das Sanierungsrecht § 136 Abs. 2 Satz 2 Nr. 1 und § 136 Abs. 3 Nr. 1 BauGB, wobei es dort allerdings gegenüber der Regelung im Stadtumbaurecht allein darum geht, gesunde Wohn- und Arbeitsverhältnisse zu schaffen. Die Bestimmung in § 171 a Abs. 3 Nr. 2 BauGB bezieht sich auf die Verbesserung der Wohn- und Arbeitsverhältnisse sowie der Umwelt. Stadtumbaumaßnahmen können insoweit schon als präventive Maßnahmen herangezogen werden, und zwar im Vorfeld von „ungesunden" Wohn- und Arbeitsverhältnissen, um diese erst gar nicht entstehen zu lassen.

sonstige städtebauliche Planungen, die bei der bauleitplanerischen Abwägung zu berücksichtigen sind. Gemeint sind damit Rahmenplanungen, Struktur- und Stadtteilplanungen oder ähnliche informelle städtebauliche Planungen, wie sie vielfach und aus verschiedenen Anlässen heraus in den Städten und Gemeinden, häufig im Vorfeld formeller Planungen, aufgestellt werden. Derlei städtebauliche Planungen sind regelmäßig integrierte Planungen und entsprechen angesichts dessen den in § 1 Abs. 6 BauGB enthaltenen Katalog planungserheblicher Gesichtspunkte. Darunter fallen auch Umweltbelange und insbesondere auch Belange des Lärmschutzes. Soweit sonstige städtebauliche Planungen also lärmschutzbezogene Zielsetzungen oder Maßnahmen enthalten oder vorgesehen, sind diese in die bauleitplanerische Abwägung einzustellen und zu berücksichtigen.

Voraussetzung ist allerdings, dass die Planungen nach § 1 Abs. 6 Nr. 11 BauGB beschlossen sind, denn durch diesen Beschluss bindet die Gemeinde auch sich selbst.[81]

3. Lärmschutz als Bestandteil der Umweltprüfung

Soweit nach der BauGB-Novelle 2007 ein Bauleitplan noch der Umweltprüfung unterliegt, sind Belange des Lärmschutzes auch Gegenstand der Anforderungen dieses alle Umweltbelange bündelnden Prüfverfahrens. Nach § 2 Abs. 4 Satz 1 BauGB wird so für die Belange des Umweltschutzes nach § 1 Abs. 6 Nr. 7 und § 1 a BauGB eine Umweltprüfung durchgeführt, in der die voraussichtlichen erheblichen Umweltauswirkungen ermittelt und in einem Umweltbericht beschrieben und bewertet werden. Belange des Lärmschutzes werden in § 1 Abs. 6 Nr. 7 BauGB nach dem vorangehend Dargelegten[82] in vielfacher Hinsicht in Bezug genommen, insbesondere in Buchst. c, wo es um die umweltbezogenen Auswirkungen der Planung auf den Menschen und seine Gesundheit sowie die Bevölkerung insgesamt geht.[83] Dabei umfasst das Schutzgut „Mensch, seine Gesundheit und die Bevölkerung insgesamt“ sämtliche Aspekte, denen sich der Mensch innerhalb des Plangebiets oder seines Wirkungsbereichs ausgesetzt sieht.[84] Im zu erarbeitenden Umweltbericht[85] sind die Umweltauswirkungen der Planung auf die einzelnen Schutzgüter zu beschreiben und zu bewerten. Dies gilt insbesondere für den Schutz vor schädlichen Umwelteinwirkungen im Sinne von § 3 Abs. 1 BImSchG[86] und insoweit auch für den Schutz vor Lärm.[87] Von besonderer Bedeutung hierbei ist, dass im Umweltbericht nicht nur die derzeitige Lärmsituation darzulegen ist, eine Prognose über die Lärmentwicklung und geplante Maßnahmen zur Vermeidung

[81] Gaentzsch (Fußn. 47), 2002, § 1 Rn. 77.
[82] Vgl. oben IV. 2.2.
[83] Hierzu schon oben IV. 2.2.1.
[84] Genauer Bunzel, Umweltprüfung in der Bauleitplanung, Berlin, 2005, S. 79 ff.
[85] Siehe dazu Anlage 1 zu § 2 Abs. 4, §§ 2 a und 4 c BauGB.
[86] Zur eigenständigen Bedeutung von § 1 Abs. 6 Nr. 7 Buchst. e BauGB, vgl. oben IV. 2.2.2.
[87] Siehe § 3 Abs. 2 BImSchG.

sowie zur Verringerung der Lärmbelastungen darzustellen und Planungsalternativen zu berücksichtigen sind, sondern auch Monitoringmaßnahmen zu beschreiben sind, mit Hilfe derer nach der Durchführung des Bauleitplans unvorhergesehene nachteilige Lärmbelastungen ermittelt und bewältigt werden sollen.[88] Außerdem sind im Umweltbericht[89] auch die wichtigsten Merkmale der verwendeten Verfahren darzulegen sowie Hinweise auf Schwierigkeiten zu geben, die bei der Zusammenstellung der Angaben aufgetreten sind, insbesondere technische Lücken oder fehlende Kenntnisse. Das Ergebnis der Umweltprüfung ist nach § 2 Abs. 4 Satz 4 BauGB in der Abwägung zu berücksichtigen. In der zusammenfassenden Erklärung nach den §§ 6 Abs. 5 Satz 3 und 10 Abs. 4 BauGB ist dann die Art und Weise anzugeben, wie mit den Umweltbelangen und damit auch mit den Belangen des Lärms letztendlich in der bauleitplanerischen Abwägung umgegangen und aus welchen Gründen der Plan mit den geprüften, in Betracht kommenden anderweitigen Planungsmöglichkeiten gewählt wurde. Im Rahmen der Umweltprüfung muss damit eine Rechtfertigung darüber abgegeben werden, wie die Belange des Lärmschutzes behandelt, das heißt, in welchem Umfang und durch welche Maßnahmen den Anforderungen an den Lärmschutz Rechnung getragen wurde und welche Lärmbelastungen den Betroffenen dann schließlich noch zugemutet werden. Bei der Verwirklichung des Bauleitplanes müssen die Gemeinden schließlich ein Monitoring durchführen, um die erheblichen Umweltauswirkungen zu überwachen (vgl. § 4 c BauGB). Sollten dabei unvorhergesehene erhebliche Auswirkungen auf die Umwelt ermittelt werden, muss sich die Gemeinde mit den Möglichkeiten ihrer Bewältigung befassen und gegebenenfalls Abhilfemaßnahmen ergreifen.

Die mittels der Umweltprüfung gebündelte und strukturierte Berücksichtigung von Umweltbelangen findet allerdings seit dem Inkrafttreten des BauGBÄndG 2006[90] am 1. Januar 2007 in vielen Planungsfällen nicht mehr statt, da die Anwendung des § 13 a BauGB[91] und des damit verbundenen beschleunigten Verfahrens[92], das auch für die Änderung und Ergänzung von Bebauungsplänen herangezogen werden kann,[93] die Durchführung einer Umweltprüfung nebst den damit zusammenhängenden umweltprüfungsrechtlichen Elementen nicht mehr vorsieht.[94] Gleichwohl

---

[88] Vgl. Nr. 2 a bis d und Nr. 3 b der Anlage 1 zu § 2 Abs. 4 BauGB, §§ 2 a und 4 c BauGB.

[89] Vgl. Nr. 3 a der Anlage 1 zu § 2 Abs. 4 BauGB, §§ 2 a und 4 c BauGB.

[90] Gesetz zur Erleichterung von Planungsvorhaben für die Innenentwicklung der Städte (BauGBÄndG 2006) vom 21.12.2006, BGBl. I S. 3316.

[91] Zur planungspraktischen Anwendung, vgl. Jachmann/Mitschang, Bebauungspläne der Innenentwicklung – Studie zur Anwendung von § 13 a BauGB in der kommunalen Planungspraxis, demnächst in Heft 6 der Zeitschrift „Baurecht“.

[92] Das vereinfachte Verfahren gemäß § 13 BauGB findet auf Grund seiner eingeschränkten Voraussetzungen kaum Anwendung in der Planungspraxis. Siehe hierzu : Jachmann/Mitschang (Fußn. 91).

[93] Vgl. § 13 a Abs. 4 BauGB.

[94] Dazu ausführlich: Mitschang, ZfBR 2007, S. 433 ff.; Reidt, NVwZ 2007, S. 1029 ff.; Schmidt-Eichstaedt, BauR 2007, S. 1148 ff.; Uechtritz, BauR 2007, S. 476 ff.; Scheidler, ZfBR 2006, S. 752 ff.; ders., BauR 2007, S. 650 ff.; Krautzberger/Stüer, DVBl. 2007, S. 160 ff.; Blechschmidt, ZfBR 2007, S. 120 ff.; Bartholomäi, vhw FW 2006, S. 318 ff.; Söfker, vhw FW 2006, S. 314 ff.; Bat-

bedeutet dies nicht, dass Umweltbelange und damit auch Lärmschutzbelange im Rahmen dieser Verfahren nicht mehr zu berücksichtigen sind. Vielmehr bestimmt § 2 Abs. 3 BauGB allgemein, dass bei der Aufstellung der Bauleitpläne, die abwägungserheblichen Belange zu ermitteln und zu bewerten sind. Das bedeutet, dass auch ohne Durchführung einer Umweltprüfung Belange des Lärmschutzes in die Abwägung einzustellen, zu gewichten und zu einem Ausgleich zu bringen sind.

4. Lärmschutz in der planerischen Abwägung

Gemäß § 1 Abs. 7 BauGB sind bei der Aufstellung, Änderung, Ergänzung und Aufhebung von Bauleitplänen die öffentlichen und privaten Belange gegeneinander und untereinander gerecht abzuwägen. Die Abwägung steht im Zentrum der zu treffenden Planungsentscheidungen. Letztlich lässt sich der Vorgang des Abwägens in drei wesentliche Schritte zerlegen, und zwar in

- die Ermittlung der abwägungserheblichen Belange,
- die Gewichtung der Belange,
- den Ausgleich der Belange.

Bei der Zusammenstellung des Abwägungsmaterials hat die Gemeinde grundsätzlich alle Belange zu ermitteln und in die Abwägung einzustellen, die nach Lage der Dinge in die Abwägung einzustellen sind. Dies muss für jeden Planungsfall im Hinblick auf das konkrete Planungsziel sowie in Anbetracht der vorgegebenen Situation bestimmt werden. Eine Checkliste der Belange enthalten die Planungsleitlinien in § 1 Abs. 5 BauGB, insbesondere in Bezug auf die Leitvorstellung einer nachhaltigen Entwicklung[95] sowie die Planungsgrundsätze in § 1 Abs. 6 und § 1 a BauGB, vor allem die Anforderungen an die gesunden Wohn- und Arbeitsverhältnisse.[96] Ergänzt werden diese Belange schließlich durch den außerhalb des Städtebaurechts stehenden immissionsschutzrechtlichen Planungsgrundsatz mit seinen Ausprägungen in der Form des Gebotes der Konfliktbewältigung[97] und der räumlichen Trennung von unverträglichen Nutzungen.[98]

Jedenfalls gehören zu den abwägungserheblichen Belangen regelmäßig auch die Belange des Lärmschutzes und insoweit die Verpflichtung zur Ermittlung von Lärmbelastungen.[99] Gerade in Bezug auf die zuletzt angeführten Ermittlungspflich-

---

tis/Krautzberger/Löhr, NVwZ 2007, S. 121 ff.; Krautzberger, UPR 2007, S. 170 ff.; ders., UPR 2006, S. 405 ff.

95 Vgl. oben IV. 1.

96 Vgl. oben IV. 2.1.

97 Hierzu genauer unten IV. 4.1.

98 Siehe unten IV. 4.2.

99 Nicht ausschlaggebend ist dabei allerdings, inwieweit diese subjektiv als Störung empfunden werden. Besondere Empfindlichkeiten, gesundheitliche Beeinträchtigungen sowie insgesamt persönlichkeitsrelevante Gesichtspunkte haben insoweit außer Betracht zu bleiben.

ten von weitreichender Bedeutung sind die anzustellenden Prognosen zur Lärmentwicklung[100], für den Fall, dass die beabsichtigte Planung realisiert werden sollte. Bei der Erstellung der Prognosen ist darauf zu achten, dass die zum Zeitpunkt der Planung verfügbaren Methoden zur Anwendung gebracht und dass plausible und schlüssige Prognoseergebnisse erzielt werden. Meistens bedient sich die Gemeinde dafür spezieller Sachverständiger, um sich Erkenntnisse über die derzeitige und künftige Lärmbelastung zu verschaffen.

Einen wichtigen Beitrag in Bezug auf die Ermittlung der abwägungserheblichen Belange leistet, insbesondere für die privaten Belange[101], die Öffentlichkeits- und für die öffentlichen Belange, die Behördenbeteiligung. Dies stellt im Übrigen § 4 a BauGB ausdrücklich klar. Für die Berücksichtigung von Lärmschutzbelangen sind insoweit auch die Belange von Mietern und Pächtern einzubeziehen.[102] Das Abwägungsgebot hat für die einzubeziehenden privaten Belange drittschützenden Charakter und begründet dadurch für die privaten Belange einen Anspruch auf eine fehlerfreie Abwägung.[103]

Ist die Ermittlung der abwägungsrelevanten Belange abgeschlossen, muss festgestellt werden, welches Gewicht oder welche Wertigkeit die betroffenen öffentlichen und privaten Belange in der konkreten Situation besitzen. Die in die Abwägung eingestellten Belange müssen also erfasst und gewichtet werden. Nach der Rechtsprechung des BVerwG sind die planungsrelevanten Belange untereinander grundsätzlich gleichrangig. Weder den Belangen des Umweltschutzes insgesamt noch den Belangen des Lärmschutzes insbesondere, kommt dabei ein abstrakter rechtlicher Vorrang zu.[104] Da derlei Gewichtungsvorgaben nicht vorhanden sind, ist die konkrete Betroffenheit des jeweiligen Belangs im Rahmen der planerischen Konzeption maßgeblich. Die Durchsetzungskraft der Belange des Lärmschutzes ergibt sich damit aus den Umständen des Einzelfalls. Das bedeutet, dass die Belange des Lärmschutzes entsprechend ihrer faktischen Bedeutung im konkreten Fall – wie alle anderen Belange auch – ein höheres Gewicht erhalten können. Umgekehrt heißt dies aber auch, dass sie im Interesse gewichtiger entgegenstehender anderer Belange teilweise sowie ganz zurückgestellt werden können. Vor diesem Hintergrund führt

[100] Vgl. hierzu: OVG Lüneburg, Urteil vom 3.7.2000 – 1 K 2107/99 –, NVwZ-RR 2001, S. 499; VGH München, Urteil vom 21.12.2004 – 8 N 03.1429 –, NVwZ-RR 2005, S. 530; OVG Münster, Urteil vom 25.9.2000 – 10a D 8/00.NE –, NWVBl. 2001, S. 185 sowie neuerdings OVG Münster, Beschluss vom 25.1.2008 – 7 B 1743/07.NE –, BeckRS 2008, 33192.

[101] Darunter fallen primär Eigentumsinteressen, aber auch z. B. das Erweiterungsinteresse an einem gewerblichen oder landwirtschaftlichen Betrieb.

[102] So BVerwG, Urteil vom 5.11.1999 – 4 CN 3/99 –, NVwZ 2000, S. 806.

[103] BVerwG, Urteil vom 24.9.1998 – 4 CN 2/98 –, BVerwGE 107, 215.

[104] BVerwG, Beschluss vom 5.4.1993 – 4 NB 3.91 -, NVwZ 1994, S. 288; Beschluss vom 21.12.1993 – 4 NB 40.93 –, NVwZ 1994, S. 685; Beschluss vom 31.1.1997 – 4 NB 27.96 –, BVerwGE 104, 68; Beschluss vom 15.10.2002, – 4 NB 51/02 –, NVwZ-RR 2003, S. 171.

auch die Verankerung des Nachhaltigkeitsgrundsatzes als Leitvorstellung der Bauleitplanung nicht zu einer veränderten Sichtweise.[105]

Wenn es um die Gewichtung von Belangen des Lärmschutzes im Einzelfall geht, kommt den technischen Regelwerken eine besondere Bedeutung zu. Sie geben den die Lärmschutzbelange gewichtenden Gemeinden eine maßgebliche Hilfestellung, da in ihnen bestimmte festgelegte Werte, regelmäßig in der Form von Grenz-, Richt- oder Orientierungswerten, enthalten sind, die Anhaltspunkte dafür bieten, ob mit unzumutbaren Lärmauswirkungen auf die von der beabsichtigen Planung betroffene Bevölkerung zu rechnen ist.

Die technischen Regelwerke weisen allerdings unterschiedliche Rechtsqualitäten auf. So handelt es sich bei der Sportanlagenlärmschutzverordnung (18. BImSchV[106]) oder bei der Verkehrslärmschutzverordnung (VLärmSchV – 16. BImSchV[107]) um Rechtsverordnungen, bei der TA-Lärm[108] um eine Verwaltungsvorschrift und bei der DIN 18005 um ein privates Regelwerk. Die in diesen technischen Regelwerken enthaltenen Lärmwerte, die sich meistens am Baugebietskatalog der BauNVO orientieren,[109] binden die Gemeinden nur dann für die von ihnen zu treffenden Abwägungsentscheidungen, wenn ihnen eine solche Rechtsqualität beizumessen ist, dass die Einhaltung der entsprechenden Werte im Sinne von Grenzwerten zwingend ist. Soweit bspw. in diesem Sinne der Anwendungsbereich der Verkehrslärmschutzverordnung erfasst wird, können im Wege der Verkehrsplanung die in ihr enthaltenen Grenzwerte nicht durch planerische Abwägung überwunden werden. Die Gemeinde ist im Rahmen ihrer städtebaulichen Planungen an die Grenzwerte der VLärmSchV gebunden.

Für die Planungspraxis sind insbesondere folgende technische Regelwerke von Bedeutung:

DIN 18005:

Die DIN 18005 („Schallschutz im Städtebau") dient der planerischen Abschätzung von Verkehrs- und Gewerbeimmissionen im Rahmen der Bauleitplanung und ist das eigentlich einzige sich direkt an die Planung wendende technische Regelwerk.[110] Neben einem Berechnungsverfahren zur Ermittlung des Beurteilungspegels enthält sie in einem Beiblatt 1 schalltechnische Orientierungswerte, deren Einhaltung und insbesondere deren Unterschreitung wünschenswert ist, um die mit der Eigenart

---

[105] Vgl. hierzu: Mitschang, Nachhaltige städtebauliche Entwicklung als Oberziel der Bauleitplanung, in: Spannowsky/Mitschang (Hrsg.), Nachhaltige städtebauliche Entwicklung, Köln, 2000, S. 28 f.; Kuschnerus (Fußn. 45), S. 19 f.

[106] Vom 18.7.1991, BGBl. I S. 1588, ber. S. 1790, zul. geänd. durch ÄndVO vom 9.2.2006, BGBl. I S. 324.

[107] Vom 12.6.1990, BGBl. I S. 1036, zul. geändert durch Gesetz vom 19.9.2006, BGBl. I S. 2146.

[108] Vom 26.8.1998, GMBl S. 503.

[109] Vgl. nachstehende Tabellen.

[110] Sie wird insbesondere für die Planung neuer Wohngebiete herangezogen.

des betreffenden Baugebiets oder der betreffenden Baufläche verbundene Erwartung auf angemessenen Schutz vor Lärmbelastungen zu erfüllen. Die Orientierungswerte sind daher nicht zwingend einzuhalten.[111]

TA-Lärm:

Die TA-Lärm („Technische Anleitung zum Schutz vor Lärm") dient der lärmtechnischen Erfassung von Anlagen, die dem Immissionsschutzrecht nach den §§ 5 und 9 BImSchG unterliegen, unabhängig davon, ob diese einer immissionsschutzrechtlichen Genehmigung bedürfen.[112] Sie enthält Vorgaben zur – in erster Linie – messtechnischen Ermittlung des Beurteilungspegels sowie gebietsbezogene Richtwerte, die im behördlichen Zulassungsverfahren einzuhalten sind.[113] Für die Bauleitplanung ist die TA-Lärm daher nur eingeschränkt, und zwar als Orientierungshilfe[114], heranziehungsfähig.[115] Wichtige Anwendungsfälle im Rahmen der Bauleitplanung beziehen sich in erster Linie auf die Festlegung des Lärmverhaltens von gewerblichen Betrieben im Rahmen von vorhabenbezogenen Bebauungsplänen sowie bei der Anwendung von § 1 Abs. 10 BauNVO für den erweiterten Bestandsschutz.

16. BImSchV:

Die VLärmSchV findet ihren Anwendungsbereich im Bau und der wesentlichen Änderung von Straßen- und Schienenwegen.[116] Die in ihr enthaltenen Grenzwerte sowie des insoweit anzuwendenden Ermittlungsverfahrens sind auch zwingend für die Bauleitplanung.

18. BImSchV:

Die Sportanlagenlärmschutzverordnung dient der Ermittlung des Schutzanspruchs vor Lärm bei der Errichtung und dem Betrieb von Sportanlagen.[117] Sie enthält ne-

---

[111] Dies ergibt sich eigentlich schon aus dem Begriff „Orientierungswert". Vgl. BVerwG, Beschluss vom 18.12.1990 – 4 N 6/88 –, NVwZ 1991, S. 881; Urteil vom 29.7.2004 – 4 BN 26/04 –, BauR 2005, S. 830 und Urteil vom 22.3.2007 – 4 CN 2/06 –, BVerwGE 128, 238.

[112] Durch die Neufassung der TA-Lärm im Jahr 1998 wurde die VDI 2058 (Arbeitslärm in der Nachbarschaft) obsolet und im Jahr 1999 schließlich aufgehoben.

[113] Sie entfaltet nach der Rechtsprechung (vgl. BVerwG, Urteil vom 29.1.2007 – 4 C 2/07 –, BVerwGE 129, 76) eine normkonkretisierende Wirkung und ist für die Verwaltungsbehörde sowie für die Verwaltungsgerichte grundsätzlich verbindlich.

[114] BVerwG, Beschluss vom 13.12.2007 – 4 BN 41/07 –, NVwZ 2008, S. 426.

[115] Siehe Heilshorn, NVwZ 2009, S. 138.

[116] Für andere Sachverhalte ist sie nicht anwendbar.

[117] Der Anwendungsbereich der 18. BImSchV ist ausdrücklich begrenzt auf die Errichtung, die Beschaffenheit und den Betrieb von Sportanlagen, soweit diese zum Zwecke der Sportausübung betrieben werden. Sie ist daher nicht anwendbar auf Freizeitanlagen. Hierfür bietet sich als Beurteilungsgrundlage die Freizeitlärm-Richtlinie (vom 8.1.2001, z. B. veröffentlicht in Nds. MBl. 2001, S. 201) des Länderausschusses für Immissionsschutz (LAI) an, die nach der Rechtsprechung des BVerwG (Beschluss vom 17.7.2003 – 4 B 55.03 –, NJW 2003, S. 3360 sowie Urteil

ben einem zwingend vorgeschriebenen Beurteilungsverfahren für Sportlärm weitgehend bindende Richtwerte im Sinne von Grenzwerten. Für die Bauleitplanung spielt die 18. BImSchV insoweit eine Rolle, weil durch sie auf der planerischen Ebene eine Grobabschätzung in Bezug auf die Lärmbelastung von durch die Errichtung und den Betrieb der Sportanlage Betroffene vorgenommen werden und insoweit eine Aussage zur Zulässigkeit der Sportanlage im nachfolgenden Genehmigungsverfahren abgeleitet werden kann.[118]

Eine Übersicht über die wichtigsten technischen Normen und die in ihnen enthaltenen Lärmwerte gibt folgende Übersicht unter Berücksichtigung der Tagwerte (Tabelle 1) und der Nachtwerte (Tabelle 2).

Tabelle 1: Tagwerte verschiedener technischer Regelwerke[119]

	GI	GE	MD/ MI	MK	WA	WR	Krankenhaus/ Schule/ Pflegeheim
DIN 18005		65	60	65	55	50	
TA-Lärm	70	65	60	60	55	50	45
16. BImSchV		69	64	64	59	59	57
18. BImSchV		65/60	60/55	60/55	55/50	50/45	45/45

Eigene Darstellung.

vom 16.5.2001 – 7 C 16.00 –, NVwZ 2001, S. 1167) nur eine Entscheidungshilfe mit Indizcharakter darstellt.

118 Vor dem Hintergrund der Rechtsprechung des BVerwG (Urteil vom 12.8.1999 – 4 CN 4.98 –, BVerwGE 109, 246) ist dies sinnvoll, um zu vermeiden, dass der Bebauungsplan vollzugsunfähig und unwirksam wird, weil eine Realisierung der beabsichtigten Sportanlage an der Einhaltung der Werte der 18. BImSchV scheitert.

119 Bei den im Bereich der 18. BImSchV für die Tagwerte angegebenen Doppelwerte, bezieht sich der niedrigere Wert auf besondere in der Verordnung geregelte Ruhezeiten am Sonntag, Morgens und Abends.

Tabelle 2: Nachtwerte verschiedener technischer Regelwerke[120]

	GI	GE	MD/ MI	M K	WA	WR	Kranken- haus/ Schule/ Pflegeheim
DIN 18005		55/50	50/45	50	45/40	40/35	
TA-Lärm		50	45	45	40	35	35
16. BImSchV		59	54	54	49	49	47
18. BImSchV		50	45	45	40	35	35

Eigene Darstellung.

In einem weiteren und letzten Schritt hat die Gemeinde dann die ermittelten und unter Berücksichtigung der vorangehend dargelegten Anforderungen bewerteten abwägungserheblichen Belange gegeneinander und untereinander abzuwägen. Da eine städtebauliche Planung regelmäßig unterschiedlichen Interessen ausgesetzt ist und daher mehreren Belangen Rechnung getragen werden muss, führt dies dazu, dass die Gemeinde bei den von ihr zu treffenden Abwägungsentscheidungen notwendiger Weise mit der Bevorzugung des einen Belangs den oder die anderen Belange zurückstellen muss.[121] Das bedeutet, dass die Gemeinde nicht jedem von der Planung berührten Belang vollends Rechnung tragen kann. Es hängt insoweit von den fallspezifischen Planungszielen und der konkreten Situation ab, für welche Belange die Gemeinde eine Anpassung vornimmt und welche Belange mit einem Abstrich belegt werden. Das gilt auch für die Belange des Lärmschutzes. Maßgebliche Bedeutung kommt dabei dem Grundsatz der Verhältnismäßigkeit zu. Dieser verlangt, dass eine Gesamtabwägung zwischen der Schwere des Eingriffs und dem Gewicht und der Dringlichkeit der ihn rechtfertigenden Gründe vorgenommen wird[122]. Das heißt, dass der Ausgleich zwischen den betroffenen öffentlichen und privaten Belangen zur objektiven Gewichtigkeit der einzelnen Belange im Verhältnis stehen muss.[123] Entscheidend ist die jeweilige Planungssituation im konkreten Planungsfall.

In der Begründung zum Bauleitplan ist darzulegen, welche Gründe für die getroffene Abwägungsentscheidung ausschlaggebend waren, damit das Abwägungsergebnis nachvollziehbar und transparent gestaltet werden konnte. Im Hinblick auf die Aspekte des Lärmschutzes ist dies wichtig, weil selbst dann, wenn die Grenz-, Richt- oder Orientierungswerte der technischen Regelwerke nicht erreicht werden, gleichwohl auch abwägend darüber entschieden werden muss, inwieweit dennoch Lärmschutzmaßnahmen getroffen werden, um den Anforderungen an die Abwägung gerecht zu werden.[124] Insoweit reicht es für die planende Gemeinde nicht aus,

[120] Von den für die DIN 18005 angegebenen beiden Nachtwerten gilt der höhere Wert für die Beurteilung von Verkehrslärm, der niedrigere für Gewerbe- und Freizeitlärm.
[121] Vgl. BVerwG, Urteil vom 1.11.1974 – IV C 38/71 – , NJW 1975, S. 841.
[122] BVerfG, Beschluss vom 17.10.1990 – 1 BvR 283/85 –, BVerfGE 83, 1.
[123] Ausführlich: Hoppe, DVBl. 1992, S. 853 ff. sowie ders., NVwZ 2004, S. 903 ff.
[124] Vgl. BVerwG, Beschluss vom 1.9.1999 – 4 BN 25.99 –, NVwZ-RR 2000, S. 146.

wenn sich aus dem Lärmschutzgutachten ergibt, dass die Lärmwerte eingehalten sind.[125]

In den zurückliegenden Jahren hat vor allem die Rechtsprechung zur Konkretisierung der allgemeinen Abwägungsanforderungen einige zentrale Planungsgrundsätze entwickelt. Von Bedeutung für die Berücksichtigung des Lärmschutzes im Rahmen der Bauleitplanung sind insbesondere das Gebot der planerischen Konfliktbewältigung und dieses konkretisierend, das Gebot der räumlichen Trennung von unverträglichen Nutzungen.

4.1 Gebot der planerischen Konfliktbewältigung

Für die Bewältigung von Lärmkonflikten im Rahmen der zu treffenden gemeindlichen Abwägungsentscheidungen leistet das Gebot der Konfliktbewältigung[126], das eigentlich im Zusammenhang mit der Fachplanung entwickelt wurde, eine wesentliche Hilfestellung.[127] Gegründet ist das Gebot der Konfliktbewältigung auf zwei maßgeblichen Gesichtspunkten:

- Erstens ist es nicht Aufgabe einer städtebaulichen Planung, den Änderungen beim Stand der Technik – anders als im Immissionsschutzrecht üblich – durch regelmäßige Planänderungen nachzufolgen.[128] Die städtebauliche Planung schafft regelmäßig nur den rechtsverbindlichen Rahmen für die nachfolgende Beurteilung eines Vorhabens im Baugenehmigungs- oder einem sonstigen Zulassungsverfahren.
- Zweitens ist es sachfremd, im Rahmen von städtebaulichen Planungen schon auf einen solchen Genauigkeitsgrad abzustellen, wie er im nachgeordneten Genehmigungsverfahren für das jeweilige Vorhaben üblich ist. Dies würde nicht nur zu einer unvertretbaren Belastung des Planungsverfahrens selbst beitragen, sondern auch die Planentscheider, also den Gemeinderat weitgehend überfordern.[129]

Bei Lärmkonflikten werden in Bezug auf das Gebot der Konfliktbewältigung sehr häufig Fehler gemacht, die dem Gebot einer gerechten Abwägung widersprechen

---

[125] Vgl. BVerwG, Urteil vom 16.12.1988 – 4 C 48.86 –, NVwZ 1989, S. 655.

[126] Zur Entwicklung ausführlich: Sendler, WiVerw 1985, S. 212 ff. sowie Pfeifer, DVBl. 1989, S. 339 ff.

[127] Dziallas, NZBau 2008, S. 9.

[128] Im Bebauungsplan werden regelmäßig nur die standortbezogenen Umweltfragen geregelt. Eine Ausnahme hiervon stellt der vorhabenbezogene Bebauungsplan, bei dem die Gemeinde nach § 12 Abs. 3 Satz 2 BauGB nicht an die Festsetzungen des § 9 BauGB, die BauNVO (Verordnung über die bauliche Nutzung der Grundstücke i. d. F. der Bek. vom 23.1.1990, BGBl. I S. 132, zul. geänd. durch Gesetz vom 22.4.1993, BGBl. I S. 466) sowie die PlanzV 90 (Verordnung über die Ausarbeitung der Bauleitpläne und die Darstellung des Planinhalts (Planzeichenverordnung 1990 – PlanzV 90) vom 18.12.1990, BGBl. I S. 58) gebunden ist.

[129] Vgl. BVerwG, Beschluss vom 17.2.1984 – 4 B 191.83 –, NVwZ 1984, S. 235.

und regelmäßig zur Unwirksamkeit der städtebaulichen Planung führen. Das ist der Fall, wenn die Grenze zur Unzumutbarkeit von Lärmbelastungen überschritten wird. Zwar spielen insoweit die konkrete planerische Situation und auch die Umgebung sowie auch eine ggf. vorhandene Vorbelastung[130] eine Rolle, doch leidet die Planung dann unter einem Abwägungsmangel, wenn sie gesunden Wohn- und Arbeitsverhältnissen nicht mehr entspricht.

Unterhalb der Schwelle zur Gesundheitsgefährdung existieren für die Bauleitplanung keine gesetzlichen Vorgaben zur Bestimmung der Zumutbarkeit von Lärmbelastungen. Sind die Orientierungswerte der DIN 18005 gewährleistet, kann unterstellt werden, dass die Anforderungen an gesunde Wohn- und Arbeitsverhältnisse gewahrt sind. Aber auch die Überschreitung der Orientierungswerte kann das Ergebnis einer gerechten Abwägung sein. So hat das BVerwG[131] festgestellt, dass je weiter die Orientierungswerte der DIN 18005 überschritten werden, desto gewichtiger allerdings die für die Planung sprechenden städtebaulichen Gründe sein müssen und dass die Gemeinde umso mehr die baulichen und technischen Möglichkeiten auszuschöpfen hat, um diese Auswirkungen zu verhindern. Dabei hat es das BVerwG als zulässig angesehen, dass trotz einer Überschreitung der Orientierungswerte der DIN 18005 um mehr als 10 dB(A) am Rand eines unbebauten Gebiets, dem Abwägungsgebot Rechnung getragen wird, wenn im Innern der Gebäude durch die Anordnung der Räume und die Verwendung von schallschützenden Außenbauteilen angemessener Lärmschutz gewährleistet wird. Für eine derartige Lösung lassen sich städtebauliche Gründe anführen, z. B. dass durch eine geschlossene Riegelbebauung die rückwärtigen Flächen derselben Grundstücke und ggf. weitere Grundstücke wirksam abgeschirmt werden können. Allerdings muss dann auch gewährleistet sein, dass auf der straßenabgewandten Seite der Grundstücke, geeignete geschützte Außenwohnbereiche geschaffen werden.[132] In diesem Zusammenhang ist allerdings darauf hinzuweisen, dass der sog. „Etikettenschwindel" zur Unwirksamkeit des Bebauungsplans führt. Dies ist dann der Fall, wenn in einem Bebauungsplan, ein Misch- oder Dorfgebiet festgesetzt wird, um die Orientierungswerte der DIN 18005 zu unterschreiten, obwohl nach der planerischen Absicht der Gemeinde, die Ausweisung eines reinen Wohngebiets vorgesehen war.[133]

Das Gebot der planerischen Konfliktbewältigung verlangt, dass die Lösung planerisch zu bewältigender Lärmschutzkonflikte grundsätzlich auf der Planungsebene

---

[130] Vgl. § 1 Abs. 6 Nr. 4 BauGB sowie BVerwG, Beschluss vom 18.12.1990 – 4 N 6/88 -, NVwZ 1991, S. 881. Nach des BVerwG (Urteil vom 23.9.1999 – 4 C 6/98 –, BVerwGE 109, 314) ist bei bestehenden Vorbelastungen die heranrückende Nutzung zu Einschränkungen verpflichtet.

[131] BVerwG, Urteil vom 22.3.2007 – 4 CN 2/06 –, BVerwGE 128, 238.

[132] Ebenda.

[133] Vgl. BVerwG, Beschluss vom 16.3.2000 – 4 BN 6/00 –, ZfBR 2000, S. 353. OVG Lüneburg, Urteil vom 6.6.2000 – 1 K 3112/99 –, Beck RS 2005 20187.

angestrebt und nicht auf ein nachfolgendes Genehmigungsverfahren[134] verlagert wird.[135] Eine besondere Relevanz kommt dieser Rechtsprechung für solche Planungen zu, bei denen abschließend auch über die Zulässigkeit des Vorhabens selbst entschieden wird. Insoweit angesprochen sind bspw. straßenrechtliche Planfeststellungsverfahren, aber auch bei planfeststellungsersetzenden Bebauungsplänen ist dies oftmals der Fall.[136]

Lärmschutzkonflikte können in diesem Sinne auch, bspw. bei der Aufstellung eines vorhabenbezogenen Bebauungsplans, ganz aus dem Bebauungsplan ausgeklammert und einem zwischen den Parteien abzuschließenden städtebaulichen Vertrag, hier dem Durchführungsvertrag, überlassen bleiben.[137] Es ist insoweit anerkannt, dass auch durch vertragliche Verpflichtungen wie durch Festsetzungen eines Bebauungsplanes die Wahrung von gesunden Wohn- und Arbeitsverhältnissen gewährleistet werden kann.[138] Vertragliche Vereinbarungen können auch als Flankierung von Festsetzungen nach § 9 Abs. 2 BauGB getroffen werden.[139] Dabei ist allerdings zu berücksichtigen, dass der Vertragsabschluss vor der bauleitplanerischen Abwägung erfolgt, damit die Durchführung der vereinbarten Lärmschutzmaßnahmen auch hinreichend gesichert ist.[140] Ist die Gemeinde selbst Adressat der Lärmschutzmaßnahmen (z. B. bei verkehrslenkenden Maßnahmen oder bei der Errichtung von Schallschutzwänden) kann auch eine Selbstbindung der Gemeinde für die Sicherstellung der Durchführung ausreichen. Aus der Begründung zum Bebauungsplan müssen sich dann die dafür maßgeblichen Aspekte entnehmen lassen.[141]

---

[134] Meistens auf ein Baugenehmigungsverfahren, bei dem dann ergänzend über § 15 BauNVO eine Nachsteuerung, aber keine Plankorrektur erfolgen kann. Vgl. BVerwG, Beschluss vom 6.3.1989 – 4 NB 8.89 -, NVwZ 1989, S. 960 ff.

[135] Schon frühere Rechtsprechung: BVerwG, Urteil vom 5.7.1974 – IV C 50/72 –, BVerwGE 45, 309; Urteil vom 17.5.1995, – 4 NB 30/94 –, NVwZ 1995, S. 1098; Urteil vom 14.7.1994 – 4 NB 25/94 –,NVwZ-RR 1995, S. 130 ff.; Urteil vom 1.9.1999 – 4 BN 25/99 –, NVwZ-RR 2000, S. 146 ff.

[136] BVerwG, Urteil vom 6.3.1989 – 4 NB 8/89 –, NVwZ 1989, S. 960 ff.

[137] Siehe hierzu: OVG Hamburg, Beschluss vom 28.2.2007 – 2 Es 1/07 –, NVwZ-RR 2007, S. 455. In diesem Falle eines Vorhabenbezogenen Bebauungsplanes hatte der Bebauungsplan keine Lärmschutzmaßnahmen festgesetzt, der Durchführungsvertrag enthielt aber diesbezüglich klare Regelungen.

[138] Vgl. BVerwG, Beschluss vom 9.5.1997 – 4 N 1.96 –, BVerwGE 104, 353 sowie Beschluss vom 18.11.1997 – 4 BN 26.97 –, NVwZ-RR 1998, S. 552 ff.

[139] OVG Hamburg, Beschluss vom 28.2.2007 – 2 Es 1/07.N –, NVwZ-RR 2007, S. 455.

[140] Auf die identisch gelagerte Problematik im Zusammenhang mit der Durchführung von Ausgleichsmaßnahmen für durch die Planung vorbereitete Eingriffe in Natur und Landschaft kann insoweit verwiesen werden.

[141] Demgegenüber nicht ausreichend ist es, wenn ein betroffener Privater auf die Konfliktlösung verzichtet, auch wenn dieser dinglich gesichert ist. Vgl. BVerwG, Beschluss vom 23.1.2002 – 4 BN 3.02 –, NVwZ-RR 2002, S. 371 ff.

Eng mit dem Gebot der planerischen Konfliktbewältigung korrespondiert das Gebot der planerischen Zurückhaltung.[142] Dieses bietet die Möglichkeit, solche Lärmkonflikte, die auf der Vollzugsebene bewältigt werden können, nicht schon auf der planerischen Ebene lösen zu müssen. Bei der Bewältigung von Lärmschutzanforderungen kommen insoweit vor allem passive Schallschutzmaßnahmen im Zusammenhang mit der Erteilung der Baugenehmigung in Frage. Dem Gebot der planerischen Zurückhaltung sind allerdings dort Schranken gesetzt, wo eine sachgerechte Konfliktbewältigung nicht sicher gestellt werden kann.[143] Gefordert ist insoweit eine prognostische Einschätzung.[144] Soweit es sich um eine Angebotsplanung handelt, müssen dieser Prognose all diejenigen baulichen Nutzungen zu Grunde liegen, die bei einer vollständigen Ausnutzung der im Bebauungsplan getroffenen Festsetzungen möglich sind.[145]

Gleichwohl werden durch das Gebot der Konfliktbewältigung oder der Konfliktlösung die Anforderungen des Abwägungsgebots nicht eingeschränkt, sondern vielmehr in der Sache lediglich auf die Grundsätze der Abwägung verwiesen, und zwar in dem Sinne, dass die durch die Planung berührten Belange zu einem gerechten Ausgleich gebracht werden müssen.[146] Solange im Planungsverfahren der gerechte Ausgleich der berührten Belange noch nicht erreicht ist, bestehen eben solche „Konflikte", die entweder auf der Planungsebene selbst oder in einem nachfolgenden Verfahren gelöst werden müssen.

4.2 Räumliche Trennung konfligierender Nutzungen

Für die Bewältigung der Anforderungen des Abwägungsgebots spielt der, das Gebot der Konfliktbewältigung konkretisierende Trennungsgrundsatz im Sinne eines „Konfliktvermeidungsprinzips" eine maßgebliche Rolle.[147] Geregelt ist der Trennungsgrundsatz in § 50 BImSchG. Nach dieser Bestimmung sind bei Planungen die für eine bestimmte Nutzung vorgesehenen Flächen einander so zuzuordnen, dass

---

[142] Hierzu: BVerwG, Beschluss vom 17.2.1984 – 4 B 191.83 –, NVwZ 1984, S. 235 ff.; Urteil vom 11.3.1988 – 4 C 56.84 –, NVwZ 1989, S. 659 ff.; Beschluss vom 15.9.1995 – 11 VR 16/95 –, NVwZ 1996, S. 396 ff.; Urteil vom 18.9.2003 – 4 CN 3/02 –, BVerwGE 119, 45.

[143] BVerwG, Urteil vom 18.9.2003 – 4 CN 3/02 -, BVerwGE 119, 45; Urteil vom 26.5.2004 – 9 A 6/03 -, BVerwGE 121, 57; VGH Kassel, Urteil vom 12.3.2008 – 3 N 1907/05 –, BeckRS 2008, 36497.

[144] BVerwG, Beschluss vom 14.7.1994 – 4 NB 25.94 –, NVwZ-RR 1995, S. 130 ff. Danach ist ein Bebauungsplan nicht zulässig, der Verkehrsprobleme aufwirft, die nur durch den Ausbau einer vorhandenen Landstraße gelöst werden können, wenn der Bebauungsplan diese Lösung einem künftigen Planfeststellungsverfahren überlässt, obwohl nicht absehbar ist, ob eine Planfeststellung ergehen kann und wird.

[145] Nach der Rechtsprechung des OVG Münster (Beschluss vom 15.2.2005 – 10 B 517/04 – BeckRS 2005, 23925) gilt dies auch dann, wenn der Plangeber bereits während des laufenden Bebauungsplanverfahrens die Verwirklichung einer bestimmten baulichen Nutzung des Plangebietes, die die getroffenen Festsetzungen nicht vollständig ausnutzt, als sicher ansieht.

[146] BVerwG, Beschluss vom 14.7.1994 – 4 NB 25.94 –, NVwZ-RR 1995, S. 130 ff.

[147] OVG Koblenz, Urteil vom 18.6.2008 – 8 C 10128/08 –, NVwZ-RR 2009, S. 60 ff.

insbesondere schädliche Umwelteinwirkungen auf die ausschließlich oder überwiegend dem Wohnen dienenden Gebiete sowie auf sonstige schutzbedürftige Gebiete so weit wie möglich vermieden werden. Bei dem in § 50 BImSchG enthaltenen immissionsschutzrechtlichen Planungsgrundsatz handelt es sich nach der Rechtsprechung des BVerwG[148] um eine sog. „Abwägungsdirektive", die bei der vorzunehmenden Abwägungsentscheidung weitgehend zu beachten ist. Insoweit wird der planerische Abwägungsspielraum begrenzt, mit der Folge, dass im Falle des Vorrangs anderer abwägungsrelevanter Belange, eine Zurückstellung des räumlichen Trennungsgrundsatzes mit einer erhöhten Verpflichtung zur Begründung verbunden ist, mithin einer besonderen Rechtfertigung bedarf.[149] Insoweit handelt es sich bei dem räumlichen Trennungsgrundsatz um nicht mehr als einen ausnahmefähigen Grundsatz.[150]

Der Zielsetzung dieser Bestimmung kann auf unterschiedliche Weise Rechnung getragen werden. Zunächst ist mit der nutzungsverträglichen Zuordnung von Flächen eine zentrale Aufgabe der städtebaulichen Planung, insbesondere der Flächennutzungsplanung angesprochen. Auf dieser der Bebauungsplanung vorgelagerten Planungsebene geht es darum, für das gesamte Gemeindegebiet die sich aus der beabsichtigten städtebaulichen Entwicklung ergebende Art der Bodennutzung nach den voraussehbaren Bedürfnissen der Gemeinde in den Grundzügen darzustellen, mithin die grundlegenden Raumnutzungsentscheidungen angesichts der Anforderungen des bauleitplanerischen Abwägungsgebots zu treffen. Insoweit handelt es sich bei der nutzungsverträglichen Zuordnung von Raumnutzungen um ein wichtiges Element der geordneten städtebaulichen Entwicklung.

Die nur scheinbar effektivste Form besteht darin, die konfligierenden Nutzungen mittels einer ausreichenden räumlichen Trennung einander zuzuordnen. Konfligierende Nutzungen sollen daher nicht nebeneinander angeordnet werden.[151] Herangezogen wird die räumliche Trennung von unverträglichen Nutzungen in erster Linie bei der Neuplanung von bisher unbebauten Flächen, weil in diesen Fällen freilich der erforderliche räumliche Abstand bewältigt werden kann.[152] Klassischer Ausdruck der räumlichen Trennung von gegenseitig unverträglichen Nutzungen ist

---

[148] BVerwG, 5.12.2008 – 9 B 29/08 –, BeckRS 2009, 30201; Urteil vom 22.3.2007 – 4 CN 2/06 –, BVerwGE 128, 238; Urteil vom 28.1.1999 – 4 CN 5.98 –, BVerwGE 108, 248; VGH Kassel, Urteil vom 21.2.2008 – 4 N 869/07 –, NVwZ-RR 2008, S. 446 ff.

[149] BVerwG, Urteil vom 22.3.1985 – 4 C 73.82 –, BVerwGE 71, 163; Urteil vom 28.1.1999 – 4 CN 5.98 –, BVerwGE 108, 248; Urteil vom 7.7.2004 – 4 BN 16/04 –, BeckRS 2004, 23937.

[150] BVerwG, Urteil vom 7.7.2004 – 4 BN 16/04 –, BeckRS 2004, 23937.

[151] Schon früh: BVerwG, Urteil vom 5.7.1974 – IV C 50/72 –, BVerwGE 45, 309.

[152] Heute erfährt die räumliche Trennung allerdings vor dem Hintergrund des insoweit erforderlichen enormen Flächenverbrauchs deutliche Einschränkungen. Mit der bodenpolitischen Zielsetzung im Jahr 2020 nur noch 30 Hektar/Tag zu verbrauchen und den insoweit neu geschaffenen Planungsinstrumenten, insbesondere des § 13 a BauGB, soll auch durch städtebauliche Planung primär dem Leitbild der Innenentwicklung Rechnung getragen werden. Siehe insoweit auch BVerwG, Urteil vom 22.3.2007 – 4 CN 2/06 –, BVerwGE 128, 238.

der nordrhein-westfälische Abstandserlass vom 2.4.1998[153], der weit über die Landesgrenzen hinaus Anwendung in der Planungspraxis gefunden hat und auch noch findet. In diesem Zusammenhang anzuführen ist auch die DIN 18005 mit ihren speziell auf die städtebauliche Planung ausgerichteten Orientierungswerten.[154] Vor dem Hintergrund des § 50 BImSchG und seines vorsorgebezogenen Charakters wird insoweit verlangt, ein Erreichen der Orientierungswerte der DIN 18005 durch räumliche Trennung unverträglicher Nutzungen im Rahmen der Planung zu verhindern.[155]

Für sich gegenseitig beeinträchtigende unmittelbar benachbarte Nutzungen im schon überwiegend bebauten Bereich ist darauf hinzuweisen, dass der räumliche Trennungsgrundsatz dort an seine Grenzen stößt, also nur eingeschränkt heranziehbar ist, um Nutzungskonflikte zu bewältigen.[156] Das schließt das räumliche Nebeneinander von konfligierenden Nutzungen in solchen gewachsenen Gemengelagen[157] aber nicht grundsätzlich aus.[158]

Soweit konfligierende Situationen mit planerischen Mitteln nicht mehr bewältigt werden können, ist schließlich noch durch das Rücksichtnahmegebot ein Konfliktlösungsansatz vorhanden. Dieses geht davon aus, dass die Nutzungen insgesamt mit einer spezifischen gegenseitigen Pflicht zur Rücksichtnahme belastet sind, welche im Falle von Lärmbelastungen zur sog. „Mittelwertrechtsprechung"[159] geführt hat. Dabei ist der hier in Bezug genommene Mittelwert kein arithmetischer Wert, sondern nur eine Art Mittelwert, der aus dem konkreten Einzelfall[160] abzuleiten ist, und z. B. unter Heranziehung der TA-Lärm zwischen den darin für zwei Gebiete

---

[153] NWMBl. 1998, S. 744.

[154] Dazu schon oben IV. 4.

[155] Für von der Störfall-Verordnung erfasste Betriebe hat die Kommission für Anlagensicherheit einen Leitfaden („Empfehlungen für Abstände zwischen Betriebsbereichen nach der Störfall-Verordnung und schutzbedürftigen Gebieten im Rahmen der Bauleitplanung – Umsetzung § 50 BImschG der SFK/TAA-Arbeitsgruppe Überwachung der Ansiedlung") herausgegeben, der Abstände zu schutzbedürftigen Nutzungen festlegt. Download unter: http://www.kas-bmu.de/publikationen(sfk-pub.htm. Zugriff am 24.2.2009.

[156] BVerwG, Beschluss vom 29.1.1992 – 4 NB 22/90 –, NVwZ 1992, S. 663 ff.; OVG Berlin-Brandenburg, Beschluss vom 15.1.2009 – 10 S 17/08 –, BeckRS 2009, 31036.

[157] Ausführlich zu Überplanungen von Gemengelagen: Heilshorn, NVwZ 2009, S. 137 ff.; Spiegels, BauR 2007, S. 315 ff.

[158] Vielmehr wird sich angesichts des neuen städtebaulichen Leitbildes der Innenentwicklung künftig verstärkt die Notwendigkeit der Überplanung von Gemengelagen ergeben, um den beabsichtigten Vorhaben eine rechtlich gesicherte Planungsgrundlage zur Verfügung stellen zu können.

[159] BVerwG, Urteil vom 12.12.1975 – IV D 71/73 –, BVerwGE 50, 49.

[160] Anhaltspunkte können sich dabei aus der Prägung des Einwirkungsbereiches (Umfang der sich gegenseitig beeinträchtigenden Nutzungen), der Ortsüblichkeit des Geräuschs und der zeitlichen Priorität ergeben. Vgl. OVG Berlin-Brandenburg, Beschluss vom 15.1.2009 – 10 S 17/08 –, BeckRS 2009, 31036.

bestimmten Richtwerten liegt. Mit ihm wird die maximale Duldungspflicht der von der jeweiligen Nutzung betroffenen Nachbarn markiert.[161]

Im Übrigen besteht gerade in räumlich beschränkten Lagen ebenso wie in Gemengelagen als weiterer Konfliktbewältigungsansatz auch die Möglichkeit, durch Nutzungsbeschränkungen eine Konfliktbewältigung herbeizuführen.[162] Erreicht werden kann dies bspw. dadurch, dass in einem Bebauungsplan Festsetzungen nach § 9 Abs. 1 Nr. 15 BauGB (z. B. Grünflächen wie Parkanlagen), nach § 9 Abs. 1 Nr. 23 BauGB (z. B. Verwendungsverbote), nach § 9 Abs. 1 Nr. 24 BauGB (z. B. Schutzflächen) sowie nach § 1 Abs. 4 Satz 2 BauNVO (Gliederung der Gewerbegebiete einer Gemeinde im Verhältnis zueinander) oder nach § 1 Abs. 4 i. V. m. § 1 Abs. 5 BauNVO (sog. „eingeschränkte Gewerbegebiete“[163]), getroffen werden. In der neueren Rechtsprechung[164] anerkannt ist zum Zwecke der Konfliktbewältigung auf der Grundlage der TA-Lärm auch die Festsetzung von sog. „flächenbezogenen Schallleistungspegeln (FSP)“ und von sog. „immissionswirksamen flächenbezogenen Schallleistungspegeln (IFSP)“[165] im Sinne der Festlegung von Emissionskontingenten zum Zwecke der Steuerung des Immissionsschutzes.[166] Wird von dieser Möglichkeit Gebrauch gemacht, so muss durch den Bebauungsplan eindeutig bestimmt werden, auf welche Flächen sich die festgesetzten Pegel beziehen. Dies ist insbesondere deshalb von Bedeutung, weil ein allgemein anerkannter Standard für die Schallausbreitungsberechnung fehlt und die in Betracht kommenden Methoden zu unterschiedlichen Ergebnissen führen können. Aus diesem Grund muss ebenfalls geregelt werden, welches Verfahren bei der Beurteilung der Vorhaben anzuwenden ist.[167] Rechtsgrundlage für die Festsetzung der flächenbezogenen Schallleistungspegel ist aber nicht § 9 Abs. 1 Nr. 24 BauGB[168], sondern § 1 Abs. 4 Satz 1 Nr. 2 und Satz 2 BauNVO.

V. Strategische Aspekte beim städtebaulichen Lärmschutz

Zwei neuere Entwicklungen im Bereich des städtebaulichen Lärmschutzes verdienen eine genauere Betrachtung. Es handelt sich dabei zunächst um die Umge-

---

161 BVerwG, Urteil vom 18.12.1990 – 4 N 6/88 –, NVwZ 1991, S. 881 ff.

162 Siehe insoweit auch: BVerwG, Urteil vom 22.3.2007 – 4 CN 2/06 –, BVerwGE 128, 238; Urteil vom 7.7.2004 – 4 BN 16/04 –, BeckRS 2004, 23937.

163 Das heißt, es dürfen nur solche Betriebe und Anlagen zugelassen werden, die dem Lärmschutzniveau des Mischgebiets entsprechen.

164 BVerwG, Beschluss vom 27.1.1998 – 4 NB 3/97 –, NVwZ 1998, S. 1067 ff.; Urteil vom 28.2.2002 – 4 CN 5/01 –, NVwZ 2002, S. 1114 ff.; VGH Mannheim, Urteil vom 24.3.2005 – 8 S 595/04 –, NVwZ-RR 2006, S. 14 ff.

165 BVerwG, Beschluss vom 27.1.1998 – 4 NB 3.97 –, NVwZ 1998, S. 1067 ff.

166 Hierzu ausführlich: Tegeder/Heppekausen, BauR 1999, S. 1098 ff.

167 VGH Kassel, Urteil vom 21.2.2008 – 4 N 869/07 –, NVwZ-RR 2008, S. 446 ff.; VGH München, Urteil vom 26.1.2007 – 1 BV 02.2147 –, NVwZ-RR 2007, S. 736 ff. VGH Mannheim, Urteil vom 24.3.2005 – 8 S 595/04 –, NVwZ-RR 2006, S. 14.ff.

168 BVerwG, Beschluss vom 18.12.1990 – 4 N 6/88 –, NVwZ 1991, S. 881 ff.

bungslärm-RL[169], deren Anforderungen gegenwärtig durch die Erarbeitung von Lärmkartierungen und die Aufstellung von Lärmaktionsplänen bundesweit in die Praxis umgesetzt werden. Daneben wurde mit dem novellierten Fluglärmschutzgesetz (FluglSchG) das Verhältnis von Siedlungsentwicklung und Fluglärmschutz auf eine neue Grundlage gestellt. Beide Entwicklungen weisen nicht nur in Richtung eines eher strategisch ausgerichteten Ansatzes zur Bewältigung von Lärmbelastungen, sondern haben auch konkrete räumliche Bezüge, die sich auf die städtebauliche Entwicklung auswirken.

1. Anforderungen der Umgebungslärm-RL

Mit der am 18. Juli 2002 in Kraft getretenen Umgebungslärm-RL wird das Ziel verfolgt, ein gemeinsames Konzept festzulegen, um schädliche Auswirkungen, einschließlich Belästigung, durch Umgebungslärm[170], auf der Grundlage von Prioritäten zu verhindern, ihnen vorzubeugen oder sie zu mindern.[171] Erreicht werden soll dieses Ziel durch ein ganzes Maßnahmenbündel:

- Aufstellung von strategischen Lärmkarten zur Ermittlung der Belastung durch Umgebungslärm, und zwar nach einheitlichen Bewertungsmethoden.
- Aufstellung von Lärmaktionsplänen mit konkreten Maßnahmen zur Minderung bzw. zum Erhalt von ruhigen Gebieten.
- Beteiligung und Information der Öffentlichkeit.

Die Umgebungslärm-RL erfasst im Wesentlichen[172] den Lärm von Straßen- und Schienenverkehr sowie den Fluglärm.[173] Sie war bis zum 18. Juli 2004 in nationales Recht umzusetzen. Dies konnte die Bundesrepublik Deutschland erst verspätet

[169] Hierzu ausführlich: Mitschang, ZfBR 2006, S. 430 ff.; Scheidler, NWVBl. 2007, S. 245 ff.; ders., DVBl. 2005, S. 1344 ff.; Cancik, ZUR 2007, S. 169 ff.; Fickert, DVBl. 2004, S. 1253 ff.; Philipp-Gerlach/Hensel, ZUR 2004, S. 329 ff.; Feldmann, ZUR 2005, S. 352 ff.; Söhnlein, NuR 2006, S. 276 ff.

[170] Dabei werden als Umgebungslärm vom Menschen verursachte belästigende oder gesundheitsschädliche Geräusche im Freien bezeichnet.

[171] Zur vormaligen Situation, vgl. ausführlich: Mitschang, Lärmminderungsplanung als wichtige gemeindliche Aufgabe zum Schutz vor Lärm, in: Spannowsky/Mitschang (Hrsg.), Lärmschutz in der Bauleitplanung und bei der Zulassung von Bauvorhaben, Köln, 2002, S. 59 ff.

[172] Auch erfasst werden Geräte, die für die Verwendung im Freien vorgesehen sind, Ausrüstungen für die Industrie sowie ortsbewegliche Maschinen.

[173] Sie gilt nicht für Nachbarschaftslärm, von den betroffenen Personen selbst verursachten Lärm, Lärm am Arbeitsplatz oder in Verkehrsmitteln sowie für Lärm in militärischen Gebieten oder auf Grund militärischer Aktivitäten.

durch das „Gesetz zur Umsetzung der EG-Richtlinie über die Bewertung und Bekämpfung von Umgebungslärm“[174] gewährleisten.

Die Ausarbeitung von strategischen Lärmkarten im Sinne von § 47 c BImSchG dient der Ermittlung und Darstellung der Lärmbelastung für Ballungsräume, Hauptverkehrsstraßen, Haupteisenbahnstrecken und Großflughäfen sowie der Harmonisierung der dafür zur verwendenden Lärmindizes und Berechnungsverfahren. Dies verdeutlicht die strategische Funktion der Lärmkarten, denn sie geben einen weiträumigen Überblick zur bestehenden Lärmbelastung durch die Hauptlärmquellen, die den Umgebungslärm ausmachen. Inhaltliche Vorgaben zur Lärmkartierung ergeben sich außer aus § 47 c BImSchG noch aus der Verordnung über die Lärmkartierung (34. BImSchV[175]). Auf der Grundlage von § 4 Abs. 2 dieser Verordnung müssen getrennt für jede Lärmart strategische Lärmkarten erstellt werden. Eine gesamtheitliche Lärmkarte, bestehend aus den separaten Lärmkartierungen, wird jedoch nicht gefordert. Die Verdeutlichung von Summenkonflikten ist jedoch gerade im Hinblick auf den der Umgebungslärm-RL zu Grunde liegenden akzeptorbezogenen Ansatz sowie auch für die Information der Öffentlichkeit über die aktuelle Lärmbelastung von erheblicher Bedeutung.[176] Jedenfalls sind nach § 4 Abs. 4 Nr. 2 der 34. BImSchV Überschreitungen relevanter Grenzwerte darzustellen, auf deren Grundlage dann Lärmschutzmaßnahmen getroffen werden sollen. Allerdings enthalten weder die Umgebungslärm-RL noch das BImSchG entsprechende Werte. Folge davon ist, dass bundesweit nicht nur unterschiedliche[177], sondern auch höhere als ursprünglich vorgesehene Auslösewerte[178] für eine Lärmaktionsplanung zur Anwendung kommen, die sogar deutlich über den Grenz- und Richtwerten der 16. und 18. BImSchV liegen.

Aus den strategischen Lärmkarten sind dann unter weitreichender Beteiligung der Öffentlichkeit Lärmaktionspläne[179] zu entwickeln, aus denen dann wiederum An-

---

[174] BGBl. I S. 1794 ff. Soweit es um den Bereich der Lärmminderungsplanung geht, dient das Gesetz auch der Umsetzung der Richtlinie 2001/42/EG vom 27. Juni 2001 über die Prüfung der Umweltauswirkungen bestimmter Pläne und Programme, ABl. EG Nr. L 197, S. 30 ff.

[175] Vom 6.3.2006, BGBl. I S. 516.

[176] Mitschang (Fußn. 169), S. 436 sowie Feldmann (Fußn. 169), S. 357. Aber auch in anderer Hinsicht liegen noch wenig Erfahrungswerte vor. Dies gilt bspw. für die grenzüberschreitende Zusammenarbeit bei Fluglärmbelastungen.

[177] Z. B. liegen die Auslösewerte in Berlin bei 70 für den L_{DEN} und bei 60 dB(A) für den L_{NIGHT} in der ersten Stufe und bei 65 dB(A) für den L_{DEN} sowie 55 dB(A) für den L_{NIGHT} in der zweiten Stufe. Vom Umweltbundesamt wurden zur Vermeidung von Gesundheitsschäden und -gefährdungen an der Lärmwirkungsforschung orientierte Werte vorgeschlagen, die jedoch von den Bundesländern durchweg abgelehnt wurden.

[178] Von der Bundesregierung war ein einheitliches Wertepaar mit 65 dB(A) für den L_{DEN} und 55 dB(A) für den L_{NIGHT} vorgesehen.

[179] Wesentliche Unterstützung erfährt das Verfahren zur Aufstellung von Lärmminderungsplänen durch die vorgeschriebene Information der Öffentlichkeit und ihre umfassende Einbeziehung bei der Aufstellung der Lärmaktionspläne.

gaben zur Notwendigkeit von Lärmschutz- oder Lärmminderungsmaßnahmen entnommen werden können.

1.1 Auswirkungen auf die Stadtentwicklung

Die Umgebungslärm-RL ist Ausdruck des zunehmenden Einflusses der europäischen Ebene auf den Gebieten der Umweltvorsorge. Mit der Einführung des § 47 a BImSchG wurden – in Abkehr von den bislang verwendeten Instrumenten – nunmehr die Städte und Gemeinden verpflichtet, schädliche Umwelteinwirkungen durch Geräusche festzustellen (strategische Lärmkarten) und Maßnahmen zur Lärmminderung (Lärmaktionspläne) zu bestimmen. Das ist ein Fortschritt gegenüber der bisherigen Praxis zur Berücksichtigung von Lärmbelastungen im Rahmen von städtebaulichen Planungen.

In diesem Zusammenhang von Bedeutung ist im Übrigen, dass mit § 47 a BImSchG keine neue Planungsebene geschaffen wird. Lärmminderungspläne sollen vielmehr auf bestehende oder künftige Konfliktbereiche hinweisen und vor allem spezifische Lärmminderungspotenziale aufzeigen, und zwar auch auf den Ebenen der städtebaulichen Planung. Sie weisen insoweit Elemente der Lärmsanierung sowie der Lärmvorsorge auf. Hinzu kommen Aussagen zu (noch) ruhigen Bereichen und wie dieser Zustand erhalten werden kann. Das gesamte planerische Instrumentarium der Bauleitplanung zur Berücksichtigung von Lärmschutzbelangen der Bevölkerung kann unter Beachtung des Abwägungsgebots zur Umsetzung der Maßnahmen in den Lärmaktionsplänen zum Einsatz gebracht werden.

Die meisten Maßnahmen, die in den Lärmaktionsplänen allerdings getroffen werden, betreffen die Verringerung von Lärmbelastungen (vornehmlich des Straßenverkehrs), widmen sich aber nur sekundär der planerischen Lärmvorsorge. Dabei ist gerade die Vermeidung von Lärmbelastungen vor ihrer Entstehung auch eine maßgebliche Aufgabe einer in die Zukunft gerichteten städtebaulichen Planung.[180] Gerade darin liegt das bedeutende Potenzial der Lärmminderungsplanung für die Bauleitplanung. Sie stellt für die Bauleitplanung insbesondere in Bezug auf die Lärmvorsorge – wie die Landschaftsplanung im Hinblick auf die Belange des Naturschutzes und der Landschaftspflege – eine Art „lärmschutzbezogenen Planungsbeitrag“ dar, durch den der planenden Gemeinde das für die künftigen Raumnutzungsentscheidungen maßgebliche lärmbezogene Abwägungsmaterial zur Verfügung gestellt wird. Deshalb bestehen hinsichtlich Maßstab, Detailschärfe und Inhalt am ehesten Wechselwirkungen mit der Ebene der vorbereitenden Bauleitplanung.[181] Diese Komponente der Lärmminderungsplanung kommt in der Praxis

---

[180] Vgl. oben IV.

[181] In der Planungspraxis müssen Lärmminderungspläne schon zu einem möglichst frühen Zeitpunkt in die Flächennutzungsplanung integriert werden, ggf. auch über ein Verkehrsentwicklungskonzept, um inhaltliche Berücksichtigung bei den zu treffenden Raumnutzungsentscheidungen zu finden.

gegenüber den „üblichen" Maßnahmen zur Lärmminderung bei weitem zu kurz. Dabei kommt gerade darin der strategische Aspekt der Lärmminderungsplanung im Hinblick auf die nachhaltige Siedlungsentwicklung und die Gewährleistung einer menschenwürdigen Umwelt am stärksten zum Ausdruck.

Lärmminderungspläne richten sich als die Belange des Lärmschutzes berücksichtigende Fachpläne an alle Träger öffentlicher Verwaltung sowie an Planungsträger. Zwar wurde durch die Umgebungslärm-RL ein EU-weiter Rechtsrahmen zur Regelung von Geräuschimmissionen erstmals geschaffen, doch ist gleichwohl hinsichtlich der Bindungswirkung der Planaussagen zu differenzieren.

1.2 Bindungswirkungen der Festlegungen in Lärmminderungsplänen

Was die Festlegungen in Lärmminderungsplänen angeht, verweist § 47 d Abs. 6 BImSchG auf eine für Luftreinhaltepläne geltende Bestimmung in § 47 Abs. 6 BImSchG. Danach sind Maßnahmen des Lärmaktionsplans durch Anordnungen oder sonstige Entscheidungen der zuständigen Träger öffentlicher Verwaltung nach dem BImSchG oder nach anderen Rechtsvorschriften durchzusetzen. Und weiter wird gefordert: „Sind im Lärmaktionsplan planungsrechtliche Festlegungen vorgesehen, haben die zuständigen Planungsträger zu befinden, ob und inwieweit dies bei ihren Planungen zu berücksichtigen ist." Für die Effektivität der Lärmminderungspläne ist dies von erheblicher Bedeutung, denn die Gemeinden sind zwar für die Aufstellung der Lärmaktionspläne verantwortlich, aber für die Anordnung, Planung, Organisation oder Durchführung der Maßnahmen nur in geringem Umfang. Für die Anordnung von straßenverkehrsrechtlichen Maßnahmen[182] ist insoweit die Straßenverkehrsbehörde oder für den ÖPNV sind die Kreisverwaltungen zuständig. Im Übrigen ist zwischen der Durchsetzung von Einzelmaßnahmen und der Durchsetzung von Maßnahmen im Rahmen von Planungen[183] zu unterscheiden.[184]

1.2.1 Einzelmaßnahmen

Nach dem in § 47 d Abs. 6 BImSchG für anwendbar erklärten § 47 Abs. 3 Satz 2 BImSchG sind die Maßnahmen des Lärmaktionsplans durch Anordnungen und Entscheidungen der zuständigen Träger öffentlicher Verwaltung[185] nach dem BImSchG oder nach anderen Rechtsvorschriften durchzusetzen.[186] Entsprechend diesem Wortlaut „sind" die Maßnahmen durchzusetzen, so dass im Hinblick darauf

[182] Z. B. für Verkehrsbeschränkungen.

[183] Streitig ist dabei die Abgrenzung zur Planung, insbesondere wenn es um die Einordnung von Zulassungsentscheidungen im Rahmen von Planfeststellungsverfahren geht. Dies ist deshalb von Bedeutung, weil die Verpflichtung zur Durchführung der im Lärmaktionsplan vorgesehenen Maßnahmen gegenüber § 47 Abs. 6 Satz 1 BImSchG abgeschwächt ist.

[184] Siehe hierzu auch: Cancik (Fußn. 169), S. 175 f.

[185] Z. B. Straßenbauamt, Straßenverkehrsbehörde, Gewerbeaufsicht oder auch Flughafenbetreiber.

[186] Für den Bürger ist der Lärmaktionsplan rechtlich nicht verbindlich.

zunächst von einer Bindungswirkung der Aussagen des Lärmaktionsplans ausgegangen werden muss. Daraus folgt, dass die Behörde durch § 47 a Abs. 6 BImSchG zwar gebunden wird, aber nur, sofern das jeweils einschlägige Recht dies zulässt. Im Hinblick darauf erweist es sich schon aus rein pragmatischen Gründen als sinnvoll, die betroffenen Fachbehörden vor einer verbindlichen Festlegung von Einzelmaßnahmen im Rahmen der Aufstellung des Lärmaktionsplanes zu beteiligen und mit ihnen im Wege der Kooperation, den Planinhalt zu erörtern und Einvernehmen herzustellen, sowie eine Abstimmung zu den unterschiedlichen öffentlichen Belangen herbeizuführen.[187]

1.2.2 Berücksichtigung im Rahmen von Regional- und Bauleitplanungen

Als nicht ganz so komplex stellen sich die Folgen in Bezug auf die rechtliche Bindungswirkung bei Planungen wie der Regional- und Bauleitplanung dar. § 47 Abs. 6 BImSchG bestimmt diesbezüglich, dass nur soweit planungsrechtliche Festlegungen im Lärmaktionsplan vorgesehen sind, die zuständigen Planungsträger[188] darüber zu befinden haben, ob und inwieweit diese bei ihren Planungen in Betracht zu ziehen sind.[189] Vor diesem Hintergrund obliegt es zunächst den Planungsträgern darüber zu entscheiden, ob und inwieweit überhaupt von einer Planaufstellung Gebrauch gemacht wird. Relevanz[190] hat dies sowohl für die Aufstellung von Bauleitplänen als auch von Regionalplänen, denn sie stellen aus dem gesamten planerischen Feld ein bedeutsames Anwendungsfeld für planungsrechtliche Festlegungen eines Lärmaktionsplans dar. Soweit die Gemeinden oder die regionalen Planungsträger einen solchen Plan aufstellen, ändern oder ergänzen wollen, sind die umweltschutzbezogene Planungsanforderungen konkretisierenden Aussagen des Lärmaktionsplanes im Rahmen der zu treffenden gesamtplanerischen Abwägungsentscheidungen zu berücksichtigen.[191] Sie stellen einen wichtigen öffentlichen Belang dar, der entsprechend dem ihm in der konkreten Situation beizumessenden Gewicht in die Abwägungsentscheidung einzustellen ist, aber bei entgegenstehenden Belangen auch überwunden werden kann. In der Begründung zum Bebauungsplan oder zum Flächennutzungsplan sowie im Textteil des Regionalplanes ist deshalb darzulegen, aus welchen Gründen von den Festlegungen des Lärmaktionsplanes abgewichen wird.

---

[187] Schulze-Fielitz/Berger, DVBl. 1992, S. 391.

[188] Vor allem in den Ballungsräumen wird es Aufgabe der Regionalplanung sein, die Festlegungen des Lärmaktionsplans bei der Neuaufstellung bzw. Fortschreibung des Regionalplans berücksichtigen zu müssen. Vor allem siedlungsorientierte Nutzungsansprüche der Regionalplanung sowie konkrete standortbezogene Festlegungen sind dabei am Maßstab des Lärmaktionsplans auszurichten.

[189] Dies ist eine deutliche Abschwächung gegenüber der Durchführung von Einzelmaßnahmen im Sinne von § 47 Abs. 6 Satz 1 BImSchG.

[190] Weitreichende Wechselwirkungen bestehen auch auf den Feldern der Generalverkehrspläne oder Verkehrsentwicklungspläne.

[191] Bspw. die Festlegung von Lärmschutzwällen oder -wänden, die Schallemissionskontingentierung sowie Verlagerungen von emissionsträchtigen Betrieben.

2. Fluglärmschutz und Siedlungsentwicklung

Das FluglSchG trat im Juni 2007 in Kraft und löste das bis zu diesem Zeitpunkt – bis auf geringfügige Rechtsbereinigungen oder Zuständigkeitsänderungen[192] – unverändert fortgeltende FluglSchG-alt[193] ab. Die Novellierung des FluglSchG war auf Grund der in den letzten Jahren zunehmenden Belastung der Bevölkerung durch Fluglärm auch dringend geboten.[194] So kann Deutschland als ohnehin schon luftverkehrsreichstes Land Europas[195] schon seit vielen Jahren mit steigenden Fluggastzahlen aufwarten.[196] Die in den letzten Jahren vorgenommenen Verbesserungen am Lärmschutz der betroffenen Bevölkerung konnten die mit diesem Wachstum verbundenen zusätzlichen Lärmbelastungen allerdings nicht ausgleichen. Und außerdem verlangen die aus der Lärmwirkungsforschung im Zusammenhang mit Fluglärmbelastungen gewonnenen Erkenntnisse um die mit dem Lärm verbundenen Gesundheitsgefährdungen[197], dass der Bekämpfung des Fluglärms auch in Zukunft große Beachtung geschenkt und ein angemessener Lärmschutz eingefordert wird.

Novelliert wurde neben dem FluglSchG auch das Luftverkehrsgesetz (LuftVG[198]). In Bezug auf den Aspekt des Lärmschutzes ist eine in diesem Zusammenhang vorgenommene Änderung der Bestimmung über die Planfeststellung von Flughäfen von besonderer Bedeutung.[199] So sind nach § 8 Abs. 1 Satz 3 und 4 LuftVG nunmehr bei der Durchführung von Planfeststellungs- und Genehmigungsverfahren für Flugplätze „die jeweils anwendbaren Werte des § 2 Abs. 2 des Gesetzes zum Schutz gegen Fluglärm zu beachten." Dadurch soll nach dem Willen des Gesetzgebers klargestellt werden, dass die Vorschriften des FluglSchG allein nicht ausrei-

---

[192] Genauer: Reidt/Schiller, in: Landmann/Rohmer, Umweltrecht, Band III, München, 2008, Vorb. FluglSchG 5.1, Rn. 12.

[193] Vom 31. März 1971, BGBl. I S. 282.

[194] Hierzu ausführlich: Sparwasser, Die Novellierung des Fluglärmschutzgesetzes – Auswirkungen auf die Stadt- und Regionalplanung, in: Mitschang (Hrsg.), Stadt- und Regionalplanung vor neuen Herausforderungen, Frankfurt, 2007, S. 127 ff. sowie Koch/Wieneke, NuR 2003, S. 72 ff.

[195] Siehe hierzu: Mechel, ZUR 2007, S. 562 f. mit weiteren Angaben.

[196] Zu einer – allerdings nach der hier vertretenen Auffassung nur zeitlich beschränkten – Rückläufigkeit bei den Fluggastzahlen kann allerdings die im Jahr 2008 eingetretene Energiekrise mit ihren massiven Preissteigerungen, auch beim Flugbenzin, führen. Als deutlich stärker einschränkend und langfristig sich auswirkend, sind demgegenüber die gesetzgeberischen Absichten zu beurteilen, den Flugverkehr zur Minderung des Treibhauseffektes in den Emissionshandel einzubeziehen.

[197] Nach einer internationalen Studie, an der das Umweltbundesamt mitwirkte, haben Personen, die erhöhtem Nachfluglärm ausgesetzt sind, häufiger höhere Blutdruckwerte, als Menschen in ruhigeren Wohngebieten. So erhöht schon ein Anstieg des nächtlichen Fluglärmpegels um 10 dB(A) im Schallpegelbereich zwischen 30 und 60 dB(A) das Bluthochdruckrisiko um etwa 14%. Genauer: http://www.ehponlinie.org/docs/2007/10775/abstract.html.

[198] Luftverkehrsgesetz i. d. F. der Bek. vom 10. Mai 2007, zul. geänd. durch Gesetz vom 22. Dezember 2008, BGBl. I S. 2986.

[199] Vgl. hierzu: Zur Anwendbarkeit des FluglSchG ohne Übergangsregelung, vgl. VGH Kassel, Beschluss vom 15.1.2009 – 11 B 254/08.T –, BeckRS 2009, 31109, S. 27 ff.

chen, um den vom LuftVG geforderten Schutz vor Fluglärm gewährleisten zu können. Durch § 8 Abs. 1 Satz 3 LuftVG wird insoweit sichergestellt, dass die Grenzwerte des § 2 Abs. 2 FluglSchG im Rahmen der anzustellenden fachplanerischen Abwägung nicht überwunden werden können. Vielmehr wird durch die Festlegung der Grenzwerte die seit langem heftig umstrittene Frage nach der Zumutbarkeitsschwelle für Fluglärm nunmehr dahin gehend beantwortet, dass die Werte des § 2 Abs. 2 FluglSchG auch Verbindlichkeit gegenüber dem Planfeststellungsverfahren besitzen.[200] Das bedeutet jedenfalls nicht, dass unter den Grenzwerten des § 2 Abs. 2 FluglSchG liegende Fluglärmbelastungen in der Abwägung nicht zu berücksichtigen sind, soweit diese jedenfalls abwägungsrelevant, also nicht nur geringfügig sind.

In Bezug auf die Berücksichtigung von Belangen des Lärmschutzes wird vor diesem Hintergrund insbesondere aus Neuregelungen des FluglSchG das Verhältnis von Fluglärm und Siedlungsentwicklung neu bestimmt und auf eine neue strukturelle Grundlagen gestellt.

2.1 Das neue Fluglärmschutzgesetz

Das neue FluglSchG hat an den bewährten Instrumenten des Vorläufergesetzes, insbesondere an dem Instrument der Lärmschutzbereiche festgehalten. Im Wesentlichen beziehen sich die vorgenommenen Änderungen auf[201]

- einen erweiterten Anwendungsbereich,
- die Verringerung der für die Festsetzung der Lärmschutzbereiche maßgeblichen Lärmgrenzwerte und ihre Ausgestaltung,
- die zeitliche Begrenzung bestehender Baurechte und die Einführung neuer Ausnahmetatbestände im Hinblick auf Siedlungsbeschränkungen,
- weiter gefasste Ersatzansprüche bei Schallschutzmaßnahmen und im Außenwohnbereich.

Dies verdeutlicht umso mehr, dass sich auf der Grundlage der hier dargestellten Modifikationen, das Verhältnis von Fluglärmschutz und Siedlungsentwicklung neu definiert.

---

[200] So zu Recht: VGH Kassel, Beschluss vom 15.1.2009 – 11 B 254/08.T –, BeckRS 2009, 31109, S. 32 f. Anders: Sachverständigenrat für Umweltfragen (SRU), Umweltgutachten, Band 2, Rn. 824 sowie Mechel (Fußn. 195), S. 566, nach der die materielle Bedeutung der in Bezug genommenen Werte des § 2 Abs. 2 FluglSchG durch § 8 Abs. 1 Satz 2 LuftVG dahin gehend relativiert werden, als nach dieser Bestimmung, die von dem Vorhaben berührten öffentlichen und privaten Belange einschließlich der Umweltverträglichkeit bei der fachplanerischen Abwägung lediglich zu berücksichtigen sind.

[201] Mechel (Fußn. 195), S. 562.

2.1.1. Zum neuen Anwendungsbereich

Lärmschutzbereiche sind nach § 4 Abs. 1 FluglSchG festzusetzen für

- Verkehrsflughäfen mit Fluglinien- oder Pauschalflugreiseverkehr (Nr. 1),
- Verkehrslandeplätze mit Fluglinien- oder Pauschalflugreiseverkehr und mit einem Verkehrsaufkommen von über 25 000 Bewegungen pro Jahr (ausgenommen Ausbildungsflüge mit Leichtflugzeugen) (Nr. 2),
- militärische Flugplätze, die dem Betrieb von Flugzeugen mit Strahltriebwerken zu dienen bestimmt sind (Nr. 3), und für
- militärische Flugplätze, die dem Betrieb von Flugzeugen mit einer höchstzulässigen Startmasse von mehr als 20 Tonnen zu dienen bestimmt sind, mit einem Verkehrsaufkommen über 25 000 Bewegungen im Jahr (ausgenommen Ausbildungsflüge mit Leichtflugzeugen) (Nr. 4).

Von den Anforderungen des FluglSchG-alt waren schon alle wichtigen internationalen deutschen Flughäfen bereits erfasst. Die in § 4 Abs. 1 FluglSchG zum Ausdruck gebrachte Erweiterung des Anwendungsbereiches betrifft in erster Linie regionale Flughäfen und Landeplätze, für die nunmehr Lärmschutzbereiche festgesetzt werden müssen.[202] Dies ergibt sich aus § 4 Abs. 1 Nr. 2 FluglSchG, denn bislang waren nach § 1 Abs. 1 Satz 1 FluglSchG-alt von der Verpflichtung zur Festsetzung von Lärmschutzbereichen in der Umgebung von Flugplätzen nur solche Verkehrsflughäfen erfasst, die dem Linienflugverkehr angeschlossen waren. Militärische Flugplätze waren betroffen, wenn sie dem Betrieb von Flugzeugen mit Strahlentriebwerken zu dienen bestimmt waren. Nach § 1 Abs. 1 Satz 2 FluglSchG-alt sollte für andere dem Betrieb von Flugzeugen mit Strahlentriebwerken zu dienen bestimmte Flugplätze nur dann ein Lärmschutzbereich festgesetzt werden, wenn der Schutz der Allgemeinheit dies erforderte. Vor diesem Hintergrund wurden insbesondere Flugplätze für den sog. „Gelegenheitsverkehr“ im Sinne von § 22 LuftVG-alt von dieser Verpflichtung nicht erfasst, obwohl von ihnen erhebliche Lärmbelastungen[203] für die Bevölkerung ausgehen konnten.

Die nunmehr vorgenommene Schwellenfestlegung von 25 000 Flugbewegungen pro Jahr (das sind bei einer Betriebszeit von 20 Stunden pro Tag bei 365 Betriebstagen schon 3,4 Flugbewegungen pro Stunde[204]) verlangt im Hinblick darauf die Festlegung von Lärmschutzbereichen von erheblich mehr Flughäfen. Mit der ge-

---

[202] Übersicht in Sachverständigenrat für Umweltfragen (Fußn. 200), Rn. 812.

[203] Koch/Wieneke (Fußn. 194), S. 79 verweisen insoweit auf einen Flugplatz für den Gelegenheitsverkehr mit 46 000 Starts pro Jahr.

[204] Sachverständigenrat für Umweltfragen (Fußn. 200), S. 630.

troffenen Schwellenwertfestlegung findet eine Orientierung an der Umgebungslärm-RL statt.[205]

2.1.2 Festlegung von Lärmschutzbereichen

Von den bislang geltenden Bestimmungen unterscheidet sich die Neuregelung maßgeblich. In ihrer Grundstruktur stellt sie sich im Wesentlichen so dar, dass nach der Vorschrift in § 2 Abs. 2 Satz 1 FluglSchG nunmehr ein Lärmschutzbereich durch zwei Schutzzonen für den Tag (sog. „Tag-Schutzzone 1 und 2") sowie eine Schutzzone für die Nacht (sog. „Nacht-Schutzzone") gebildet wird (vgl. nachfolgende Abbildung 1).[206] Neu geregelt werden zunächst auf der Grundlage dieser Bestimmung die Zahl der Schutzzonen[207] sowie die Ermittlung der jeweiligen Lärmbelastung.[208] Die neu ausgestaltete Nacht-Schutzzone berücksichtigt außerdem in Ergänzung der Dauerschallpegel sog. Maximalpegel und trägt damit den neueren Erkenntnissen der Lärmwirkungsforschung Rechnung, wonach gerade durch die nur sporadisch auftretenden Spitzenpegel bei Nachtflügen der Schlaf in erheblichem Maße beeinträchtigt wird[209]. Dies ist dann der Fall, wenn bei bestehenden Verkehrsflughäfen in der Nacht-Schutzzone die äquivalente Dauerschallbelastung nachts von 55 dB(A) überschritten wird und zusätzlich mindestens sechs Lärmspitzen von 57 dB(A) und darüber pro Nacht auftreten.

Außerdem ist fortan zwischen bestehenden Flughäfen einerseits und neuen bzw. wesentlich erweiterten[210] Standorten andererseits zu differenzieren. So werden für bestehende Anlagen um 5 dB(A) erhöhte Grenzwerte vorgesehen und für neue bzw. wesentlich erweiterte Flughäfen gelten ab 2011 leicht abgesenkte Grenzwerte in der Nacht-Schutzzone. Neben einer größeren Planungssicherheit für Flughafenbetreiber soll dadurch für Neu- und Ausbauten von Flughäfen der größeren Belästigung von neuen Lärmquellen für die Betroffenen Rechnung getragen werden. Schließlich gelten für militärische Flughäfen in den Tag-Schutzzonen geringfügig höhere Grenzwerte als bei zivilen Flugplätzen.

---

[205] Vgl. BT-Drs. 16/508, S. 19.

[206] Unabhängig von der Art des Flughafens waren nach dem vormals geltenden Recht lediglich zwei Schutzzonen festzulegen. Dabei ergab sich Schutzzone 1 dort, wo ein äquivalenter Dauerschallpegel von 75 db(A) überschritten wurde. Die Schutzzone 2 war dadurch gekennzeichnet, dass der äquivalente Dauerschallpegel zwischen 67 und 75 db(A) lag.

[207] Bei den Werten in § 2 Abs. 2 FluglSchG handelt es sich um Grenzwerte, sie markieren die so genannte fachplanerische Zumutbarkeitsgrenze, also die (Erheblichkeitsschwelle) ab der Schutzvorkehrungen getroffen oder Entschädigungen geleistet werden müssen und nicht die Grenze zur Gesundheitsgefährdung. Vgl. VGH Kassel, Beschluss vom 15.1.2009 – 11 B 254/08.T –, BeckRS 2009, 31109, S. 28.

[208] Dabei wird gegenüber den bislang geltenden Lärmeingangswerten für die Festsetzung eines Lärmschutzbereiches eine deutliche Absenkung vorgenommen.

[209] Vgl. oben V. 2.

[210] Eine wesentliche Erweiterung liegt dann vor, wenn der Lärmschutzbereich um mindestens 25% vergrößert wird oder wenn sich in der Tag-Schutzzone 1 oder in der Nacht-Schutzzone die durchschnittliche Dauerbelastung auf Grund der Vergrößerung um mindestens 4 dB(A) erhöht.

Der Lärmschutzbereich wird durch Rechtsverordnung der Länder festgelegt. Eine derartige Festlegung ist Voraussetzung für die Anwendung des Fluglärmschutzinstrumentariums:

- Siedlungsbeschränkungen (§ 5 FluglSchG).
- Schadensersatzansprüche für Bauverbote (§ 8 FluglSchG).
- Aufwendungsersatzansprüche für bauliche Schutzvorkehrungen (§ 9 Abs. 1 bis 4 FluglSchG) und Entschädigungsansprüche für Beeinträchtigungen des Außenwohnbereiches (§ 9 Abs. 5 FluglSchG).

Tabelle 3: Lärmschutzzonen und Grenzwerte nach § 2 FluglSchG

FlugSchG 1971 bis 2007		**FlugSchG seit 2007**							
Verkehrsflughäfen mit Fluglinienverkehr (zivil und militärisch) Lärmpegel $L_{Aeq(4)} > 67$ dB(A)		**Neue/ wesentlich baulich erweiterte zivile Flugplätze**		**Bestehende zivile Flugplätze**		**Neue/ wesentlich baulich erweiterte militärische Flugplätze**		**Bestehende militärische Flugplätze**	
Lärmschutzzone 1	Lärmschutzzone 2	Tag-Schutzzone 1	Tag-Schutzzone 2	Tag-Schutzzone 1	Tag-Schutzzone 2	Tag-Schutzzone 1	Tag-Schutzzone 2	Tag-Schutzzone 1	Tag-Schutz zone 2
$L_{Aeq(4)} >$ 75 dB(A)	$L_{Aeq(4)} >$ 67 dB(A)	$L_{Aeq\,Tag}$ = 60 dB(A)	$L_{Aeq\,Tag}$ = 55 dB(A)	$L_{Aeq\,Tag}$ = 65 dB(A)	$L_{Aeq\,Tag}$ = 60 dB(A)	$L_{Aeq\,Tag}$ = 63 dB(A)	$L_{Aeq\,Tag}$ = 58 dB(A)	$L_{Aeq\,Tag}$ = 68 dB(A)	$L_{Aeq\,Tag}$ = 63 dB(A)
		Nacht-Schutzzone		Nacht-Schutzzone		Nacht-Schutzzone		Nacht-Schutzzone	
		Bis 31.12.2010: $L_{Aeq\,Nacht}$ = 53 dB(A), $L_{A\,Max}$ = 6 mal 57 dB(A)		$L_{Aeq\,Nacht}$ = 55 dB(A), $L_{A\,Max}$ = 6 mal 57 dB(A)		Bis 31.12.2010: $L_{Aeq\,Nacht}$ = 53 dB(A), $L_{A\,Max}$ = 6 mal 57 dB(A)		$L_{Aeq\,Nacht}$ = 55 dB(A), $L_{A\,Max}$ = 6 mal 57 dB(A)	
		Bis 01.01.2011: $L_{Aeq\,Nacht}$ = 50 dB(A), $L_{A\,Max}$ = 6 mal 53 dB(A)				Bis 01.11.2011: $L_{Aeq\,Nacht}$ = 50 dB(A), $L_{A\,Max}$ = 6 mal 53 dB(A)			

Eigene Darstellung

a. Siedlungsbeschränkungen

In Bezug auf die unterschiedlichen Schutzzonen der Lärmschutzbereiche werden auch nach dem novellierten FluglSchG differenzierte Bau- und Nutzungsbeschränkungen vorgesehen, und zwar einerseits nach der Art der Nutzung und andererseits nach der Höhe der Belastung, um vor allem lärmempfindliche Nutzer von bestimmten Einrichtungen sowie die Menschen in ihrem Wohnumfeld vor Belastungen durch Fluglärm zu schützen.[211] Dabei bleiben Lärm sensible Einrichtungen wie Krankenhäuser, Alten- oder Altenpflegeheime – wie bislang auch und vorbehaltlich spezifischer Ausnahmetatbestände[212] –, aus dem gesamten Lärmschutzbereich ausgeschlossen (vgl. § 5 Abs. 1 FluglSchG).

§ 5 Abs. 2 FluglSchG normiert ein Bauverbot für Wohnungen im inneren Lärmschutzbereich, nunmehr also in der Tag-Schutzzone 1 und der Nacht-Schutzzone. Allerdings wird dieses Wohnungsbauverbot durch § 5 Abs. 3 FluglSchG weit gehend aufgeweicht, denn diese Bestimmung enthält umfangreiche Ausnahmen für die ausdrückliche Gestattung des Wohnungsbaus. Dies ist der Fall, wenn

- die Wohnungen der Unterbringung von Aufsichts- und Bereitschaftspersonen von Betrieben oder öffentlichen Einrichtungen oder der Unterbringung von Betriebsinhabern und -leitern dienen (§ 5 Abs. 3 Nr. 1 FluglSchG),
- die Errichtung nach § 35 Abs. 1 BauGB im Außenbereich zulässig ist (§ 5 Abs. 3 Nr. 2 FluglSchG),
- die Wohnungen der Unterbringung von Angehörigen der Streitkräfte in Gemeinschaftsunterkünften dienen (§ 5 Abs. 3 Nr. 3 FluglSchG),
- die Wohnungen im Geltungsbereich eines vor der Festsetzung des Lärmschutzbereichs bekannt gemachten Bebauungsplans liegen (§ 5 Abs. 3 Nr. 4 FluglSchG),
- die Wohnungen innerhalb der im Zusammenhang bebauten Ortsteile nach § 34 BauGB liegen (§ 5 Abs. 3 Nr. 5 FluglSchG),
- die Wohnungen im Geltungsbereich eines nach der Festsetzung des Lärmschutzbereichs bekannt gemachten Bebauungsplans liegen, wenn dieser der Erhaltung, der Erneuerung, der Anpassung oder dem Umbau von vorhandenen Ortsteilen mit Wohnbebauung dient.[213]

---

211 Sachverständigenrat für Umweltfragen (Fußn. 200), Rn. 816.

212 Vgl. § 5 Abs. 1 Satz 2 FluglSchG in Bezug auf Schulen, Kindergärten oder ähnlich schutzbedürftige Einrichtungen.

213 Nur der zuletzt genannte Ausnahmetatbestand ist neu. Alle anderen galten schon nach der alten Rechtslage.

Die Zulassung von Wohnbebauung in der Tag-Schutzzone 2 regelt § 6 FluglSchG. Danach dürfen die nach § 5 Abs. 1 Satz 3, Abs. 2 Satz 2 und Abs. 3 zulässigen baulichen Anlagen sowie Wohnungen nur dann errichtet werden, wenn sie den nach § 7 FluglSchG festgesetzten Schallschutzanforderungen, insbesondere an Belüftungseinrichtungen, genügen. Zu finanzieren sind die Schallschutzmaßnahmen von demjenigen, der auf Grund einer der zahlreichen Ausnahmetatbestände bauen will. Gegenüber dem Flughafenbetreiber hat er allerdings keine Erstattungsansprüche.

Mit der zeitlichen Beschränkung bestehender Baurechte wird in § 5 Abs. 3 Satz 2 FluglSchG ein neuer Weg beschritten. Nach dieser Bestimmung gilt der Ausnahmetatbestand für Wohnungen im Geltungsbereich eines vor der Festsetzung des Lärmschutzbereichs bekannt gemachten Bebauungsplans nicht für Grundstücke, auf denen die Errichtung von Wohnungen bauplanungsrechtlich mehr als sieben Jahre nach einer nach dem 6. Juni 2007 erfolgten Festsetzung des Lärmschutzbereichs vorgesehen gewesen ist, sofern im Geltungsbereich des Bebauungsplans noch nicht mit der Erschließung oder der Bebauung begonnen wurde. Damit wird die in § 42 Abs. 3 BauGB normierte Regelung für Entschädigungen bei Änderungen oder Aufhebungen der Zulässigkeit baulicher Nutzungen nach Ablauf der Siebenjahresfrist für Eingriffe in bereits ausgeübte Nutzungen in Bezug genommen. Werden insoweit zulässige Wohnbauvorhaben innerhalb einer Frist von sieben Jahren nach der Festsetzung des Lärmschutzbereichs nicht verwirklicht, sind sie nach Fristablauf nicht mehr genehmigungsfähig und rufen außerdem regelmäßig auch keine Entschädigungspflichten in Bezug auf die Entziehung von Baurechten mehr hervor.

§ 5 Abs. 4 FluglSchG regelt die bestandsgeschützten Vorhaben[214]. Ein solcher Bestandsschutz gilt für Wohnungen ebenso wie für die unter § 5 Abs. 1 Satz 1 und Satz 2 FluglSchG fallenden Nutzungen, für die vor der Festsetzung des Lärmschutzbereichs eine Baugenehmigung erteilt worden ist oder mit deren Errichtung ohne Genehmigung hätte begonnen werden dürfen.

b. Schadensersatzansprüche für Bauverbote

Von einem Bau- oder Nutzungsverbot[215] im Sinne von § 5 Abs. 1 Satz 1 und 2 und Abs. 2 FluglSchG betroffene Grundstückseigentümer, die dadurch eine nicht nur unwesentliche Wertminderung erleiden, haben gemäß § 8 Abs. 1 FluglSchG einen Entschädigungsanspruch gegenüber dem Flughafenbetreiber. Praktische Bedeutung erlangt dies einerseits vor dem Hintergrund, dass durch die räumliche Ausweitung der Lärmschutzbereiche infolge abgesenkter Eingangslärmwerte künftig mehr Grundstücke von den Bau- oder Nutzungsverboten erfasst werden. Andererseits sind die Ausnahmetatbestände sehr weit gefasst, insbesondere soweit es entweder

---

[214] Reidt/Fellenberg, in: Landmann/Rohmer, Umweltrecht, Band III, München, 2008, § 5 Rn. 41.

[215] In den Einzelheiten, insbesondere: Reidt/Schiller (Fußn. 192), § 8 Rn. 7 ff. und § 9 Rn. 6 ff.; Mechel (Fußn. 195), S. 565 ff. sowie Sparwasser (Fußn. 194), S. 140 f.

um die Zulassung von Wohnungen im Geltungsbereich eines vor der Festsetzung des Lärmschutzbereichs bekannt gemachten Bebauungsplans oder soweit es um Innenentwicklung geht, ja sogar, wenn der Bebauungsplan erst nach der Festsetzung des Lärmschutzbereichs bekannt gemacht wird. Gerade im zuletzt angesprochenen Fall wird den Gemeinden die Möglichkeit eingeräumt mit dem Ziel der Innenentwicklung, Bebauungspläne aufzustellen, nach denen die Wohnnutzung sogar im inneren Lärmschutzbereich zulässig ist, ohne dabei allerdings mit den Bau- oder Nutzungsverbotstatbeständen des § 5 FluglSchG zu kollidieren[216]. Gegebenenfalls bestehende Entschädigungsansprüche auf Grund der tatsächlichen Fluglärmbelastung werden dadurch verdrängt.

c. Aufwendungsersatzansprüche und Entschädigungsansprüche

Neben den Entschädigungsansprüchen nach den Maßgaben von § 8 FluglSchG können Eigentümer von innerhalb der Tag-Schutzzone 1 und der Nacht-Schutzzone gelegenen Grundstücken von dem Flugplatzbetreiber Aufwendungsersatz für bauliche Schallschutzmaßnahmen sowie Grundstückseigentümer innerhalb der Tag-Schutzzone 1 Ersatz für Beeinträchtigungen des Außenwohnbereiches durch Fluglärm verlangen (vgl. § 9 FluglSchG). Alle in diesem Zusammenhang bestehenden Ansprüche stehen unter der Voraussetzung, dass zum Zeitpunkt der Festsetzung des Lärmschutzbereichs entweder lärmsensible Einrichtungen oder Wohnungen auf den erfassten Grundstücken errichtet sind. Außerdem steht die Fälligkeit der Ansprüche nicht nur in einer Abhängigkeit von der Höhe der Lärmbelastung, sondern unterliegt auch einer zeitlichen Staffelung. Nur bei besonders hohen Lärmbelastungen entstehen die Ansprüche mit der Festsetzung des Lärmschutzbereichs, im Übrigen erst mit Beginn des sechsten Jahres nach der Festsetzung. Hiermit soll insbesondere den finanziellen Erwägungen bei Bund und Ländern als den Ersatzpflichtigen Rechnung getragen werden, da auf Grund der räumlichen Ausweitung und der Neuschaffung der Lärmschutzbereiche gegenüber dem bislang geltenden Recht höhere Lasten auf die Flugplatzbetreiber zukommen.

Vor diesem Hintergrund werden dem Eigentümer eines in der Tag-Schutzzone 1 gelegenen Grundstücks, auf dem bei Festsetzung des Lärmschutzbereichs lärmsensible Einrichtungen oder Wohnungen errichtet sind oder auf dem die Errichtung von baulichen Anlagen nach § 5 Abs. 4 FluglSchG (bestandsgeschützte Anlagen) zulässig ist, auf Antrag Aufwendungen für bauliche Schallschutzmaßnahmen erstattet.[217] Nur bei einer Dauerlärmbelastung von 70 dB(A) und mehr bei zivilen Flugplätzen und 73 dB(A) und mehr bei militärischen Flugplätzen entsteht ein sofortiger Anspruch schon mit der Festlegung des Lärmschutzbereichs. Bei geringeren Belastungen kann der Grundstückseigentümer erst nach sechs Jahren seine Auf-

[216] Ebenso: Reidt/Fellenberg (Fußn. 214), § 5 Rn. 61.
[217] Siehe § 9 Abs. 1 Satz 1 FluglSchG.

wendungen ersetzt verlangen. Dadurch soll den bereits angeführten Kostenerwägungen Rechnung getragen werden[218].

Eigentümer von bisherigen Wohngrundstücken in der Nacht-Schutzzone haben nach § 9 Abs. 2 FluglSchG nunmehr Anspruch auf Erstattung von Aufwendungen für Schallschutz- und Belüftungseinrichtungen[219] an Schlafräumen. Auch hierbei finden in Bezug auf den Ersatzanspruch von der Lärmbelastung abhängige zeitlich gestaffelte Fristen Anwendung.

Gemäß § 9 Abs. 5 FluglSchG wird für Beeinträchtigungen des Außenwohnbereichs ein neuer Entschädigungstatbestand geschaffen.[220] Hiernach kann der Eigentümer eines in der Tag-Schutzzone 1 gelegenen Grundstücks, auf dem bei Festsetzung des Lärmschutzbereichs für einen neuen oder wesentlich baulich erweiterten Flugplatz lärmsensible Einrichtungen oder Wohnungen errichtet sind, oder auf dem die Errichtung von solchen baulichen Anlagen im Sinne von § 5 Abs. 4 FluglSchG zulässig ist, eine angemessene Entschädigung für Beeinträchtigungen des Außenwohnbereichs in Geld nach Maßgabe einer noch zu erlassenden Rechtsverordnung verlangen.[221] Damit kann der sich ändernden Lärmsituation beim Neubau oder der wesentlichen Erweiterung des Flugplatzes Rechnung getragen werden. Allerdings werden auch hier die Entschädigungsansprüche in Abhängigkeit von der Lärmbelastung und einer zeitlich gestaffelten Frist gesetzt.

2.2 Auswirkungen auf die Stadtentwicklung

Für die Siedlungsentwicklung ergeben sich aus dem novellierten FluglSchG nach dem vorangehend Dargelegten umfängliche Auswirkungen. Zusammengenommen hinterlassen die neuen Regelungen und Regelungsänderungen in Bezug auf das Verhältnis von Lärmschutz und Siedlungsentwicklung allerdings einen eher zwiespältigen Eindruck[222], der insoweit eine differenzierte Betrachtung voraussetzt.

Für einen effektiven Lärmschutz ist zunächst von Bedeutung, dass die Lärmschutzbereiche nach dem neuen FluglSchG möglichst zeitnah festgesetzt werden, denn erst ihre Festsetzung löst die oben angeführten Rechtsfolgen aus.[223] § 4 Abs. 3 Satz 3 FluglSchG sieht insofern vor, dass die Festsetzung des Lärmschutzbereichs

---

[218] Vgl. BT-Drs. 401/05, S. 27.

[219] Der AufwendungserSatz bei Belüftungseinrichtungen ist auf zivile Flugplätze beschränkt. Vgl. § 9 Abs. 2 Satz 1 FluglSchG.

[220] Derlei Entschädigungen waren nach dem alten FluglSchG nicht vorgesehen. Nach der Rechtsprechung des BVerwG, Urteil vom 9.11.2006 – 4 A 2001/06, BVerwGE 127, 95, 141 zum Flughafen Leipzig/Halle erreichen äquivalente Dauerschallbelastungen von 70 dB(A) tags und 60 db(A) nachts faktisch ein derartiges Gewicht, dass eine weitere Nutzung des Grundstückes unzumutbar erscheint und Übernahmeansprüche mit entsprechenden Entschädigungskonsequenzen begründet sind.

[221] Für Bestandsflugplätze sind derlei Ansprüche nicht vorgesehen.

[222] Sachverständigenrat für Umweltfragen (Fußn. 200), Rn. 827.

[223] Vgl. oben V. 2.1.2.

dann erfolgen soll, wenn die erforderliche Planfeststellung oder Plangenehmigung für die Anlegung oder Erweiterung eines Flughafens erteilt ist. Für Bestandsflugplätze muss die Festsetzung des Lärmschutzbereichs bis spätestens Ende diesen Jahres erfolgen, soweit jedenfalls noch keine Festsetzung erfolgt ist.

Insoweit bedarf es zunächst einer positiven Hervorhebung, dass durch die Festlegung insbesondere der Nacht-Schutzzone endlich den Erkenntnissen der neueren Lärmwirkungsforschung[224] Rechnung getragen wird[225]. Vor allem in der Berücksichtigung der für die Nachtruhe wichtigen Lärmspitzenpegel kommt dies zum Ausdruck. In diesen Kontext ist schließlich auch die Aufnahme von Belüftungseinrichtungen in die erstattungsfähigen Kosten im Rahmen des passiven Schallschutzes einzuschließen.

Mit dem neuen Fluglärmschutzgesetz sind die Lärmeingangswerte für die Festlegung von Lärmschutzbereichen reduziert worden.[226] Die strengsten Werte gelten für die Schutzzonenfestlegung bei zivilen Flugplätzen[227] im Falle ihres Neubaus und ihres Ausbaus.[228] Ab 2011 gelten noch einmal verschärfte Werte. Auch diese Maßnahme ist insgesamt als positiv für den Lärmschutz herauszustellen.[229] Zusammengenommen führt dies nämlich nicht nur zu einer deutlichen räumlichen Ausweitung der Lärmschutzbereiche bzw. zu neuen Festlegungen von Lärmschutzbereichen, sondern auch zu einer Ausweitung des schutzberechtigten Personenkreises, denn von der räumlichen Ausweitung sowie Neuausgestaltung von Lärmschutzbereichen werden zwangsläufig mehr Personen erfasst, die vor den Auswirkungen des Fluglärms zu schützen sind.[230] Umgekehrt führt die Ausweitung oder Neuschaffung von Lärmschutzbereichen für die Gemeinden im unmittelbaren Flughafenumfeld zumindest tendenziell sowohl zu einer Einschränkung der für die bauliche Entwicklung zur Verfügung stehenden Flächen im Gemeindegebiet und reduziert damit auch den kommunalen Entscheidungsspielraum in Bezug auf künftige Raumnutzungen im Rahmen der Bauleitplanung als auch das wirtschaftliche

---

[224] Hierzu genauer: Ortscheid/Wende, Fluglärmwirkungen, in: Umweltbundesamt (Hrsg.), 2000.

[225] Ebenso: Sparwasser (Fußn. 194), S. 142; kritisch und eine Überprüfung der Nachtwerte fordernd: Sachverständigenrat für Umweltfragen (Fußn. 200), Rn. 815.

[226] Für die Tag-Schutzzone 1 sind es 15 dB(A), für die Tag-Schutzzone 2 sind es immerhin noch 12 dB(A). Eine Nacht-Schutzzone gab es für diese Flugplätze nach dem FluglSchG-alt nicht.

[227] Ein etwas anderes Bild ergibt sich für die bestehenden militärischen Flugplätze. Zwar sind auch für diese die Lärmeingangswerte reduziert worden, doch liegen diese immer noch deutlich höher als bei zivilen Flugplätzen. Für die Tag-Schutzzone 1 sind es 7 dB(A), für die Tag-Schutzzone 2 sind es nur noch 4 dB(A). Eine Nacht-Schutzzone gab es auch für diese Flugplätze nach dem FluglSchG-alt nicht.

[228] Nach wie vor gestaltet sich der Umgang mit Lärmbelastungen von militärischen Flugplätzen schwierig. Die Lärmeingangswerte für die Festsetzung der Lärmschutzbereiche liegen auch nach der Neuregelung durch das FluglSchG bei bestehenden sowie bei neuen bzw. wesentlich baulich erweiterten militärischen Flugplätzen in der Tag-Schutzzone 1 und 2 um 3 db(A) höher als bei zivilen Flugplätzen.

[229] Sachverständigenrat für Umweltfragen (Fußn. 200), Rn. 815.

[230] Mechel (Fußn. 195), S. 562.

Verfügungsinteresse des Grundstückseigentümers im Hinblick auf die wirtschaftliche Ausnutzung seines Grundstücks.[231]

Allerdings machen es die umfangreich ausgestalteten Ausnahmetatbestände in § 5 Abs. 3 und 4 FluglSchG erträglich für die Gemeinden. Vor allem durch die Aufstellung von Bebauungsplänen für die wohnbauliche Nutzung steuern sie künftig maßgeblich das Verhältnis von Flughafen und Flughafenumfeldentwicklung, und zwar ohne dass der Gesetzgeber ihnen durch das FluglSchG verbindlich zu beachtende Grenzwerte innerhalb des Lärmschutzbereiches vorgegeben hat. Von daher ist durch die Neuregelungen des FluglSchG eine Entschärfung der Diskussionen zwischen Flughafenbetreibern, Umlandgemeinden und Lärmbetroffenen nicht zu erwarten.[232] Zwar kann den Regelungen des FluglSchG, insbesondere nicht § 5 FluglSchG, ein Verbot für die Aufstellung, Änderung, Ergänzung oder Aufhebung von Bauleitplänen entnommen werden, doch schränken die Bau- und Nutzungsverbote die kommunale Planungshoheit freilich ein.[233] Adressat dieser Einschränkungen sind der Erforderlichkeitsgrundsatz sowie das bauleitplanerische Abwägungsgebot.[234] So ist nach dem bauleitplanerischen Planungsgrundsatz nach § 1 Abs. 6 Nr. 1 BauGB unter anderem durch die Bauleitplanung den Anforderungen an gesunde Wohn- und Arbeitsverhältnisse Rechnung zu tragen. Insoweit muss die Gemeinde auch berücksichtigen, dass eine Realisierung des Bauleitplanes auch an den in § 5 Abs. 1 und 2 FluglSchG angeführten Bau- und Nutzungsverboten scheitern kann.[235] Gleichwohl ist damit die Aufstellung eines Bebauungsplans nicht ausgeschlossen, aber es bedarf der Berücksichtigung des Fluglärmschutzes bei der Festsetzung der zulässigen Bodennutzungen, so weit jedenfalls ein Fall des § 5 Abs. 3 Nr. 6 FluglSchG oder des § 5 Abs. 1 Satz 3 FluglSchG vorliegt und eine hiernach erforderliche Ausnahme zugelassen werden kann. Zur planerischen Bewältigung dieser Anforderungen wird regelmäßig das Instrumentarium der Gliederungs- und Differenzierungsmöglichkeiten der §§ 1 Abs. 4 bis 10 BauNVO heranzuziehen sein.

Speziell mit der Ausweitung der Ausnahmetatbestände um § 5 Abs. 3 Nr. 6 FluglSchG überwindet der Gesetzgeber die bislang geltende Hürde, wonach die Neufestsetzung von Wohnungen innerhalb der Lärmschutzzone 1 unzulässig war.[236] Als Grund für die Durchbrechung dieses Grundsatzes wird der Schutz des Außenbereiches angeführt, denn Voraussetzung für einen die Wohnnutzung im inneren Lärmschutzbereich zulassenden Bebauungsplan ist, dass dieser der Erhaltung, Erneuerung, Anpassung oder dem Umbau vorhandener Ortsteile, also der

---

231 Sachverständigenrat für Umweltfragen (Fußn. 200), Rn. 817 sowie Mechel (Fußn. 195), S. 564.

232 Wohl zu Recht: Sparwasser (Fußn. 194), S. 142. Schon zur früheren Rechtslage: Koch/Wieneke (Fußn. 194), S. 73; Sparwasser/Engel/Voßkuhle, Umweltrecht, 5. Aufl. 2003, § 10 Rn. 294 sowie Storost, NVwZ 2004, S. 258.

233 Reidt/Fellenberg (Fußn. 214), § 5 Rn. 65.

234 Dazu schon oben: IV. 4.

235 OVG Münster, Urteil vom 8.4.2008 – 10 D 113/06.NE –, BeckRS 2008, 35073, S. 7.

236 Vgl. Runkel (Fußn. 20), S. 9 f.

Nachverdichtung, dient. Eine Schwächung beim Lärmschutz wird vor allem zu Gunsten der Reduzierung von noch naturhaften Flächen[237] und die Auslastung vorhandener Infrastruktur in Kauf genommen.[238] In Anbetracht der im Städtebau der Innenentwicklung[239] beigemessenen Bedeutung ist dies als verhältnismäßig anzusehen.[240] Sonstige Anforderungen des Abwägungsgebots bleiben davon unberührt.[241]

Zu einer Anhebung des Lärmschutzniveaus trägt auch die zeitliche Befristung der Baurechte im Sinne von § 5 Abs. 3 Satz 2 FluglSchG bei, denn danach greift die aus dem Städtebaurecht bekannte Siebenjahresfrist[242] künftig bei den in § 5 Abs. 3 Nr. 4 FluglSchG eingeräumten Ausnahmen. Eine Bebauung nach Ablauf der Siebenjahresfrist ist danach unzulässig.

2. Weiter gehende Planungsmaßnahmen

Nach § 13 Abs. 2 FluglSchG bleiben Vorschriften, die weiter gehende Planungsmaßnahmen zulassen, unberührt. Insoweit angesprochen sind planungsrechtliche Regelungen der Regionalplanung ebenso wie der Bauleitplanung.

Als wichtigstes Anwendungsfeld stellt sich auf der Ebene der Raumordnung die landes- oder regionalplanerische Sicherung von Standorten dar. Derartige Standortfestlegungen fallen in den originären Aufgabenbereich der Landes- und Regionalplanung.[243] Die Planfeststellungsbehörde ist dann an die Standortentscheidung im Rahmen des Planfeststellungsverfahrens gebunden.[244]

Für die Regionalplanung eröffnet sich dadurch die Möglichkeit, auf der Grundlage von § 2 Abs. 2 Nr. 6 Satz 6 ROG durch räumliche Festlegungen den Schutz der Allgemeinheit vor Lärm sicherzustellen. Insoweit sollen zum Zwecke der Standortsicherung, die Flugplatznutzung beeinträchtigende wohnbauliche Nutzungen in solchen Bereichen ausgeschlossen oder zumindest beschränkt werden. Meistens erfolgt dies durch die Festlegung von Zielen der Raumordnung in der Form von sog. „Siedlungsbeschränkungsbereichen" oder „Lärmschutzbereichen" in den Regionalplänen. Bei der Festlegung der Bereiche steht den Planungsträgern ein planerisches Abwägungsermessen zu, denn sie ist nicht strikt an die vom FluglSchG

---

[237] Vgl. zum Vorrang der Innenentwicklung: § 1 a Abs. 2 BauGB.

[238] Vgl. BT-Drs. 16/508, S. 21.

[239] Siehe hierzu die gesetzgeberischen Zielsetzungen im Zusammenhang mit der BauGB-Novelle 2007. Vgl. ausführlich zu dem Aspekt der Innenentwicklung: Mitschang (Hrsg.), Innenentwicklung – Fach- und Rechtsfragen, Frankfurt, 2008.

[240] Sachverständigenrat für Umweltfragen (Fußn. 200), Rn. 817.

[241] Darauf weisen zu Recht Reidt/Fellenberg (Fußn. 214), § 5 Rn. 61 hin.

[242] Vgl. § 42 Abs. 2 BauGB.

[243] Vgl. § 7 Abs. 5 Nr. 3 des Raumordnungsgesetzes (ROG) vom 22.12.2008, BGBl. I S. 2986.

[244] BVerwG, Urteil vom 13.12.2007 – 4 C 9/06 –, NVwZ 2008, S. 426; Urteil vom 16.3.2006 – 4 A 1075/04 –, BVerwGE 125, 116.

festgelegten Lärmgrenzwerte gebunden. Werden derlei regionalplanerische Festlegungen getroffen, sind die Gemeinden über § 1 Abs. 4 BauGB an diese Zielfestlegung gebunden und dürfen diesem Ziel entgegenlaufende städtebauliche Planungen (z. B. Bebauungspläne für die wohnbauliche sowie andere schutzbedürftige Nutzungen) nicht aufstellen.

Bspw. sieht der gemeinsame Landesentwicklungsplan Flughafenstandortentwicklung (LEP FS[245]) zwei Planungszonen für Bauhöhen- und Siedlungsbeschränkungen zur Sicherung des Ausbaustandortes Verkehrsflughafen Berlin-Schönefeld vor.[246] In diesen Planungszonen ist die Errichtung von einzelnen baulichen Anlagen nur beschränkt zulässig:

- Planungszone Bauhöhenbeschränkung:

  Es handelt sich hierbei um als Ziel der Raumordnung festgelegte Höhenbeschränkungen, die aus den Anforderungen der Hindernisfreiheit und der Flugsicherheit abgeleitet sind. Sie sind erforderlich, um bei Hochbauplanungen prüfen zu können, ob die Hindernisfreiheit des Flugbetriebes beeinträchtigt wird. Bei allen Planungen zur Errichtung von Bauwerken, die in die Bauhöhenbeschränkung hineinragen, ist die Vereinbarkeit mit den Erfordernissen der Raumordnung zu prüfen.

- Planungszone Siedlungsbeschränkung:

  Diese Zielfestlegung dient der raumordnerischen Vorsorge und Konfliktvermeidung. Durch sie soll ein Heranrücken von neuen Wohngebieten und sonstigen lärmempfindlichen Nutzungen an den Flughafen verhindert werden. Sie umfasst auch den Aufenthalt im Wohnumfeld und außerhalb von Gebäuden. So ist unter anderem vorgesehen, dass in Flächennutzungs- und Bebauungsplänen neue Flächen bzw. Gebiete für Wohnnutzungen oder besondere lärmschutzbedürftige Einrichtungen im Sinne von § 5 Abs. 1 FluglSchG nicht dargestellt oder festgesetzt werden dürfen.

In räumlicher Hinsicht kann es sich bei derartigen Festlegungen um Beschränkungen außerhalb des Lärmschutzbereichs, über das FluglSchG hinausgehende Anforderungen innerhalb des Lärmschutzbereichs sowie in künftig erst festzulegenden Lärmschutzbereichen handeln. Auf Grund der mit ihnen verbundenen Einschränkungen werden weiter gehende Planungsmaßnahmen aber regelmäßig im Zusam-

---

245 Vom 30. Mai 2006, Berlin: GVBl. S. 509, Brandenburg: GVBl. II S. 153.

246 Siehe hierzu: BVerwG, Urteil vom 16.3.2006 – 4 A 1075/04 –, BVerwGE 125, 116.

menhang mit der Neuerrichtung und dem Ausbau von Flugplätzen vorgesehen.[247] Sie können aber auch für bereits bestehende Flugplätze getroffen werden.[248]

Weiter gehende Planungsmaßnahmen betreffen aber nicht nur regionalplanerische Festlegungen, sondern auch die Bauleitplanung. Soweit es sich insbesondere um die Ausweisung von Gebieten für die wohnbauliche Nutzung oder sonstige lärmempfindliche Nutzungen handelt, muss die Gemeinde im Rahmen ihrer Abwägung den Anforderungen an gesunde Wohn- und Arbeitsverhältnisse entsprechen. Die vorzunehmende Prüfung ist unabhängig davon durchzuführen, ob sich aus § 5 FluglSchG Beschränkungen ergeben. Wie auf der regionalplanerischen Ebene kommen deshalb auch hier planungsrechtliche Beschränkungen außerhalb des Lärmschutzbereichs, über das FluglSchG hinausgehende Anforderungen innerhalb des Lärmschutzbereichs sowie Beschränkungen in Bereichen, für die erst Lärmschutzbereiche in Zukunft festgelegt werden sollen, in Frage.[249]

3. Verhältnis zur Lärmminderungsplanung

Der Anwendungsbereich des Immissionsschutzrechts ergibt sich aus § 2 BImSchG. Nach dessen vormaliger Fassung[250] waren Flugplätze aus dem Geltungsbereich des BImSchG ausgenommen. Mit der Umsetzung der Umgebungslärm-RL in nationales Recht ist diesbezüglich eine Modifizierung vorgenommen worden, nach der, soweit es um die Aufstellung von Lärmminderungsplänen geht, auch Flugplätze zu berücksichtigen sind. Mit der Novellierung des FluglSchG ist nunmehr mit § 14 FluglSchG eine spezifische Bestimmung geschaffen worden, die das Verhältnis zur Lärmaktionsplanung zum Gegenstand hat. Danach sind bei der Lärmminderungsplanung nach § 47 d BImSchG für Flugplätze die jeweils anwendbaren Werte des § 2 Abs. 2 FluglSchG zu beachten.[251] Zwar bezieht sich die Bestimmung nach ihrem Wortlaut ausdrücklich auf die Lärmaktionsplanung, mit der Folge, dass die Werte des § 2 Abs. 2 FluglSchG bei der Aufstellung der strategischen Lärmkarten nicht zu beachten wären, doch widerspricht dies nicht nur dem Sinn und Zweck der Lärmminderungsplanung, durch die die Öffentlichkeit über die jeweilige Lärmsituation informiert werden soll,[252] sondern im Übrigen auch ihrer Entstehungsgeschichte[253], so dass die Immissionsgrenzwerte des § 2 Abs. 2 FluglSchG im Ergebnis für die gesamte Lärmminderungsplanung Geltung beanspruchen. Für die Aufstellung von Lärmminderungsplänen wirkt sich dies in zweierlei Hinsicht aus. Unter

[247] Ähnliche Regelungen bestehen z. B. für Flugplätze in München oder Frankfurt.

[248] Dann ist die Vorbelastung durch Lärmimmissionen in die zu treffende raumordnerische Abwägungsentscheidung einzustellen.

[249] Reidt/Schiller (Fußn. 192), § 13 Rn. 32.

[250] Vgl. § 2 Abs. 2 BImSchG-alt.

[251] Militärische Flugplätze werden hiervon nicht erfasst.

[252] Vgl. oben V. 1.

[253] Reidt/Schiller (Fußn. 192), § 14 Rn. 4.

der Voraussetzung, dass keine anderen Lärmquellen bestehen, besteht für die Erarbeitung von Lärmaktionsplänen nur dann ein Erfordernis,[254] wenn die Lärmgrenzwerte des § 2 Abs. 2 FluglSchG überschritten werden.[255] Ist dies der Fall und ein Lärmaktionsplan wird aufgestellt, dann ist für die darin vorzusehenden konkreten Maßnahmen im Weiteren von Bedeutung,[256] dass ihre im Ermessen der zuständigen Behörde stehende und am Verhältnismäßigkeitsgrundsatz ausgerichtete Inbezugnahme, im Übrigen auch vom Maß der Gesundheitsschädlichkeit und der Belästigungseignung der einzelnen Lärmquelle abhängt.[257] Und schließlich muss dabei auch berücksichtigt werden, dass innerhalb des Lärmschutzbereichs ohnehin nach § 9 FluglSchG ein Anspruch auf passiven Schallschutz für die Betroffenen besteht. Im Hinblick darauf erweist es sich als sinnvoll, bei der Aufstellung der Lärmminderungspläne den Geltungsbereich der Lärmschutzbereiche in die Lärmminderungspläne aufzunehmen, um nicht Gefahr zu laufen, diesen widersprechende Maßnahmen im Lärmaktionsplan zu treffen.[258]

Jedenfalls sind in Bezug auf die Bindungswirkung des Lärmaktionsplans die zuständigen Luftfahrtbehörden der Länder an seine Festlegungen gebunden und zur Durchführung der Maßnahmen verpflichtet, soweit dies jedenfalls die einschlägigen Bestimmungen erlauben. Im Ergebnis können sich daraus Einschränkungen oder Modifikationen im Rahmen des luftverkehrlichen Zulassungsrechts ergeben. Indes dürfte dies in der Praxis schon unter Verhältnismäßigkeitsgesichtspunkten kaum vorkommen.[259] Demgegenüber ist für luftverkehrsrechtliche Genehmigungen mit planungsrechtlichem Einschlag und für Planfeststellungsbeschlüsse nach den §§ 6 und 8 LuftVG darauf hinzuweisen, dass insoweit § 47 d Abs. 6 Satz 2 BImSchG eine spezifische Regelung dergestalt enthält, dass die Vorgaben des Lärmminderungsplans dann nur im Rahmen der Abwägung zu berücksichtigen sind, die zuständige Behörde also nicht an die Festlegungen im Lärmminderungsplan gebunden ist.[260]

---

[254] Dies schließt es gleichwohl nicht aus, dass ein Flugplatzbetreiber auch unterhalb der Lärmgrenzwerte des § 2 Abs. 2 FluglSchG mit der Durchführung von Maßnahmen konfrontiert werden kann.

[255] Jarass, BImSchG, 10. Aufl., München, 2007, § 47 d Rn. 4.

[256] Zur Bindungswirkung allgemein schon oben V. 1.2.

[257] Unterhalb der Lärmgrenzwerte des § 2 Abs. 2 FluglSchG ist Fluglärm zumutbar. Dies ist bei der Auswahl entsprechender Schutzmaßnahmen von der zuständigen Behörde zu berücksichtigen.

[258] Reidt/Schiller (Fußn. 192), § 14 Rn. 8.

[259] Diese Schlussfolgerung ziehen auch: Reidt/Schiller (Fußn. 192), § 14 Rn. 10 sowie Wysk, Zeitschrift für Lärmbekämpfung 2007, S. 249.

[260] Vgl. Jarass (Fußn. 255), § 47 Rn. 44; Reidt/Schiller (Fußn. 192), § 14 Rn. 11.

VI. Schlussbetrachtung

Die Vermeidung und Verringerung von Lärmbelastungen stellt für die Städte und Gemeinden eine nach wie vor große Herausforderung dar. Gerade angesichts der demografischen Entwicklung in Deutschland mit einer zunehmend alternden und rückläufigen Bevölkerung, wird künftig vor allem dem Lärmschutz im baulichen Bestand erhöhte Bedeutung beizumessen sein. Dem kann einerseits durch Immissionsvorsorge und Immissionsreduzierung, andererseits aber auch durch Reduzierung der Lärmempfindlichkeit der Immissionsorte entsprochen werden. Auf allen Ebenen der räumlichen Planung und bei der Zulassung von Bauvorhaben kann dazu ein Beitrag geleistet werden.

Vor dem Hintergrund der mit den Lärmbelastungen verbundenen Auswirkungen auf die Städte und Gemeinden, insbesondere ihre Bedeutung für die Gesundheit der Bevölkerung sowie als Standort- und Kostenfaktor, müssen im Rahmen von städtebaulichen Planungen auch die Belange des Lärmschutzes Berücksichtigung finden.[1] Die bestehenden technischen Regelwerke stellen Hilfen für die vorzunehmende bauleitplanerische Abwägung dar. Allerdings richtet sich allein die DIN 18005 unmittelbar an die Planung, wenn es um die zu treffenden Raumnutzungsentscheidungen bei der Zuordnung von Baugebieten geht. Als private Norm kommt ihr allerdings nur eine relativ geringe rechtliche Bedeutung zu, denn die in ihr enthaltenen Orientierungswerte für die städtebauliche Planung sind eben gerade keine Grenzwerte, sondern flexibel handhabbare, im konkreten Fall auch überschreitbare Werte. Das hat die Rechtsprechung[2] immer wieder hervorgehoben.

Für den planerischen Umgang mit Lärmbelastungen erweisen sich in neuerer Zeit vor allem die Lärmminderungsplanung mit ihrem gesamtlärmbezogenen Ansatz sowie die mit dem novellierten FluglSchG verbesserten Möglichkeiten dem Schutz vor Fluglärm Rechnung zu tragen als von herausgehobener Bedeutung. Allerdings sind die mit ihnen verbundenen Möglichkeiten zur Entwicklung planerischer Handlungsansätze, insbesondere wenn es um den Aspekt der Lärmvorsorge geht, in der Planungspraxis noch nicht in ausreichendem Maße erkannt und umgesetzt. Darin dürfte ein zukunftsträchtiges und für den Lärmschutz unter Summationsgesichtspunkten bedeutsames Handlungsfeld liegen.

---

[1] Vgl. oben II.-IV.

[2] BVerwG, Beschluss vom 18.12.1990 – 4 N 6/88 –, NVwZ 1991, S. 881; Urteil vom 22.3.2007 – 4 CN 2/06 –, BVerwGE 128, 238.

III Lärmschutzbezogene Normen und Richtlinien in der Bauleitplanung – Aktuelle Rechtsprechung des Bundesverwaltungsgerichts

Ondolf Rojahn

Gegenstand des nachfolgenden Rechtsprechungsberichts sind solche lärmtechnischen Regelwerke, die Immissionswerte und das Verfahren zur Ermittlung der Lärmbelastung aus verschiedenen Lärmquellen festlegen. Im Mittelpunkt der Darstellung stehen die **Wirkungsweise** und die **rechtliche Bindungskraft lärmtechnischer Regelwerke** in der planerischen Abwägung und auf der Ebene der behördlichen Zulassung im Einzelfall. Die Ausführungen beschränken sich im Wesentlichen auf die wichtigsten neueren Entscheidungen des 4. Senats des Bundesverwaltungsgerichts (BVerwG) zur

- Verkehrslärmschutzverordnung (16. BImSchV vom 12. Juni 1990, BGBl. I S. 1036),
- Sportanlagenlärmschutzverordnung (18. BImSchV vom 18. Juli 1991, BGBl. I S. 1588, 1790),
- Sechsten Allgemeinen Verwaltungsvorschrift zum Bundes-Immissionsschutzgesetz (Technische Anleitung zum Schutz gegen Lärm – TA Lärm),
- zur DIN 18005 Schallschutz im Städtebau, Bbl. 1 zu Teil 1 (Berechnungsverfahren – Schalltechnische Orientierungswerte für die städtebauliche Planung, Juli 2002) und
- zur Freizeitlärm-Richtlinie des Länderausschusses für Immissionsschutz (Mai 1995).

I. Rechtssystematische Vorbemerkungen

1. Das Städtebaurecht öffnet sich diesen Regelwerken auf zweifache Weise

Ein **erstes Einfallstor** bildet die **Bauleitplanung**. Lärmschutz in der Bauleitplanung ist in erster Linie ein Problem des Abwägungsgebots (§1 Abs. 7 BauGB) und seiner Schranken. Bauleitpläne sollen eine menschenwürdige Umwelt sichern (§ 1 Abs. 5 Satz 2 BauGB). Bei der Aufstellung von Bauleitplänen sind die allgemeinen Anforderungen an gesunde Wohn- und Arbeitsverhältnisse (§ 1 Abs. 6 Nr. 1

BauGB) und die Belange des Umweltschutzes (§ 1 Abs. 6 Nr. 7 BauGB) zu berücksichtigen. Bereits im Flächennutzungsplan können Flächen für Nutzungsbeschränkungen oder für Vorkehrungen zum Schutz gegen schädliche Umwelteinwirkungen im Sinne des BImSchG dargestellt werden (§ 5 Abs. 2 Nr. 6 BauGB). Bei der Beurteilung, ob städtebauliche Missstände vorliegen, die zum Erlass einer Sanierungssatzung führen können, sind die Einwirkungen zu berücksichtigen, die von Grundstücken, Betrieben, Einrichtungen oder Verkehrsanlagen insbesondere durch Lärm ausgehen (§ 136 Abs. 2 Satz 2 Nr. 1 Buchst. f BauGB).

Ein **zweites Einfallstor** sind städtebaurechtliche **Zulässigkeitsvorschiften** wie § 34 und § 35 BauGB, die für das Baugenehmigungsverfahren oder andere Anlagenzulassungsverfahren gelten. Lärmschutzbezogene Anknüpfungspunkte sind z. B. § 34 Abs. 1 Satz 2 BauGB (Wahrung gesunder Wohnverhältnisse) und § 35 Abs. 3 Satz 1 Nr. 3 BauGB, der bestimmt, dass solche Außenbereichsvorhaben nicht genehmigungsfähig sind, die schädliche Umweltauswirkungen hervorrufen oder ihnen ausgesetzt werden. Nach § 15 Abs. 1 Satz 2 BauNVO sind bauliche Anlagen unzulässig, wenn von ihnen Belästigungen oder Störungen ausgehen können, die nach der Eigenart des Baugebiets im Baugebiet selbst oder in dessen Umgebung unzumutbar sind, oder wenn sie solchen Belästigungen oder Störungen ausgesetzt sind.

2. Konkretisierung und Quantifizierung unbestimmter Rechtsbegriffe

2.1 Rückgriff auf das Immissionsschutzrecht

Die unbestimmten Rechtsbegriffe (menschenwürdige Umwelt, gesunde Wohnverhältnisse, schädliche Umwelteinwirkungen) bedürfen, um die Bauleitplanung und die behördliche Genehmigungspraxis steuern zu können, der **Konkretisierung und Quantifizierung** im Wege der Auslegung. Hierzu greift das Bundesverwaltungsgericht in ständiger Rechtsprechung auf die Bestimmungen des BImSchG, des „Gesetzes zum Schutz vor schädlichen Umwelteinwirkungen durch Luftverunreinigungen, Geräusche, Erschütterungen und ähnliche Vorgänge“ zurück. Das gilt insbesondere für § 3 Abs. 1 BImSchG, der „schädliche Umwelteinwirkungen“ im Sinne des BImSchG definiert, sowie für § 5 Abs. 1 Satz 1 Nr. 1 und 2 BImSchG, nach dem genehmigungsbedürftige Anlagen so zu errichten und zu betreiben sind, dass schädliche Umweltauswirkungen für die Allgemeinheit und die Nachbarschaft nicht hervorgerufen werden können und Vorsorge gegen schädliche Umwelteinwirkungen getroffen wird.

Das Bundesverwaltungsgericht steht auf dem Standpunkt, dass diese Vorschriften des BImSchG und die auf dieses Gesetz gestützten lärmtechnischen Regelwerke grundsätzlich geeignet sind, das Belastungsniveau der lärmbetroffenen Nachbarschaft im Städtebaurecht zu bestimmen. Immissionsschutzrecht und Bauplanungsrecht sind Rechtsmaterien, die sich gegenseitig durchdringen und beeinflussen.[1] Der 4. Senat hat mehrfach entschieden, dass das BImSchG innerhalb seines Regelungsbereichs die Grenze der Zumutbarkeit von Umwelteinwirkungen auf die Nachbarschaft und damit das Maß der gebotenen Rücksichtnahme auch für das Städtebaurecht allgemein festlegt.[2]

Rechtstechnisch bereitet die Übernahme lärmtechnischer Regelwerke, deren Ermächtigungsgrundlage in den §§ 23, 43 und § 48 BImSchG liegt, in das **Recht der Bauleitplanung** dennoch gewisse **konstruktive Schwierigkeiten**. Sie beruhen darauf, dass die Regelwerke als Rechtsverordnung (16. und 18. BImSchV) oder Verwaltungsvorschrift (TA Lärm) an die Fachbehörden gerichtet sind, die auf der Ebene der Vorhabenzulassung in Genehmigungsverfahren über die Zulässigkeit konkreter Vorhaben entscheiden. Die Anforderungen des BImSchG und seiner Regelwerke sind anlagenbezogen; sie verpflichten letztlich denjenigen, der eine immissionsträchtige Anlage errichten und betreiben will.

Der Brückenschlag zwischen BImSchG und BauGB ist deshalb dort unproblematisch, wo Bauaufsichtsbehörden über die **städtebaurechtliche Zulässigkeit** eines konkreten Bauvorhabens im Einzelfall entscheiden. Ein gutes Beispiel dafür ist § 35 Abs. 3 Satz 1 Nr. 3 BauGB, der bestimmt, dass Vorhaben im Außenbereich nur zulässig sind, wenn sie keine schädlichen Umwelteinwirkungen hervorrufen. Über diese Vorschrift kann die TA Lärm in das Genehmigungsverfahren hineinwirken, wenn z. B. über die Zulässigkeit der Errichtung einer Windenergieanlage zu entscheiden ist. Ein weiteres Beispiel bietet § 11 Abs. 3 Satz 2 BauNVO, der ausdrücklich auf § 3 BImSchG verweist.

Die planende Gemeinde, also die Gemeinde als Trägerin der Bauleitplanung, gehört jedoch nicht zum Kreis der Fachbehörden, an die sich das BImSchG und seine lärmtechnischen Regelwerke richten. Die Bauleitplanung bewegt sich auf einer vorgelagerten Stufe. Ihre Aufgabe ist es, durch planerische Festsetzungen eine bestimmte Art der Bodennutzung vorzubereiten, ja: erst zu ermöglichen. Die planerischen Festsetzungen zielen darauf, bestimmte Baugebiete für bestimmte Nutzungen freizuhalten und andere, konkurrierende Nutzungen von diesen Flächen auszuschließen. In Rechtsprechung und Schrifttum wird diesem Umstand in der Regel mit den Worten Rechnung getragen, dass die lärmtechnischen Regelwerke des BImSchG in der Bauleitplanung nur **mittelbare Wirkung** entfalteten und in Form von **Orientierungshilfen** auf die **planerische Abwägung** einwirkten.[3] Bei genauerer Betrachtung kann die **rechtliche Bindungskraft** der in der Bauleitplanung

[1] Urteil vom 12. August 1999 – BVerwG 4 CN 4.98 – BVerwGE 109, 246 <253 f.> m. w. Nachw.

[2] Urteil vom 23. September 1999 – BVerwG 4 C 6.98 – BVerwGE 109, 314 <319 f.> m. w. Nachw.

[3] Vgl. etwa Reidt, in: Gelzer/Bracher/Reidt, Bauplanungsrecht, 7. Auflage, 2004, Rn. 726 ff. m. w. Nachw.

am häufigsten herangezogenen lärmtechnischen Regelwerke jedoch **sehr unterschiedlich** sein. Ansatzweise lassen sich zwei Fallgruppen unterscheiden.

2.2 Erste Fallgruppe: Betriebs- oder anlagenbezogene Standortplanung

Die Gemeinde weist in einem Bebauungsplan ein Gebiet für die Errichtung eines oder mehrerer immissionsträchtiger Industrie- oder Gewerbebetriebe oder einer Sportanlage aus oder plant die Linienführung einer Straße. Dabei kann es sich um eine herkömmliche Angebotsplanung oder einen vorhabenbezogenen Bebauungsplan handeln. Entscheidend ist, dass die Planung **in starkem Maße betriebs- und anlagenbezogen** ist: Die Gemeinde hat bereits konkrete Vorhaben und einen Investor im Auge. In solchen Fällen ist es regelmäßig **§ 1 Abs. 3 Satz 1 BauGB**, der die Bindung der Gemeinde an die §§ 3 und 5 BImSchG und die lärmtechnischen Regelwerke des BImSchG **„vermittelt"**.

§ 1 Abs. 3 Satz 1 BauGB ermächtigt die Gemeinden nur zu solchen Planungen, die realisierungs- und vollzugsfähig sind. Planerische Festsetzungen, deren Verwirklichung auf dauerhafte immissionsschutzrechtliche Hindernisse stoßen würde, sind nicht erforderlich und daher unwirksam.[4] Der Sache nach bedeutet das: Die Gemeinde muss bei konkret-anlagebezogenen Planungen das fachbehördlichen Zulassungsverfahren **antizipieren und gedanklich durchspielen** und die Anlage oder Straße, deren Bau sie planungsrechtlich ermöglichen will, an den einschlägigen immissionsschutzrechtlichen Anforderungen messen **(„hypothetische Zulässigkeitsprüfung")**. Dabei wird sie in der Regel den sachverständigen Rat der zuständigen Fachbehörden einholen. Die Gemeinde muss sodann die ihr zur Verfügung stehenden planerischen Mittel einsetzen, die erforderlich sind, um das bei Erlass der Satzung vorhersehbare Immissionspotential des geplanten Vorhabens (Anlagen, Straße) zu beherrschen und auf ein für die betroffene Nachbarschaft zumutbares Maß zu begrenzen. Ergänzende Auflagen darf sie der behördlichen Nachsteuerung in einem Genehmigungsverfahren überlassen. Vorhaben, die schädliche Umwelteinwirkungen im Sinne der §§ 3 und 5 BImSchG für die Allgemeinheit oder die Nachbarschaft hervorrufen, dürfen grundsätzlich nicht geplant werden.

Über § 1 Abs. 3 Satz 1 BauGB können die 16. und die 18. BImSchV **strikte rechtliche Bindungskraft in der Bauleitplanung** erlangen. Mit dem Begriff der „Orientierungshilfe" wird diese Wirkung nicht hinreichend erfasst. Erlangen die Grenzwerte der 16. und 18. BImSchV über § 1 Abs. 3 Satz 1 BauGB Geltungskraft in der Bauleitplanung, dürfen sie in der planerischen Abwägung nicht „weggewogen", d. h. aus begründeten planerischen Erwägungen überschritten werden. Abweichungen von den Grenzwerten der 16. und 18. BImSchV kommen nur im Rahmen der Freiräume in Betracht, die der Verordnungsgeber selbst bei der Anwendung seiner Regelwerke eingeräumt hat. Entsprechendes gilt auch für die **TA Lärm**, nachdem der 4. Senat des Bundesverwaltungsgerichts sie in den Rang einer

4 Urteil vom 21. März 2002 – BVerwG 4 CN 14.00 – BVerwGE 116, 144 <146 ff.>.

sog. „normkonkretisierenden Verwaltungsvorschrift“ erhoben hat. Darauf ist zurückzukommen (vgl. unten IV. 1.).

2.3 Zweite Fallgruppe: Ausweisung von Baugebieten

Die Gemeinde plant ein schutzbedürftiges Baugebiet (z. B. ein reines, allgemeines oder besonderes Wohngebiet, ein Mischgebiet) an eine viel befahrene Straße, eine lärmintensive Sportanlage oder an ein Gewerbegebiet heran. Die lärmtechnischen Regelwerke des BImSchG sind nicht auf solche Gebietsausweisungen zugeschnitten. Es gibt zur Zeit keine normativen, d. h. gesetzlichen oder verordnungsrechtlichen Lärmgrenzwerte, welche die allgemeine Zumutbarkeit von Lärm in den einzelnen Baugebieten der §§ 2 bis 11 BauNVO gebietsbezogen und typisierend festschreiben. Der vorausschauende Blick auf ein fachbehördliches Zulassungsverfahren mit seinen immissionsschutzrechtlichen Anforderungen („hypothetische Zulässigkeitsprüfung“), den § 1 Abs. 3 Satz 1 BauGB verlangt, kann dieses **Regelungsdefizit** nicht ausgleichen. Solange es keine gebietsbezogenen Lärmgrenzwerte für die Bauleitplanung gibt, ist die Zumutbarkeit von Lärm in einem Baugebiet von Gemeinden und Gerichten an Hand einer **umfassenden Würdigung aller Umstände des Einzelfalls** und insbesondere der speziellen Schutzwürdigkeit eines Gebiets zu bestimmen.

In der Praxis wird hierzu häufig auf die DIN 18005 zurück gegriffen. Die Rechtsprechung hat das gebilligt. Die DIN 18005 enthält im Bbl. 1 zu Teil 1 schalltechnische **Orientierungswerte** für die städtebauliche Planung. Sie richtet sich vor allem an Gemeinden, Städteplaner und Architekten. Als privates Regelwerk ist sie jedoch weder Rechtsnorm noch rechtsverbindlich. Sie gibt der Praxis „nur“ Orientierungshilfen für die Abwägung (§ 1 Abs. 7 BauGB). Das bedeutet: Die Lärmwerte können je nach Tragfähigkeit und Gewicht der planerischen Vorstellungen der Gemeinde in der konkreten Planungssituation überschritten werden, ohne dass die Planung von vornherein an einem Rechts- oder Abwägungsfehler leidet.

Es ist ferner nicht ausgeschlossen, dass auch die Immissionswerte der 16. und der 18. BImSchV sowie der TA Lärm als **Orientierungswerte** in die bauleitplanerische Abwägung (etwa bei Gebietsausweisungen)[5] oder in das bauaufsichtliche Genehmigungsverfahren (z. B. bei der Konkretisierung der Zumutbarkeitsschranken in § 15 Abs. 1 Satz 2 BauNVO)[6] hineinwirken. Anders als in den Fällen, in denen § 1 Abs. 3 Satz 1 BauGB den lärmtechnischen Regelwerken nach dem BImSchG in der Bauleitplanung strikte Geltung verschafft, dürfen Lärmgrenzwerte, die als Orientierungswerte in die Bauleitplanung oder in Genehmigungsverfahren hineinwirken, **nicht schematisch** angewendet werden. Es hat eine **wertende Betrachtung** zu erfolgen, die sich an den tatsächlichen Gegebenheiten zu orientieren hat. Schutz mindernd kann sich insbesondere eine tatsächliche oder planerische **Vorbe-**

---

[5] Beschluss vom 26. Mai 2004 – BVerwG 4 BN 24.04 – BauR 2005, 830 <831>.

[6] Urteil vom 23. September 1999 – BVerwG 4 C 6.98 – BVerwGE 109, 314 <320 ff.>.

lastung auswirken. Weitere Beispiele bietet die sog. **Mittelwertrechtsprechung**; treffen eine störende und eine störungsempfindliche Nutzung aufeinander (z. B. ein Gewerbebetrieb und eine Wohnbebauung), die jeweils dem Grunde nach in ihrem Baugebiet planungsrechtlich zulässig sind, so gilt das Gebot der wechselseitigen Rücksichtnahme. Damit ist auch die Überplanung von Gemengelagen angesprochen, die das Thema der nachfolgenden Ausführungen von Herrn Prof. Dr. Söfker sein wird.

II. Die 16. BImSchV in der Straßenplanung durch Bebauungsplan

1. Strikte Bindung an das Schutzmodell des BImSchG und der 16. BImSchV

Strikte verkehrslärmspezifische Anforderungen binden die Gemeinden vor allem bei der Straßenplanung. Straßen können durch Bebauungsplan festgesetzt werden (vgl. § 9 Abs. 1 Nr. 11 BauNVO). Das gilt für Gemeindestraßen wie für Straßen im Gemeindegebiet, die der Baulast des Bundes oder des Landes unterliegen. Näheres ergibt sich aus § 17 b Abs. 2 FStrG und den Straßengesetzen der Länder.

Bei der Festsetzung von Straßen durch Bebauungspläne gehört der Verkehrslärmschutz zu den nach § 1 Abs. 6 Nr. 1 und 7 BauGB abwägungsrelevanten Belangen. Der 4. Senat des BVerwG hat hierzu entschieden:[7]

Die Gemeinde hat sich zunächst Klarheit darüber zu verschaffen, ob und in welchem Ausmaß das Straßenbauvorhaben Maßnahmen des aktiven oder passiven Schallschutzes nach sich zieht. Dies folgt aus den §§ 50 und 41 BImSchG, die von der Gemeinde bereits bei der **Aufstellung eines Bebauungsplans** zu beachten sind. § 41 BImSchG eröffnet der Gemeinde bei der Straßenplanung keinen planerischen Gestaltungsspielraum.[8] Durch den Bau von Straßen dürfen grundsätzlich keine Verkehrsgeräusche hervorgerufen werden, die als schädliche Umwelteinwirkungen zu qualifizieren sind. Die Gemeinde hat sich daher bei der Abwägung unter dem Gesichtspunkt der Abwehr von Lärmbeeinträchtigungen an dem Schutzmodell des BImSchG auszurichten. Der Schutz der Nachbarschaft richtet sich nach den in § 2 der 16. BImSchV **baugebietsbezogen festgelegten Immissionsgrenzwerten**. Diese Grenzwerte beanspruchen auch bei der Festsetzung von Straßen durch Bebauungsplan **strikte Geltung**. Sie setzen der Abwägung unüberwindbare Schranken.

---

[7] Beschlüsse vom 24. Mai 2007 – BVerwG 4 BN 16.07 und 4 VR 1.07 – ZfBR 2007, 580, vom 30. November 2006 –BVerwG 4 BN 14.06 – Buchholz 406.11 § 1 BauGB Nr. 125 – und vom 14. November 2000 – BVerwG 4 BN 44.00 – Buchholz 406.11 § 9 BauGB Nr. 95; Urteil vom 28. Januar 1999 – BVerwG 4 CN 5.98 – BVerwGE 108, 248 <254>.

[8] Urteil vom 28. Januar 1999 – BVerwG 4 CN 5.98 – BVerwGE 108, 248 <254 ff.>.

Nach § 41 Abs. 1 BImSchG ist bei dem Bau oder der wesentlichen Änderung öffentlicher Straßen sicherzustellen, dass keine schädlichen Umwelteinwirkungen durch Verkehrsgeräusche hervorgerufen werden können, die nach dem Stand der Technik vermeidbar sind. Die Vorschrift richtet sich an den **Träger der Straßenbaulast**, die alle mit dem Bau und der Unterhaltung der öffentlichen Straßen zusammenhängenden Aufgaben umfasst. Soweit die Gemeinde hinsichtlich der geplanten Straße Trägerin der Straßenbaulast ist, gehört sie zum Kreis der Normadressaten. Das Schutzmodell der §§ 41, 42 BImSchG und der 16. BImSchV gilt für sie unmittelbar. Plant die Gemeinde eine Straße, die in die Baulast des Bundes oder eines Landes fallen würde, vermittelt **§ 1 Abs. 3 Satz 1 BauGB** die strikte Bindung an das Schutzmodell der §§ 41, 42 BImSchG und der 16. BImSchV.

Die Gemeinde muss sich also bei der Zusammenstellung des Abwägungsmaterials (§ 2 Abs. 3 BauGB) vor Augen führen, welche Dimension der Lärmkonflikt hat, den sie auslöst, wenn sie eine Straße plant. Werden die Lärmgrenzwerte des § 2 Abs. 1 der 16. BImSchV überschritten, richtet sich das weitere Vorgehen nach der Stufenfolge in den §§ 41, 42 BImSchG. Danach hat die Festsetzung aktiver Lärmschutzmaßnahmen (Lärmschutzwall, Lärmschutzwand, Tunnel- und Troglagen) Vorrang vor Maßnahmen des passiven Schallschutzes. Diese Stufenfolge darf die straßenplanende Gemeinde nicht umkehren. Nur unter den Voraussetzungen des § 41 Abs. 2 BImSchG darf die Gemeinde von aktiven Schallschutzmaßnahmen absehen und den Lärmkonflikt durch Vorkehrungen des passiven Schallschutzes lösen.[9] Von der Entschädigung für Schallschutzmaßnahmen (§ 42 BImSchG) darf die Gemeinde unter Berufung auf ihr planerisches Ermessen nicht absehen.

Kommen aktive Lärmschutzmaßnahmen aus technischen und/oder finanziellen Gründen nicht in Betracht, hat die Gemeinde zu prüfen, ob hinreichend gewichtige Verkehrsbelange ihre Verkehrsplanung gleichwohl rechtfertigen. Ihr Interesse, von der Festsetzung aktiver Schutzvorkehrungen aus **Kostengründen** Abstand zu nehmen, ist mit den Lärmschutzinteressen der betroffenen Grundstücksnachbarn abzuwägen. Hält die Gemeinde an der Planung fest, muss sie sicherstellen, dass die Betroffenen durch Maßnahmen des passiven Lärmschutzes vor unzumutbaren Lärmbeeinträchtigungen bewahrt werden. Die Zumutbarkeitsgrenze beurteilt sich nach den Lärmgrenzwerten in § 2 Abs. 1 der 16. BImSchV. Das gilt auch für bereits vorhandene straßennahe Bebauung. In diesem Fall haben die betroffenen Anlieger einen Anspruch auf Erstattung der erforderlichen **Schutzmaßnahmen am Gebäude** sowie gegebenenfalls einen Anspruch auf angemessenen Ausgleich für die Beeinträchtigung der Nutzung ihres **Außenwohnbereichs**.

All dies bedeutet freilich nicht, dass eine Planung stets abwägungsfehlerfrei ist, wenn die Grenzwerte der 16. BImSchG eingehalten sind. In der Rechtsprechung ist geklärt, dass eine planbedingte Zunahme des Verkehrslärms unterhalb der Grenzwerte bei der Straßenplanung durch Bebauungsplan grundsätzlich zum Abwä-

---

[9] Urteil vom 28. Januar 1999 – BVerwG 4 CN 5.98 – BVerwGE 108, 248 <256 ff.>.

gungsmaterial gehört. Ist der Lärmzuwachs nur geringfügig oder wirkt er sich nur unwesentlich auf das Nachbargrundstück aus, muss er allerdings nicht in die Abwägung eingestellt werden. Ob vermehrte Verkehrslärmimmissionen mehr als geringfügig sind, lässt sich nicht anhand fester Maßstäbe beurteilen. Hier bedarf es einer Bewertung der konkreten Verhältnisse unter Einschluss der jeweiligen Vorbelastung und der Schutzwürdigkeit des jeweiligen Baugebiets.[10]

2. Die Grenzwerte der 16. BImSchV als Orientierungswerte

In **besonderen Fallkonstellationen** der **Straßenplanung** können die Immissionswerte der 16. BImSchV auch als **Orientierungshilfe** herangezogen werden.[11] Das beruht auf folgenden Überlegungen:

Das Lärmschutzsystem des BImSchG erfasst nur den Lärm, der von der zu bauenden oder zu ändernden Straße selbst ausgeht. Nimmt als Folge des Straßenbauvorhabens der Verkehr auf einer anderen, vorhandenen Straße zu, hat der Planungsträger (Fachplanungsträger oder die planende Gemeinde) den Lärmzuwachs auf der vorhandenen Straße im Rahmen seiner Abwägung zu berücksichtigen, wenn er mehr als unerheblich ist und ein eindeutiger Ursachenzusammenhang zwischen der geplanten Straße und der zu erwartenden Verkehrszunahme auf der vorhandenen Straße besteht. In solchen Fällen kann die planende Gemeinde gehalten sein, zur Vermeidung eines Abwägungsfehlers Lärmschutzmaßnahmen zu Gunsten der von dem Lärmzuwachs betroffenen Grundeigentümer festzusetzen. Die Grenzwerte der 16. BImSchV können der Gemeinde zur Orientierung in der Frage dienen, ob der Lärmzuwachs zumutbar ist. Werden die in § 2 Abs. 1 Nr. 3 der 16. BImSchV für Dorf- und Mischgebiete festgelegten Werte eingehalten, sind in angrenzenden Wohngebieten regelmäßig gesunde Wohnverhältnisse (vgl. § 1 Abs. 6 Satz 2 BauGB) gewahrt. In diesem Fall vermittelt das Abwägungsgebot den betroffenen Grundeigentümern keinen Rechtsanspruch auf Anordnung von Lärmschutzmaßnahmen.

III. Die 18. BImSchV im Bauplanungsrecht

1. Standortplanung von Sportanlagen und deren Erweiterung

Die 18. BImSchV gilt nicht unmittelbar für die Bauleitplanung, d. h. sie ist nicht an die planende Gemeinde gerichtet. Sie stellt zum Schutz der Allgemeinheit und der Nachbarschaft vor schädlichen Umwelteinwirkungen Anforderungen an die Errich-

---

[10] Beschlüsse vom 24. Mai 2007 – BVerwG 4 BN 16.07 – ZfBR 2007, 580 – und vom 19. August 2003 – BVerwG 4 BN 51.03 – BRS 66 Nr. 59.

[11] S. zum Folgenden: Urteil vom 17. März 2005 – BVerwG 4 A 18.04 – BVerwGE 123, 152.

tung und den Betrieb (immissionsschutzrechtlich) nicht genehmigungsbedürftiger Anlagen im Sinne von § 22 BImSchG. Dazu gehören auch Sportanlagen (§ 3 Abs. 5 Nr. 1 und 3 BImSchG). Die baugebietsbezogenen Immissionsrichtwerte in § 2 Abs. 2 der 18. BImSchV, die nach der generellen Schutzwürdigkeit der Baugebietstypen der BauNVO gestaffelt sind, können nach Maßgabe des § 2 Abs. 4 der 18. BImSchV überschritten werden. Die Einhaltung dieser Anforderungen ist insbesondere zu überprüfen und durchzusetzen, wenn die Sportanlage einer baurechtlichen Genehmigung bedarf, oder, falls sie nicht genehmigungspflichtig ist, wenn gemäß der §§ 24, 25 BImSchG über aufsichtsbehördliche Maßnahmen zu entscheiden ist.

In der Bauleitplanung gewinnt die 18. BImSchV über den Schalthebel des **§ 1 Abs. 3 Satz 1 BauGB** rechtliche Bedeutung.[12] Die Gemeinde darf für die Errichtung, Erweiterung oder Änderung einer Sportanlage keinen Bebauungsplan aufstellen, der aus Rechtsgründen nicht vollzugsfähig ist, weil die für seine Verwirklichung erforderlichen Genehmigungen wegen Verletzung zwingenden Rechts nicht erteilt werden dürften. Setzt ein Bebauungsplan in der Nachbarschaft zu Wohnbebauung eine Sportanlage fest, muss gewährleistet sein, dass die immissionsschutzrechtlichen Anforderungen eingehalten werden können und die Wohnbebauung keinen höheren als den nach der 18. BImSchV zulässigen Lärmbelastungen ausgesetzt wird.[13] Ein Bebauungsplan, der diesem Gebot widerspricht, wäre wegen Verstoßes gegen das in § 1 Abs. 3 Satz 1 BauGB enthaltene Gebot der Erforderlichkeit der Planung unwirksam. Vollzugsunfähig ist ein Bebauungsplan allerdings nur, wenn seine Realisierung zwangsläufig an rechtlichen Hindernissen scheitern müsste. Das ist zu verneinen, wenn z. B. durch Auflagen im Baugenehmigungsverfahren oder durch sonstige angemessene Beschränkungen des Sportbetriebs Hindernisse überwindbar sind.

Ein Bebauungsplan, der in der Nachbarschaft zu Wohnbebauung eine Sportanlage festsetzt, kann auch abwägungsfehlerhaft und unwirksam sein, weil die Gemeinde bei Anwendung der 18. BImSchV die Schutzwürdigkeit (den Gebietscharakter) der benachbarten Wohnbebauung verkannt und deshalb falsch bewertet hat.[14] Wohnbebauung, für die keine planerische Gebietsausweisung besteht, ist gemäß § 2 Abs. 6 Satz 2 der 18. BImSchV entsprechend ihrer Schutzwürdigkeit einem Gebietstypus im Sinne des § 2 Abs. 2 der 18. BImSchV zuzuordnen. Der Bebauungsplan ist unwirksam, wenn die Gemeinde der vorhandenen Bebauung die Schutzwürdigkeit eines allgemeinen Wohngebiets zuerkannt hat, dieser Bebauung aber die Schutzwürdigkeit eines reinen Wohngebiets zukommt.

Abwägungsfehlerhaft wäre es ferner, wenn die Gemeinde davon ausginge, dass Sportlärm bis zu den Richtwerten des § 2 Abs. 2 der 18. BImSchV ohne Weiteres

---

[12] Einzelheiten im Urteil vom 12. August 1999 – BVerwG 4 CN 4.98 – BVerwGE 109, 246 <249 f.>.

[13] Beschluss vom 26. Mai 2004 – BVerwG 4 BN 24.04 – BauR 2005, 830 <831>.

[14] Urteil vom 12. August 1999 – BVerwG 4 CN 4.98 – BVerwGE 109, 246 <250>.

hinzunehmen sei, und sie deshalb naheliegende und verhältnismäßige Möglichkeiten einer geringeren Sportlärmbeeinträchtigung benachbarter Gebiete gar nicht in Erwägung zöge.[15] Die 18. BImSchV ist ebenso wenig wie die 16. BImSchV in dem Sinne zu verstehen, dass die Bauleitplanung die in ihr festgesetzten Immissionswerte stets ausschöpfen dürfte. So kann der Umstand, dass ein festgesetztes allgemeines Wohngebiet nach der tatsächlichen Nutzung einem reinen Wohngebiet entspricht, für die planerische Abwägung bedeutsam sein, wenn die Einhaltung der Richtwerte für reine Wohngebiete ohne unangemessene Zurückstellung anderer abwägungserheblicher Belange planerisch erreichbar erscheint.[16]

2. Planung eines Wohngebiets neben einer bestehenden Sportanlage

Der 4. Senat des BVerwG hat den Lärmrichtwerten der 18. BImSchV auch in dem (umgekehrten) Fall, dass ein Wohngebiet in der Nachbarschaft einer bestehenden Sportanlage geplant wird, also an die Sportanlage „heranrückt“, rechtliche Bedeutung beigemessen. In der Entscheidung[17] heißt es: Setzten die Lärmrichtwerte der 18. BImSchV der Ausweisung einer Sportanlage in der Nachbarschaft zu Wohnbebauung rechtliche Schranken, so verstehe es sich von selbst, dass auch für den umgekehrten Fall der Ausweisung eines Wohngebiets neben einer Sportanlage „den in der 18. BImSchV enthaltenen Wertungen Rechnung zu tragen sei“.

Man wird diese Entscheidung so verstehen müssen, dass die Lärmrichtwerte der 18. BImSchV in dem Fall einer Wohnbebauung, die an eine bestehende Sportanlage herangeplant wird, lediglich als **Orientierungswerte** (ohne Anspruch auf Rechtsverbindlichkeit) dienen können. Anders als bei der Planung einer Sportanlage, die an ein Wohngebiet heranrückt, können die Richtwerte der 18. BImSchV in diesem Fall der planerischen Abwägung nicht über den Weg des § 1 Abs. 3 Satz 1 BauGB unüberwindbare rechtliche Schranken setzen. Mangels normativer gebietsbezogener Lärmgrenzwerte für die Baugebietstypen der BauNVO gilt auch hier der Grundsatz, dass die Grenze der Zumutbarkeit von Lärmimmissionen und damit der abwägungsfehlerfreie Grad der Überschreitung technischer Regelwerke sich nach den jeweiligen Umständen in der konkreten Planungssituation richtet.

3. Konkretisierung der nachbarlichen Zumutbarkeitsgrenze im Rahmen von § 15 Abs. 1 Satz 2 BauNVO

Die Richtwerte der 18. BImSchV können auch als Orientierungswerte für die rechtliche Beurteilung eines Nutzungskonflikts zwischen Sportanlagen und Wohnbebauung im Rahmen des § 15 Abs. 1 Satz 2 BauNVO herangezogen werden. Sie

15 Urteil vom 12. August 1999 – BVerwG 4 CN 4.98 – BVerwGE 109, 246 <250>.

16 Urteil vom 12. August 1999 a.a.O.

17 Beschluss vom 26. Mai 2004 – BVerwG 4 BN 24.04 – BauR 2005, 830 <831>.

werden damit zum Bestandteil einer **Stufenfolge von Pflichten (Obliegenheiten) gegenseitiger Rücksichtnahme.**[18]

In einem (beplanten oder unbeplanten) allgemeinen Wohngebiet ist ein Wohnbauvorhaben in unmittelbarer Nachbarschaft zu einem vorhandenen Sportplatz unzulässig, wenn es sich Sportlärmimmissionen aussetzen würde, die nach der Eigenart des Gebiets in diesem unzumutbar sind. Die Bestimmung des zumutbaren Lärmschutzniveaus für ein an den Sportplatz heranrückendes Wohnbauvorhaben hat sich in **erster Linie** an den für allgemeine Wohngebiete festgesetzten **Richtwerten des § 2 Abs. 2 Nr. 3 der 18. BImSchV zu orientieren.**

Ob ein Wohnbauvorhaben, das an eine bestehende Sportanlage heranrückt, unzumutbaren Lärmimmissionen ausgesetzt sein würde und deshalb bauplanungsrechtlich unzulässig wäre, hängt jedoch nicht allein und abschließend davon ab, ob die Richtwerte der 18. BImSchV eingehalten oder überschritten werden.[19] Die Immissionsrichtwerte der 18. BImSchV sind gebietsbezogen und insoweit Ausdruck der typisierenden Betrachtungsweise des Verordnungsgebers. Sie beruhen auf einer abstrakt-generellen Abwägung der in einem Baugebiet konkurrierenden Nutzungsinteressen. Daher bestimmen sie das Maß zumutbarer Lärmimmissionen nach der allgemeinen Zweckbestimmung des Baugebiets, nach dem Gebietscharakter insgesamt. Das in § 15 Abs. 1 Satz 2 BauNVO konkretisierte Rücksichtnahmegebot verlangt demgegenüber eine **einzelfallbezogene Sichtweise**. Es lenkt den Blick auf die konkrete Situation der benachbarten Grundstücke mit dem Ziel, einander abträgliche Nutzungen in rücksichtsvoller Weise zuzuordnen sowie Spannungen und Störungen zu verhindern. Daher kann sich der durch die Richtwerte des § 2 Abs. 2 der 18. BImSchV gesetzte Rahmen im Einzelfall als unangemessen erweisen. Je nach der Situation an Ort und Stelle kann das Gebot der Rücksichtnahme zusätzliche Differenzierungen („Feinabstimmung") gebieten mit der Folge, dass die baugebietsbezogenen Richtwerte, die zudem einzelne Baugebietsarten zu jeweils einer Klasse mit einem einheitlichen Immissionsrichtwert zusammenfassen, durch **situationsbezogene Zumutbarkeitskriterien** zu ergänzen sind.

So kann sich die Vorbelastung des Wohnbaugrundstücks durch Sportlärm schutzmindernd dahin auswirken, dass nicht die Richtwerte für allgemeine Wohngebiete maßgebend sind, sondern darüber liegende Werte. Werden die in § 2 Abs. 2 Nr. 2 der 18. BImSchV für Kern-, Dorf- und Mischgebiete festgelegten Richtwerte nicht überschritten, so sind regelmäßig gesunde Wohnverhältnisse im Sinne des § 34 Abs. 1 Satz 2 BauGB gewahrt.[20]

In einem durch den Lärm einer Sportanlage vorbelasteten Wohngebiet trifft den Bauwilligen eine Obliegenheit, durch Platzierung des Gebäudes auf dem Grundstück, Grundrissgestaltung und andere ihm mögliche und zumutbare Maßnahmen

---

[18] Einzelheiten im Urteil vom 23. September 1999 – BVerwG 4 C 6.98 – BVerwGE 109, 314.

[19] Zum Folgenden: Urteil vom 23. September 1999 a.a.O. S. 321 f.

[20] Urteil vom 23. September 1999 a.a.O. S. 322 f.

der **„architektonischen Selbsthilfe"** seinerseits die gebotene Rücksicht darauf zu nehmen, dass die Wohnnutzung nicht unzumutbaren Lärmbelästigungen ausgesetzt sein wird. Hat der Bauherr diese Obliegenheit erfüllt, kann ihm das Baurecht nicht allein deshalb vorenthalten werden, weil der Betreiber der Sportanlage die ihm nach § 22 Abs. 1 BImSchG i. V. m. § 3 der 18. BImSchV obliegenden Pflichten zur Lärmminderung tatsächlich nicht erfüllt. Der Sportplatzbetreiber (z. B. eine Gemeinde) kann nicht darauf vertrauen, dass er nur deshalb von Auflagen zum Lärmschutz heranrückender Wohnbebauung verschont bleibt, weil der Sportplatz zuerst entstanden ist.

4. Lärmimmissionen von Ballspielplätzen („Bolzanlagen")

Der 7. Senat des BVerwG hat entschieden[21], dass die Immissionsrichtwerte der 18. BImSchV nicht unmittelbar auf Geräuschimmissionen anwendbar sind, die von der bestimmungsgemäßen Nutzung von Ballspielplätzen und ähnlichen Anlagen für Kinder (in jenem Fall: ein Bolz- und Skateplatz) ausgehen.

Gegenstand des Rechtsstreits war eine Abwehrklage, mit der sich der Betreiber der Anlage gegen immissionsschutzrechtliche Auflagen zur Wehr gesetzt hat. Nach Ansicht des 7. Senats handelt es sich bei den genannten Anlagen nicht um solche, die im Sinne von § 1 Abs. 2 der 18. BImSchV „zur Sportausübung bestimmt sind". Der Verordnungsgeber habe den Schutz vor Sportlärm auf Sportanlagen zugeschnitten, die dem Vereinssport, Schulsport oder vergleichbar organisiertem Freizeitsport dienten. Die Verpflichtungen des Betreibers, bestimmte Anforderungen an Lautsprecheranlagen und ähnliche technische Einrichtungen zu beachten, Vorkehrungen zur Minderung des von Zuschauern verursachten Lärms zu treffen sowie An- und Abfahrtswege und Parkplätze durch Maßnahmen betrieblicher und organisatorischer Art lärmmindernd zu gestalten (vgl. § 3 der 18. BImSchV) passten nicht auf kleinräumige Anlagen, die auf unorganisierte, sportlich-spielerisch Aktivitäten von Kindern zugeschnitten seien.

In der Entscheidung wird jedoch klargestellt, dass der Ausschluss einer unmittelbaren Anwendung der 18. BImSchV auf kindgerechte Ballspielplätze und vergleichbare Anlagen der **„entsprechenden Heranziehung" im Einzelfall** nicht von vornherein entgegensteht: Es biete sich insbesondere an, die von solchen Anlagen ausgehenden Geräuschimmissionen mangels geeigneter sonstiger Vorschriften nach den in der 18. BImSchV festgelegten Ermittlungs- und Messverfahren zu bestimmen, das der Besonderheit der bei Sport und Spiel auftretenden Geräusche Rechnung trage.

Der 7. Senat des BVerwG betont jedoch, dass die Zumutbarkeit der bei Sport und Spiel auftretenden Geräusche wegen der Vielgestaltigkeit der Anlagen stets vor dem Hintergrund des jeweiligen Einzelfalls zu beurteilen ist. Die Beurteilung richte sich

---

[21] Beschluss vom 11. Februar 2003 – BVerwG 7 B 88.02 – DVBl. 2003, 808.

-insbesondere nach der durch die Gebietsart und die tatsächlichen Verhältnisse bestimmten Schutzwürdigkeit und Schutzbedürftigkeit der Nachbarschaft. Nach der Rechtsprechung des 7. Senats, die Zustimmung verdient, sind dabei **wertende Elemente wie Herkömmlichkeit, soziale Adäquanz und allgemeine Akzeptanz** mitbestimmend. Wörtlich heißt es: Die „normkonkretisierende Funktion" der Immissionsrichtwerte der 18. BImSchV, eine interessengerechte, gleichmäßige Bewertung der belästigenden Wirkung von Sportlärm zu ermöglichen und damit ein Höchstmaß an Rechtssicherheit zu erreichen, könne die **individuelle Würdigung** bei den aus der Sicht der 18. BImSchV atypischen Spiel- und Freizeitanlagen für Kinder nicht ersetzen.

Im Ergebnis billigt der 7. Senat damit, dass Genehmigungsbehörden und Verwaltungsgerichte die Richtwerte der 18. BImSchV – unter dem Vorbehalt einer ergänzenden Würdigung des Einzelfalls – als **Orientierungswerte** bei der immissionsschutzrechtlichen Beurteilung von Spiel- und Sportanlagen für Kinder heranziehen. Es bietet sich an, diese Leitlinienfunktion der Richtwerte auch auf die Frage nach der **bauplanungsrechtlichen Zulässigkeit von kindgerechten Ballspielplätzen** und ähnlichen Anlagen in **reinen und allgemeinen Wohngebieten** (§§ 3, 4 BauNVO) zu übertragen. Eine strikte, der planerischen Abwägung unüberwindbare Grenzen setzende Bindungskraft, wie sie § 1 Abs. 3 Satz 1 BauGB den Richtwerten der 18. BImSchV bei der Planung von Sportanlagen im Sinne des § 1 Abs. 2 und 3 der VO vermittelt, ist mit dieser Orientierungsfunktion nicht verbunden. Über die Zulässigkeit im Einzelfall entscheidet letztlich § 15 Abs. 1 Satz 2 BauNVO.

IV. Die TA Lärm 1998 im Städtebaurecht

1. Die TA Lärm 1998 – eine „normkonkretisierende Verwaltungsvorschrift"

Das BVerwG hat den auf der Grundlage des § 48 BImSchG erlassenen **Verwaltungsvorschriften** eine im behördlichen und im gerichtlichen Verfahren zu beachtende **Bindungswirkung** zuerkannt, soweit sie die unbestimmten Rechtsbegriffe des BImSchG konkretisieren.[22] Abgeleitet wird dies aus dem Zweck der auf § 48 BImSchG gestützten, nach Anhörung der beteiligten Kreise (vgl. § 51 BImSchG) erlassenen technischen Regelwerke. Ihre Funktion ist es, bundeseinheitlich einen gleichmäßigen und berechenbaren Gesetzesvollzug sicherzustellen. Zu diesem Zweck konkretisieren die technischen Regelwerke – insbesondere die TA Luft und die TA Lärm – die unbestimmten Rechtsbegriffe des BImSchG durch generelle Standards, die ein hohes Maß an wissenschaftlich-technischem Sachverstand ver-

[22] Urteil vom 21. Juni 2001 – BVerwG 7 C 21.00 – BVerwGE114, 342 <344 ff.> – zur TA Luft; Urteil vom 29. August 2007 – BVerwG 4 C 2.07 – BVerwGE 129, 209 <211> – zur TA Lärm.

körpern. Als **„normkonkretisierende Verwaltungsvorschriften"** unterliegen die technischen Regelwerke der TA Luft und der TA Lärm – anders als sonstige Verwaltungsvorschriften – auch der **revisionsgerichtlichen Überprüfung**, d. h. sie sind nicht nur von Behörden und den verwaltungsgerichtlichen Tatsacheninstanzen, sondern auch vom BVerwG wie Rechtsnormen anzuwenden.

Die normative Konkretisierung der Zumutbarkeitsgrenze von Geräuschen (Lärm) ist jedenfalls insoweit abschließend, als die TA Lärm bestimmte Gebietsarten und Tageszeiten entsprechend ihrer Schutzbedürftigkeit bestimmten Immissionsrichtwerten zuordnet und das Verfahren der Ermittlung und Beurteilung der Geräuschimmissionen vorschreibt. Für eine einzelfallbezogene Beurteilung der Schädlichkeitsgrenze lässt das normkonkretisierende Regelungskonzept der TA Lärm nach Ansicht des 4. Senats des BVerwG nur insoweit Raum, als die TA Lärm selbst insbesondere durch **Kann-Vorschriften** (z. B. Nr. 6.5 Satz 3 und 7.2) und **Bewertungsspannen** (z. B. A 2.5.3) Spielräume eröffnet. Nr. 3.2.2 sieht eine **ergänzende Prüfung im Einzelfall** vor, wenn besondere näher genannte Umstände vorliegen, die bei der Regelfallprüfung (Nr. 3.2.1) keine Berücksichtigung finden.

Die rechtliche Einordnung der TA Lärm als „normkonkretisierende Verwaltungsvorschrift" **verstärkt ihre Bindungskraft** in der Bauleitplanung. **§ 1 Abs. 3 Satz 1 BauGB** vermittelt der TA Lärm – ebenso wie der 16. und der 18. BImSchV – zum Schutz der Nachbarschaft vor unzumutbaren Lärmimmissionen **rechtliche Verbindlichkeit,** wenn und soweit die Gemeinde im Wege der (herkömmlichen) Angebotsplanung durch Gebietsausweisungen (Gewerbe- oder Industriegebiete, Kern- oder Sondergebiete) oder durch vorhabenbezogene Bebauungspläne Standorte für konkrete Lärm emittierende Anlagen festlegt oder überplant, die in den Geltungsbereich des BImSchG und der TA Lärm fallen.

2. Baugenehmigungen für Windenergieanlagen im Außenbereich

Die erste Entscheidung des 4. Senats des BVerwG, die Folgerungen aus der Qualität der TA Lärm als einer „normkonkretisierenden Verwaltungsvorschrift" gezogen hat, betraf allerdings nicht die Bauleitplanung, sondern die bauaufsichtliche Genehmigung einer Windenergieanlage in unmittelbarer Nachbarschaft zum Wohngebäude eines landwirtschaftlichen Betriebes im Außenbereich.[23]

Die TA Lärm ist auf Windenergieanlagen anwendbar. Windenergieanlagen sind Anlagen im Sinne des § 3 Abs. 5 Nr. 1 BImSchG. Sie sind im Katalog der in Nr. 1 vom Anwendungsbereich der TA Lärm ausdrücklich ausgenommenen Anlagen nicht aufgeführt.

[23] Zum Folgenden: Urteil vom 29. August 2007 – BVerwG 4 C 2.07 – BVerwGE 129, 209 <213 ff.>.

Zur Anwendung der TA Lärm bei der Genehmigung zur Errichtung von Windenergieanlagen hat der 4. Senat des BVerwG die folgenden Grundsätze aufgestellt:

- Die Regelung über den Messabschlag nach Nr. 6.9 TA Lärm ist nicht anzuwenden, wenn im Rahmen einer Nachbarklage gegen die Baugenehmigung für eine Windenergieanlage die Lärmimmissionen im verwaltungsgerichtlichen Verfahren zur Klärung des Sachverhalts ermittelt werden.
- Eine Küche, die nicht lediglich der Zubereitung der Mahlzeiten, sondern auch dem sonstigen Aufenthalt der Bewohner dient, ist als schutzwürdiger Raum im Sinne der Nr. A 1.3 TA Lärm (in Verbindung mit der DIN 4109, Ausgabe November 1989) anzusehen.
- Es ist Aufgabe der Bauaufsichtsbehörde und der verwaltungsgerichtlichen Tatsacheninstanzen, im Einzelfall zu überprüfen, ob Windenergieanlagen Geräusche hervorrufen, die im Hinblick auf ihre außergewöhnliche Störwirkung die Vergabe eines Impulszuschlages (Nr. A 3.3.6 TA Lärm) rechtfertigen.

3. Standortplanung für Windenergieanlagen und Windparks

Das BauGB ermächtigt die Gemeinden zur Standortplanung von Windenergieanlagen (Windparks). Nach § 11 Abs. 2 BauNVO können Sondergebiete für Anlagen ausgewiesen werden, die der Erforschung, Entwicklung oder Nutzung erneuerbarer Energien, wie Wind- und Sonnenenergie, dienen. Für Darstellungen des Flächennutzungsplans mit den Rechtswirkungen des § 35 Abs. 3 Satz 3 BauGB – d. h. für Konzentrationszonen (Positivflächen) der Windenergienutzung – können sachliche Teilflächennutzungspläne aufgestellt werden (vgl. § 5 Abs. 2 b BauGB).

Nachdem der 4. Senat des BVerwG klargestellt hat, dass der TA Lärm die besondere Qualität eine „normkonkretisierenden Verwaltungsvorschrift" beizumessen ist und die Errichtung und der Betrieb von Windenergieanlagen in den Anwendungsbereich der TA Lärm fallen[24], vermittelt **§ 1 Abs. 3 Satz 1 BauGB** den auf Windenergieanlagen anwendbaren Vorschriften der TA Lärm bereits auf der **Stufe der Bauleitplanung rechtliche Bindungskraft**. Die einschlägigen Vorschriften der TA Lärm stehen also in der planerischen Abwägung nicht zur Disposition der Gemeinde. Sie setzen der Abwägung rechtliche Grenzen. Planungsfreiräume bestehen nur, soweit die TA Lärm selbst entsprechende Spielräume eröffnet.

[24] Urteil vom 29. August 2007 a.a.O.

4. Sondergebiet für großflächigen Einzelhandel

In der Rechtsprechung des BVerwG ist geklärt, dass der durch eine bauliche Anlage ausgelöste Zu- und Abgangsverkehr dieser baulichen Anlage zuzurechnen ist, wenn er sich innerhalb eines räumlich überschaubaren Bereichs bewegt und vom übrigen Straßenverkehr unterscheidbar ist.[25] Werden Kern- oder Sondergebiete für großflächige Einzelhandelsbetriebe geplant (§ 11 Abs. 3 BauNVO), sind die Lärmgrenzwerte der 16. BImSchV auf den durch den Einzelhandelsbetrieb ausgelösten Zu- und Abgangsverkehr weder unmittelbar noch mittelbar (über § 1 Abs. 3 Satz 1 BauGB) anwendbar, weil die Grenzwerte der 16. BImSchV den Neubau oder die wesentliche Änderung von Verkehrswegen zum Gegenstand haben.

Der 4. Senat des BVerwG hat entschieden[26], dass die Immissionsrichtwerte der Nr. 6.1 TA Lärm in der Bauleitplanung als **Orientierungshilfe** bei der Bestimmung der Zumutbarkeitsgrenze herangezogen werden dürfen, soweit die zu beurteilenden Geräusche ihrer Art nach zu den Geräuschimmissionen gehören, deren Beurteilung die TA Lärm dient. Nach Nr. 7.4 Abs. 1 TA Lärm gehören dazu auch Fahrzeuggeräusche auf öffentlichen Straßen, die dem Ein- und Ausfahrtsverkehr eines Betriebsgrundstücks bzw. dem Betrieb der zu beurteilenden Anlage zuzurechnen sind. Im konkreten Fall hatten Anwohner im Wege der Normenkontrolle einen Bebauungsplan angegriffen, der ein Sondergebiet „Großflächiger Einzelhandel" festgesetzt hat, auf dessen Grundlage ein Verbrauchermarkt mit 2.030 qm Verkaufsfläche errichtet werden sollte. In diesem Fall hat der 4. Senat auch Nr. 7.4 Abs. 2 TA Lärm als Orientierungshilfe für die Bauleitplanung angesehen. Die Vorschrift bestimmt:

> Geräusche des An- und Abfahrtsverkehrs auf öffentlichen Verkehrsflächen in einem Abstand von bis zu 500 m von dem Betriebsgrundstück in Gebieten nach Nr. 6.1 Buchstaben c bis f sollen durch Maßnahmen organisatorischer Art soweit wie möglich vermindert werden, soweit
>
> - sie den Beurteilungspegel der Verkehrsgeräusche für den Tag und die Nacht rechnerisch um mindestens 3 dB(A) erhöhen,
> - keine Vermischung mit dem übrigen Verkehr erfolgt ist und
> - die Immissionsgrenzwerte der 16. BImSchV erstmals oder weiter gehend überschritten werden.

Nach dieser Entscheidung kommt auch den Lärmgrenzwerten der 16. BImSchV, auf die Nr. 7.4 Abs. 2 TA Lärm verweist, nur die Funktion von **Orientierungswerten** in der planerischen Abwägung zu. Eine Überschreitung der Lärmgrenzwerte kann das Ergebnis einer fehlerfreien Abwägung sein. Das gilt nach dieser Ent-

---

25 Beschluss vom 13. Dezember 2007 – BVerwG 4 BN 41.07 – NVwZ 2008, 426 = ZfBR 2008, 275; Urteil vom 27. August 1998 – BVerwG 4 C 5.98 – NVwZ 1999, 523 <527> m. w. Nachw.

26 Beschluss vom 13. Dezember 2007 a.a.O.

scheidung z. B. auch für die Ausweisung eines Sondergebiets für den großflächigen Einzelhandel, und entspricht im Übrigen auch dem Regelungsansatz der TA Lärm, die in Nr. 7.4 Abs. 2 vorsieht, dass die anlagebezogenen Verkehrsgeräusche bei einer Überschreitung der Grenzwerte der 16. BImSchV durch organisatorische Maßnahmen „soweit wie möglich vermindert werden sollen"; das Ergreifen entsprechender Maßnahmen steht also unter dem Vorbehalt besonderer (atypischer) Verhältnisse im Einzelfall.

Bei der hier erörterten Entscheidung ist der 4. Senat des BVerwG – ebenso wie das Oberverwaltungsgericht in erster Instanz – davon ausgegangen, dass der geplante Verbrauchermarkt nicht zu den „Anlagen" zählte, die unmittelbar in den Anwendungsbereich der TA Lärm fallen. Plant die Gemeinde Anlagen, die als genehmigungsbedürftige oder nicht genehmigungsbedürftige Anlagen den Anforderungen des Zweiten Teils des BImSchG und damit auch der TA Lärm (vgl. Nr. 1 TA Lärm) unterliegen, käme **§ 1 Abs. 3 Satz 1 BauGB** zum Zuge, der den Vorschriften der TA Lärm bei der Standortplanung solcher Anlagen – insbesondere den Immissionsrichtwerten der Nr. 6.1 TA Lärm – **rechtliche Bindungskraft** beimessen würde.

V. DIN 18005 – Schutz vor Verkehrslärm in Wohngebieten

1. Rückgriff auf die Orientierungswerte der DIN 18005 Bbl. 1

Gesetzliche Normierungen von Grenz- oder Richtwerten zur Bestimmung der Zumutbarkeit von Lärmbelastungen in Wohngebieten gibt es (nach wie vor) nicht. Anders als für den Bau und die wesentliche Änderung von Straßen hat der Gesetzgeber für Festsetzungen in Bebauungsplänen, die dem Schutz vor Lärmimmissionen bestehender Straßen dienen, weder bestimmte Grenzwerte festgesetzt noch bestimmt, wie etwaige den Festsetzungen zugrunde liegende Beurteilungspegel zu ermitteln sind. Es bleibt der Gemeinde überlassen, welcher Mittel sie sich bedient, um zu gewährleisten, dass bei der Aufstellung von Bebauungsplänen gesunde Wohn- und Arbeitsverhältnisse gewahrt bleiben. Sie ist durch den Gesetzgeber nicht auf bestimmte technische Regelwerke festgelegt.[27]

Das gewählte Regelwerk muss jedoch die durch die Planung ausgelösten Lärmkonflikte erfassen und nach seinem Regelungsziel geeignet sein, die erforderlichen Lärmschutzmaßnahmen festzulegen. Auch eine Planung, die sich nicht in allen Punkten in die vorderste Front des technischen Erkenntnisfortschritts einreiht, kann den Erfordernissen des planerischen Abwägungsgebots genügen. Gerichtlich

---

[27] Beschluss vom 1. September 1999 – BVerwG 4 BN 25.99 – ZfBR 2000, 419 <420>; Beschluss vom 29. Juli 2004 – BVerwG 4 BN 26.04 – BauR 2005, 830.

überprüfbar ist, ob das Regelwerk die im Gesetz (BImSchG, BauGB) getroffenen Wertungen beachtet und ob die in ihm festgelegten Emissions- und Immissionswerte sowie das Verfahren zu ihrer Ermittlung (Berechnung) durch Erkenntnisfortschritte in Wissenschaft und Technik überholt sind und sie damit den gesetzlichen Anforderungen jedenfalls jetzt nicht mehr gerecht werden.[28]

Nach ständiger Rechtsprechung des BVerwG können die Orientierungswerte der DIN 18005 – Bbl. 1 zu Teil 1 – zur Konkretisierung unbestimmter Rechtsbegriffe im Rahmen der planerischen Abwägung (§ 1 Abs. 7 BauGB) als **Orientierungshilfe** herangezogen werden.[29] Die in früheren Entscheidungen des BVerwG enthaltene Formulierung, DIN-Vorschriften könnten für den Plangeber „ein grober Anhalt" sein[30], kehrt in neueren Entscheidungen des 4. Senats des BVerwG nicht wieder. Rechtsverbindliche Grenzen kann die DIN 18005 der planerischen Abwägung jedoch aus zwei Gründen nicht setzen:[31]

(1) Normativ-verbindliche gebietsbezogene Grenzwerte oder Richtwerte (mit geregelten Ausnahmen) können nur im Wege demokratisch legitimierter (hoheitlicher) Rechtsetzung durch den Gesetzgeber und auf Grund gesetzlicher Ermächtigung vom Verordnungsgeber geschaffen werden. Diese Voraussetzung erfüllt die DIN 18005 als privates Regelwerk nicht. Sie besitzt auch nicht die aus einem Fachgesetz wie dem BImSchG ableitbare besondere Qualität einer „normkonkretisierenden Verwaltungsvorschrift" im Sinne der höchstrichterlichen Rechtsprechung. Aus diesem Grund kann sie auch nicht für Baugenehmigungsbehörden und sonstige Zulassungsbehörden rechtsverbindlich sein. Für die Bauleitplanung folgt daraus, dass auch § 1 Abs. 3 Satz 1 BauGB der DIN 18005 keine Rechtswirkungen in der Bauleitplanung verschaffen kann.

(2) Dieses Ergebnis entspricht auch dem Wortlaut der DIN 18005. Sie bezeichnet die im Bbl. 1 enthaltenen Werte zu Teil 1 als **Orientierungswerte** für den Schallschutz im Städtebau, die in der Regel den verschiedenen schutzbedürftigen Nutzungen zuzuordnen seien. Die DIN-Norm will selbst (nur) **„Hinweise zur Berücksichtigung des Schallschutzes bei der städtebaulichen Planung"** geben. Mit diesem Ziel richtet sie sich an „Gemeinden, Städteplaner, Architekten und Bauaufsichtsbehörden"; zugleich stellt sie ausdrücklich klar, dass sie keine Geltung „für die Anwendung in Genehmigungs- und Planfeststellungsverfahren" beansprucht (Teil 1 S. 3 zum Anwendungsbereich).

---

[28] Beschluss vom 15. Februar 1988 – BVerwG 7B 219.87 – NVwZ 1988, 824 = DVBl. 1988, 539.

[29] Beschluss vom 18. Dezember 1990 – BVerwG 4 N 6.88 – DVBl. 1991, 442 = BRS 50 Nr. 25.

[30] So z. B. Beschluss vom 18. Dezember 1990 a.a.O. und Urteil vom 28. Januar 1999 – BVerwG 4 CN 5.98 – BVerwGE 108, 248 <255>.

[31] Beschluss vom 18. Dezember 1990 a.a.O.

2. Überschreitung der Orientierungswerte in der Abwägung

Da die Lärmwerte der DIN 18005 nur eine Orientierungshilfe für die Bauleitplanung sind, darf von ihnen abgewichen werden.[1] Entscheidend ist, ob die Abweichung im Einzelfall noch mit dem Abwägungsgebot des § 1 Abs. 7 BauGB vereinbar ist. Der (noch) abwägungsfehlerfreie Grad der Abweichung richtet sich nach den tatsächlichen Gegebenheiten in der konkreten Planungssituation.

Im Beschluss vom 18. Dezember 1990[2], der die Ausweisung eines Gewerbegebiets neben einem allgemeinem Wohngebiet betraf, hat der 4. Senat des BVerwG entschieden, dass eine Überschreitung der Orientierungswerte der DIN 18005 um 5 dB(A) vor dem Hintergrund der tatsächlichen Verhältnisse im Einzelfall das Ergebnis einer gerechten Abwägung sein könne. In einer späteren Entscheidung hat er hierzu klargestellt, damit sei nicht gesagt, dass der Wert von 5 dB(A) die äußerste Grenze dessen markiere, was durch Abwägung überwunden werden könne.[3]

Im Jahr 2007[4] hat der 4. Senat die Orientierungsfunktion der DIN 18005 weiter eingeschränkt. Er hat entschieden, dass es keinen Rechts- oder Planungssatz gibt, nach dem die Grenzen gerechter Abwägung überschritten sind, wenn ein neues Wohngebiet (WA) an einen viel befahrenen Verkehrsweg herangeplant wird und die Lärmbelastung an dem der Straße zugewandten Gebietsrand die Orientierungswerte der DIN 18005 um 10 dB(A) und teilweise sogar mehr überschreitet. In einem solchen Fall sei es nicht von vornherein abwägungsfehlerhaft, auf die Festsetzung von aktivem Lärmschutz (Lärmschutzwälle oder -wände) zu verzichten. Danach kann es in dicht besiedelten Räumen abwägungsfehlerfrei sein, die Lärmimmissionen am Gebietsrand durch eine Kombination von passivem Schallschutz, Stellung und Gestaltung der Gebäude sowie die Anordnung der Wohn- und Schlafräume und des Außenwohnbereichs (Terrassen, Balkone) auf ein zumutbares Maß zu senken. In die Abwägung kann auch eingestellt werden, dass durch eine geschlossene Riegelbebauung geschützte Außenwohnbereiche auf den straßenabgewandten Flächen geschaffen werden. Der 4. Senat verweist darauf, dass die DIN 18005 eine derartige Lärmschutzmaßnahme ausdrücklich vorsehe (Nr. 5.5 und 5.6); sie könne als Teil guter fachlicher Praxis gelten.

Je weiter die Orientierungswerte der DIN 18005 überschritten werden, desto gewichtiger müssen allerdings die für die Planung sprechenden städtebaulichen Gründe der Gemeinde sein und umso mehr hat sie die ihr zu Gebote stehenden baulichen und technischen Möglichkeiten auszuschöpfen, um die Lärmbelastungen zu verringern. In seinem Urteil vom 22. März 2007 hat der 4. Senat die folgenden, von der planenden Stadt angeführten Gesichtspunkte **in ihrer Gesamtheit** als Rechtfertigung für die Ausweisung des allgemeinen Wohngebiets **ohne Festset-**

---

1 Beschluss vom 24. Mai 2007 – BVerwG 4 BN 16.07 und 4 VR 1.07 – ZfBR 2007, 580.
2 DVBl. 1991, 442.
3 Beschluss vom 26. Mai 2004 – BVerwG 4 BN 24.04 – BauR 2005, 830 <831>.
4 Urteil vom 22. März 2007 – BVerwG 4 CN.2.06 – BVerwGE 128, 238.

zung aktiver Lärmschutzmaßnahmen gebilligt, obwohl die Werte der DIN 18005 am Gebietsrand um 10 dB(A) und teilweise mehr überschritten wurden:[5]

- Erweiterung eines bereits bestehenden Ortsteils,
- Nutzung der vorhandenen Infrastruktur (ÖPNV, Schulen, Kindergärten),
- Verhinderung der Abwanderung in ländliche Gebiete,
- Kostensparendes Bauen,
- Sparsamer Umgang mit Grund und Boden,
- Nachverdichtung und Innenentwicklung,
- Fiskalisches Interesse an der Verwertung stadteigener Grundstücke,
- Darstellung für Wohnnutzung im Flächennutzungsplan.

Wird der Taglärmwert der DIN 18005 für allgemeine Wohngebiete – 55 dB(A) – um mehr als 10 dB(A) überschritten, kommt dies einer Verdoppelung der von der DIN-Norm als zumutbar angesehenen Lärmbelastung gleich. Der Taggrenzwert der 16. BImSchV für WA-Gebiete liegt bei 59 dB(A). Dieser Grenzwert setzt der Straßenplanung durch Bebauungsplan über § 1 Abs. 3 Satz 1 BauGB eine strikte, in der Abwägung nicht überwindbare Grenze. Seine Überschreitung löst die Verpflichtung aus, vorrangig durch Maßnahmen des aktiven Lärmschutzes Abhilfe zu schaffen. Man kann sich daher auf den Standpunkt stellen, dass der für den Straßenbau geltende Grenzwert zum Schutz angrenzender Wohnbebauung **zur Vermeidung von Wertungswidersprüchen** auch für den umgekehrten Fall, dass ein Wohngebiet an eine viel befahrene Straße herangeplant wird, eine planerisch nicht überwindbare Obergrenze setzen müsste, die vorrangig Festsetzungen des aktiven Lärmschutzes erforderlich macht.

Der 4. Senat des BVerwG hat diesen Standpunkt nicht eingenommen. Zur Begründung könnte er darauf verweisen, dass aktive Lärmschutzmaßnahmen bei Überschreitung der Grenzwerte der 16. BImSchV nicht zwingend ergriffen werden müssen. Sie dürfen unterbleiben, wenn sie mit unverhältnismäßig hohen Kosten verbunden wären oder aus lärmtechnischen Gründen (Unterbrechung einer Lärmschutzwand durch Grundstückszufahrten), möglicherweise auch aus Gründen der Stadtbildgestaltung oder der erdrückenden Wirkung („Einmauerungseffekt") untunlich sind.[6] An die Stelle des aktiven tritt dann der passive Schallschutz, wenn der Planungsträger aus übergeordneten Gründen an dem Straßenbauvorhaben festhält. Nicht grundlegend anders zu beurteilen ist nach Ansicht des 4. Senats der Fall einer Wohngebietsausweisung neben einem Verkehrsweg, wenn die Orientierungswerte

---

5 a.a.O. S.240 f.

6 Vgl. hierzu Urteil vom 28. Januar 1999 – BVerwG 4 CN 5.98 – BVerwGE 108, 248 <255 ff.>.

der DIN 18005 bei den Wohngebäuden an der lärmzugewandten Seite des Gebiets (Gebietsrand) zwar um Außenpegel von 10 dB(A) und mehr überschritten werden, jedoch im Innern der Wohngebäude am Gebietsrand – ggf. im Zusammenwirken mit einem Investor und abgesichert durch einen städtebaulichen Vertrag – durch bauliche und technische Vorkehrungen (Raumanordnung, Riegelbebauung) in den schutzwürdigen Aufenthaltsräumen sowie im Außenwohnbereich eine Lärmminderung auf das in der konkreten Planungssituation zumutbare Maß gewährleistet ist.

VI. Freizeitlärm-Richtlinie des Länderausschusses für Immissionsschutz (Mai 1995)

Solange für die Ermittlung und Bewertung der auf Wohngrundstücke einwirkenden Geräusche rechtlich keine bestimmten Mess- und Berechnungsverfahren sowie Lärmwerte vorgegeben sind, bleibt es Aufgabe der planenden Gemeinde und der Genehmigungsbehörden, die Erheblichkeit von Lärmimmissionen im Einzelfall unter Berücksichtigung der einzelnen Schallereignisse, ihres Schallpegels und ihrer Eigenart (Dauer, Häufigkeit, Impulshaltigkeit) und ihres Zusammenwirkens zu beurteilen.

Zu den Regelwerken, die als **Orientierungshilfe** in Betracht kommen, gehören auch die vom Länderausschuss für Immissionsschutz verabschiedeten und mehrfach fortgeschriebenen „Hinweise zur Beurteilung der durch Freizeitanlagen verursachten Geräusche“ (NVwZ 1985,98 und NVwZ 1988, 135), die im Jahre 1995 als „Freizeitlärm-Richtlinie“ verabschiedet worden ist.[7]

[7] Beschluss vom 17. Juli 2003 – BVerwG 4 B 55.03 – NJW 2003, 3360.

IV Anforderungen an die Überplanung von Gemengelagen

Wilhelm Söfker

I. Zur Ausgangslage

Städtebauliche Gemengelagen können definiert werden als Gebiete mit einem Nebeneinander von unterschiedlichen, sich gegenseitig beeinträchtigenden (behindernden) Nutzungen. Beispiele hierfür sind vor allem Wohngebiete neben Gebieten mit emittierenden Gewerbebetrieben oder neben Straßen. Die Beeinträchtigungen und Behinderungen sind hier zumeist durch Lärm verursacht. Diese städtebaulichen Gemengelagesituationen werfen Fragen im Hinblick auf den Grundsatz der räumlichen Trennung (vgl. § 50 BImSchG) auf. Zu berücksichtigen ist, dass diese Gemengelagensituationen oftmals vor Geltung dieses Grundsatzes entstanden sind. Hinzu kommt, dass Konflikte vielfach nicht durch eine unzureichende räumliche Zuordnung der sich gegenseitig beeinträchtigenden Nutzungen entstanden sind, sondern durch Intensivierungen oder sonstige Veränderungen der Nutzungen, z. B. durch die Zunahme des Straßenverkehrs. Auch haben Rechtsentwicklungen zu einer anderen Beurteilung geführt, z. B. durch den Erlass der Verkehrslärmschutzverordnung (1990) oder der Sportanlagenlärmschutzverordnung (1991). Auf diese Situation trifft die Aufstellung der Bebauungspläne, mit denen Gemengelagesituationen überplant werden sollen.

Die Überplanung von Gemengelagen ist kein neues Thema. Es ist aber wegen der heutigen Orientierung der Bauleitplanung auf die Innenentwicklung der Städte und Gemeinden besonders aktuell. Bebauungspläne, die im Sinne der Bodenschutzklausel des § 1a Abs. 2 BauGB die Wiedernutzbarmachung von Flächen, die Nachverdichtung und sonstige Maßnahmen der Innenentwicklung zum Gegenstand haben, werden innerhalb der Siedlungsbereiche aufgestellt und stoßen vielfach auf durch Lärm vorbelastete Gebiete. Dies gilt auch für Bebauungspläne der Innenentwicklung im Sinne des § 13a BauGB.

In der Praxis der Bebauungsplanung häufige Fallgestaltungen sind:

(1) Die Ausweisung von Wohnzwecken dienenden Baugebieten (allgemeinen Wohngebieten, Mischgebieten, Kerngebieten – letztere mit entsprechenden Festsetzungen für die Wohnnutzung) in Gebieten, die durch Lärm vorbelastet sind;

(2) die Ausweisung von der gewerblichen Nutzung dienenden Baugebieten (insbesondere von Gewerbegebieten) in Nachbarschaft von Wohngebieten;

(3) die Festsetzung von Standorten für bestimmte Lärm verursachende oder sonst Lärm auslösende Nutzungen, durch die z. B. Lärm verursachender Zu- und Ab-

gangsverkehr entsteht (z. B. Standorte für den Einzelhandel, für Einrichtungen der Infrastruktur);

(4) die Planung von Straßen in Nachbarschaft zu schützenswerten Gebieten, wie Wohngebieten.

In diesen Fällen können Fragen des Lärmschutzes in unterschiedlicher Weise aufgeworfen werden. Eine solche Planung kann die Lärmproblematik erstmals hervorrufen oder eine vorhandene verschärfen. Es kann aber auch die Möglichkeit bestehen, aus Anlass einer solchen Planung eine bestehende Lärmbelastung zu beseitigen oder zu mildern.

Die erwähnten Fallgestaltungen setzen – wie die Innenentwicklung der Städte und Gemeinden überhaupt – zumeist die Aufstellung von Bebauungsplänen voraus, um die planungsrechtlichen Grundlagen für die angestrebte städtebauliche Entwicklung zu schaffen. Der Genehmigung auf der Grundlage von § 34 BauGB sind hier in der Regel Grenzen gesetzt, nicht nur wenn das betreffende Gebiet einer vom Bestand abweichenden städtebaulichen Entwicklung zugeführt werden soll. Denn die Zulässigkeit von Vorhaben auf der Grundlage des § 34 BauGB richtet sich nach den tatsächlichen Verhältnissen, nämlich dem Gebot des Einfügens in die Eigenart der näheren Umgebung[1]. Dies gilt auch für das nach § 34 BauGB zu beachtende Gebot der gegenseitigen Rücksichtnahme, das für die Beurteilung von Vorhaben in Bezug auf zumutbare Lärmimmissionen maßgeblich sein kann, denen Vorhaben ausgesetzt sind oder die solche Immissionen verursachen. Demgegenüber bestehen bei der Aufstellung von Bebauungsplänen vielfältige Möglichkeiten durch planerisch gestaltende Maßnahmen und Einbeziehung der Umgebung des Standorts des Vorhabens Lärmproblemen Lösungen zuzuführen. Hierauf wird näher einzugehen sein. Auch der Anwendung des § 34 Abs. 3a BauGB (Zulassung von über den Bestandsschutz hinaus gehende Maßnahmen an bestimmten vorhandenen baulichen Anlagen, wenn solche Maßnahmen städtebaulich vertretbar sind) sind im Vergleich zur Bebauungsplanung Grenzen gesetzt.

Die an diese Planungen zu stellenden Anforderungen richten sich nach den allgemeinen Grundsätzen, insbesondere des § 1 BauGB. So sind die Auswirkungen der jeweiligen Planung auf Belange des Lärmschutzes zu ermitteln und zu bewerten und in die Abwägung einzubeziehen (vgl. § 1 Abs. 6 Nr. 7 und Abs. 7, § 2 Abs. 3 und 4 BauGB). Dies gilt auch, wenn Bebauungspläne der Innenentwicklung im beschleunigten Verfahren ohne förmliche Umweltprüfung im Sinne des § 2 Abs. 4 BauGB aufgestellt werden (§ 13a BauGB). Denn das beschleunigte Verfahren, das ohne förmliche Umweltprüfung durchgeführt werden kann, entbindet nicht von der Verpflichtung, die Auswirkungen der Planung auf den Lärmschutz zu ermitteln und zu bewerten und in die Abwägung einzubeziehen. Dies folgt unmittelbar aus den Planungsgrundsätzen des § 1 Abs. 6 Nr. 7 BauGB, aus der Verpflichtung, die

1 Verfasser, in: Ernst/Zinkahn/Bielenberg/Krautzberger, § 1 BauGB, Rn. 238, und § 34 BauGB, Rn. 48, jeweils m.w.N.

Belange, die für die Abwägung von Bedeutung sind (Abwägungsmaterial), zu ermitteln und zu bewerten (§ 2 Abs. 3 BauGB) und aus dem Abwägungsgebot (§ 1 Abs. 7 BauGB); diese Vorschriften bleiben im beschleunigten Verfahren nach § 13a Abs. 2 BauGB anwendbar. Lediglich die Vorschriften über die „förmliche Umweltprüfung" (vgl. insbesondere § 2 Abs. 4, § 2a Satz 2 Nr. 2, § 3 Abs. 3 Satz 1 und 2, § 4c BauGB) sind – wie im vereinfachten Verfahren – nicht anzuwenden (§ 13a Abs. 2 Nr. 1 in Verbindung mit § 13 Abs. 2 und 3 Satz 1 BauGB).

Allerdings sind – nach allgemeinen Grundsätzen – Belange des Lärmschutzes nur insoweit zu behandeln, als sie auch vom jeweiligen Bebauungsplan berührt werden[2]. Dies sind – bezogen auf die Überplanung von Gemengelagesituationen – die durch die Planung hervorgerufenen Konflikte und – in Grenzen – auch die vorgefundenen Probleme an Lärmbelastungen. Sind Ziele und Inhalte des Bebauungsplans beschränkt, bedeutet dies auch eine entsprechende Beschränkung der zu lösenden Konflikte.

In diesem Zusammenhang sei hier eine durch das BauGB-Änderungsgesetz 2006 eingeführte Erleichterung erwähnt, die die Steuerung von Einzelhandelsbetrieben zum Schutz zentraler Versorgungsbereiche betrifft: Die „planerische Feinsteuerung" durch Modifizierung der Zulässigkeitsregeln in den Baugebieten nach § 1 Abs. 5 und 9 BauNVO mit dem Ziel einer Einschränkung von Einzelhandelsbetrieben auf der Grundlage eines festgesetzten Baugebiets. Bedarf es nun einer solchen planerischen Feinsteuerung in bisher nicht beplanten Gemengelagen (Nebeneinander von Wohn- und Gewerbegebieten), würde eine solche Vorgehensweise die Festsetzung entsprechender Baugebiete voraussetzen. Damit notwendigerweise verbunden wäre die Klärung von Lärmproblemen, die sich aus dem Nebeneinander von Wohnen und Gewerbe ergeben. Dies ist entbehrlich, wenn sich die Bebauungsplanung allein auf die Klärung der mit dem Ausschluss von Einzelhandelsnutzungen verbundenen Fragen beschränken kann. Dies ist möglich im Rahmen des Bebauungsplans nach § 9 Abs. 2a BauGB, der die Festsetzung eines Baugebiets im Sinne der BauNVO nicht verlangt. Er führt in der Regel auch nur zu Beschränkungen von Nutzungen und damit nicht zu Lärm relevanten Ausweitungen der planungsrechtlichen Nutzungsmöglichkeiten.

In der Praxis der Bebauungsplanung steht die Frage im Vordergrund, ob und mit welchen Festsetzungen Bebauungspläne in städtebaulichen Gemengelagesituationen nach den Vorschriften des Baugesetzbuches aufgestellt werden können. Weiter sind die Auswirkungen solcher Bebauungsplanungen auf andere Rechtsbereiche von Bedeutung. Dies gilt vor allem für die immissionsschutzrechtliche Beurteilung von Vorhaben, insbesondere von Gewerbebetrieben, für die Beurteilung von Verkehrswegen in Nachbarschaft solcher Baugebiete und für die Einordnung weiter

---

[2] Ständ. Rechtsprechung, z. B. BVerwG, Urt. vom 11.3.1988 – 4 C 56.84 –, NVwZ 1989,659; Beschl. vom 8.6.2004 – 4 BN 19.04 –, BauR 2005,829; Beschl. vom 13.5.2004 – 4 BN 15.04 –, NVwZ 2004,856 = ZfBR 2004,563; vgl. auch § 2 Abs. 4 Satz 3 BauGB sowie Verf., in: Ernst/Zinkahn/Bielenberg/Krautzberger, § 1 BauGB, Rn. 215.

gehender Maßnahmen, z. B. der Lärmminderungsplanungen. Hinzu kommen die Auswirkungen solcher Bebauungsplanungen auf zivilrechtliche Abwehransprüche der in den ausgewiesenen Baugebieten zulässigen Wohnnutzungen gegenüber benachbarten emittierenden Anlagen, z. B. Gewerbebetrieben.

1. Zu den Planungsgrundsätzen und zur Bedeutung von Grenzwerten

Für die Bauleitplanung in Gemengelagesituationen können, unter Zugrundelegung insbesondere von § 1 BauGB und § 50 BImSchG, folgende Grundsätze formuliert werden[3]:

- in Gemengelagesituationen wird eine allein auf ausreichende Abstände abstellende Planung nicht verlangt;
- durch eine abgestufte räumliche Zuordnung der verschiedenen Nutzungen mit unterschiedlichem Störgrad und unterschiedlicher Schutzwürdigkeit können Lärmbelastungen vermieden oder gemindert werden;
- Gleiches gilt für Festsetzungen zum aktiven und passiven Schallschutz.

Dennoch kann damit – je nach Fallgestaltung – eine Lärmbelastung nicht ausgeschlossen werden. Damit ist die Frage nach den zulässigen Grenzwerten aufgeworfen.

Baugesetzbuch und Baunutzungsverordnung enthalten keine Regelungen über Grenzwerte. Die Baugebietsvorschriften der Baunutzungsverordnung sind allerdings nach unterschiedlichem Störgrad der Betriebe und unterschiedlicher Schutzwürdigkeit von Nutzungen, insbesondere der Wohnnutzung, unterteilt. Und die planungsrechtlichen Zulässigkeitsregelungen stellen in unterschiedlicher Weise – etwa bei Anwendung des Gebots der Rücksichtnahme in Fällen des § 34 BauGB oder des § 15 Abs. 1 BauNVO – auf zumutbare oder sonst vertretbare Immissionen an Lärm ab. Grenzwerte und Regeln zur Berechnung von Emissionen und Immissionen sind im Bauplanungsrecht jedoch nicht festgelegt. Sie finden sich in Regelwerken, die für die Bauleitplanung und die bauplanungsrechtliche Beurteilung von Vorhaben in den Baugebieten in unterschiedlicher Weise und teils unmittelbar oder mittelbar von Bedeutung sind. Für die Planungen in Gemengelagesituationen sind insbesondere die DIN 18005 (Schallschutz im Städtebau) und die Technische Anleitung zum Schutz gegen Lärm (TA Lärm) in unterschiedlicher Weise von Bedeutung.

---

[3] S. dazu Verfasser, in: Ernst/Zinkahn/Bielenberg/Krautzberger , § 1 BauGB, Rn. 224 ff., 239 ff.

Die DIN 18005 enthält in ihrer Anlage Orientierungswerte, unterteilt nach den Baugebietstypen der Baunutzungsverordnung. Von diesen Orientierungswerten kann nach den Grundsätzen des § 1 BauGB (insbesondere nach denen des Abwägungsgebots) in Gemengelagesituationen, also in durch Lärm vorbelasteten Gebieten, bei Ausweisung von Baugebieten für die Wohnnutzung abgewichen werden, und es kann ein geringerer Schutz der Wohnnutzung vor Lärm vorgesehen werden[4]. Es entspricht der Rechtsprechung des Bundesverwaltungsgerichts, dass, je weiter die Orientierungswerte der DIN 18005 überschritten werden, desto gewichtiger die für die Planung sprechenden städtebaulichen Gründe sein müssen, und umso mehr die Gemeinde die baulichen und technischen Möglichkeiten auszuschöpfen haben, die ihr zu Gebote stehen, um diese Auswirkungen zu verhindern. Eine Überschreitung der Orientierungswerte um 5 dB(A) könne das Ergebnis einer gerechten Abwägung sein[5]. Weise ein Bebauungsplan ein neues Wohngebiet aus, das durch vorhandene Verkehrswege Lärmbelastungen ausgesetzt wird, die an den Gebietsrändern deutlich über den Orientierungswerten der DIN 18005 liegen, sei es nicht von vornherein abwägungsfehlerhaft, auf aktiven Lärmschutz und Lärmschutzwälle oder -wände zu verzichten. Ein Rechts- oder Planungsleitsatz, nach dem die Grenzen gerechter Abwägung überschritten sind, wenn Wohnnutzung am Gebietsrand zugelassen wird, obwohl dort die Orientierungswerte der DIN 18005 um 10 dB(A) und mehr überschritten sind, bestehe nicht[6].

Diese Grundsätze lassen sich auf eine Vielzahl von Bebauungsplanungen in Gemengelagesituation übertragen, geht man auch von den Ausführungen des Bundesverwaltungsgerichts aus. Es hebt hervor, dass nach § 1a Abs. 2 Satz 1 BauGB mit Grund und Boden sparsam umgegangen werden solle, wobei in diesem Zusammenhang unter anderem die Nachverdichtung sowie andere Maßnahmen zur Innenentwicklung besonders hervorgehoben werden. In dicht besiedelten Gebieten werde es häufig nicht möglich sein, allein durch die Wahrung von Abständen zu vorhandenen Straßen schädliche Umwelteinwirkungen auf Wohngebiete zu vermeiden. Gerade in diesen Gebieten könne ein berechtigtes Interesse bestehen, neue Baugebiete auszuweisen, um eine Abwanderung der Bevölkerung in ländliche Gebiete zu verhindern. Auch könne ein gewichtiges städtebauliches Interesse daran bestehen, einen vorhandenen Ortsteil zu erweitern und damit dessen Infrastruktur (öffentlicher Personennahverkehr, soziale Einrichtungen etc.) mit zu nutzen. Auch das Gebot, die Anforderungen kostensparenden Bauens zu berücksichtigen (§ 1 Abs. 6 Nr. 2 BauGB), sowie das legitime Interesse einer Gemeinde, die Grundstücke zu verwerten, die sie in einem im Flächennutzungsplan für Wohnnutzung vorgesehenen Bereich erworben hat, um sie Bauinteressenten zu Eigentum zu überlassen (vgl. hierzu auch § 4 des Wohnraumförderungsgesetzes), könnten zu berücksichtigen sein. Wenn in derartigen Fällen das Einhalten größerer Abstände aus-

---

4 S. dazu insbesondere BVerwG, Urt. v. 22.3.2007 – 4 CN 2.06 –, BVerwGE 128,238 = NVwZ 2007, 831 = ZfBR 2007,466.

5 So BVerwG, Beschl. vom 18.12.1990 – 4 N 6.88 –.NVwZ 1991, 881 = ZfBR 1991,120.

6 So BVerwG, Urt. vom 22.3.2007 – 4 CN 2.06 –, a.a.O., Fn. 4.

scheide, sei durch geeignete bauliche und technische Vorkehrungen (unter Hinweis auf § 9 Abs. 1 Nr. 24 BauGB) dafür zu sorgen, dass keine ungesunden Wohnverhältnisse entstehen.

Die TA Lärm findet auf nach dem Bundes-Immissionsschutzgesetz zu beurteilende Vorhaben und deren Zulässigkeit Anwendung. Für die Bauleitplanung hat die TA Lärm mittelbare Bedeutung insofern, als ihre Einhaltung bedeutsam ist für Fragen der Durchführbarkeit der Festsetzungen des Bebauungsplans, z. B. bei der Festsetzung eines Gewerbegebiets, wenn in ihm nach den Regeln der TA Lärm Gewerbebetriebe nicht errichtet werden könnten. Denn die Festsetzung z. B. eines Gewerbegebiets, in dem nach den Maßstäben der TA Lärm Gewerbebetriebe vollständig oder gegebenenfalls auch weitgehend nicht zulässig wären, wäre nicht durchführbar, so dass die Erforderlichkeit einer solchen Bauleitplanung im Sinne des § 1 Abs. 3 Satz 1 BauGB nicht gegeben wäre[7]. Die Festsetzung der Baugebiete in Bebauungsplänen wirkt sich wiederum unmittelbar auf die TA Lärm insofern aus, als deren Immissionsrichtwerte auf die festgesetzten Baugebiete der Baunutzungsverordnung abstellen[8]. Die TA Lärm geht also grundsätzlich vom unterschiedlichen Schutzgrad der Baugebiete der Baunutzungsverordnung aus. Allerdings kann es angezeigt sein, die unterschiedliche Lärmsituation, in die das jeweilige Baugebiet z. B. mit Wohnnutzung in planungsrechtlich zulässiger Weise hineingeplant worden ist, zu berücksichtigen. In diesem Zusammenhang ist von Bedeutung, dass die TA Lärm unter Nr. 6.1 („Gemengelagen"), also für Gemengelagesituationen, sog. Zwischenwerte zulässt. Dabei sollen die Immissionsrichtwerte für Kern-, Dorf- und Mischgebiete nicht überschritten werden. Zu weiter gehenden differenzierenden Beurteilungen der Immissionsgrenzwerte bei Überplanung von Gemengelagesituationen im Rahmen einer „ergänzenden Prüfung im Sonderfall" s. unten. 3.2.

Die Anwendung der TA Lärm hat weiter Bedeutung für Fragen des immissionsschutzrechtlichen und zivilrechtlichen Nachbarschutzes. Die Einhaltung oder Überschreitung der Immissionsrichtwerte der TA Lärm kann Bedeutung haben, ob und inwieweit z. B. bei Festsetzung eines Wohngebiets in Nachbarschaft von gewerblichen oder industriellen Anlagen oder anderen emittierenden Anlagen diese Anlagen mit nachträglichen Anordnungen nach dem Immissionsschutzrecht rechnen müssen. Für den zivilrechtlichen Nachbarschutz nach § 906 BGB kann Bedeutung haben, ob die im Bebauungsplan zu Grunde gelegten Immissionswerte auch für die Frage maßgeblich sein können, ob eine den Nachbarschutz ausschließende „unwesentliche Beeinträchtigung" vorliegt. Denn eine unwesentliche Beeinträchtigung liegt nach § 906 Abs. 1 Satz 2 und 3 BGB vor, wenn die in Gesetzen oder Rechtsverordnungen festgelegten Grenz- oder Richtwerte nicht überschritten werden, einschließlich derjenigen der TA Lärm. S. dazu unten 3.3.

---

[7] S. Verfasser, in: Ernst/Zinkahn/Bielenberg/Krautzberger, § 1 BauGB, Rn. 32.

[8] Vgl. TA Lärm, Nr. 6.1.

2. Zu den Festsetzungsmöglichkeiten

2.1 Abgestufte räumliche Zuordnung der Baugebiete

Für die Aufstellung von Bebauungsplänen in Gemengelagesituationen hat die abgestufte räumliche Zuordnung der verschiedenen Nutzungen mit unterschiedlichem Störgrad und unterschiedlicher Schutzwürdigkeit besondere Bedeutung. Wichtigstes Instrument ist die situationsgemäße Zuordnung der verschiedenen Baugebiete der Baunutzungsverordnung, die nach unterschiedlich zulässigem Störgrad der Betriebe und unterschiedlicher Schutzwürdigkeit der Baugebiete differenziert gestaltet sind. Hinzu kommt die Möglichkeit einer weiter ausdifferenzierten Zuordnung durch die Gliederung von Gewerbegebieten in Nachbarschaft zu einer Wohnnutzung. Rechtsgrundlage hierfür ist § 1 Abs. 4 BauNVO, der die Gliederung nach den besonderen Eigenschaften der Betriebe, z. B. nach ihrem Emissionsverhalten, und die Festsetzung von flächenbezogenen Schallleistungspegeln ermöglicht[9].

Bei dieser abgestuften Zuordnung der Baugebiete ist darauf zu achten, dass die Festsetzung eines Baugebiets nicht allein durch den in ihm zulässigen Störgrad gerechtfertigt werden kann. Denn für die Festsetzung eines der in der Baunutzungsverordnung vorgesehenen Baugebiete ist die städtebauliche Rechtfertigung auf Grund der jeweiligen städtebaulichen Zweckbestimmung des Baugebiets entscheidend. Daher wäre eine Abstufung von Gewerbegebiet – Mischgebiet – allgemeines Wohngebiet allein mit der Begründung, dass damit die Lärmprobleme angemessen gelöst werden können, nicht ausreichend. Es läge ein unzulässiger „Etikettenschwindel“ bei Festsetzung des Mischgebiets vor[10]. Dies ist oftmals auch aus Gründen des Lärmschutzes nicht notwendig, weil, wie dargelegt werden konnte[11], die Aufstellung von Bebauungsplänen in Gemengelagesituationen mit dem Ergebnis eines Nebeneinanders von Wohnen einerseits und emittierenden Anlagen andererseits und mit entsprechenden Lärmbelastungen zulässig sein kann.

2.2 Festsetzungen zum aktiven und passiven Schallschutz

Eine über die räumliche Zuordnung der verschiedenen Nutzungen hinausgehende, weitere Möglichkeit, Lärmschutz sicherzustellen, besteht in der Nutzung von Festsetzungsmöglichkeiten zum aktiven und passiven Lärmschutz nach § 9 Abs. 1 Nr. 24 BauGB. Danach ist die Festsetzung von baulichen und sonstigen technischen Vorkehrungen zum Schutz vor Lärm möglich. Allgemein ist zwischen der Festsetzung von Maßnahmen zum aktiven Schallschutz, z. B. durch Lärmschutzwälle und -wände, und von Maßnahmen zum passiven Schallschutz am Immissionsort (z. B. Wohngebäude) zu unterscheiden.

---

9 Zu diesen Festsetzungsmöglichkeiten s. BVerwG, Urt. vom 18.12.1990 – 4 N 6.88 – , a.a.O., Fn. 5; Beschl. vom 27.11.1998 – 4 NB 3.97 –, NVwZ 1998,1067 = UPR 1998, 306.

10 Vgl. z. B. OVG Münster, Urt. vom 19.10.1003 – 10a NE 41.89 –, UPR 1994,191.

11 S. oben 1.

Hierfür ist bei den Festsetzungen im Bebauungsplan jeweils eine entsprechende Bezeichnung der Vorkehrungen erforderlich. Die Festsetzung eines „Ziels" – etwa eines angestrebten maximalen Lärmpegels im durch Schallschutzmaßnahmen zu schützenden Wohnraum – reicht nicht aus. Nach der Rechtsprechung des Bundesverwaltungsgerichts [12] muss die Festsetzung von „baulichen und sonstige technischen Vorkehrungen" in der Weise hinreichend bestimmt sein, dass ihnen die konkret zu treffenden Maßnahmen entnommen werden können. Nicht ausgeschlossen sind Emissions- und Immissionswerte, die der Bestimmung von Eigenschaften bestimmter Baustoffe dienen[13].

Bedeutung hat hier auch die durch das BauGB-Änderungsgesetz 2004 eingeführte Festsetzungsmöglichkeit nach § 9 Abs. 2 BauGB, mit der die Verwirklichung der im Bebauungsplan vorgesehenen Nutzungen in Abstimmung mit den Erfordernissen des Lärmschutzes bestimmt werden kann. Danach ist z. B. die Festsetzung möglich, dass die vorgesehene Wohnnutzung erst bei Durchführung bestimmter Maßnahmen zulässig ist. Solche Maßnahmen können die Errichtung einer Lärmschutzwand oder die Verlagerung eines emittierenden Gewerbebetriebs sein. Diese Festsetzungsmöglichkeit erweitert die Regelungsmöglichkeiten zur Lösung von Konflikten durch Bebauungsplanung, ein Aspekt, der für die Frage von Bedeutung ist, welche Konflikte durch Planung zu lösen sind[14].

Mit Rücksicht auf diese gezielt zum Lärmschutz einsetzbaren Festsetzungsmöglichkeiten und unter Berücksichtigung der Möglichkeit, von bestimmten Grenzwerten (Orientierungswerten) abzuweichen (s. oben zu 1.), bestehen hier weitreichende Vorgehensweisen für Planungen in Gemengelagesituationen. Dies hat die Rechtsprechung bestätigt:

Das Bundesverwaltungsgericht[15] hat zum Ausdruck gebracht, dass, wenn ein Bebauungsplan ein neues Wohngebiet (WA) ausweist, das durch vorhandene Verkehrswege Lärmbelastungen ausgesetzt wird, die an den Gebietsrändern deutlich über den Orientierungswerten der DIN 18005 liegen, es nicht von vornherein abwägungsfehlerhaft ist, auf aktiven Schallschutz durch Lärmschutzwälle oder -wände zu verzichten. Je nach den Umständen des Einzelfalls, z. B. in dicht besiedelten Räumen, könne es abwägungsfehlerfrei sein, eine Minderung der Immissionen durch eine Kombination von passivem Schallschutz, Stellung und Gestaltung von Gebäuden sowie Anordnung der Wohn- und Schlafräume zu erreichen. In diesem Zusammenhang hat das Bundesverwaltungsgericht ausgeführt, dass, wenn im Innern der Gebäude durch die Anordnung der Räume und die Verwendung Schall schützender Außenbauteile angemessener Lärmschutz gewährleistet werde, es im Ergebnis mit dem Gebot gerechter Abwägung vereinbar sein könne, Wohngebäude

[12] BVerwG, Beschl. vom 30.1.2006 – 4 BN 55.05 –, ZfBR 2006, 355.

[13] Verf., in: Ernst/Zinkahn/Bielenberg/Krautzberger, BauGB, § 9 Rn. 206, zustimmend BVerwG, Beschl. vom 30.1.2006 – 4 BN 55.05 –, a.a.O., Fn. 12.

[14] S. Verf., in: Ernst/Zinkahn/Bielenberg/Krautzberger, BauGB, § 1 Rn. 220.

[15] BVerwG vom Urt. vom 22.03.2007 – 4 CN 2.06 –, a.a.O., Fn. 4.

an der Lärm zugewandten Seite des Gebiets auch deutlich über den Orientierungswerten liegenden Außenpegeln auszusetzen. Bei derartigen Festsetzungen sei zugleich in besonderer Weise darauf zu achten, dass auf der zur Straße abgewandten Seite der Grundstücke geeignete geschützte Außenwohnbereiche geschaffen werden können. Mit einer derartigen Lösung mache die Gemeinde von den ihr im Bauplanungsrecht gegebenen Festsetzungsmöglichkeiten, die bei der Fachplanung für linienförmige Infrastrukturmaßnahmen im Allgemeinen nicht zur Verfügung stehen, in differenzierter Form sachgerechten Gebrauch.

3. Weitere Folgerungen für die Überplanung von Gemengelagesituationen

3.1 Konzeptionelles Vorgehen bei Abweichung von den Orientierungswerten der DIN 18005

Mit Rücksicht auf die durch die erwähnte Rechtsprechung geklärte Rechtslage kann davon ausgegangen werden, dass für die rechtssichere Aufstellung von Bebauungsplänen, durch die in durch Lärm vorbelasteten Gebieten Baugebiete mit Wohnnutzung und Vorkehrungen für den (zumeist passiven) Schallschutz festgesetzt werden sollen und damit die planungsrechtlichen Grundlagen für die Wohnnutzung auch in durch Lärm vorbelasteten Gebieten geschaffen werden, die Vorschriften des Baugesetzbuchs und der Baunutzungsverordnung die hierfür erforderlichen Rechtsgrundlagen enthalten. Auf diese Weise ist es möglich, dem Bebauungsplan je nach dem verfolgten planerischen Ziel und Konzept und städtebaulicher Situation und nach den Abwägungsgrundsätzen einen unterschiedlichen zulässigen Störgrad zu Grunde zu legen. Dabei dürfen allerdings die Grenzen, die die Wahrung gesunder Wohn- und Arbeitsverhältnisse setzen, nicht überschritten werden.

Über diese rechtlichen Möglichkeiten hinaus kann sich die Frage der Praktikabilität solcher Bebauungsplanung stellen, weil sie eine auf die konkreten, der jeweiligen Bebauungsplanung zu Grunde liegende Verhältnisse und Abwägung abstellende Vorgehensweise verlangt. Diese Vorgehensweise hat den Vorteil, dass sie der Gemeinde eine situationsgemäße Bebauungsplanung ermöglicht, anders als eine Planung, die an normierte Grenzwerte gebunden ist, die immer auch einer gewissen Schematisierung unterliegen. Erschwernisse der Planungspraxis, die aus einer, wie dargelegt, differenzierenden und damit einen bestimmten Prüfaufwand verursachenden Vorgehensweise resultieren können, können wiederum durch ein konzeptionelles Vorgehen vermieden oder gemildert werden. Dadurch ist es einer Gemeinde möglich, für gleiche Fallgestaltungen der Bebauungsplanungen im Stadtgebiet nach grundsätzlich gleichen Maßstäben vorzugehen.

3.2 Harmonisierungsbedarf bei Anwendung der TA Lärm

Für die immissionsschutzrechtliche Beurteilung von Gewerbebetrieben in Nachbarschaft der Baugebiete mit Wohnnutzung kann es in entsprechenden Fallsituationen (Planungen in durch Lärm vorbelasteten Gebieten) auf eine situationsgemäße Berücksichtigung des Lärmschutzes, der der jeweiligen Bebauungsplanung zu Grunde liegt, einschließlich der dabei einzuhaltenden Grenzwerte ankommen. Dies gilt vor allem bei Anwendung der TA Lärm im Hinblick auf mögliche nachträgliche immissionsschutzrechtliche Anordnungen zu Lasten von Gewerbebetrieben in Nachbarschaft zu den Baugebieten mit Wohnnutzung.

Die TA Lärm geht, wie bereits dargelegt, grundsätzlich vom unterschiedlichen Schutzgrad der Baugebiete der Baunutzungsverordnung aus. Um darüber hinaus die unterschiedliche Lärmsituation, in die das jeweilige Baugebiet mit Wohnnutzung – planungsrechtlich zulässigerweise – hineingeplant worden ist, zu berücksichtigen, können die Grundsätze für Gemengelagen angewandt werden, die die Bildung von Zwischenwerten erlauben[16]. Dies kann aber nicht ausreichend sein, weil die TA Lärm an dieser Stelle ein Überschreiten der Immissionsrichtwerte für Dorf-, Misch- und Kerngebiete nicht zulässt und damit weiter gehende Bebauungsplanungen in durch Lärm belasteten Gebieten nicht vorsieht. Auch ist zu berücksichtigen, dass diese Zwischenwerte auf die vorhandene Situation abstellen[17] und nicht auf die Werte, die einer Bebauungsplanung zu Grunde gelegt werden und Ergebnis einer Abwägung sind.

In Betracht kommen kann aber eine „ergänzende Prüfung im Sonderfall" nach Nr. 3.2.2 der TA Lärm, eingeführt durch die TA Lärm 1998[18]. Eine solche ergänzende Prüfung kommt danach in Betracht, wenn im Einzelfall besondere Umstände vorliegen, die bei der Regelfallprüfung keine Berücksichtigung finden, nach Art und Gewicht jedoch wesentlichen Einfluss auf die Beurteilung haben, ob die Anlage zum Entstehen schädlicher Umwelteinwirkungen relevant beiträgt. Eine solche Situation kann sich ergeben, wenn andere Maßnahmen zur Berücksichtigung des Lärmschutzes nicht vorgesehen werden können, um die Immissionsgrenzwerte unter Berücksichtigung der Berechnungsverfahren der TA Lärm – auch nicht im Sinne der sog. Zwischenwerte in Gemengelagesituationen – einhalten zu können, wenn also abgestufte Zuordnungen der Baugebiete und Maßnahmen des aktiven Schallschutzes nicht und solche des passiven Schallschutzes nur eingeschränkt in Betracht kommen. Beispielsweise kann eine solche Situation bei einem räumlichen Nebeneinander von Hafenanlagen und Wohnquartieren entstehen. Der im Bebauungsplan festsetzbare passive Schallschutz an Fenstern kann sicherstellen, dass durch geeignete technische Vorkehrungen der Fenster im Wohnraum bzw. Schlafraum auch bei gekipptem Fenster ein bestimmter, für die Nachtruhe erforderlicher Lärmschutz erreicht wird. Dies setzt voraus, dass für die Ermittlung der Geräusch-

[16] Nr. 6.7 der TA Lärm.
[17] Vgl. dazu BGH, Urt. vom 14.10.1994 – V ZR 76/93 –, NJW 1995, 132 = UPR 1995, 28.
[18] TA Lärm vom 26.8.1998, GMBl. S. 503.

immissionen der maßgebliche Immissionsort nicht „bei bebauten Flächen 0,5 m außerhalb der Mitte des geöffneten Fensters“ liegt (so aber bei „Prüfung im Regelfall“[19]), sondern die bereist erwähnte „Ergänzende Prüfung im Sonderfall“ vorgenommen wird.

In der Praxis dürfte hier regelmäßig wesentlich sein, dass die für Immissionsschutz zuständige Behörde einer zweckentsprechenden, situationsgemäßen Anwendung der Nr. 3.2.2 Rechnung trägt und dies gegebenenfalls auch gegenüber den betroffenen Betrieben, etwa durch Zusicherung, nachträgliche Anordnungen nicht zu erlassen, deutlich macht.

3.3 Harmonisierung mit dem zivilrechtlichen Nachbarschutz

Wie bezüglich der Berücksichtigung bei Anwendung des TA Lärm kann es darauf ankommen, dass die bei Bebauungsplanungen zu Grunde gelegten Lärmbelastungen auch beim zivilrechtlichen Nachbarschutz im Sinne des § 906 BGB zu Grunde gelegt werden. Hier hat die Anwendung des § 906 Abs. 1 Satz 2 und 3 BGB Bedeutung. Danach liegen den Nachbarschutz ausschließende „unwesentliche Beeinträchtigungen“ vor, wenn u. a. die nach der TA Lärm ermittelten und bewerteten Grenzwerte nicht überschritten werden. Insofern kann sich auch hier die „ergänzende Prüfung im Sonderfall“ (s. oben) auswirken.

[19] Vgl. Anhang zu TA Lärm, A.1.3 Buchstabe a.

V Darstellungen und Festsetzungen zum Lärmschutz in Bauleitplänen

Gerd Schmidt-Eichstaedt

1. Die Rechtsgrundlagen von Maßnahmen zum Schutz gegen Lärm in der Bauleitplanung: Das BauGB, das BImSchG und das System des Lärmschutzes

Der Schutz gegen Lärm ist im Baugesetzbuch nicht ausdrücklich thematisiert. Das BauGB kennt nur Flächen und Maßnahmen „zum Schutz vor schädlichen Umwelteinwirkungen" – und davon wird der Lärm mit erfasst. Im Flächennutzungsplan sind festsetzbar:

> *die Flächen für Nutzungsbeschränkungen oder für Vorkehrungen zum Schutz gegen schädliche Umwelteinwirkungen im Sinne des Bundes-Immissionsschutzgesetzes (§ 5 Abs. 2 Nr. 6 BauGB).*

Sehr ähnlich ist die Festsetzungsermächtigung für Bebauungspläne formuliert:

Nach § **9 Abs. 1 Nr. 24** können festgesetzt werden:

> *die von der Bebauung frei zu haltenden Schutzflächen und ihre Nutzung, die Flächen für besondere Anlagen und Vorkehrungen zum Schutz vor schädlichen Umwelteinwirkungen und sonstigen Gefahren im Sinne des Bundes-Immissionsschutzgesetzes sowie die zum Schutz vor solchen Einwirkungen zu treffenden baulichen und sonstigen technischen Vorkehrungen;*

Bevor man es als Planer unternimmt, in Baugebieten Vorkehrungen gegen Lärm festzusetzen, sollte man allerdings versuchen, die empfindlichen Baugebiete von allen Störquellen so weit entfernt zu positionieren, dass keine Störungen auftreten. Eben dies verlangt das Bundesimmissionsschutzgesetz mit dem in § 50 formulierten „Trennungsgrundsatz":

- Bei raumbedeutsamen Planungen und Maßnahmen sind die für eine bestimmte Nutzung vorgesehenen Flächen einander so zuzuordnen, dass
  - schädliche Umwelteinwirkungen und
  - von schweren Unfällen im Sinne des Artikels 3 Nr. 5 der Richtlinie 96/82/EG in Betriebsbereichen hervorgerufene Auswirkungen

- auf die ausschließlich oder überwiegend dem Wohnen dienenden Gebiete sowie auf sonstige schutzbedürftige Gebiete, insbesondere öffentlich genutzte Gebiete, wichtige Verkehrswege, Freizeitgebiete und unter dem Gesichtspunkt des Naturschutzes besonders wertvolle oder besonders empfindliche Gebiete und öffentlich genutzte Gebäude,
- so weit wie möglich vermieden werden.

Die richtige Vorgehensweise lautet also:

- Zuerst: Anwendung des **Trennungsprinzips** nach § 50 BImSchG (Richtschnur ausreichender Trennung: Für den notwendigen Abstand bietet die DIN 18005 mit ihren Orientierungswerten eine Arbeitshilfe);
- Danach: Prüfung der Möglichkeiten des **aktiven Lärmschutzes**, ggf. Festsetzung entsprechender Vorkehrungen (Arbeitsanleitung: 16. BImSchV mit Grenzwerten);
- Soweit aktiver Lärmschutz nicht möglich oder unverhältnismäßig: **Passiver Lärmschutz** (Festsetzung im Bestand nur soweit erforderlich)

Dies sind ziemlich genau die Schritte, die das BImSchG auch an anderer Stelle ausdrücklich vorschreibt, nämlich in den §§ 41 bis 43 im Zusammenhang mit der Regelung der Pflichten der Bauherren von öffentlichen Straßen oder Schienenwegen. Bei der Neuerrichtung oder der wesentlichen Änderung von Straßen und Schienenwegen müssen die Bauherren zur Vermeidung von Belästigungen der Anwohner durch Verkehrslärm in der genannten Reihenfolge verfahren: Sie müssen zuerst prüfen, ob durch die Wahl einer geeigneten, weit genug abgesonderten Trasse schädliche Lärmeinwirkungen von vornherein vermieden werden können. Wenn dies nicht möglich ist (weil z. B. eine vorhandene Straße ausgebaut werden soll), müssen sie versuchen, den Lärm an der Quelle einzudämmen (durch Tunnel oder Trogführung, durch Lärmschutzwälle oder -wände). Nur wenn auch dies nicht möglich ist, dürfen die Betroffenen zu Schutzmaßnahmen an ihrem Gebäude gezwungen werden – die dann ab Erreichen der Grenzwerte von der öffentlichen Hand bezahlt werden müssen.

Dieses Stufenprogramm muss aus Gründen der Verhältnismäßigkeit und zu Gunsten der größtmöglichen Schonung der Betroffenen auch in der Bauleitplanung angewendet werden[1]. Allerdings sind längst nicht alle denkbaren Schutzmaßnahmen

---

[1] Vgl. OVG Bremen, Urteil vom 26.10.1999 – 1 D 179/99 –, NordÖR 2000, 467-470, UPR 2000, 160: Bei der Lärmabwehr hat sich die Gemeinde im Rahmen der Bauplanung am Schutzkonzept des § 41 BImSchG zu orientieren. Offen bleibt, ob ihr insoweit Planungsermessen eingeräumt ist.

auch festsetzbar. Dies zeigt schon die folgende Übersicht über mögliche Maßnahmen des aktiven und passiven Lärmschutzes und ihre Festsetzbarkeit aus dem Bereich des Verkehrslärms.

Maßnahmen zum aktiven Lärmschutz:

Vermeidung und Verminderung der Lärmemissionen durch

- Schalldämpfung am Fahrzeug selbst (nicht festsetzbar);
- Maßnahmen, die den Bau der Straße betreffen (Trog, Tunnel, Aufständerung, Flüsterasphalt, Lärmschutzwände) (festsetzbar, soweit verhältnismäßig);
- Anordnung verkehrsbeschränkender Maßnahmen (Geschwindigkeitsbegrenzung, Tonnagebegrenzung) (nicht festsetzbar).

Maßnahmen zum passiven Lärmschutz:

- Lärm schützende Außenwände einschließlich der Fenster (festsetzbar);
- Anordnung der Lage der Räume im Gebäude (festsetzbar);
- Abschirmung von Gebäuden und Außenwohnbereichen durch Maßnahmen auf dem Grundstück, z. B. Bepflanzung, Einfriedung (festsetzbar).

2. Einsatzfelder und Instrumente des Lärmschutzes

Die Haupteinsatzfelder des Lärmschutzes sind:

- Schutz von Wohngebieten gegen Gewerbe und Industrielärm in benachbarten Nicht-Wohn-Gebieten GE, GI, SO;
- Schutz von Wohnungen gegen Straßenverkehrslärm (auch von Wasserstraßen?);
- Schutz von Wohnungen gegen Lärm in demselben Haus oder in demselben Gebiet.

Als Nebenschauplätze könnte man ansehen:

- Schutz vor Fluglärm;

- Schutz vor Rasenmäherlärm;
- Schutz vor Sport- und Freizeitlärm;
- Schutz vor Kinderlärm (Spielplätze, Bolzplätze).

In der Wahrnehmung der Betroffenen dürfte die Einordnung der zuletzt genannten Bereiche als „Nebenschauplätze" nicht zutreffen, denn gerade diese Lärmarten geben zu den heftigsten sozialen Konflikten Anlass. Deshalb sind dazu spezielle Regelungen ergangen: das Gesetz zum Schutz gegen Fluglärm, die Geräte- und Maschinenlärmschutzverordnung (32. Verordnung zur Durchführung des Bundes-Immissionsschutzgesetzes (32. BImSchV)[2], die Sportstättenlärmschutzverordnung (18. BImSchV). Die Liste der Geräte, auf die die Maschinenlärmschutzverordnung anzuwenden ist, liest sich wie ein Katalog der Alltagsstörenfriede. Dazu gehören:

Nr.	**Gerät/Maschine**
01	Hubarbeitsbühne mit Verbrennungsmotor
02	Freischneider
03	Bauaufzug für den Materialtransport mit
03.1	Verbrennungsmotor
03.2	Elektromotor
04	Baustellenbandsägemaschine
05	Baustellenkreissägemaschine
06	Tragbare Motorkettensäge
07	Kombiniertes Hochdruckspül- und Saugfahrzeug
08	Verdichtungsmaschine in der Bauart von
08.1	Vibrationswalzen und nicht-vibrierende Walzen, Rüttelplatten und Vibrationsstampfer
08.2	Explosionsstampfer
09	Kompressor (< 350 kW)
10	Handgeführter Betonbrecher und Abbau-, Aufbruch- und Spatenhammer
11	Beton- und Mörtelmischer
12	Bauwinde mit
12.1	Verbrennungsmotor
12.2	Elektromotor
13	Förder- und Spritzmaschine für Beton und Mörtel
14	Förderband
15	Fahrzeugkühlaggregat
16	Planiermaschine (< 500 kW)
17	Bohrgerät
18	Muldenfahrzeug (< 500 kW)
19	Be- und Entladeaggregat von Silo- oder Tankfahrzeugen

[2] Vom 29. August 2002 (BGBl. I S. 3478).

20 Hydraulik- und Seilbagger (< 500 kW)

21 Baggerlader (< 500 kW)

22 Altglassammelbehälter

23 Grader (< 500 kW)

24 Grastrimmer/Graskantenschneider

25 Heckenschere

26 Hochdruckspülfahrzeug

27 Hochdruckwasserstrahlmaschine

28 Hydraulikhammer

29 Hydraulikaggregat

30 Fugenschneider

31 Müllverdichter, der Bauart nach ein Lader mit Schaufel (< 500 kW)

32 Rasenmäher (mit Ausnahme von
- land- und forstwirtschaftlichen Geräten
- Mehrzweckgeräten, deren Hauptantrieb eine installierte Leistung von mehr als 20 kW aufweist)

33 Rasentrimmer/Rasenkantenschneider

34 Laubbläser

35 Laubsammler

36 Gegengewichtsstapler mit Verbrennungsmotor

36.1 geländegängiger Gabelstapler (Gegengewichtsstapler auf Rädern, der in erster Linie für naturbelassenes gewachsenes und aufgewühltes Gelände, z. B. auf Baustellen, bestimmt ist)

36.2 sonstiger Gegengewichtsstapler mit einer Tragfähigkeit von höchstens 10 Tonnen, ausgenommen Gegengewichtsstapler, die speziell für die Containerbeförderung gebaut sind

37 Lader (< 500 kW)

38 Mobilkran

39 Rollbarer Müllbehälter

40 Motorhacke (< 3 kW)

41 Straßenfertiger

41.1 ohne Hochverdichtungsbohle

41.2 mit Hochverdichtungsbohle

42 Rammausrüstung

43 Rohrleger

44 Pistenraupe

45 Kraftstromerzeuger

45.1 < 400 kW

45.2 >= 400 kW

46 Kehrmaschine

47 Müllsammelfahrzeug

48 Straßenfräse
49 Vertikutierer
50 Schredder/Zerkleinerer
51 Schneefräse (selbstfahrend, ausgenommen Anbaugeräte)
52 Saugfahrzeug
53 Turmdrehkran
54 Grabenfräse
55 Transportbetonmischer
56 Wasserpumpe (nicht für Unterwasserbetrieb)
57 Schweißstromerzeuger

Gegen Störungen durch den Einsatz dieser Maschinen hilft die Hauptregel zum Schutz gegen Lärm in der Bauleitplanung – das Abstandhalten – nur selten. Daher ordnet die 32. BImSchV die nächstmögliche Stufe der Lärmminderung an, nämlich aktiven Lärmschutz durch Lärm mindernde Maßnahmen an der Quelle, also an der Maschine (nur dementsprechend zertifizierte Maschinen dürfen eingesetzt werden) und verbietet den Einsatz zwischen 20.00 Uhr abends und 7.00 Uhr morgens sowie an Sonn- und Feiertagen. Die Bauleitplanung erweist sich hier als schwächer: Sie kann zwar in begrenztem Umfang Vorkehrungen zum Lärmschutz an der Quelle festsetzen (insbes. durch die Festsetzung von IFSP – dazu unten mehr). Aber Betriebszeiten dürfen nicht festgesetzt werden. Dafür gibt es keine Rechtsgrundlage – erst in der Baugenehmigung kann es entsprechende Auflagen auf der Rechtsgrundlage des BImSchG geben. In der Bauleitplanung bleibt es häufig bei der dritten Stufe der Problembewältigung, nämlich der Festsetzung passiven Lärmschutzes durch Maßnahmen beim Betroffenen.

Als bewährtes Mittel gilt inzwischen die Festsetzung von Immissionswirksamen Flächenbezogenen Schallleistungs-Pegeln (IFSP). Mittels der Festsetzung von Immissionswirksamen Flächenbezogenen Schallleistungs-Pegeln wird die Summe der Schallemissionen, die an der Grenze zu einem schutzbedürftigen Gebiet eintreffen dürfen, auf die einzelnen Grundstücke im Plangebiet verteilt. Die Zulässigkeit dieser Festsetzung wurde vom BVerwG bereits 1998 ausdrücklich anerkannt.

> *„Zur Gliederung von Baugebieten können auch* ***Emissionsgrenzwerte nach dem sog. „immissionswirksamen flächenbezogenen Schallleistungspegel" (IFSP)*** *festgesetzt werden."*[3]

Die technischen Einzelheiten sind inzwischen durch eine DIN-Vorschrift geregelt[4]. In der DIN 45691 werden die Begriffe und das Verfahren für die Geräuschkontingentierung in der Bauleitplanung aus akustischer Sicht normiert. Wird darauf Bezug genommen, müssen die Begriffe und die Verfahren nicht mehr in dem jeweiligen

---

[3] BVerwG, Beschluss vom 27.01.1998 – 4 NB 3/97, NVwZ 1998, 1067.

[4] Vgl. dazu Hartmut Fischer und Klaus Tegeder, Geräuschkontingentierung-DIN 45691, in: BauR 2007, 323.

Bebauungsplan definiert werden. Auch wird die Anwendung der Geräuschkontingentierung in der Planungspraxis durch die Vereinheitlichungen einfacher.

Als vierte Stufe der Problembewältigung hält das BImSchG (§ 43) noch die Entschädigung in Geld bereit – genauer: Der Lärmbetroffene hat einen Anspruch auf Erstattung der Kosten, die ihm durch Maßnahmen des passiven Lärmschutzes entstanden sind und – soweit dies z. B. für den Außenwohnbereich nicht möglich oder nicht sinnvoll ist – auf pure Entschädigung in Geld. In der Bauleitplanung kommt eine Entschädigung des Betroffenen in Geld nur dann in Frage, wenn das Planungsschadensrecht greift oder wenn die planerische Problembewältigung völlig fehl schlägt und daher das Planungsschadensrecht nicht greift, der Schaden aber durch eine Aufopferungszahlung ausgeglichen werden kann.

Das Planungsschadensrecht sieht in § 40 BauGB einen Anspruch des Eigentümers auf Übernahme seines Grundstücks gegen Entschädigung u. a. dann vor, wenn zu seinen Lasten „Vorkehrungen zum Schutz vor Einwirkungen" getroffen worden sind (§ 40 Abs. 1 Nr. 4 BauGB). Dieser Übernahmeanspruch besteht jedoch gemäß § 40 Abs. 1 Satz 2 BauGB nicht, wenn die Festsetzung oder ihre Durchführung den Interessen des Eigentümers oder der Erfüllung einer ihm obliegenden Rechtspflicht dienen. Dies dürfte gerade bei festgesetzten Lärmschutzvorkehrungen in der Regel der Fall sein.

3. Festsetzungsbeispiele

Zur Herstellung von Lärmschutz zulässig ist z. B. folgende Festsetzung:

1. In Gebäuden mit nach DIN 4109* schutzbedürftigen Räumen auf den Baugrundstücken Flurstücke 67-70 müssen zum Schutz vor schädlichen Umwelteinwirkungen im Sinne des Bundes-Immissionsschutzgesetzes die der Straße zugewandten Außenbauteile einschließlich der Fenster von schutzbedürftigen Räumen ein bewertetes resultierendes Luftschalldämm-Maß (R' w,res nach DIN 4109*, Ausgabe Nov. 1989) von 40 dB aufweisen. Für die rechtwinklig zur Straße stehenden Gebäudeseiten schutzbedürftiger Räume genügen jeweils um 5 dB geringere Luftschalldämm-Maße.

* Bezugsquelle: Beuth-Verlag GmbH, Burggrafenstr. 6, 10787 Berlin

Mit dieser Festsetzung wird – bildlich gesprochen – die Dicke der Wand vorgeschrieben, mit deren Hilfe der Lärm abgewehrt werden soll. Das Maß für die „Dicke" ist das Luftschalldämm-Maß. Die Bezugnahme auf DIN-Vorschriften erspart es dem Planer, die technischen Anforderungen akribisch in eigene Worte zu fassen.

2. Alternativ können die schutzbedürftigen Räume auch auf der von der X-Straße abgewandten Gebäudeseite angeordnet werden (lärmgeschützte Grundrisse bzw.

Fassadengestaltung). Von der X-Straße abgewandt sind solche Außenwände, bei denen der Winkel zwischen Straßenachse und Außenwand mehr als 120° beträgt.

Aus Gründen der Verhältnismäßigkeit darf den Bauherren nicht mehr abverlangt werden, als nach Lage der Dinge erforderlich ist. Wer durch architektonische Selbsthilfe bei der Grundrissgestaltung für ausreichenden Lärmschutz sorgt, muss nicht rundum dicke Wände vorsehen.

Noch einfacher ist folgende Festsetzung[5]:

> *„Gemäß § 9 Abs. 1 Nr. 24 BauGB wird festgesetzt, dass entsprechend den dargestellten Lärmpegelbereichen Schallschutzmaßnahmen an Außenbauteilen gemäß DIN 4109 (Schallschutz im Hochbau vom November 1989) zu treffen sind."*

Hier wird nicht ein bestimmtes Schalldämm-Maß festgesetzt, sondern im Bebauungsplan dargestellt, mit welchen Lärmeinwirkungen zu rechnen ist. Auf dieser Grundlage muss sich der Bauherr bzw. dessen Architekt dann unter Zuhilfenahme der DIN 4109 selbst ausrechnen, wie „dick" seine Wände und wie dicht seine Fenster sein müssen, damit der Lärm abgewehrt wird.

4. Der Teufel im Detail

Die soeben vorgestellte Liste möglicher Maßnahmen und die Festsetzungsbeispiele könnten den Eindruck erwecken, dass es möglich sei, den Lärmschutz mittels vorgefertigter Instrumente relativ einfach zu bewältigen. Dabei würde man aber übersehen, dass in der Praxis nicht selten Fälle auftreten, in denen sich die Einflussbereiche der verschiedenen Regelwerke dergestalt überschneiden, dass schon im Ansatz nicht ohne weiteres entschieden werden kann, welcher Lärmschutz überhaupt notwendig ist. Einige wenige Fallgestaltungen mögen dies belegen:

---

[5] Gebilligt vom BVerwG, Beschluss vom 29.07.2004 – 4 BN 26.04 – BauR 2005, S. 830.

Fallbeispiel 1: Der schlaflose Nachbar

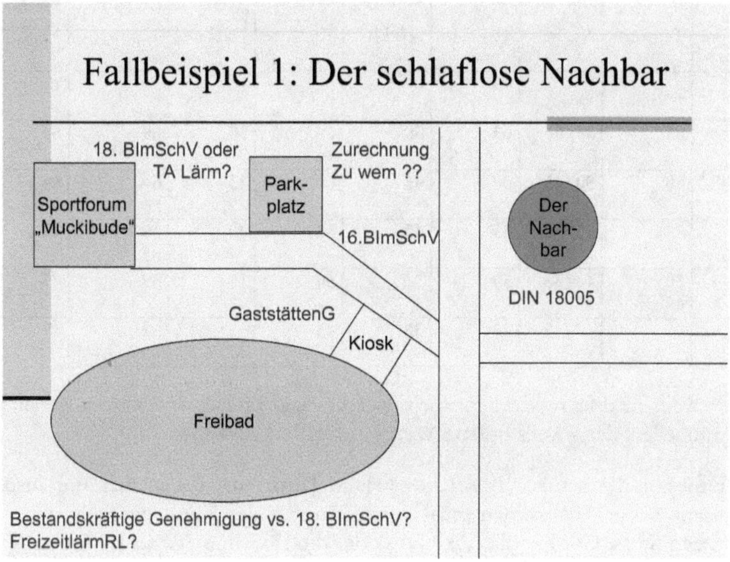

Der „schlaflose Nachbar" wird von vier Lärmquellen bedrängt: Von einem Fitnessstudio (im Volksmund „Muckibude"genannt) – also einem kommerziellen Muskeltrainingsbetrieb mit angeschlossener kleiner Gaststätte –, einem wenige Meter davon entfernten Parkplatz (der der Gemeinde gehört) mit der Zufahrt, einem südlich davon gelegenen Freibad (mit bestandskräftiger Genehmigung) und einem eigentlich zum Freibad gehörenden Kiosk, das inzwischen einen Außenbedienungsbereich eingerichtet hat, der auch von Gästen erreicht werden kann, die nicht in das Schwimmbad gelangen möchten. Welche Richt- oder Grenzwerte gelten hier allein oder in Verbindung miteinander? Folgende Regelwerke kommen infrage:

	DIN 18005 Tagwert	DIN 18005 Nacht*	TA-Lärm Tagwert	TA-Lärm Nacht	VDI-RL 2058 Tagwert	VDI-RL 2058 Nacht	16. BImSchV Tagwert	16. BImSchV Nacht
GI			**70**		**70**			
GE	**65**	**55/50**	**65**	**50**	**65**	**50**	**69**	**59**
MI/MD	**60**	**50/45**	**60**	**45**	**60**	**45**	**64**	**54**
WA	**55**	**45/40**	**55**	**40**	**55**	**40**	**59**	**49**
WR	**50**	**40/35**	**50**	**35**	**50**	**35**	**59**	**49**
Kur			**45**	**35**	**45**	**35**	**57**	**47**

* Der jeweils niedrigere Wert gilt für Gewerbe- und Freizeitlärm sowie vergleichbare Lärmquellen, der jeweils höhere Wert gilt für Verkehrslärm.

Das Fitnessstudio sendet als solches keinen Lärm aus. Es ist hier nur insofern interessant, als geklärt werden muss, inwiefern ihm der Kundenverkehr zugerechnet werden muss. Gilt hier die TA Lärm oder die 18. BImSchV als lex specialis?

- Die 18. BImSchV gilt nach § 1 für die Einrichtung, die Beschaffenheit und den Betrieb von Sportanlagen, soweit sie einer Genehmigung nach § 4 des BImSchG nicht bedürfen.
- Anlagen, die nach § 4 des BImSchG genehmigt werden müssen, unterliegen nicht der 18. BImSchV, sondern der TA Lärm.

Nach § 4 BImSchG sind genehmigungsbedürftig:

(1) Die Errichtung und der Betrieb von Anlagen, die auf Grund ihrer Beschaffenheit oder ihres Betriebs in besonderem Maße geeignet sind, schädliche Umwelteinwirkungen hervorzurufen oder in anderer Weise die Allgemeinheit oder die Nachbarschaft zu gefährden, erheblich zu benachteiligen oder erheblich zu belästigen, sowie von ortsfesten Abfallentsorgungsanlagen zur Lagerung oder Behandlung von Abfällen bedürfen einer Genehmigung. ... Die Bundesregierung bestimmt nach Anhörung der beteiligten Kreise (§ 51) durch Rechtsverordnung mit Zustimmung des Bundesrates die Anlagen, die einer Genehmigung bedürfen (genehmigungsbedürftige Anlagen).

Das Sportforum ist in der Liste der genehmigungsbedürftigen Anlagen nicht aufgeführt. Also gilt die 18. BImSchV als lex specialis auch gegenüber der TA Lärm.

Die 18. BImSchV verweist für den Verkehrslärm wiederum auf die 16. BImSchV. Denn nach Ziffer 1.1 des Anhangs zur **18. BImSchV** (Ermittlungs- und Beurteilungsverfahren) gilt für Verkehrsgeräusche Folgendes:

> *„Verkehrsgeräusche einschließlich der durch den Zu- und Abgang der Zuschauer verursachten Geräusche auf öffentlichen Verkehrsflächen außerhalb der Sportanlage durch das der Anlage zuzuordnende Verkehrsaufkommen sind bei der Beurteilung* ***gesondert von anderen Anlagengeräuschen zu betrachten*** *und nur zu* ***berücksichtigen,*** *sofern sie nicht im Zusammenhang mit seltenen Ereignissen auftreten und im Zusammenhang mit der Nutzung der Sportanlage den vorhandenen Pegel der Verkehrsgeräusche rechnerisch um mindestens 3 dB(A) erhöhen.* ***Hierbei ist das Berechnungs- und Beurteilungsverfahren der 16. BImSchV sinngemäß anzuwenden.*** *Lediglich die Berechnung der durch den Zu- und Abgang der Zuschauer verursachten Geräusche erfolgt nach diesem Anhang."*

In dieser Vorschrift ist eigens für die Fußball-Weltmeisterschaft im Berliner Olympiastadion die zuvor umstrittene Frage klar gestellt worden, dass für die Zumutbarkeit von Verkehrsgeräuschen nicht nur für das Berechnungsverfahren, sondern auch für das Beurteilungsverfahren die Maßstäbe der 16. BImSchV anzuwenden sind. Damit steht fest, dass die Nachbarn von Sportstadien verkehrsbedingte Lärmeinwirkungen von Tags 64 dB(A) und nachts 59 dB(A) im Prinzip hinnehmen müssen.

Im Anwendungsbereich der TA Lärm gilt wiederum Folgendes:

Nach der Sechsten Allgemeinen Verwaltungsvorschrift zum Bundes-Immissionsschutzgesetz (Technische Anleitung zum Schutz gegen Lärm – TA Lärm) Aschnitt 7.4 – Berücksichtigung von Verkehrsgeräuschen – ist einem Vorhaben der Verkehrslärm, der vom Zu- und Abfahrtsverkehr zum bzw. vom Vorhaben auf öffentlichem Straßenland ausgeht, nur unter folgenden Voraussetzungen zuzurechnen:

> *Geräusche des An- und Abfahrtverkehrs auf öffentlichen Verkehrsflächen in einem Abstand von bis zu 500 Metern von dem Betriebsgrundstück in Gebieten nach Nummer 6.1 Buchstaben c bis f sollen durch Maßnahmen organisatorischer Art soweit wie möglich vermindert werden, soweit*
>
> - *sie den Beurteilungspegel der Verkehrsgeräusche für den Tag oder die Nacht rechnerisch um mindestens 3 dB(A) erhöhen,*
> - *keine Vermischung mit dem übrigen Verkehr erfolgt ist und*
> - *die Immissionsgrenzwerte der Verkehrslärmschutzverordnung (16. BImSchV) erstmals oder weiter gehend überschritten werden.*
>
> *Der Beurteilungspegel für den Straßenverkehr auf öffentlichen Verkehrsflächen ist zu berechnen nach den Richtlinien für den Lärmschutz an Straßen – Ausgabe 1990 – RLS-90, bekannt gemacht im Verkehrsblatt, Amtsblatt des Bundesministeriums*

für Verkehr der Bundesrepublik Deutschland (VkBl.) Nr. 7 vom 14. April 1990 unter lfd. Nr. 79. Die Richtlinien sind zu beziehen von der Forschungsgesellschaft für Straßen- und Verkehrswesen, Alfred-Schütte-Allee 10, 50679 Köln.

Im vorliegenden Fall führt die Anwendbarkeit der 16. BImSchV in beiden Anrechnungsverfahren dazu, dass der schlaflose Nachbar sich weder auf eine Verletzung der TA Lärm noch eine Überschreitung der Grenzwerte der 18. BImSchV berufen kann. Aber damit ist der Fall nicht zu Ende.

- Unstreitig müssen Verkehrsgeräusche auch dann in die Abwägung eingestellt und berücksichtigt werden, wenn sie **unterhalb** von normierten Grenzwerten – z. B. der 16. BImSchV – liegen.
- Für die **Berücksichtigung** von Verkehrsgeräuschen in der Bauleitplanung ist die DIN 18005 das einschlägige und anerkannte Regelwerk.
- Daher sollte im Rahmen der zusätzlich gebotenen Abwägung auf die **Orientierungswerte der DIN 18005** zurückgegriffen werden.

Die Orientierungswerte der DIN 18005 beziehen sich nicht – wie die Werte nach der 16. und 18. BImSchV – auf die klassischen Immissionspunkte am Gebäude, nämlich einen gedachten Punkt vor einem geöffneten Fenster in dessen Mitte. Bei der Anwendung der TA Lärm wird gemäß Anhang 1.3 als „Maßgeblicher Immissionsort" definiert: bei bebauten Flächen 0,5 m außerhalb vor der Mitte des geöffneten Fensters des vom Geräusch am stärksten betroffenen schutzbedürftigen Raumes nach DIN 4109, Ausgabe November 1989.

Die DIN 18005 definiert als maßgeblichen Immissionsort dagegen die Grenze des betreffenden Baugebiets. Zudem ist hier nicht – wie bei der 18. BImSchV – die lauteste Nachtstunde entscheidend, sondern der über die Nacht verteilte Durchschnittswert, im Beispielfall wurden die einschlägigen Orientierungswerte nicht erreicht oder überschritten.

Fallbeispiel 2: Der F-Plan als Abwehrinstrument

Sachverhalt: Die Klägerin wendet sich gegen einen ihre Gemarkung betreffenden Planfeststellungsbeschluss für den Ausbau einer Bundesstraße, auf dessen Grundlage die Bundesstraße von zwei auf drei Streifen ausgebaut werden soll. Die Klägerin möchte erreichen, dass der Bund zusätzliche **Lärmschutzmaßnahmen festsetzen und finanzieren muss**. Zur Untermauerung dieses Anspruchs hatte sie im Flächennutzungsplan in der Nähe der (bereits vorhandenen) Bundesstraße ein Wohngebiet dargestellt. Nach Auffassung der Gemeinde muss der Träger der Straßenbaulast nun für ausreichenden Lärmschutz sorgen. Der VGH Baden-Württemberg meinte dazu[6]:

- Hat eine Gemeinde in ihrem Flächennutzungsplan eine Baufläche dargestellt, so verletzt eine Straßenplanung, die die Lärmbelastung dieser Fläche erhöht, ohne Lärmschutzmaßnahmen vorzusehen, nur dann die kommunale Planungshoheit, wenn sie die Verwirklichung dieser Gebietsdarstellung nachhaltig stört. Das ist jedenfalls dann nicht der Fall, wenn schon ohne die Baumaßnahme die Ausweisung eines Baugebiets Lärmschutzvorkehrungen erfordern würde.

Fallbeispiel 3: Innerörtlicher Lärmschutz

In einer brandenburgischen Gemeinde sollte eine zuvor sehr ruhige Wohnstraße umgebaut werden als Zubringer zu einer neuen, stark befahrenen Ortsumgehung. Der ursprüngliche Vorschlag der Planer ging dahin, die vorhandenen Wohngebäude durch eine innerörtliche Lärmschutzwand zu schützen. Das stieß jedoch wegen des Einmauerungseffektes auf den heftigen Protest der Anwohner.

Daher wurde vorrangig geprüft, ob sich eine Abmilderung des Lärms durch Verkehrsregelung erreichen ließe. Dafür gibt es folgende Rechtsgrundlagen:

- § 45 Abs. 1 Nr. 3 StVO ermächtigt die Straßenverkehrsbehörden zu verkehrsbeschränkenden Maßnahmen „zum Schutz der Wohnbevölkerung vor Lärm und Abgasen".

---

6 VGH Baden-Württemberg, Urteil vom 18.07.2002 – 8 S 545/02 – BauR 2003, 355.

- § 45 Abs. 1c StVO ermächtigt die Straßenverkehrsbehörden im **Einvernehmen** mit der Gemeinde zur Einrichtung von Tempo-30-Zonen.

Eine Tempo-Dreißig-Zone kam nach der zutreffenden Auffassung der Verkehrsbehörde nicht in Frage, weil es sich bei der Straße künftig um einen (auch im F-Plan als solchen dargestellten) Hauptverkehrszug handeln sollte. Also blieb nur eine allgemeine Geschwindigkeitsbegrenzung übrig. Diese wurde von der Straßenverkehrsbehörde jedoch konsequent verweigert. Als Grund diente § 45 Abs. 9 StVO:

- Nach § 45 Abs. 9 StVO dürfen „abgesehen von der Anordnung von Tempo-30-Zonen .... Beschränkungen und Verbote des fließenden Verkehrs nur angeordnet werden,
- wenn aufgrund der besonderen örtlichen Verhältnisse eine Gefahrenlage besteht, die das allgemeine Risiko einer Beeinträchtigung der in den vorstehenden Absätzen genannten Rechtsgüter erheblich übersteigt".

Die in den „vorstehenden Absätzen" genannten Rechtsgüter sind Leben, Gesundheit und Eigentum. Alle drei waren nach Ansicht der Verkehrsbehörde keiner erhöhten Gefahrenlage ausgesetzt.

Ein durchsetzbarer Anspruch auf Anordnung verkehrsbeschränkender oder lenkender Maßnahmen besteht bei Anwendung dieses Maßstabs nur relativ selten. Einen solchen Anspruch hat **der Wohnbürger** nur dann, wenn anderenfalls die Schwelle zur Gesundheitsgefahr überschritten wird (70 dB(A) tags, 60 dB(A) nachts)

Nach richtiger Auffassung dürfte die Anordnung verkehrsregulierender Maßnahmen jedoch zu den Maßnahmen des aktiven Lärmschutzes zählen, die nach § 42 BImSchG Vorrang vor den Maßnahmen des passiven Lärmschutzes genießen. Daher hat zumindest der jeweilige Träger der Baulast – hier also **die Gemeinde** – einen einklagbaren Anspruch auf Anordnung einer Geschwindigkeitsbegrenzung, wenn die besonderen örtlichen Verhältnisse ergeben, dass sich die Einhaltung der Grenzwerte der 16. BImSchV bei Anwendung des Prinzips der Verhältnismäßigkeit nur oder am besten mit Hilfe dieser verkehrsbeschränkenden Maßnahme erreichen lässt.

5. Der Hoffnungsschimmer

Das BVerwG[7] hat in einer neueren Entscheidung klar gestellt, dass nicht in jedem Fall vor vorhandener Lärmbelastung kapituliert werden muss:

---

[7] Urteil vom 22.03.2007 – 4 CN 2.06 – BauR 2007, 1365.

- Weist ein Bebauungsplan ein neues Wohngebiet (WA) aus, das durch vorhandene Verkehrswege Lärmbelastungen ausgesetzt wird, die an den Gebietsrändern deutlich über den Orientierungswerten der DIN 18005 liegen, ist es nicht von vornherein abwägungsfehlerhaft, auf aktiven Schallschutz durch Lärmschutzwälle oder -wände zu verzichten.
- Je nach den Umständen des Einzelfalls, z. B. in dicht besiedelten Räumen, kann es abwägungsfehlerfrei sein, eine Minderung der Immissionen durch eine Kombination von passivem Schallschutz, Stellung und Gestaltung von Gebäuden sowie Anordnung der Wohn- und Schlafräume zu gewährleisten.

Gilt der Leitsatz des BVerwG auch umgekehrt? Nämlich so:

Weist ein Bebauungsplan eine neue Straße aus, durch die eine vorhandene Wohnbebauung Lärmbelastungen ausgesetzt wird, die an den Gebietsrändern deutlich über den Orientierungswerten der DIN 18005 liegen, ist es nicht von vornherein abwägungsfehlerhaft, auf aktiven Schallschutz durch Lärmschutzwälle oder -wände zu verzichten?

Das dürfte im Prinzip zu bejahen sein. Allerdings muss beachtet werden, dass die Instrumente der architektonischen Selbsthilfe wie Stellung und Gestaltung von Gebäuden sowie Anordnung der Wohn- und Schlafräume hier – anders als in dem vom BVerwG entschiedenen Fall – nur sehr beschränkt zur Verfügung stehen. Denn die Gebäude sind schon vorhanden – nur der Lärm kommt hinzu. Eine solche belästigende Planentscheidung dürfte also nur dann rechtmäßig sein, wenn die Notwendigkeit der Verkehrsführung auf dieser Trasse nahezu unausweichlich ist. Alle vernünftigen Alternativen müssen zuvor geprüft, erwogen und als weniger geeignet befunden worden sein.

6. Das Gebot der Rücksichtnahme

Wenn der Bebauungsplan keine ausdrücklichen Vorkehrungen enthält oder wenn es gar keinen Bebauungsplan für das in Rede stehende Gebiet gibt, hilft nur noch das Gebot der Rücksichtnahme weiter. Im Geltungsbereich von Bebauungsplänen hat es seinen Ausdruck in § 15 BauNVO gefunden, im unbeplanten Innenbereich ist es im Einfügungsgebot enthalten. Das BVerwG hat dies wie folgt ausgedrückt[8]:

„Daß das Gebot der Rücksichtnahme im Rahmen des § 34 Abs. 1 BauGB zu beachten ist, ist in der höchstrichterlichen Rechtsprechung wiederholt behandelt worden. Es ist insbesondere geklärt, daß höhere Belastungen der Umgebung durch Lärm – auch Verkehrslärm – zu beachten sind und einem „Einfügen“ entgegenstehen können (vgl. BVerwG, Beschluß vom 20. Januar 1989 – BVerwG 4 B 116.88 –

8 BVerwG, Beschluss vom 17.01.1995 – 4 B 1.95 –, juris.

Buchholz 406.11 § 34 BauGB Nr. 129 = NVwZ 1989, 666; Beschluß vom 4. Juni 1985 – BVerwG 4 B 102.85 – Buchholz 406.11 § 34 BBauG Nr. 105 = ZfBR 1986, 47). Würde ein zu erwartender Kundenverkehr Anwohner mit höherem Verkehrslärm belasten, so kann das Vorhaben Spannungen mit der Folge seiner Unzulässigkeit nach § 34 Abs. 1 BauGB verursachen, ohne daß es auf die Frage der Zumutbarkeit des erhöhten Verkehrslärms im Sinne des § 5 Nr. 1 BImSchG ankäme (vgl. BVerwG, Urteil vom 22. Mai 1987 – BVerwG 4 C 6 und 7.85 – Buchholz 406.11 § 34 BBauG Nr. 120 = NVwZ 1987, 1078). Dabei hängt die Schutzwürdigkeit der Umgebung (benachbarter Wohnbebauung) von dem Umfang der bereits gegenwärtig zulässigen Immissionen ab; die daraus folgende Vorbelastung bestimmt das Maß der gebotenen Rücksichtnahme. Führt ein hinzukommendes Vorhaben zu keinen stärkeren und unzumutbaren Belastungen, so ist es grundsätzlich unbedenklich."

Das VG Ansbach fasste die Rechtslage zutreffend wie folgt zusammen[9]:

„Das Rücksichtnahmegebot bezieht sich seinem Inhalt nach nur auf die Zulässigkeitskriterien Art und Maß der baulichen Nutzung, Bauweise und überbaubare Grundstücksfläche (BVerwG, U. v. 23.5.1986 – 4 C 34.85). Dabei sind neben den unmittelbaren Einwirkungen des Bauvorhabens etwa auf Grund Verschattung etc. auch die dem Vorhaben zuzurechnenden Emissionen bzw. Immissionen, insbesondere der von der baulichen Anlage und seinem Betrieb unmittelbar ausgehende Betriebslärm, aber auch der durch den vom Vorhaben ausgelöste Zu- und Abgangsverkehr entstehende Verkehrslärm zu berücksichtigen. Daneben können aber im Rahmen des Gebots der Rücksichtnahme auch sonstige schädliche Umwelteinwirkungen eine Rolle spielen. An Rücksichtnahme kann dabei umso mehr verlangt werden, je empfindlicher und schutzwürdiger die Stellung derer ist, denen die Rücksichtnahme im gegebenen Zusammenhang zu Gute kommt. Umgekehrt braucht derjenige, der das Vorhaben verwirklichen will, umso weniger Rücksicht zu nehmen, je verständlicher und unabweisbarer die von ihm mit seinem Vorhaben verfolgten Interessen sind (BVerwG, U. v. 13.3.1981 – 4 C 1.78). Eine Verletzung des Gebots der Rücksichtnahme ist dann gegeben, wenn die Nachteile eines geplanten Vorhabens das Maß dessen übersteigen, was einem Nachbarn billigerweise zugemutet werden kann. Dabei kann bei einem Vorhaben, das sich innerhalb des durch die nähere Umgebung bestimmten Rahmens hält, nur ausnahmsweise das Rücksichtnahmegebot verletzt sein (BVerwG, U. v. 26.5.1978 – 4 C 9.77)."

---

9 VG Ansbach, Entsch. vom 15.02.2006 – 3 K 05.02792 –, LNR 2006, 35905.

VI Der Einsatz passiver Schallschutzmaßnahmen bei gewerblichen Immissionen

Torsten Heilshorn

Insbesondere zum Schutz vor Verkehrsimmissionen sind passive Schallschutzmaßnahmen anerkannt. Für gewerbliche Anlagen fehlt es dagegen bislang an einer eindeutigen Lösung. Auch hier kommt der Einsatz solcher Maßnahmen jedoch oftmals in Betracht, was vor allem in fehlenden Ausweichflächen, vorhandenen Gemengelagen, der Unmöglichkeit aktiver Schallschutzmaßnahmen oder den städtebaulichen Zielen der Innenentwicklung und Nachverdichtung begründet sein kann. Die Aussagen der Rechtsprechung zur Zulässigkeit solcher Maßnahmen im gewerblichen Bereich weichen jedoch deutlich voneinander ab.

Bei der rechtlichen Bewertung ist strikt zwischen *Planungsebene* einerseits und *Zulassungs- bzw. Überwachungsebene* andererseits zu unterscheiden. In der Bauleitplanung ist die Festsetzung passiver Schallschutzmaßnahmen möglich, soweit eine ordnungsgemäße Abwägung zugrunde liegt. Schwieriger zu bewerten sind dagegen die Aussagen der TA Lärm, die grundsätzlich erst auf der Zulassungs- und Überwachungsebene zum Tragen kommt, aber auch für die Bauleitplanung aufgrund des Gebots der Konfliktbewältigung bedeutsam ist. Hier ist ein besonderes Augenmerk auf die Frage zu richten, welche Folgen planerische Festsetzungen für die Zulassung und Überwachung des Emittenten haben.

I. Überblick: Konfliktlösungsmöglichkeiten

Am effektivsten wird ein Lärmkonflikt durch eine *räumliche Trennung* der sich gegenseitig beeinträchtigenden Nutzungen vermieden. Dieses Konzept liegt auch der BauNVO zugrunde, die eine gebietsbezogene Steuerung unterschiedlicher Nutzungen und damit eine Vermeidung sog. Gemengelagen anstrebt. Soweit räumliche Trennungen jedoch nicht möglich oder nicht zweckmäßig sind, stellt sich die Frage nach aktiven oder passiven Schallschutzmaßnahmen.

Aktive Schallschutzmaßnahmen setzen an der Quelle an. Im gewerblichen Bereich können sie z. B. in der Kapselung und Einhausung von Anlagen oder anderen Maßnahmen auf dem Betriebsgelände des Emittenten bestehen. Aufgrund ihres quellenbezogenen Ansatzes sind sie besonders effektiv und tragen dem Verursacherprinzip Rechnung. Dem Einsatz solcher Maßnahmen stehen oftmals jedoch wirtschaftliche, städtebauliche oder technische Gründe entgegen. Dann sind *passive Schallschutzmaßnahmen* zu prüfen. Diese beziehen sich auf den Einwirkungsort, also die schutzbedürftigen Gebäude. In Betracht kommen vor allem Schallschutzfenster, Gebäudeteile mit einer bestimmten Dämmwirkung oder eine bestimmte

Anordnung der Raumnutzungen. In der Praxis besteht vielfach Unsicherheit, ob solche Maßnahmen ein taugliches Instrument bei gewerblichen Immissionen darstellen. Auch die Aussagen in der Rechtsprechung weichen stark voneinander ab.

II. Aussagen der Rechtsprechung

1. Unzulässigkeit passiver Schallschutzmaßnahmen

Nach dem achten Senat des OVG Nordrhein-Westfalen ist passiver Schallschutz nicht geeignet, schädliche Umwelteinwirkungen durch Gewerbelärm zu vermeiden.[1] Dieser könne nur in den *gesetzlich ausdrücklich vorgesehenen Fällen* zur Anwendung kommen. Im gewerblichen Bereich sei nur eine *gebietsbezogene Steuerung* des immissionsschutzrechtlichen Schutzniveaus möglich. Der passive Schallschutz sei auf einen zusätzlichen vorbeugenden Umweltschutz beschränkt, soweit er über den gebietsbezogenen Lärmschutz hinausgehe.

Diese Forderung nach einer ausdrücklichen gesetzlichen Ermächtigung dürfte allerdings kaum in Einklang zu bringen sein mit der weitreichenden Anerkennung passiver Schallschutzmaßnahmen im Verkehrsbereich. Hier regelt § 42 BImSchG zwar ausdrücklich, dass der Schutz vor Straßenlärm auch durch bauliche Maßnahmen *an den schutzwürdigen Gebäuden* erfolgen kann. Für den Gewerbelärm gibt es keine entsprechende Regelung. Auch § 42 BImSchG i. V. m. der 16. BImSchV ist aber nur auf einen Teil der Verkehrslärmbelastungen anzuwenden, nämlich auf den *Bau oder die wesentliche Änderung* öffentlicher Straßen (vgl. § 41 Abs. 1 BImSchG). Keine Anwendung findet diese Vorschrift dagegen vor allem, wenn ein *neues Baugebiet* neben einem vorhandenen Verkehrsweg geplant wird. Gleiches gilt für die Überplanung einer vorhandenen Straße ohne deren wesentliche Änderung oder die bloße Verkehrssteigerung. Auch in diesen Fällen ist die Festsetzung passiver Schallschutzmaßnahmen jedoch anerkannt.[2]

Gegen passive Schallschutzmaßnahmen hat sich – allerdings mit einer anderen Begründung – auch der VGH Baden-Württemberg ausgesprochen.[3] Nach einer Entscheidung aus dem Jahre 1999 ist eine *vollständige Fremdbelüftung* zum Schutze des von einer Mühle ausgehenden Betriebslärms in einem allgemeinen Wohngebiet nicht zulässig. Dies widerspreche jedenfalls in einem neuen Wohngebiet *den Anforderungen an ein gesundes Wohnen.* Diese Entscheidung schließt passiven Schallschutz also nicht kategorisch aus, sondern qualifiziert seine Festsetzung im konkreten Fall als abwägungsfehlerhaft.

---

1 OVG Nordrhein-Westfalen, Beschl. v. 01.09.2005 – 8 A 2810/03 (soweit nicht anders angegeben, sind sämtliche Entscheidungen nach Juris zitiert).

2 Zur Planung eines neuen Wohngebiets vgl. BVerwG, Urt. v. 22.03.2007 – 4 CN 2/06.

3 VGH Baden-Württemberg, Urt. v. 17.09.1999 – 3 S 3/99.

2. Zulässigkeit passiver Schallschutzmaßnahmen

Verschiedene Entscheidungen haben den Einsatz passiver Schallschutzmaßnahmen auch bei gewerblichen Immissionen jedoch für zulässig gehalten. So hat der 7. Senat des *OVG Nordrhein-Westfalen* der dargestellten Auffassung des 8. Senats ausdrücklich widersprochen.[4]

Auch der *VGH Baden-Württemberg* hat bei einer Immissionsbelastung durch *Verkehr und Gewerbe* für die Zulassungsebene entschieden, dass der Konflikt zwischen einer heranrückenden Wohnbebauung und einem vorhandenen Gewerbebetrieb auch durch passiven Schallschutz gelöst werden könne.[5] Diese Auffassung hat das Gericht für die Bauleitplanung bestätigt.[6] Auch *andere Oberverwaltungsgerichte* haben für die Einhaltung der Vorgaben der TA Lärm unter anderem auf passive Schallschutzmaßnahmen verwiesen.[7]

III. Bauleitplanung

Auf der Ebene der Bauleitplanung kann passiver Schallschutz grundsätzlich ungeachtet der Art der Immissionen *festgesetzt* werden. Entscheidend für die Rechtmäßigkeit einer solchen Festsetzung ist eine ordnungsgemäße *Abwägung*.

1. Festsetzungsmöglichkeiten

Gemäß *§ 9 Abs. 1 Nr. 24 BauGB* können im Bebauungsplan unter anderem die zum Schutz vor schädlichen Umwelteinwirkungen oder zur Vermeidung oder Minderung solcher Einwirkungen zu treffenden baulichen und sonstigen technischen Vorkehrungen festgesetzt werden. Diese Vorkehrungen können sowohl beim Emittenten als auch am Immissionsort ansetzen. Mögliche passive Schutzmaßnahmen sind z. B. *Schallschutzfenster* oder die *immissionshemmende Ausführung von Außenwänden und sonstigen Bauteilen* eines Gebäudes.[8] Nicht eindeutig erscheint jedoch, ob auch die *Anordnung schutzbedürftiger Räume* (etwa an der lärmabgewandten Seite der Gebäude) zu den „baulichen und sonstigen technischen Vorkehrungen" i.S.d. § 9

---

4 OVG Nordrhein-Westfalen, Urt. v. 22.05.2006 – 7 D 114/05.NE.

5 VGH Baden-Württemberg, Beschl. v. 11.10.2006 – 5 S 1904/06.

6 VGH Baden-Württemberg, Urt. v. 27.06.2007 – 3 S 2528/05 (wohl nicht veröffentlicht).

7 Hessischer VGH, Beschl. v. 08.12.2004 – 3 TG 3386/04, LS 3; Hamburgisches OVG, Urt. v. 27.04.2005 – 2 E 9/99 (zur planerischen Bewältigung sowohl von Straßen- als auch Hafenlärm); beiläufig auch Bayerischer VGH, Urt. v. 11.05.1998 – 2 N 97.2363.

8 BVerwG, Beschl. v. 07.09.1988 – 4 N 1/87; Hamburgisches OVG, Urt. v. 27.04.2005 – 2 E 9/99.N; OVG Nordrhein-Westfalen, Urt. v. 22.05.2006 – 7 D 114/05.NE; *Söfker*, in: Ernst/Zinkahn/Bielenberg/Krautzberger, BauGB, Bd. I, 87. Lfg. Stand Februar 2008, § 9 Rn. 208.

Abs. 1 Nr. 24 BauGB zählt. Dies wird jedoch wohl überwiegend bejaht[9] und ergibt sich auch aus der Rechtsprechung des Bundesverwaltungsgerichts, das in seiner (viel diskutierten) Entscheidung vom 22.03.2007 auch die Anordnung der Wohn- und Schlafräume als mögliches planerisches Instrument angesehen hat.[10]

Nach der Rechtsprechung muss der Bebauungsplan die zu treffenden Maßnahmen nicht konkret bezeichnen. Insbesondere müsse kein Dämmwert angegeben werden. Die erforderliche Qualität der Vorkehrungen ergebe sich aus der Schutzwürdigkeit des Gebietes und könne gegebenenfalls noch im jeweiligen *Baugenehmigungsverfahren* im Einzelnen festgelegt werden.[11] Auch dürfe der Plan dem Bauwilligen die konkrete Ausführung überlassen.[12] Eine Konkretisierung soll auch in der Weise erfolgen können, dass festgelegt wird, welche Immissionsminderung durch eine technische Vorkehrung erreicht werden muss. Die ausschließliche Festlegung von Lärmgrenzwerten ist aber nicht zulässig.[13]

§ 9 Abs. 1 Nr. 24 BauGB gestattet auch *keine Nutzungsregelungen*, da es sich bei diesen nicht um bauliche oder technische Vorkehrungen handelt.[14] Eine Festsetzung, nach der beispielsweise Fenster nur zu bestimmten Zeiten geöffnet werden dürfen, wäre daher nicht zulässig. Möglich sind dagegen bauliche Anforderungen an die Fenster etwa in dem Sinne, dass diese *nicht öffenbar* sein dürfen.[15]

2. Abwägung

Welche Lärmschutzmaßnahmen eine Kommune planerisch festsetzt, obliegt einer ordnungsgemäßen Abwägungsentscheidung (§ 1 Abs. 7 BauGB). Dies gilt auch für die Frage, welche Lärmbelastungen einer Wohnnutzung unterhalb der Grenze der Gesundheitsgefährdung zugemutet werden sollen.

---

9 Hamburgisches OVG, Urt. v. 27.04.2005 – 2 E 9/99; *Kuschnerus*, Der sachgerechte Bebauungsplan, Rn. 370; *Söfker*, in: Ernst/Zinkahn/Bielenberg, BauGB, Stand: 1.10.2008, § 9 Rn. 208; *Gierke*, in: Brügelmann, BauGB, Stand: April 2008, § 9 Rn. 460.

10 BVerwG, Urt. v. 22.03.2007 – 4 CN 2/06.

11 So BVerwG, Beschl. v. 08.08.1989 – 4 NB 2/89; Hamburgisches OVG, Urt. v. 27.04.2005 – 2 E 9/99.N; offenbar zweifelnd OVG Nordrhein-Westfalen, Urt. v. 22.05.2006 – 7 D 114/05.NE; OVG Nordrhein-Westfalen, Urt. v. 20.03.2002 – 10a D 48/99.NE.

12 BVerwG, Beschl. v. 02.03.1994 – 4 NB 3/94; Hamburgisches OVG, Urt. v. 27.04.2005 – 2 E 9/99.N; dazu auch *Kuschnerus*, Der sachgerechte Bebauungsplan, Rn. 369 f.

13 BVerwG, Beschl. v. 30.01.2006 – 4 BN 55/05; BVerwG, Beschl. v. 02.03.1994 – 4 NB 3/94.

14 OVG Nordrhein-Westfalen, Urt. v. 16.10.2003 – 10a B 2515/02.NE; VGH Baden-Württemberg, Urteil v. 14.11.1996 – 5 S 5/95; VGH Baden-Württemberg, Urteil v. 20.06.1995 – 3 S 2680/93; *Gierke*, in: Brügelmann, BauGB, Bd. 1, 66. Lfg. Stand April 2008, § 9 Rn. 465.

15 VGH Baden-Württemberg, Urt. v. 27.06.2007 – 3 S 2528/05 (wohl nicht veröffentlicht).

a) Trennungsgrundsatz

Dem in § 50 BImSchG niedergelegten sogenannten *Trennungsgrundsatz*[16] sind für die vorliegende Fragestellung keine zwingenden Anforderungen zu entnehmen. Auch wenn eine räumliche Trennung der Nutzungen sicherlich „das wirksamste Mittel“[17] darstellt, fordert dieser Grundsatz letztlich „nur“ eine hinreichende *inhaltliche Lösung* des (potenziellen) Nutzungskonflikts. Entscheidend für die räumliche Zuordnung der Nutzungen und sonstige Schallschutzmaßnahmen bleibt die ordnungsgemäße Abwägung. Aus überwiegenden städtebaulichen Gründen[18] kann auf eine räumliche Trennung verzichtet werden – dann muss ein möglicher Immissionskonflikt allerdings durch andere Maßnahmen gelöst werden. Eine Rangfolge von aktiven und passiven Schutzmaßnahmen ist § 50 Abs. 1 BImSchG nicht zu entnehmen.

b) DIN 18005

Im Rahmen der Abwägung kann die *DIN 18005 („Schallschutz im Städtebau“)* als Entscheidungshilfe herangezogen werden. Das Beiblatt 1 dieser Norm gibt schalltechnische Orientierungswerte für die städtebauliche Planung an. Da es sich bei der DIN 18005 um ein privates Regelwerk ohne Rechtsnormcharakter handelt, stellt sie jedoch lediglich eine *Orientierungshilfe* dar.[19] Die Einhaltung der dort angegebenen Orientierungswerte indiziert, dass die Anforderungen an gesunde Wohn- und Arbeitsverhältnisse gewahrt sind. Auf der anderen Seite belegt die Überschreitung dieser Werte nicht zwingend, dass diese Anforderungen nicht gewahrt sind. Vielmehr kann auch bei einer Überschreitung dieser Werte eine fehlerfreie Planung vorliegen. Dies setzt jedoch eine ordnungsgemäße Abwägung unter sorgfältiger Prüfung aller möglichen aktiven und passiven Schallschutzmaßnahmen voraus.[20]

Zwar ist die DIN 18005 im Ausgangspunkt nicht auf eine Konfliktlösung durch passiven Schallschutz an den schutzbedürftigen Gebäuden angelegt. Vielmehr strebt die Norm auch eine möglichst störungsfreie Kommunikation in den Außenwohnbereichen an, was z. B. durch Schallschutzfenster nicht erreicht wird. Andererseits schließt die DIN 18005 passiven Schallschutz nicht aus. So wird im Beiblatt ausdrücklich auf die mögliche Überschreitung der Orientierungswerte und dann in

---

[16] Zum Trennungsgrundsatz als „Abwägungsdirektive“ vgl. BVerwG, Urt. v. 22.03.2007 – 4 CN 2/06; ähnlich OVG Nordrhein-Westfalen, Urt. v. 22.05.2006 – 7 D 114/05.NE („Planungsdirektive“); Hamburgisches OVG, Urt. v. 27.04.2005 – 2 E 9/99 („Optimierungsgebot“).

[17] *Hansmann*, in: Landmann/Rohmer, Umweltrecht, Stand: April 2008, § 50 Rn. 34; vgl. auch ebda. Rn. 51.

[18] Zu möglichen Gründen vgl. BVerwG, Urt. v. 22.03.2007 – 4 CN 2/06.

[19] BVerwG, Beschl. v. 18.12.1990 – 4 N 6/88 (DIN 18005 als „Orientierungshilfe“ oder als „grober Anhalt“); aus jüngerer Zeit BVerwG, Beschl. v. 24.05.2007 – 4 BN 16/07, 4 VR 1/07; BVerwG, Beschl. v. 13.06.2007 – 4 BN 6/07.

[20] *Kuschnerus*, Der sachgerechte Bebauungsplan, Rn. 295 unter Verweis auf Niedersächsisches OVG, Urt. v. 25.06.2001 – 1 K 1850/00.

Betracht zu ziehende Maßnahmen wie „bauliche Schallschutzmaßnahmen – insbesondere für Schlafräume" hingewiesen.

c) Vergleich mit Straßenverkehrslärm

Der VGH Baden-Württemberg[21] hat zur Begründung seiner Auffassung, dass passiver Schallschutz auch bei *gewerblichen* Immissionen ein taugliches Konfliktlösungsmittel darstelle, auf eine Entscheidung des BVerwG vom 22.03.2007[22] verwiesen. In dem dortigen Fall wurde ein neues Wohngebiet ausgewiesen, obwohl die Richtwerte der DIN 18005 durch verschiedene vorhandene *Verkehrswege* teilweise um mehr als 10 dB(A) überschritten wurden. Die Lösung der planenden Kommune bestand in einer Kombination von passivem Schallschutz, Stellung der Gebäude und Anordnung der Wohn- und Schlafräume. Das BVerwG hat dies im Ergebnis gebilligt. Eine erhebliche Überschreitung der DIN 18005 erfordere zwar *entsprechend gewichtige städtebauliche Gründe* und eine *sorgfältige Prüfung aktiver Schallschutzmaßnahmen.* Es könne aber ausreichend sein, durch die genannten Maßnahmen im Innern der Gebäude angemessenen Lärmschutz zu gewährleisten. Ebenfalls könne berücksichtigt werden, dass die rückwärtigen Grundstücksflächen wirksam abgeschirmt wurden und so geschützte Außenwohnbereiche auf der straßenabgewandten Seite der Grundstücke geschaffen werden konnten.[23] Fraglich ist jedoch, ob diese Aussagen zum Verkehrslärm auf *gewerbliche* Immissionen übertragen werden können.

Wie bereits ausgeführt, kann die fehlende Vergleichbarkeit der genannten Fälle nicht mit unterschiedlichen Rechtsgrundlagen begründet werden. Auch für den Straßenverkehr richtet sich die Konfliktlösung insbesondere bei der Planung eines Gebiets neben einem vorhandenen Verkehrsweg nicht nach § 42 BImSchG, sondern insbesondere nach dem Abwägungsgebot. Dieses Gebot gilt für Straßen- und Gewerbeimmissionen gleichermaßen, wobei jedoch inhaltliche Unterschiede festzustellen sind, die zu abweichenden Bewertungen führen können. Konflikte zwischen gewerblichen Anlagen und schutzwürdigen Nutzungen können oftmals bereits durch eine vorausschauende *räumliche Trennung* oder durch *Schallschutzmaßnahmen beim Emittenten* vermieden werden. Beim *Verkehrslärm* ist es dagegen oftmals aus städtebaulichen Gründen deutlich schwieriger, die Verkehrswege und die schutzwürdigen Nutzungen räumlich zu trennen oder aktive Schallschutzmaßnahmen vorzusehen. Daher können passive Schallschutzmaßnahmen beim Verkehrslärm im Einzelfall leichter abwägungsfehlerfrei festgesetzt werden – unterschiedliche Rechtsgrundlagen zwischen gewerblichen und verkehrlichen Immissionen sind insoweit jedoch nicht festzustellen.

---

21 VGH Baden-Württemberg, Urt. v. 27.06.2007 – 3 S 2528/05 (wohl nicht veröffentlicht).

22 BVerwG, Urt. v. 22.03.2007 – 4 CN 2/06.

23 BVerwG, Urt. v. 22.03.2007 – 4 CN 2/06; zu Überschreitungen der Orientierungswerte der DIN 18005 im Randbereich eines neuen Wohngebiets vgl. auch bereits OVG Nordrhein-Westfalen, Beschl. v. 18.06.2001 – 7a D 182/98.NE.

d) Gesunde Wohnverhältnisse (§ 1 Abs. 6 Nr. 1 BauGB)

Von zentraler Bedeutung für eine ordnungsgemäße Abwägung sind die *Anforderungen an gesunde Wohnverhältnisse* (§ 1 Abs. 6 Nr. 1 BauGB). Hier ist bei der Auswahl zwischen aktiven und passiven Schallschutzmaßnahmen zu beachten, dass *aktive* Schallschutzmaßnahmen nicht nur *effektiver* sind, da die Wirksamkeit von Schutzmaßnahmen mit zunehmendem Abstand von der Schallquelle abnimmt, sondern aus Sicht des Betroffenen vielfach deutlich besser geeignet sind, gesunde und angenehme Wohnverhältnisse zu gewährleisten.

aa) Schutz von Außenwohnbereichen

Der erforderliche Schutz des „Wohnens" umfasst in ausschließlich oder vorwiegend dem Wohnen dienenden Gebieten sowohl das Leben innerhalb der Gebäude als auch die angemessene Nutzung der *Außenwohnbereiche* wie Balkone, Terrassen, Hausgärten, Kinderspielplätze und sonstige Grün- und Freiflächen.[24] Ein *Schutz dieser Außenwohnbereiche* erfordert grundsätzlich aktive Schallschutzmaßnahmen, die auch zu einer Geräuschminimierung außerhalb der Gebäude führen.

Der Schutz von Außenwohnbereichen und der Einsatz passiver Schallschutzmaßnahmen schließen sich jedoch nicht in jedem Falle aus. Wenn z. B. für die oberen Stockwerke Schallschutzfenster vorgesehen werden, können die Außenwohnbereiche im Erdgeschoss durch einen *Lärmschutzwall* geschützt werden.[25] Auch können die rückwärtigen Grundstücksflächen durch die vorgelagerten Gebäude geschützt werden, so dass hier Außenwohnbereiche angelegt werden können. Zudem kann es etwa beim Geschosswohnungsbau in Ballungsgebieten an schutzwürdigen Außenwohnbereichen insgesamt fehlen. Schließlich sind die Außenwohnbereiche im Nachtzeitraum deutlich weniger schutzwürdig.[26]

bb) Öffenbarkeit der Fenster

Die *Öffenbarkeit der Fenster* führt ebenfalls grundsätzlich zu einer deutlich höheren Wohnqualität, da geschlossene Fenster auch die *als positiv empfundenen Geräusche* wie z. B. Vogelzwitschern oder Blätterrauschen abschirmen. Auch nach Auffassung des BVerwG darf für die angemessene Befriedigung der Wohnbedürfnisse nicht nur auf eine Nutzung der Gebäude bei geschlossenen Fenstern und Türen abgestellt

---

[24] BVerwG, Urt. v. 21.05.1976 – IV C 80.74 (zum Verkehrslärm); dazu auch VGH Baden-Württemberg, Urt. v. 17.09.1999 – 3 S 3/99.

[25] Vgl. dazu z. B. VGH Baden-Württemberg, Urt. v. 27.06.2007 – 3 S 2528/05 (wohl nicht veröffentlicht); OVG Nordrhein-Westfalen, Urt. v. 22.05.2006 – 7 D 114/05.NE.

[26] Vgl. den instruktiven „Hamburger Leitfaden: Lärm in der Bauleitplanung", 2009, Entwurf, S. 20 ff. zu dem Versuch, in Ballungsgebieten mit begrenzten Flächenpotenzialen jedenfalls für den Nachtzeitraum Innenraumpegel statt Außenpegel als maßgeblich anzusehen.

werden.[27] Dazu ist jedoch ebenfalls festzustellen, dass passiver Schallschutz eine Fensterlüftung nicht zwingend ausschließt.

Zum einen gibt es heutzutage Fensterkonstruktionen, die trotz Frischluftzufuhr hohe Dämmwerte erreichen. Hier stellt sich allerdings die Frage, wie sich der Einsatz solcher Instrumente auf der Überwachungs- und Zulassungsebene auswirkt.[28] Zum anderen kann es im Einzelfall möglich sein, jedenfalls die nicht schutzbedürftigen Räume mit öffenbaren Fenstern auszustatten und so ausreichende Lüftungsmöglichkeiten zu gewährleisten oder die Aufenthaltsräume über Eck anzuordnen, so dass eine Lüftung in Richtung nicht belasteter Bereiche erfolgt.[29] Zudem werden ähnliche Instrumente freiwillig im Bereich von *Niedrigenergie- oder Passivhäusern* eingesetzt. Wenn hier mechanische Be- und Entlüftungsanlagen zur Energieeinsparung ausgewählt (oder sogar vorgeschrieben) werden, spricht dies dafür, dass dies nicht stets mit unzumutbaren Wohnverhältnissen einher geht. Eine freiwillige zusätzliche Lüftung bleibt hier allerdings grundsätzlich möglich.

Emittiert ein gewerblicher Betrieb nur tagsüber, besteht für den *Nachtzeitraum* kein Schutzbedarf. Soweit man sich für einen Ausschluss der Öffenbarkeit der Fenster entscheidet, kann dieser im Einzelfall nachts nicht erforderlich sein. Eine solche Unterscheidung kann im Bebauungsplan jedoch nicht getroffen werden, da die Nichtöffnung von Fenstern tagsüber eine verhaltensbezogene Anforderung wäre, die § 9 Abs. 1 Nr. 24 BauGB nicht vorsieht.

cc) Folgen für die Abwägung

Von entscheidender Bedeutung für die Rechtmäßigkeit der Festsetzung passiver Schallschutzmaßnahmen ist eine ordnungsgemäße Abwägung.[30] Erforderlich sind überwiegende städtebauliche Gründe, die die Schaffung einer konfliktträchtigen Gemengelage rechtfertigen. In jedem Falle ist zu prüfen, ob der Konflikt nicht durch eine räumliche Trennung oder durch aktive Schutzmaßnahmen verhindert oder gelöst werden kann.[31] Die Kommune muss somit darlegen, warum *keine besser geeigneten Flächen oder Maßnahmen* zur Verfügung stehen.[32] Zwar ist nicht erforderlich, dass überhaupt keine anderen geeigneten Flächen vorhanden sind. Es besteht jedoch die grundsätzliche planerische Verpflichtung, Lärmkonflikte nicht nur „gerade so" und mit wenig geeigneten Instrumenten zu lösen, sondern durch die Bauleitplanung vorsorgenden Immissionsschutz zu betreiben und eine nachhaltige städtebaulich und gesundheitlich sinnvolle Entwicklung zu gewährleisten. Von besonde-

---

27 BVerwG, Urt. v. 21.05.1976 – IV C 80.74 (zum Verkehrslärm); vgl. auch *Kuschnerus*, Der sachgerechte Bebauungsplan, 2005, Rn. 298.

28 Dazu im einzelnen unten IV.

29 VGH Baden-Württemberg, Urt. v. 27.06.2007 – 3 S 2528/05 (wohl nicht veröffentlicht).

30 Dazu auch *Heilshorn*, NVwZ 2009, S. 137 (141 f.).

31 Zum Schutz vor Verkehrslärmbelastungen vgl. auch BVerwG, Urt. v. 22.03.2007 – 4 CN 2/06.

32 Vgl. dazu auch VGH Baden-Württemberg, Urt. v. 17.09.1999 – 3 S 3/99.

rer Bedeutung ist auch, wie hoch die Immissionsbelastung ist und wie stark die passiven Maßnahmen in die Wohnqualität eingreifen. Je stärker der Eingriff ist, desto höher sind die Anforderungen an die Abwägungsentscheidung. Daraus ergibt sich, dass z. B. eine vollständige Fremdbelüftung in einem neuen Wohngebiet nur in seltenen Fällen zulässig sein dürfte.[33]

Finanzielle Erwägungen können passiven Schallschutz erst dann rechtfertigen, wenn aktive Schutzmaßnahmen außer Verhältnis zur damit erzielbaren Lärmminderung stehen. Dabei ist vor allem zu berücksichtigen, wie viele Betroffene in welchem Umfang durch die (aktive) Maßnahme geschützt werden können. Allgemeine „Anforderungen kostensparenden Bauens" i.S.d. § 1 Abs. 6 Nr. 2 BauGB dürften dagegen nur in wenigen Fällen entscheidend sein.

IV. Folgen für die Genehmigungs- und Überwachungsebene

Bei der planerischen Festsetzung passiver Schallschutzmaßnahmen sind die Folgen für die *Genehmigungs- und Überwachungsebene* zu beachten. Von besonderer Bedeutung sind zum einen das Gebot der Konfliktbewältigung und zum anderen mögliche Unterlassungsansprüche der schutzbedürftigen Bebauung.

1. Aussagen TA Lärm

Für die Zulassung und Überwachung gewerblicher Anlagen ist das BImSchG i. V. m. der *Technischen Anleitung zum Schutz gegen Lärm (TA Lärm)* vom 26.08.1998 maßgeblich. Die TA Lärm ist grundsätzlich *nicht* auf die Konfliktlösung durch passive Schallschutzmaßnahmen zugeschnitten. Entsprechend dem Verursacherprinzip setzen die immissionsschutzrechtlichen Pflichten hier grundsätzlich beim Emittenten an. Dies ist auch deshalb vorzugswürdig, weil der Emissionsschutz an der Quelle am effektivsten ist. Zudem haben weder der Gewerbebetrieb noch die zuständige Behörde im Normalfall Zugriffsmöglichkeiten auf die schutzwürdige Nutzung. Rechtlich wäre zwar beispielsweise grundsätzlich möglich, auch passive Schallschutzmaßnahmen auf Kosten des Emittenten vorzusehen. Diesen Weg geht die TA Lärm jedoch nicht.

Die Ausrichtung der TA Lärm auf *aktiven* Schallschutz kommt in verschiedenen Bestimmungen zum Ausdruck. Dies gilt etwa für Nr. 2.5 TA Lärm i. V. m. § 3 Abs. 6 BImSchG. Danach schließt der Stand der Technik zur Lärmminderung sowohl Maßnahmen an der Schallquelle als auch solche *auf dem Ausbreitungswege* ein, soweit diese in *engem räumlichen und betrieblichen Zusammenhang* mit der Schallquelle

[33] Vgl. VGH Baden-Württemberg, Urt. v. 17.09.1999 – 3 S 3/99.

stehen. Dies beschränkt die Schutzmaßnahmen auf den Anlagenbereich und klammert den passiven Schallschutz aus.[34]

Nr. 6.1 TA Lärm legt die Richtwerte für Immissionsorte außerhalb von Gebäuden fest. Die Festlegung des maßgeblichen Immissionsorts findet sich in Nr. 2.3 TA Lärm i. V. m. Nr. A.1.3 des Anhangs. Danach liegt der Immissionsort bei bebauten Flächen 0,5 m außerhalb vor der Mitte des geöffneten Fensters des am stärksten betroffenen schutzbedürftigen Raumes nach DIN 4109. Einerseits sollen durch die vorgeschriebene Öffnung des Fensters unerwünschte Reflexionswirkungen des Gebäudes vermieden werden, die das Messergebnis verfälschen können.[35] Insoweit handelt es sich zumindest in erster Linie um eine Messvorschrift. Andererseits soll die Auswahl schutzbedürftiger Räume die für gesunde Wohnverhältnisse wichtigsten Gebäudeteile schützen.

Die Einhaltung der maßgeblichen Richtwerte ist somit *außerhalb der Gebäude* nachzuweisen, soweit es sich um Schallimmissionen handelt, die nicht auf Geräuschübertragungen innerhalb von Gebäuden oder auf Körperschallübertragungen beruhen. Die Außenpegel (vgl. Nr. 6.1 TA Lärm) sind so ausgelegt, dass bei einer angemessenen Ausgestaltung der Außenbauteile und der Fenster hinnehmbare *Innenraumpegel* erreicht werden. Dem liegt die Annahme zugrunde, dass zur angemessenen Befriedigung der Wohnbedürfnisse auch das störungsfreie *Schlafen bei gekipptem Fenster* gehöre, wobei der typische Dämmwert eines gekippten Fensters etwa 15 dB(A) betragen soll.[36] Auch wenn die Vorgabe des geöffneten Fensters dazu dient, unerwünschte Reflexionswirkungen zu vermeiden und es sich somit zunächst um eine Messvorschrift handelt, geht die TA Lärm davon aus, dass die Fenster an den maßgeblichen Immissionsorten geöffnet werden können. Neben dem insoweit angestrebten Schutz des Gebäudeinneren werden durch die genannten Regelungen zugleich die *Außenwohnbereiche* (Terrasse, Balkon, Garten) geschützt,[37] da etwaige Lärmschutzmaßnahmen ihre Wirkung *außerhalb der Gebäude* entfalten müssen.

2. Verhältnis TA Lärm/Bauleitplanung

Wie sich aus dem Vorstehenden ergibt, ist die TA Lärm jedenfalls grundsätzlich *nicht* auf passiven Schallschutz ausgelegt. Insbesondere die schallgedämmte Ausführung von Bauteilen und ähnliche Maßnahmen führen nicht zu abweichenden Anforderungen an den gewerblichen Emittenten. Das bedeutet aber nicht, dass die

---

[34] *Hansmann*, in: Landmann/Rohmer, Umweltrecht, Stand: April 2008, TA Lärm Nr. 2 Rn. 39 f.; *Beckert/Chotjewitz*, TA Lärm, S. 44.

[35] Vgl. dazu auch die Vorgaben zu Ersatzmessorten im Abschnitt 6.1 der (gemäß Nr. A.1.3 des Anhangs der TA Lärm ergänzend heranzuziehenden) DIN 45645-1 (Ausgabe Juli 1996).

[36] BVerwG, Urt. v. 21.09.2006 – 4 C 4/05 (zum Luftverkehrsrecht); vgl. in diesem Zusammenhang auch BVerwG, Urt. v. 05.03.1997 – 11 A 25/95.

[37] *Hansmann*, in: Landmann/Rohmer, Umweltrecht, Stand: April 2008, TA Lärm Nr. 6 Rn. 6.

Bauleitplanung keinen Einfluss auf die Anwendung und die Vorgaben der TA Lärm nehmen könnte.

Zunächst ist festzuhalten, dass die TA Lärm für die *Bauleitplanung* nur von eingeschränkter Bedeutung ist. Unterhalb der Schwelle zur Gesundheitsgefährdung existieren für die Bauleitplanung *keine verbindlichen gesetzlichen Vorgaben* zur Bestimmung der Zumutbarkeit von Geräuschimmissionen.[38] Auch das BImSchG und die TA Lärm richten sich zunächst nur an die für den *Vollzug des BImSchG* zuständigen Behörden, grundsätzlich aber nicht an den Träger der Bauleitplanung.[39] Dieser kann die TA Lärm allerdings als „*Orientierungshilfe*" heranziehen.[40] Eine rechtliche Verbindlichkeit kommt der TA Lärm darüber hinaus zu, da Bebauungspläne mit dem *Gebot der Konfliktbewältigung* vereinbar sein müssen. Wenn sich bei der Umsetzung der planerischen Regelungen die immissionsschutzrechtlich maßgeblichen Grenzwerte voraussichtlich nicht werden einhalten lassen, so verstößt der Bauleitplan gegen § 1 Abs. 3 BauGB.[41] Die planende Kommune muss somit in den Blick nehmen, welche Folgen die Festsetzungen auf der Vollzugs- und Überwachungsebene haben. Dies gilt zum einen mit Blick auf das Gebot der Konfliktbewältigung, ist zum anderen selbstverständlich aber auch erforderlich für eine fehlerfreie Abwägung. So muss etwa in die Abwägung eingestellt werden, ob die gewerblichen Anlagen später *Unterlassungsansprüche der Wohnbebauung* befürchten müssen.

Entgegen der Auffassung des OVG Nordrhein-Westfalen[42] kann die Bauleitplanung über die gebietsbezogene Beurteilung hinaus auf die immissionsschutzrechtlichen Vorgaben der TA Lärm einwirken. Dies ergibt sich aus den Steuerungsmöglichkeiten bzgl. der maßgeblichen *Immissionsorte.* Wie bereits dargelegt, ist der maßgebliche Immissionsort nach der TA Lärm derjenige Punkt, an dem eine Überschreitung der Immissionsrichtwerte am ehesten zu erwarten ist. Der Immissionsort liegt bei bebauten Flächen 0,5 m außerhalb *vor der Mitte des geöffneten Fensters* des vom Geräusch am stärksten betroffenen *schutzbedürftigen Raumes* nach DIN 4109. Die Einhaltung der Immissionsrichtwerte ist somit durch die TA Lärm nicht gefordert, wenn kein schutzbedürftiger Raum oder kein öffenbares Fenster vorhanden ist. Dies ermöglicht eine planerische Steuerung der immissionsschutzrechtlichen Erheblichkeitsschwelle. Entgegen der Auffassung des OVG Nordrhein-Westfalen

---

38 BVerwG, Beschl. v. 18.12.1990 – 4 N 6/88.

39 BVerwG, Beschl. v. 01.09.1999 – 4 BN 25/99; Bayerischer VGH, Urt. v. 02.08.2005 – 14 N 04.2374; Hamburgisches OVG, Urt. v. 27.04.2005 – 2 E 9/99.N; *Gierke*, in: Brügelmann, BauGB, Bd. 1, 66. Lfg. Stand April 2008, § 1 Rn. 635; zur *Genehmigung* einer an eine vorhandene gewerbliche Nutzung heranrückenden Wohnbebauung vgl. auch VGH Baden-Württemberg, Beschl. v. 11.10.2006 – 5 S 1904/06.

40 BVerwG, Beschl. v. 13.12.2007 – 4 BN 41/07; Bayerischer VGH, Urt. v. 02.08.2005 – 14 N 04.2374; *Söfker*, in: Ernst/Zinkahn/ Bielenberg/Krautzberger, BauGB, Bd. I, 87. Lfg. Stand Februar 2008, § 1 Rn. 225.

41 BVerwG, Urt. v. 17.12.2002 – 4 C 15/01; BVerwG, Urt. v. 12.08.1999 – 4 CN 4/98 (zur 18. BImSchV); vgl. auch *Söfker*, in: Ernst/Zinkahn/Bielenberg/Krautzberger, BauGB, Bd. I, 87. Lfg. Stand Februar 2008, § 1 Rn. 147.

42 OVG Nordrhein-Westfalen, Beschl. v. 01.09.2005 – 8 A 2810/03.

beanspruchen die immissionsschutzrechtlichen „Grenzwertregelungen“[43] auf Planungsebene gerade keine strikte Geltung, sondern sind für die flächenhaften Festsetzungen nur insofern verbindlich, als die *Vollzugsfähigkeit* des Planes gewährleistet sein muss. Auch bei den §§ 41 f. BImSchG handelt es sich nicht um eine gesetzliche Ermächtigung, sonst nicht zulässige Schutzmaßnahmen festzulegen, sondern um eine äußerste Grenze, die im Wege der Abwägung nicht überwindbar ist.

3. Ausschluss öffenbarer Fenster in schutzbedürftigen Räumen

Ein Ausschluss *öffenbarer Fenster in schutzbedürftigen Räumen*[44] führt somit dazu, dass sich dort kein Immissionsort nach TA Lärm befindet. Der Begriff des schutzbedürftigen Raumes ist in der DIN 4109 definiert, worauf auch A. 1. 3 des Anhangs zur TA Lärm verweist.[45] Damit ist ein Einschreiten nach der TA Lärm bei einer solchen Festsetzung grundsätzlich ausgeschlossen; der Emittent muss keine Unterlassungsansprüche der Wohnbebauung befürchten. Der Ausschluss z.B. „sensibler Räume“ wäre dagegen wegen fehlender Abstimmung auf die Überwachungsebene nicht ausreichend.

4. Schutzmaßnahmen mit Lüftungsmöglichkeit

Die vorstehend dargestellte Festsetzung hat jedoch den Nachteil, dass sie keine Lüftung schutzbedürftiger Räume ermöglicht. Daher stellt sich die Frage, ob auch Festzungen *mit Lüftungsmöglichkeiten* in Betracht kommen, um Konflikte zwischen gewerblichen Emittenten und schutzbedürftigen Nutzungen zu lösen.

a) Mögliche Schutzmaßnahmen

In der Praxis wurden bereits Lärmschutzvorkehrungen entwickelt, die ein vergleichbares Maß an Schalldämmung wie „normale“ Schallschutzfenster aufweisen, aber *keine dauerhafte Schließung* der Fenster erfordern. Die Schalldämmung wird hier unter anderem durch eine hochabsorbierende Verkleidung und eine eingeschränkte Öffnungsbreite erreicht.[46] Eine Frischluftzufuhr bleibt somit möglich; bei einer mit geschlossenen Fenstern vergleichbaren Schalldämmung dürfte es allerdings auch hier dazu kommen, dass auch die nicht störenden Außengeräusche wie Vogelgezwitscher (weitgehend) ausgeschlossen werden.

---

[43] OVG Nordrhein-Westfalen, Beschl. v. 01.09.2005 – 8 A 2810/03.

[44] So in dem der Entscheidung VGH Baden-Württemberg, Urt. v. 27.06.2007 – 3 S 2528/05 (wohl nicht veröffentlicht) zugrunde liegenden Bebauungsplan.

[45] Zu diesem Begriff vgl. auch BVerwG, Urt. v. 29.08.2007 – 4 C 2/07.

[46] Die Darstellung des sog. „Hafencity-Fensters“ und Beispiele weiterer Schutzmaßnahmen finden sich in dem „Hamburger Leitfaden: Lärm in der Bauleitplanung“, 2009, Entwurf, S. 29, 45ff.; vgl. dazu auch Hamburgisches OVG, Urt. v. 27.04.2005 – 2 E 9/99.

Mit § 9 Abs. 1 Nr. 24 BauGB steht eine Rechtsgrundlage für die planerische Festsetzung solcher Vorkehrungen zur Verfügung. Gewährleisten aber solche Festsetzungen, dass es nach den Maßstäben der TA Lärm nicht zu schädlichen Umwelteinwirkungen kommt? Auch wenn für die Abwägung keine verbindlichen Richt- oder Grenzwerte festgelegt sind, muss die Vollzugsfähigkeit des Planes ebenso beachtet werden wie die Frage, ob die gewerblichen Emittenten Unterlassungsansprüche der Wohnbebauung befürchten müssen.

Wie bereits dargestellt, liegt nach der Regelfallprüfung der TA Lärm auch bei einer solchen Festsetzung ein Immissionsort vor, an dem die maßgeblichen Immissionsrichtwerte einzuhalten sind. Ansatzpunkt für eine abweichende Beurteilung könnte jedoch die *Sonderfallprüfung* nach Nr. 3.2.2 TA Lärm sein.

b) Sonderfallprüfung nach Nr. 3.2.2 TA Lärm

Der Regelfallprüfung nach Nr. 3.2.1 TA Lärm, bei der die ermittelten Beurteilungspegel mit den Immissionsrichtwerten nach Nr. 6 TA Lärm verglichen werden, liegt grundsätzlich eine Erfassung des Lärms durch physikalische Größen zugrunde. Die Gefährlichkeit oder Lästigkeit i.S.v. § 5 Abs. 1 Nr. 1 BImSchG hängt aber auch von wertenden oder speziellen anlagebezogenen Faktoren ab. Daher sieht die TA Lärm in Nr. 3.2.2 bei besonderen Umständen eine Sonderfallprüfung vor, die zu von der Regelfallprüfung abweichenden Ergebnissen führen kann.[47] Diese Sonderfallprüfung ersetzt die Regelfallprüfung nicht, sondern baut auf dieser auf und stellt somit eine ergänzende Prüfung dar.

aa) Besondere Umstände des Einzelfalls

Eine Sonderfallprüfung setzt voraus, dass *besondere Umstände des Einzelfalls* vorliegen, die bei der Regelfallbeurteilung keine Berücksichtigung finden, nach Art und Gewicht jedoch wesentlichen Einfluss auf die Beurteilung haben können, ob die Anlage zum Entstehen schädlicher Umwelteinwirkungen relevant beiträgt. In Nr. 3.2.2 Satz 2 TA Lärm werden beispielhaft Umstände genannt, die Anlass zu einer solchen Sonderfallprüfung geben können.

Eine Sonderfallprüfung kommt damit nicht wegen solcher Umstände in Betracht, die bei der *Regelfallprüfung* bereits berücksichtigt worden sind. Sie soll nur dann angezeigt sein, wenn über die objektivierbaren Faktoren der Regelfallprüfung hinaus weitere, in Besonderheiten der örtlichen oder betrieblichen Situation oder in der Person der Betroffenen begründete individuelle Faktoren vorliegen, die einer stan-

---

[47] Vgl. zum Vorstehenden *Hansmann*, in: Landmann/Rohmer, Umweltrecht, Bd. II, 54. EL, Stand: Aug. 2008, 3.1, Nr. 3 Rn. 30 m.w.N.

dardisierten Beurteilung nicht zugänglich sind und auch nicht von den Ausnahmeregelungen nach Nr. 3.2.1 Abs. 2 bis 5 TA Lärm erfasst werden.[48]

Nach diesen Maßstäben ist fraglich, ob in den Fällen der dargestellten *besonderen Fenstervorrichtungen* eine Sonderfallprüfung erforderlich (und zulässig) ist. Das Schutzkonzept der TA Lärm ist grundsätzlich nicht auf passiven Schallschutz zugeschnitten.[49] Die danach zugrunde zu legenden Immissionsorte, die Maßgeblichkeit von Außenpegeln und die Öffenbarkeit der Fenster werden grundsätzlich bereits bei der Regelfallprüfung berücksichtigt. Der Ausstattung der Fenster wird hier dagegen keine Bedeutung beigemessen. Dies hat seinen Grund auch nicht etwa darin, dass es sich um subjektive Besonderheiten oder um einen einzelfallbezogenen Umstand handeln würde, der im Rahmen der physikalischen Größen der Regelfallprüfung nicht berücksichtigt werden könnten. Wenn die TA Lärm der Art und der Dämmwirkung der Fenster Bedeutung beimessen wollte, wäre es durchaus möglich, dies im Rahmen der Regelfallprüfung zu verankern. Dies könnte etwa dadurch geschehen, dass ganz oder teilweise Innenpegel vorgegeben würden. Auch wird der – von der TA Lärm angestrebte – Schutz der Außenwohnbereiche durch solche Fenstervorrichtungen grundsätzlich nicht erreicht.

Andererseits stellen die genannten speziellen Fenstervorrichtungen keine standardmäßig verwendeten Bauteile dar. Solche Maßnahmen sind technisch und wirtschaftlich deutlich aufwendiger, was zugleich zu einer deutlich höheren Schallminderung führt, als sie die im „normalen" Wohnungsbau verwendeten Bauteilen erreichen. Diese Vorrichtungen sind im Normalfall weder notwendig noch wirtschaftlich sinnvoll, was ihre Ausklammerung aus der Regelfallprüfung rechtfertigen könnte. Auch hinsichtlich der Außenwohnbereiche können Einzelfallumstände zum Tragen kommen, die trotz solcher Schutzmaßnahmen eine Nutzung der Außenwohnbereiche ermöglichen.[50] Zudem muss die Festsetzung solcher Vorkehrungen besondere städtebauliche Gründe haben, die eine solche Konfliktlösung auf Planungsebene als abwägungsfehlerfrei erscheinen lassen. Vor diesem Hintergrund erscheint es zumindest vertretbar, in diesen technischen Lösungen einen Anlass für eine Sonderfallprüfung nach Nr. 3.2.2 TA Lärm zu sehen.

Möglicherweise können die fraglichen Vorkehrungen auch unter einen der in Nr. 3.2.2 S. 2 TA Lärm ausdrücklich benannten Fälle gefasst werden.

bb) Aufzählung gemäß Nr. 3.2.2 S. 2 TA Lärm

Nr. 3.2.2 TA Lärm benennt in Satz 2 der Regelung vier Beispielfälle, die eine Sonderfallprüfung erforderlich machen können. Diese Aufzählung ist nicht abschließend („insbesondere"). Nr. 3.2.2 lit. a) TA Lärm bezieht sich auf Umstände, bei

[48] VG Leipzig, Urt. v. 27.02.2007 – 6 K 245/06; *Hansmann*, in: Landmann/Rohmer, Umweltrecht, Bd. II, 54. EL, Stand: Aug. 2008, 3.1, Nr. 3 Rn. 31.
[49] *Heilshorn*, NVwZ 2009, S. 137 (138).
[50] Vgl. oben III. 2 d) aa).

denen eine *Summenpegelbildung* zur Ermittlung der Gesamtbelastung nicht sinnvoll erscheint, lit. b) auf Umstände, die sich auf die *Akzeptanz einer Geräuschimmission* auswirken können, lit. c) betrifft sicher absehbare *Verbesserungen der Emissions- oder Immissionssituation* und lit. d) besondere Gesichtspunkte der *Herkömmlichkeit und der sozialen Adäquanz* der Geräuschimmission.

Bei Maßnahmen des passiven Schallschutzes könnte es sich um eine sicher absehbare *Verbesserung der Immissionssituation* im Sinne von Nr. 3.2.2 lit. c) TA Lärm handeln. Auch dies erscheint zumindest vertretbar: Im Vergleich zu normalen Fenstern bewirken die dargestellten Vorrichtungen eine deutliche Verminderung der Immissionen im Gebäudeinneren. Da sich auch begründen lässt, dass solche Maßnahmen nicht Gegenstand der Regelfallprüfung sind (s.o.), erscheint es vertretbar, diese unter Nr. 3.2.2 lit. c) TA Lärm zu fassen.

cc) Wesentlicher Einfluss auf die Beurteilung

Des Weiteren muss die Möglichkeit bestehen, dass die in der Regelfallprüfung nicht berücksichtigten Umstände wesentlichen Einfluss auf die Beurteilung haben, ob die Anlage zum Entstehen schädlicher Umwelteinwirkungen relevant beiträgt. Es muss also konkrete Anhaltspunkte dafür geben, dass sich durch die Sonderfallprüfung eine von der Regelfallbeurteilung abweichende Beurteilung ergeben könnte.[51] Hinsichtlich der Innenwohnbereiche kann sich bei den fraglichen Vorrichtungen eine abweichende Beurteilung deshalb ergeben, weil hier deutlich niedrigere Werte erreicht werden. Für die Außenwohnbereiche gilt dies grundsätzlich nicht. Auch diese werden aber grundsätzlich vom Schutzzweck des BImSchG erfasst.[52] Aber auch hier kann wiederum zum Tragen kommen, dass andere Maßnahmen die Nutzung der Außenwohnbereiche zumindest teilweise ermöglichen. Im Zusammenspiel mit den weiteren Umständen des Einzelfalles kann dies die Bewertung rechtfertigen, dass keine schädlichen Umwelteinwirkungen vorliegen.

c) Ergebnis

Es ist nicht eindeutig, ob besondere technische Vorkehrungen an den Fenstern der schutzbedürftigen Nutzung eine Sonderfallprüfung rechtfertigen. Im Einzelfall kann eine solche Sonderfallprüfung jedoch zulässig sein. Soweit man dies ablehnt, erscheint die TA Lärm in diesem Punkt jedenfalls überarbeitungsbedürftig, da der Einsatz der genannten Maßnahmen in bestimmten Situationen ein sinnvolles Konfliktlösungsinstrument sein kann. Für die Praxis dürfte es vor einer höchstrichterlichen Entscheidung dieser Frage sinnvoll sein, solche Maßnahmen nur in Absprache mit der zuständigen Immissionsschutzbehörde festzusetzen.

---

[51] OVG NRW, Beschl. v. 08.01.2008 – 7 B 1741/07.

[52] Vgl. z. B. VGH Mannheim, Urt. v. 17.9.1999 – 3 S 3/99.

V. Vollzug

Mögliche *faktische Umsetzungsschwierigkeiten* bei der Festsetzung von passivem Schallschutz müssen jedoch in die Abwägung eingestellt werden. Die Umsetzung der planerischen Festsetzungen kann vor allem durch *Auflagen* zu den Baugenehmigungen für die Wohnnutzung erfolgen.[53] Insbesondere der Ausschluss öffenbarer Fenster vor schutzbedürftigen Räumen dürfte in der Praxis aber nur bei einer entsprechenden Überwachung auch umgesetzt werden. Letztlich obliegt einer ordnungsgemäßen Abwägung, ob die Festsetzungen sinnvoll *und vollziehbar* erscheinen.

Der Gewerbebetrieb ist aber auch dann vor Unterlassungsansprüchen geschützt, wenn die passiven Schallschutzmaßnahmen an den Wohngebäuden nicht umgesetzt werden. Dies gilt jedenfalls, wenn die Vorgaben der Bauleitplanung in der Baugenehmigung umgesetzt worden sind. Setzt die Wohnbebauung die zu ihrem Schutz verfügten Maßnahmen nicht um, kann sich dieser „Regelverstoß" nicht zum Nachteil des Emittenten auswirken.[54] Der Emittent sollte jedoch prüfen, ob die Baurechtsbehörde die passiven Schutzmaßnahmen in der Baugenehmigung zutreffend umsetzt.

VI. Fazit

Passiver Schallschutz kann auch bei gewerblichen Immissionen im Einzelfall ein taugliches Instrument zur Konfliktlösung darstellen. Die für die Zulassung und Überwachung gewerblicher Anlagen geltenden Vorschriften sind zwar nicht darauf angelegt, Immissionskonflikte durch passive Schallschutzmaßnahmen zu lösen. Weder aus dem BImSchG noch der TA Lärm ergibt sich jedoch eine planerische Vorwirkung in dem Sinne, dass passive Schallschutzmaßnahmen generell ausgeschlossen wären. Aus hinreichenden städtebaulichen Gründen kann sich der Planungsträger für den Einsatz solcher Maßnahmen entscheiden. Die *ordnungsgemäße Abwägung* der planenden Gemeinde unterliegt jedoch strengen Anforderungen. Auch auf der Ebene der Bauleitplanung ist die Immissionsbekämpfung an der Quelle grundsätzlich vorzugswürdig. Die räumliche Trennung unverträglicher Nutzungen und aktive Schallschutzmaßnahmen genießen Vorrang.

---

[53] Bei fehlender Genehmigungspflicht vgl. z. B. für das Kenntnisgabeverfahren in Baden-Württemberg die Handlungsmöglichkeiten nach §§ 51 Abs. 4, 47 Abs. 1 LBO BW.

[54] So auch VGH Baden-Württemberg, Beschl. v. 11.10.2006 – 5 S 1904/06; zu einem baurechtlich nicht genehmigten und nicht genehmigungsfähigen Fenster vgl. auch BVerwG, Urt. v. 24.09.1992 – 7 C 6/92.

VII Die beitragsrechtliche Abrechnung von Lärmschutzanlagen*

Ulf Domgörgen

Diese Tagung findet mitten in der Fastenzeit statt. Das bedeutet für einen geborenen und bekennenden Rheinländer, wie ich einer bin, dass die schönste Zeit des Jahres gerade vorbei ist: die sog. „fünfte Jahreszeit", die Fastnachtzeit. Was hat das mit dem Thema meines Vortrags zu tun? Nun, während ich den Vorträgen meiner Vorredner lauschte, die so trefflich über die Planung toller Lärmschutzanlagen referierten, kam mir ein Evergreen des kölschen *„Fasteleers"* oder *„Fastelovend"* in den Sinn. Ich habe den Refrain dieses Schlagers von *Jupp Schmitz* beinahe noch im Ohr, er lautet:

> *„Wer soll das bezahlen? Wer hat das bestellt?*
>
> *Wer hat so viel Pinke-Pinke? Wer hat so viel Geld?"*[1]

Es ist ja wahr: Wir hören hier zwei Tage lang viel Interessantes zum Lärmschutz in der Stadtentwicklung. Alle streben eine optimale Lösung der Lärmschutzprobleme zum Schutz der Wohnbevölkerung an, aber: Was das alles kostet, wer was bezahlt – das wird oft irgendwie ausgeblendet. Von daher war es nur richtig von Herrn Prof. Dr. Mitschang, zur Abrundung des Themas – so habe ich es aufgefasst und größeres Gewicht möchte ich meinen Vortrag zu diesem Randthema auch gar nicht beimessen – sich auch der Frage der beitragsrechtlichen, genauer: der erschließungsbeitragsrechtlichen Abrechnung von Lärmschutzanlagen zu widmen, d.h. unter welchen Voraussetzungen und nach welchen Maßgaben die Kosten von Lärmschutzanlagen auf die Eigentümer der durch sie geschützten Grundstücke, Gebäude und Wohnungen nach den §§ 123 ff. des Baugesetzbuchs (BauGB) abgewälzt werden können.

Allerdings muss ich gleich zu Protokoll geben: Zwar bin ich als Mitglied des 9. Senats des Bundesverwaltungsgerichts (BVerwG) seit nun rund viereinhalb Jahren Berichterstatter für Verfahren aus dem Erschließungsbeitragsrecht und w ä r e daher vermutlich der ideale Referent für das Thema, w e n n – wie ich hiermit offenlege – ja, wenn es nicht auch für mich völliges Neuland wäre. Tatsächlich – und das ist ein erster Punkt, den es zu festzuhalten gilt – hat in den letzten vier Jahren kein Fall das BVerwG zur beitragsrechtlichen Abrechnung von Lärmschutzanlagen erreicht. So habe ich mich also aus Anlass dieser Tagung erstmals selbst mit dem Thema befasst – eigene Fortbildung ist ja wichtig – und habe dabei herausge-

* Leicht überarbeitete Fassung des Vortrags vom 16. März 2009. Die Vortragsform wurde beibehalten.

[1] Jupp Schmitz/Walter Stein (1949) „Wer soll das bezahlen ?", siehe CD 401 3127 003171, Carlton Musikvertrieb.

funden: Es gibt nur vier Revisionsentscheidungen des BVerwG zu dem Thema; sie sind in meinem Thesenpapier als Nachweise aufgeführt. Auch von den Instanzgerichten gibt es wenig mehr an Rechtsprechung. Warum ist das so? Kann man aus diesem Befund Rückschlüsse ziehen? Etwa dahin gehend, dass die beitragsrechtliche Abrechnung in der Praxis ohne Probleme funktioniert? Oder dass solche Fälle kaum vorkommen? Das wären schon die ersten Fragen, die ich für die anschließende Aussprache an die Zuhörerschaft richten möchte; vielleicht kann jemand mit Einblick in die kommunale Praxis dazu etwas sagen. Und weiter: Liegt dieser Befund an dem – sogleich darzustellenden – engen Anwendungsbereich, den das Gesetz überhaupt nur eröffnet für eine Abwälzung des Aufwands für Lärmschutzanlagen auf die Bürger? Liegt es vielleicht (auch) daran, dass viele Gemeinden heutzutage Baugebiete gar nicht mehr selber erschließen, sondern dies über Erschließungsverträge und private Erschließungsträger tun?

A. Rechtliche Grundlagen: §§ 123 ff. BauGB

Als Planungsrechtler kennen Sie natürlich I h r BauGB, aber womöglich sind Sie mangels täglicher Befassung nicht ganz so vertraut mit den dortigen Vorschriften des Erschließungsbeitragsrechts, den §§ 123 ff. BauGB. Ich muss mich hier darauf beschränken, einen ganz kurzen Abriss der Grundlagen des Erschließungsbeitragsrechts nach dem BauGB zu geben bzw. diese in Erinnerung zu rufen. In meinem Thesenpapier sind immerhin die beiden Vorschriften abgedruckt, die *sedes materiae* sind.

1. § 123 Abs. 1 BauGB regelt die Erschließungslast. Danach ist die Erschließung Aufgabe der Gemeinde, soweit sie nicht nach anderen gesetzlichen Vorschriften oder öffentlich-rechtlichen Verpflichtungen einem anderen obliegt. Die Erschließung zielt auf die erstmalige Herstellung der Erschließungsanlage; die Unterhaltung, insbesondere die Erneuerung einer bereits endgültig hergestellten Erschließungsanlage richtet sich nach Landesrecht und eröffnet unter den dort geregelten Voraussetzungen die Möglichkeit zur Erhebung von Straßenausbaubeiträgen (§ 123 Abs. 4, § 128 Abs. 2 Satz 1 BauGB). Gegenstand dieses Vortrags sind jedoch ausschließlich die bundesrechtlichen Erschließungsbeiträge. Der erwähnte „*soweit*“-Halbsatz verweist darauf, dass die Erschließungsaufgabe z. B. in einem Erschließungsvertrag einem privaten Bauträger übertragen werden kann, zum anderen verweist er auf öffentlich-rechtliche Pflichten anderer Hoheitsträger. Ist aufgrund dessen die Erschließungslast ausnahmsweise dem Bund oder den Ländern übertragen, können für eine durchgeführte erstmalige Herstellung der Erschließungsanlage keine Erschließungsbeiträge erhoben werden.[2] Denn diese Befugnis weist das Gesetz allein den Gemeinden zu, und zwar in § 127 BauGB. Danach erheben die Gemeinden zur Deckung ihres – ich füge zur Betonung einmal ein: *ihres eigenen* – anderwei-

2 BVerwG, B.v. 06.05.2008 – 9 B 18.08 – NVwZ 2008, 905.

tig nicht gedeckten Aufwands für Erschließungsanlagen einen Erschließungsbeitrag nach Maßgabe der folgenden Vorschriften. Was beitragsfähige Erschließungsanlagen sind, ist in § 127 Abs. 2 Nr. 1 bis 5 BauGB aufgelistet; dazu sogleich.

2. Den Rest stellt sich das Gesetz eigentlich ganz einfach vor: Die §§ 128-130 BauGB regeln den Umfang des beitragsfähigen Erschließungsaufwands (die erforderlichen Kosten für Grunderwerb, Freilegung, erstmalige Herstellung einschließlich Entwässerung und Beleuchtung, § 128 Abs. 1 BauGB), abzüglich eines mindestens 10 %-igen Anteils der Gemeinde (§ 129 Abs. 1 Satz 3 BauGB) und wie dies ermittelt wird (§ 130 BauGB). Der Erschließungsaufwand ist auf die durch die Erschließungsanlagen erschlossenen Grundstücke zu verteilen; wann ein Grundstück „erschlossen" ist i.S.v. § 131 Abs. 1 und § 133 Abs. 1 BauGB, das ist beinahe regelmäßig eine der Kernfragen eines Erschließungsbeitragsrechtsfalls. Das Gesetz verpflichtet die Gemeinden ferner, durch Satzung u.a. die Verteilungsmaßstäbe zu regeln, d.h. nach welchen Maßstäben der beitragsfähige Aufwand auf die erschlossenen Grundstücke umgelegt wird (§ 131 Abs. 2, § 132 BauGB). Gegenstand der Beitragspflicht sind grundsätzlich diejenigen Grundstücke, für die eine bauliche oder gewerbliche Nutzung festgesetzt ist, sobald sie entsprechend genutzt werden dürfen (§ 133 Abs. 1 BauGB). Die Beitragspflicht entsteht grundsätzlich mit der endgültigen Herstellung (§ 133 Abs. 2 BauGB). Betragspflichtig ist grundsätzlich der Eigentümer des Grundstücks im Zeitpunkt der Bekanntgabe des Beitragsbescheids (§ 134 Abs. 1 Satz 1 BauGB).

Was so einfach klingt, ist in Wirklichkeit ein hoch kompliziertes Rechtsgebiet mit einer extrem hohen Fehleranfälligkeit für den Rechtsanwender. Schauen Sie hinein in die Kommentare und in die Anleitungsbücher zum Erschließungsbeitragsrecht, allen voran in die Darstellung meines geschätzten früheren Kollegen Prof. Dr. *Driehaus*, der dieses Rechtsgebiet lange Zeit geprägt und entwickelt hat. Man kann es allerdings auch negativ formulieren: Man könnte das Erschließungsbeitragsrecht auch als abschreckendes Beispiel dafür anführen, wie wir Juristen es schaffen, aus 13 Paragraphen (§§ 123-135 BauGB) einen Dschungel von Fallstricken für den armen kommunalen Rechtsanwender zu machen.

3. Vollständigkeitshalber schulde ich den Hinweis, dass außer Baden-Württemberg bislang kein Bundesland von der seit der Föderalismusreform I bestehenden Möglichkeit Gebrauch gemacht hat, das Erschließungsbeitragsrecht landesrechtlich komplett neu zu kodifizieren. Für den hier interessierenden Ausschnitt spielt diese Sonderkodifikation keine Rolle. In meinem Thesenpapier habe ich die eine einschlägige (inhaltsgleiche) Parallelnorm aus dem Kommunalabgabengesetz des Landes Baden-Württemberg (§ 33 Satz 1 Nr. 7 KAG BW 2005) aufgeführt.

B. Zusammenfassung des Meinungsstandes, insbesondere der Rechtsprechung des BVerwG

1. Gegenstand der Beitragspflicht: Erschließungsanlagen

Ich will versuchen, Ihnen den Meinungsstand zur beitragsrechtlichen Abrechnung von Lärmschutzanlagen, insbesondere den Stand der Rechtsprechung des BVerwG, darzustellen. Ich beginne zweckmäßigerweise damit, unter welchen Voraussetzungen Lärmschutzanlagen überhaupt Gegenstand der Beitragspflicht sein können. Dazu gibt die bereits erwähnte Auflistung der beitragsfähigen Erschließungsanlagen in § 127 Abs. 2 BauGB Auskunft. Diese führt als Erste – und als wichtigste – die Anbaustraßen, Wege und Plätze an (Nr. 1), sodann die nicht befahrbaren Fußwege, Wohnwege (Nr. 2) usw. und nennt unter **Nr. 5** schließlich *„Anlagen zum Schutz von Baugebieten gegen schädliche Umwelteinwirkungen im Sinne des Bundes-Immissionsschutzgesetzes, auch wenn sie nicht Bestandteil der Erschließungsanlagen sind"*. Das Gesetz spricht also allgemein von schädlichen Umwelteinwirkungen, schließt also auch Luftverunreinigungen, Erschütterungen, Licht, Strahlen und andere Einwirkungen im Sinne der Definition des § 3 Abs. 1 und 2 BImSchG ein. Praktisch reduziert sich jedoch der Anwendungsbereich von § 127 Abs. 2 Nr. 5 BauGB auf Geräuschimmissionen und auf Anlagen zum Schutz gegen Lärm. Von daher ist er nur konsequent, wenn das bereits erwähnte neue Landesrecht in Baden-Württemberg sich darauf beschränkt, in § 33 Satz 1 Nr. 7 KAG BW nur diese zu erwähnen.

1.1 Nach h.M.[3] ermöglicht **§ 127 Abs. 2 Nr. 5 BauGB** eine Beitragserhebung (ausschließlich) für **selbstständige Immissionsschutzanlagen**, die nicht Bestandteil von beitragsfähigen Erschließungsanlagen sind. Soweit Immissionsschutzanlagen **Bestandteil** von beitragsfähigen Erschließungsanlagen i.S.v. § 127 Abs. 2 **Nr. 1-4** BauGB sind (z. B. einer Anbaustraße), werden die Kosten für ihre erstmalige Herstellung im Rahmen der Abrechnung dieser Erschließungsanlage auf die Beitragspflichtigen umgelegt. Die Gegenansicht vertritt Löhr,[4] der auch solche sog. unselbstständigen Anlagen unter Nr. 5 fasst und damit die nachfolgend darzustellenden Besonderheiten auch auf diese erstrecken will. Ob dieser Einordnungsstreit wirklich praxisrelevant ist, erscheint mir zweifelhaft, denn ich habe keinen Nachweis dafür gefunden, dass die h.M. dies nicht ebenso tun will.

1.2 Abrechnungsfähig sind nur Lärmschutzanlagen *„zum Schutz von Baugebieten"*. Unerheblich ist, ob es sich um beplante oder unbeplante Gebiete handelt.[5] Die

---

[3] Driehaus, Erschließungs- und Ausbaubeiträge, 8. Aufl. 2007, § 12 Rn. 98; Ernst, in: Ernst/Zinkahn/Bielenberg, BauGB, Kommentar, Stand: 89. Erg.-Lfg. Oktober 2008, § 127 Rn. 19a; Fischer, in: Hoppenberg/deWitt, Handbuch des öffentlichen Baurechts, Stand: 19. Erg.-Lfg. August 2008, Kap. F Rn. 136.

[4] Löhr, in: Battis/Krautzberger/Löhr, BauGB, Kommentar, 10. Aufl. 2007, § 127 Rn. 38.

[5] BVerwG, U.v. 19.08.1988 – 8 C 51.87 – BVerwGE 80, 99 (101) = NVwZ 1989, 566.

Lärmschutzanlage muss nicht innerhalb des Baugebietes liegen; dies ergibt sich im Umkehrschluss aus Nr. 4, der von den Parkflächen und Grünanlagen *„innerhalb der Baugebiete"* spricht.[6] Erfasst werden nur **gebietsbezogen wirkende** Lärmschutzanlagen, d. h. sie müssen für eine größere Anzahl von Grundstücken lärmmindernd wirken. Das ist nicht der Fall bei nur auf einzelne Grundstücke bzw. Gebäude bezogenen Maßnahmen (z. B. bei **objektbezogenen** Maßnahmen des passiven Lärmschutzes wie der Einbau von Doppelfenstern, Schallschutzdämmschichten etc.). Dies kann man auch aus dem Wortlaut „Anlagen" herleiten; damit sind Anlagen i.S.v. § 9 Abs. 1 Nr. 24 BauGB gemeint, mithin keine „Vorkehrungen" gegen schädliche Umwelteinwirkungen, also keine Maßnahmen an der emittierenden Einrichtung oder am zu schützenden Objekt.[7] Hierin liegt eine erste wesentliche Einschränkung des Anwendungsbereichs der Vorschrift; kurz und knapp: Passiver Lärmschutz ist nicht abrechnungsfähig.

1.3 Ein weiterer Grund, warum die Abwälzung von Kosten für Lärmschutzanlagen auf die Bürger in der Praxis offenbar keine große Rolle spielt, folgt sogleich: Beitragsfähig sind nämlich nur solche Lärmschutzanlagen, die eine **Gemeinde in Erfüllung ihrer Erschließungslast** gemäß § 123 Abs. 1 BauGB **herzustellen verpflichtet** ist.[8] Dies folgt daraus, dass zum Erschließungsaufwand nach § 127 Abs. 1 BauGB nur der in Erfüllung der Erschließungslast anfallende Aufwand gehört;[9] folglich kann auch nur dieser Aufwand auf die Bürger abgewälzt werden. Das ist nicht der Fall, wenn die Verpflichtung zur Herstellung der in Rede stehenden Lärmschutzanlage einem anderen Hoheitsträger oder einem Privaten obliegt, also etwa dem Träger der Straßenbaulast oder dem Betreiber einer BImSchG-Anlage oder einer anderen emissionsträchtigen Anlage. Zur Verdeutlichung dieses Merkpunkts einige Beispiele:

Beispiel 1: Bei überörtlichen Straßen hat der Träger der Straßenbaulast (also je nachdem der Bund, das Land, der Kreis; ggf. das Land in Auftragsverwaltung für den Bund) gemäß § 41 BImSchG notwendige Anlagen zum Lärmschutz selbst zu errichten; da die Anlagen mithin nicht von der Gemeinde in Erfüllung ihrer Erschließungslast hergestellt werden, können die Kosten auch nicht auf die Bürger abgewälzt werden.[10]

Beispiel 2: Lärmschutzanlagen an einer Bundes-, Land- oder Kreisstraße sind selbst dann nicht beitragsfähig, wenn die Gemeinde im Rahmen einer Ortsdurchfahrt selbst Trägerin der Straßenbaulast ist; denn in diesem Fall trifft sie die Schutzpflicht nicht als Trägerin der Erschließungslast, sondern eben als Trägerin der Straßenbau-

---

[6] Löhr, a.a.O. § 127 Rn. 39.

[7] Löhr, a.a.O. § 127 Rn. 37; Fischer, a.a.O. Rn. 135.

[8] Driehaus, a.a.O. § 12 Rn. 97, Löhr, a.a.O. § 127 Rn. 37.

[9] BVerwG, U.v. 04.05.1979 – IV C 25.76 – Buchholz 406.11 § 131 BBauG Nr. 69 = DVBl 1979, 784.

[10] Löhr, a.a.O. § 127 Rn. 37.

last. Gemäß dem Rechtsgedanken aus § 128 Abs. 3 Nr. 2 BauGB kann die Gemeinde daher die hierdurch entstehenden Kosten nicht umlegen.[11]

Versucht man eine **Typologie** der denkbaren Fallkonstellationen, so wird man sie in **drei Fallgruppen** zusammenfassen können. Für ihre Lösung dürfte letztlich jeweils ausschlaggebend sein, was der Anlass für die Errichtung der Lärmschutzanlage war bzw. welche Nutzung zunächst vorhanden war.[12] Es gilt also der **Grundsatz der Priorität** bzw. das **Verursacherprinzip.**[13] Im Einzelnen:

1.3.1 Wird ein Baugebiet erstmals ausgewiesen oder rückt es an eine **bereits vorhandene emittierende Anlage** (Autobahn, BImSchG-Anlage) heran, gehört es zur Erschließungslast der Gemeinde, den Schutz der Grundstücke des Baugebiets durch eine Lärmschutzanlage zu sichern. Der insoweit anfallende beitragsfähige Aufwand ist auf die erschlossenen Grundstücke zu verteilen.[14]

1.3.2 Wird eine Lärmschutzanlage erforderlich, weil eine Lärmquelle an ein bisher störungsfreies erschlossenes Baugebiet **heranrückt**, so ist Erstere Verursacher des Schutzbedarfs. Die Herstellungskosten sind nicht auf die Grundstücke des Baugebiets umzulegen.[15]

1.3.3 Wenn Lärmimmissionen von einer **innerhalb** eines (geplanten oder vorhandenen) Baugebiets gelegenen Lärmquelle ausgehen, sind erforderlich werdende Lärmschutzanlagen gemäß § 5 oder § 22 BImSchG von dem jeweiligen Betreiber zu errichten und er hat die Kosten zu tragen.[16]

2. Der Kreis der in die Verteilung einzubeziehenden „erschlossenen" (bevorteilten) Grundstücke

2.1 Die Herstellungskosten einer Erschließungsanlage sind auf die von ihr „erschlossenen" Grundstücke zu verteilen. Lärmschutzanlagen unterscheiden sich ihrem Wesen nach von allen anderen Erschließungsanlagen vor allem dadurch, dass sie einer „Benutzung" durch die Eigentümer der von ihr erschlossenen Grundstücke nicht zugänglich sind. Der von ihnen vermittelte **Sondervorteil**, der üblicherweise durch dieses „Erschlossensein" begründet wird, liegt bei einer Lärmschutzanlage darin, dass sie für den Kreis der begünstigten Grundstücke zu einer *„merkbaren Schallpegelminderung"* führt. Merkbar in diesem Sinne ist eine Reduzierung, die **min-**

[11] Löhr, a.a.O. § 127 Rn. 37.
[12] Quaas, in: Schrödter, BauGB, 7. Aufl. 2006, § 127 Rn. 39; Fischer, a.a.O. Rn. 137.
[13] Vgl. zum Folgenden: Driehaus, a.a.O. § 12 Rn. 101 ff.; Löhr, a.a.O. § 127 Rn. 37; Fischer, a.a.O Rn. 137.
[14] BVerwG, U.v. 23.06.1995 – 8 C 18.94 – NVwZ 1996, 403; Fischer, a.a.O. Rn. 137.
[15] BVerwG, U.v. 13.08.1993 – 8 C 36.91 – NVwZ 1994, 905 (906 f.) = DVBl 1993, 1367 = KStZ 1994, 136; Fischer, a.a.O. Rn. 137.
[16] Driehaus, a.a.O. § 12 Rn. 104; Löhr, a.a.O. § 127 Rn. 37.

destens 3 dB(A) ausmacht.[17] Dies gilt auch dann, wenn eine Schallpegelminderung dieses Umfangs nur auf einer **Teilfläche** eines Grundstücks erreicht wird, auf der sich nicht das Wohngebäude befindet oder die nicht bebaubar ist; dies ändert nichts daran, dass dieses Grundstücke in vollem Umfang erschlossen ist.[18]

2.2 Unerheblich ist, ob die Grundstücke bebaubar, gewerblich oder anderweitig beitragsrechtlich relevant nutzbar sind. Nicht beitragsfähig sind dagegen Grundstücke, auf denen ausschließlich Garagen und Stellplätze sowie vergleichbare bauliche Anlagen errichtet werden dürfen, weil sie durch die Lärmschutzanlage nicht erschlossen werden.[19]

2.3 Maßgeblich ist die Sach- und Rechtslage im Zeitpunkt des Entstehens der sachlichen Beitragspflichten, auch wenn diese zu Zufälligkeiten führt: Tritt z. B. – entgegen den Annahmen im Zeitpunkt der Errichtung der Lärmschutzanlage – eine Schallpegelminderung deshalb ein, weil eine zwischen der Lärmquelle und einem bebaubaren Grundstück gelegene zwischenzeitlich verwirklichte Bebauung „abschirmende" Wirkung entfaltet, entfällt für das begünstigte Grundstück eine Beitragspflicht.[20]

3. Verteilungsmaßstab

3.1 Für die gemäß § 132 BauGB durch Satzung zu regelnde Verteilung des beitragsfähigen Aufwands für die Herstellung von Lärmschutzanlagen wird, weil sie schwerlich in generalisierender Form möglich ist, grundsätzlich empfohlen, sie in einer Einzelsatzung für eine bestimmte Anlage festzulegen.[21]

Dabei verlangt das BVerwG eine Verteilungsregelung, die eine **angemessene Differenzierung der Höhe der Beiträge** danach ermöglicht, ob – erstens – alle zulässigen **Geschossflächen bzw. Geschosse eines mehrgeschossig bebaubaren Grundstücks** durch die Lärmschutzanlage eine merkliche Schallpegelminderung erfahren oder nur einzelne (sog. vertikale Differenzierung) und ob – zweitens – eine solche Anlage für die durch sie erschlossenen Grundstücke **wegen der Entfernung** zu ihr zu erheblich **unterschiedlichen Schallpegelminderungen** führt (sog. horizontale Differenzierung).[22]

3.2 Die **vertikale Differenzierung**: Geschossflächen (Geschosse), für die eine Lärmschutzanlage infolge ihrer (geringen) Höhe keine (merkbare) Schallpegelmin-

---

[17] BVerwG, U.v. 19.08.1988 – 8 C 51.87 – BVerwGE 80, 99 (101) = NVwZ 1989, 566; U.v. 23.06.1995 – 8 C 20.93 – BVerwGE 99, 18 = NVwZ 1996, 402.

[18] Driehaus, a.a.O. § 17 Rn. 125 (vgl. aber nachfolgend 3.2 f.).

[19] BVerwG, U.v. 23.06.1995 – 8 C 18.94 – NVwZ 1996, 403 (405 f.).

[20] Driehaus, a.a.O. § 17 Rn. 123.

[21] Driehaus, a.a.O. § 18 Rn. 88; vgl. das Beispiel bei Richarz/Steinmetz, Erschließung in der kommunalen Praxis, 2. Aufl. 2000, S. 128 und S. 289 f.

[22] Vgl. die Darstellung bei Löhr, a.a.O. § 131 Rn. 14; Driehaus, a.a.O. § 18 Rn. 87 ff.

derung bewirkt, müssen bei der Verteilung des umlagefähigen Aufwands außer Betracht bleiben. Kann z. B. ein Lärmschutzwall nur zwei Geschosse schützen, würde es einen Verstoß gegen das Gebot der Beitragsgerechtigkeit darstellen (Art. 3 Abs. 1 GG), wenn ein viergeschossiges Gebäude mit einem erheblich höheren Beitrag belastet würde als ein im Übrigen identisches, aber zweigeschossig bebaubares Gebäude, obgleich keine Unterschiede in dem durch die Lärmschutzanlage vermittelten Vorteil bestehen. Die Befugnis zur Typisierung oder Belange der Verwaltungspraktikabilität können einen Verzicht auf eine vertikale Differenzierung nicht rechtfertigen.

Die Forderung nach Differenzierung geht allerdings nicht so weit, dass die Gemeinde gezwungen wäre, für jedes auf einem erschlossenen Grundstück zulässige Vollgeschoss getrennt zu ermitteln, ob eine Schallpegelminderung von 3 dB(A) erreicht wird. Ausreichend ist eine Satzungsregelung, die in verallgemeinernder Weise der Tatsache Rechnung tragen, dass Lärmschutzanlagen aufgrund ihrer Höhe für bestimmte Geschossflächen (Geschosse) nicht mehr Lärm mindernd wirken. Dem genügt eine Satzungsregelung, die bei der Aufwandsverteilung nur die Flächen der Geschosse berücksichtigt, deren **Oberkante nicht höher liegt als die Oberkante der Lärmschutzeinrichtung.**[23] Dieses „Oberkantenmodell" stellt eine satzungsrechtliche Vermutungsregel dar, die nur durch den Nachweis des Gegenteils widerlegt werden kann.[24] Entschließt sich also eine Gemeinde für einen an die höchstzulässige Anzahl der Vollgeschosse anknüpfenden Verteilungsmaßstab und für die erwähnte Höhenbegrenzung, dann sind zur Ermittlung des für das einzelne erschlossene Grundstück maßgebenden Nutzungsfaktors bei bebauten Grundstücken grundsätzlich alle Geschosse einzustellen, deren Oberkante nicht höher liegen als die Oberkante der Lärmschutzanlage. Dazu einige Fallbeispiele:[25]

<u>Beispiel 1:</u> Weist eine Lärmschutzanlage eine Höhe von 3 m aus und hat ein durch sie geschütztes Gebäude auf einem erschlossenen Grundstück zwei Geschosse mit einer (höchstzulässigen) Geschosshöhe von jeweils 2,80 m, ergibt sich, dass für die Ermittlung des Nutzungsfaktors ein Vollgeschoss berücksichtigungsfähig ist.

<u>Beispiel 2:</u> Wenn derselbe Fall (3 m hohe Lärmschutzwand) auf einem unbebauten Grundstück spielt, auf dem eine zweigeschossige Bebauung zulässig ist (mit derselben höchstzulässigen Geschosshöhe von 2,80 m), gilt nichts anderes: auch hier ist nur ein Vollgeschoss zu berücksichtigen.

<u>Beispiel 3:</u> Liegt die Oberkante der Lärmschutzanlage bei 6 m und ist eine zweigeschossige Bebauung mit einer Geschosshöhe von bis zu 3 m zulässig, so sind zwei Vollgeschosse berücksichtigungsfähig, und zwar selbst dann, wenn dieses Grundstück tatsächlich nur eingeschossig bebaut ist.

[23] BVerwG, U.v. 19.08.1988 – 8 C 51.87 – BVerwGE 80, 99 (104 ff.) = NVwZ 1989, 566.
[24] Driehaus, a.a.O. § 18 Rn. 91.
[25] Sämtlich nach Driehaus, a.a.O. § 18 Rn. 92.

Beispiel 4: Erfährt ein Geschoss, dessen Oberkante unterhalb der „Höhenbegrenzung" liegt, ausnahmsweise an keiner Stelle eine Schallpegelminderung von mindestens 3 dB(A), d. h. wird es nicht einmal von der 3 dB(A)-Isophonengrenze auch nur „angeschnitten", fällt dieses Geschoss für die Ermittlung des Nutzungsfaktors aus.

3.3 Die **horizontale Differenzierung**: Der Grundsatz der Beitragsgerechtigkeit verlangt darüber hinaus, dass Grundstücke, die einen höheren Erschließungsvorteil (bei Lärmschutzanlagen also einen Lärmminderungsvorteil) **je nach Entfernung von der Lärmquelle** haben, stärker belastet werden als andere, die nur geringere Vorteile haben. Da bei Lärmschutzanlagen die Unterschiede der bewirkten Schallpegelminderungen eindeutig und technisch erkennbar ohne besondere Schwierigkeiten ermitteln lassen, können Gründe der Verwaltungspraktikabilität keine Rechtfertigung dafür sein, in der Verteilungsregelung auf eine horizontale Differenzierung (völlig) zu verzichten. Die kommunale Satzung muss es daher ermöglichen, dass bei der Aufwandsverteilung zwar nicht der Lärmsituation jedes einzelnen Grundstücks, aber doch „erheblich unterschiedlichen Schallpegelminderungen" durch eine horizontale Differenzierung angemessen Rechnung getragen wird. Als in diesem Sinne „erheblich" sind jedenfalls Unterschiede von jeweils 3 dB(A) anzusehen.[26] In der Literatur werden verschiedene Methoden erörtert, wie solche **in 3 dB(A)-Schritten gebildete „Pegelminderungsgruppen"** unterschiedlich belastet werden können, z. B. eine (dem „Artzuschlag" vergleichbare) „Zuschlagsmethode" oder eine „Kostenmassenmethode".[27] Die Einzelheiten zu Letzterem darzustellen, würde hier zu weit führen.

3.4 Wiedergeben möchte ich hier immerhin den Text einer Satzungsregelung, die das Oberkantenmodell und die „Zuschlagmethode" in 3 dB(A)-Schritten umsetzt und die in einer Mustersatzung der Bundesvereinigung der kommunalen Spitzenverbände für eine Satzung über die Erhebung von Erschließungsbeiträgen (EBS) für eine Immissionsschutzanlage empfohlen wird.

Satzungsbeispiel:[28]

„§ 2 Erschlossene Grundstücke

Erschlossen sind die Grundstücke, die durch die Immissionsschutzanlage eine Schallpegelminderung von mindestens 3 dB(A) erfahren.

§ 3 Verteilung des umlagefähigen Aufwands

(1) Der umlagefähige Erschließungsaufwand wird auf die erschlossenen Grundstücke nach deren Flächen verteilt. § 5 Abs. 2 bis 6 der Erschließungsbeitragssatzung

---

26 BVerwG, U.v. 19.08.1988 – 8 C 51.87 – BVerwGE 80, 99 (104 ff.) = NVwZ 1989, 566; Driehaus a.a.O. § 18 Rn. 94.

27 Vgl. dazu im Einzelnen Driehaus, a.a.O. § 18 Rn. 95 ff.

28 Abgedruckt bei Richarz/Steinmetz, a.a.O. S. 289 f.

(EBS) vom … (Regelung der allgemeinen EBS) gelten entsprechend mit der Maßgabe, dass Geschosse deren Oberkante höher liegt als die Oberkante der Immissionsschutzanlage, bei der Aufwandsermittlung unberücksichtigt bleiben.

(2) Für die durch die Immissionsschutzanlage erschlossenen Grundstücke, die eine Schallpegelminderung von mindestens 6 dB(A) erfahren, werden die in § 5 Abs. 4 der EBS vom ... genannten Nutzungsfaktoren erhöht. Der Zuschlag beträgt bei einer Schallpegelminderung von

1. mindestens 6 bis einschließlich 9 dB(A) 25 v.H.

2. von mehr als 9 bis einschließlich 12 dB(A) 50 v.H.

3. von mehr als 12 dB(A) 75 v.H.

Bei Vollgeschossen auf einem Grundstück, die durch die Immissionsschutzanlage eine unterschiedliche Schallpegelminderung erfahren, bemisst sich der Zuschlag nach der höchsten Schallpegelminderung.“

C. Bewertung und Schluss

Damit schließe ich meinen Bericht zum Stand der Rechtsprechung und Literatur zu unserem Thema, den ich – quasi neutral – abgegeben habe, da – wie bereits erwähnt – die beitragsrechtliche Abrechnung von Lärmschutzanlagen mich und meinen Senat bislang noch nicht beschäftigt hat. Ich wage einmal die Vorhersage, dass wir im Zweifelsfall an dem bislang Entschiedenen anschließen und darauf aufbauen würden, denn auch Rechtssicherheit ist ein hohes Gut. Die Rechtsanwender in der kommunalen Praxis müssen wissen, woran sie sind und was gilt.

Gleichwohl schadet es nichts, sich hin und wieder einmal quasi „neben sich selbst zu stellen“ und kritisch die eigene Rechtsprechung bzw. die seines Gerichts zu betrachten. Das gibt Anlass zu folgenden vorsichtigen bewertenden Anmerkungen:

- Zunächst zu der von mir vorhin dargestellten Typologie von Fallkonstellationen (oben B. 1.3.1 ff.): Was da bislang entschieden wurde, erscheint mir richtig, ebenso dass Leitlinie der Grundsatz der Priorität bzw. das Verursacherprinzip ist. Allerdings wissen wir alle, dass das Leben und die Wirklichkeit vielfältiger sind als sich ein Juristenhirn das je ausdenken kann. Ich bezweifle also, dass diese drei Fallgruppen das letzte Wort sein werden. Es dürfte Fälle geben, die weniger eindeutig zu entscheiden sind, die in einer Grauzone zwischen diesen Fallgruppen liegen, und dann wird sich zeigen, ob man auch sie mit den angesprochenen Prinzipien lösen kann. Ein Bürger wird sicher nicht für Lärmschutzanlagen zur Kasse gebeten werden können, auf die er einen gesetzlichen Anspruch (wohlgemerkt: ohne Kostenrückgriff) hat.

- Zum Zweiten: Was die Modelle der vertikalen und horizontalen Differenzierung betrifft (oben B. 3.2 und 3.3), klingt dies alles schön und gut und klug erdacht, aber sie werfen für mich doch einige Fragen auf. Ganz ketzerisch gefragt: Was ist, wenn der Lärm sich daran nicht hält? Stimmen diese Überlegungen mit der lärmphysikalischen Wirklichkeit überhaupt überein? Ist es in lärmphysikalischer Hinsicht sachgerecht, dass eine Lärmminderung in 3 dB(A)-Schritten mit einem 25 %-Beitragszuschlag einhergehen soll? Sind solche „linearen" Betrachtungen richtig? Stimmt überhaupt die Grundannahme, dass erst ab einem Pegelunterschied von mindestens 3 dB(A) eine merkbare Schallpegelminderung gegeben ist?

Damit will ich es sein Bewenden sein lassen. Ich glaube, ich habe bereits selber einige Fragen in den Raum gestellt und bin gespannt auf weitere Fragen, aber vielleicht auch auf Antworten aus dem Zuhörerkreis. Es wird sich zeigen, wie Sie die bisherige Rechtsprechung auf einer *„nach oben offenen Richterskala"* bewerten: Schön wäre zu hören: *„Ja, alles sehr vernünftig, damit kann man arbeiten"* – oder vielleicht doch eher kritisch: *„O je, Planungsrecht und Beitragsrecht – zwei Welten begegnen sich und verstehen einander nicht."*

Anlage – Thesenpapier

Die beitragsrechtliche Abrechnung von Lärmschutzanlagen

A. Rechtliche Grundlagen: §§ 123 ff. BauGB (Auszug)

§ 123 BauGB: Erschließungslast

(1) Die Erschließung ist Aufgabe der Gemeinde, soweit sie nicht nach anderen gesetzlichen Vorschriften oder öffentlich-rechtlichen Verpflichtungen einem anderen obliegt.

§ 127 BauGB: Erhebung des Erschließungsbeitrags

(1) Die Gemeinden erheben zur Deckung ihres anderweitig nicht gedeckten Aufwands für Erschließungsanlagen einen Erschließungsbeitrag nach Maßgabe der folgenden Vorschriften.

(2) Erschließungsanlagen im Sinne dieses Abschnitts sind

1. die öffentlichen zum Anbau bestimmten Straßen, Wege und Plätze;

2. die öffentlichen aus rechtlichen oder tatsächlichen Gründen mit Kraftfahrzeugen nicht befahrbaren Verkehrsanlagen innerhalb der Baugebiete (z. B. Fußwege, Wohnwege);

3. Sammelstraßen innerhalb der Baugebiete; (…)

4. Parkflächen und Grünanlagen mit Ausnahme von Kinderspielplätzen, soweit sie Bestandteil der in den Nummern 1 bis 3 genannten Verkehrsanlagen oder nach städtebaulichen Grundsätzen innerhalb der Baugebiete zu deren Erschließung notwendig sind;

5. Anlagen zum Schutz von Baugebieten gegen schädliche Umwelteinwirkungen im Sinne des Bundes-Immissionsschutzgesetzes, auch wenn sie nicht Bestandteil der Erschließungsanlagen sind.

§ 33 S. 1 Nr. 7 KAG BW: „Anlagen zum Schutz von Baugebieten gegen Geräuschimmissionen (Lärmschutzanlagen)“

B. Zusammenfassung des Meinungsstandes, insbesondere der Rechtsprechung des BVerwG

1. Gegenstand der Beitragspflicht: Erschließungsanlagen

1.1 Soweit Immissionsschutzanlagen **Bestandteil** von beitragsfähigen Erschließungsanlagen i.S.v. § 127 Abs. 2 **Nr. 1-4** BauGB sind (z. B. einer Anbaustraße), werden die Kosten für ihre erstmalige Herstellung im Rahmen der Abrechnung dieser Erschließungsanlage auf die Beitragspflichtigen umgelegt. **§ 127 Abs. 2 Nr. 5 BauGB** ermöglicht dagegen nach h.M. eine Beitragserhebung (ausschließlich) für **selbstständige Immissionsschutzanlagen**, die nicht Bestandteil von beitragsfähigen Erschließungsanlagen sind (a.A.: Löhr [6] § 127 Rn. 38, der auch die unselbstständigen Anlagen unter Nr. 5 fasst). Der Hauptanwendungsfall in der Praxis sind Anlagen zum Schutz gegen Lärm.

1.2 Abrechnungsfähig sind nur *„zum Schutz von Baugebieten"*, egal ob beplante oder unbeplante Gebiete (BVerwG [1]), d. h. **gebietsbezogen wirkende** Lärmschutzanlagen, die für eine größere Anzahl von Grundstücken lärmmindernd wirken, nicht dagegen nur auf einzelne Grundstücke bzw. Gebäude bezogene Maßnahmen (z. B. Maßnahmen des passiven Lärmschutzes wie Einbau von Doppelfenstern, Schallschutzdämmschichten etc.). Die Lärmschutzanlage muss nicht innerhalb des Baugebietes liegen (Umkehrschluss aus Nr. 4 *„innerhalb der Baugebiete"*; Löhr [6] § 127, Rn. 39).

1.3 Beitragsfähig sind nur solche Lärmschutzanlagen, die eine **Gemeinde** in Erfüllung ihrer **Erschließungslast** (§ 123 Abs. 1 BauGB) **herzustellen verpflichtet** ist, nicht also wenn diese Verpflichtung einem anderen Hoheitsträger (z. B. Straßenbaulastträger) oder einem Privaten (Betreiber einer BImSchG- o.a. emissionsträchtigen Anlage) obliegt. Lärmschutzanlagen an einer Bundes-, Land- oder Kreisstraße (vgl. § 128 Abs. 3 Nr. 2 BauGB) sind selbst dann nicht beitragsfähig, wenn die Gemeinde Träger der Straßenbaulast ist; denn in diesem Fall trifft sie die Schutzpflicht nicht als Träger der Erschließungslast, sondern eben als Träger der Straßenbaulast. Im Übrigen ist nach dem **Grundsatz der Priorität** bzw. **Verursacherprinzip** wie folgt zu unterscheiden (Driehaus [5] § 12 Rn. 101 ff.; Löhr [6] § 127 Rn. 37):

1.3.1 Wird ein Baugebiet erstmals ausgewiesen oder rückt es an eine **bereits vorhandene emittierende Anlage** (Autobahn, BImSchG-Anlage) heran, gehört es zur Erschließungslast der Gemeinde, den Schutz der Grundstücke des Baugebiets durch eine Lärmschutzanlage zu sichern. Der insoweit anfallende beitragsfähige Aufwand ist auf die erschlossenen Grundstücke zu verteilen (BVerwG [4].

1.3.2 Wird eine Lärmschutzanlage erforderlich, weil eine Lärmquelle an ein bisher störungsfreies erschlossenes Baugebiet **heranrückt**, so ist Erstere Verursacher des

Schutzbedarfs. Die Herstellungskosten sind nicht auf die Grundstücke des Baugebiets umzulegen (BVerwG [2]).

1.3.3 Wenn Lärmimmissionen von einer **innerhalb** eines (geplanten oder vorhandenen) Baugebiets gelegenen Lärmquelle ausgehen, sind erforderlich werdende Lärmschutzanlagen von dem jeweiligen Betreiber herzustellen und hat er die Kosten zu tragen (Driehaus [5] § 12 Rn. 104).

2. Der Kreis der in die Verteilung einzubeziehenden „erschlossenen“ (= bevorteilten) Grundstücke

2.1 Die Herstellungskosten einer Erschließungsanlage sind auf die von ihr "erschlossenen" Grundstücke zu verteilen. Lärmschutzanlagen unterscheiden sich ihrem Wesen nach von allen anderen Erschließungsanlagen vor allem dadurch, dass sie einer "Benutzung" durch die Eigentümer der von ihr erschlossenen Grundstücke nicht zugänglich sind. Der von ihnen vermittelte **Sondervorteil**, der üblicherweise durch dieses „Erschlossensein“ begründet wird, liegt bei einer Lärmschutzanlage darin, dass sie für den Kreis der begünstigten Grundstücke zu einer *"merkbaren Schallpegelminderung"* führt. Merkbar in diesem Sinne ist eine Reduzierung, die **mindestens 3 dB(A)** ausmacht (BVerwG [1] und [3]). Dies gilt auch dann, wenn eine Schallpegelminderung dieses Umfangs nur auf einer **Teilfläche** eines Grundstücks erreicht wird, auf der sich nicht das Wohngebäude befindet oder die nicht bebaubar ist; dies ändert nichts daran, dass dieses Grundstücke in vollem Umfang erschlossen ist (Driehaus [5] § 17 Rn. 125; vgl. aber nachfolgend 3.2 f.).

2.2 Unerheblich ist, ob die Grundstücke bebaubar, gewerblich oder anderweitig beitragsrechtlich relevant nutzbar sind. Nicht beitragsfähig sind dagegen Grundstücke, auf denen ausschließlich Garagen und Stellplätze sowie vergleichbare bauliche Anlagen errichtet werden dürfen, weil sie durch die Lärmschutzanlage nicht erschlossen werden.

2.3 Maßgeblich ist die Sach- und Rechtslage im Zeitpunkt des Entstehens der sachlichen Beitragspflichten, auch wenn diese zu Zufälligkeiten führt: Tritt z. B. – entgegen den Annahmen im Zeitpunkt der Errichtung der Lärmschutzanlage – eine Schallpegelminderung deshalb ein, weil eine zwischen der Lärmquelle und einem bebaubaren Grundstück gelegene zwischenzeitlich verwirklichte Bebauung „abschirmende“ Wirkung entfaltet, entfällt für das begünstigte Grundstück eine Beitragspflicht (Driehaus [5] § 17 Rn. 123).

3. Verteilungsmaßstab

3.1 Für die gemäß § 132 BauGB durch Satzung zu regelnde Verteilung des beitragsfähigen Aufwands für die Herstellung von Lärmschutzanlagen wird, weil sie schwerlich in generalisierender Form möglich ist, grundsätzlich empfohlen, sie in einer Einzelsatzung für eine bestimmte Anlage festzulegen (Driehaus [5] § 18

Rn. 88). Dabei verlangt das BVerwG eine Verteilungsregelung, die eine **angemessene Differenzierung der Höhe der Beiträge** danach ermöglicht, ob – erstens – alle zulässigen **Geschossflächen bzw. Geschosse eines mehrgeschossig bebaubaren Grundstücks** durch die Lärmschutzanlage eine merkliche Schallpegelminderung erfahren oder nur einzelne (sog. **vertikale** Differenzierung, 3.2) und ob – zweitens – eine solche Anlage für die durch sie erschlossenen Grundstücke etwa **wegen der Entfernung** zu ihr zu erheblich **unterschiedlichen Schallpegelminderungen** führt (sog. **horizontale** Differenzierung, 3.3).

3.2. Die **vertikale Differenzierung**: Geschossflächen (Geschosse), für die eine Lärmschutzanlage infolge ihrer (geringen) Höhe keine (merkbare) Schallpegelminderung bewirkt, müssen bei der Verteilung des umlagefähigen Aufwands außer Betracht bleiben. Kann z. B. ein Lärmschutzwall nur zwei Geschosse schützen, würde es einen Verstoß gegen das Gebot der Beitragsgerechtigkeit darstellen (Art. 3 Abs. 1 GG), wenn ein viergeschossiges Gebäude mit einem erheblich höheren Beitrag belastet würde als ein im Übrigen identisches, aber zweigeschossig bebaubares Gebäude, obgleich keine Unterschiede in dem durch die Lärmschutzanlage vermittelten Vorteil bestehen. Die Befugnis zur Typisierung oder Belange der Verwaltungspraktikabilität können einen Verzicht auf eine vertikale Differenzierung nicht rechtfertigen. Die Forderung nach Differenzierung geht allerdings nicht so weit, dass die Gemeinde gezwungen wäre, für jedes auf einem erschlossenen Grundstück zulässige Vollgeschoss getrennt zu ermitteln, ob eine Schallpegelminderung von 3 dB(A) erreicht wird. Ausreichend ist eine Satzungsregelung, die in verallgemeinernder Weise der Tatsache Rechnung tragen, dass Lärmschutzanlagen aufgrund ihrer Höhe für bestimmte Geschossflächen (Geschosse) nicht mehr lärmmindernd wirken. Dem genügt eine Satzungsregelung, die bei der Aufwandsverteilung nur die Flächen der Geschosse berücksichtigt, deren Oberkante nicht höher liegt als die Oberkante der Lärmschutzeinrichtung (BVerwG [1]). Dies stellt eine satzungsrechtliche Vermutungsregel dar, die nur durch den Nachweis des Gegenteils widerlegt werden kann (Driehaus [5] § 18 Rn. 91). Erfährt ein Geschoss, dessen Oberkante unterhalb der „Höhenbegrenzung" liegt, ausnahmsweise an keiner Stelle eine Schallpegelminderung von mindestens 3 dB(A), d. h. wird es nicht einmal von der 3 dB(A)-Isophonengrenze auch nur „angeschnitten", fällt dieses Geschoss für die Ermittlung des Nutzungsfaktors aus.

3.3 Die **horizontale Differenzierung**: Der Grundsatz der Beitragsgerechtigkeit verlangt, dass Grundstücke, die einen höheren Erschließungsvorteil (bei Lärmschutzanlagen: Lärmminderungsvorteil **je nach Entfernung von der Lärmquelle**) haben, stärker belastet werden als andere, die nur geringere Vorteile haben. Da bei Lärmschutzanlagen die Unterschiede der bewirkten Schallpegelminderungen eindeutig und technisch erkennbar ohne besondere Schwierigkeiten ermitteln lassen, können Gründe der Verwaltungspraktikabilität keine Rechtfertigung dafür sein, in der Verteilungsregelung auf eine horizontale Differenzierung (völlig) zu verzichten; eine Satzung muss es ermöglichen, dass bei der Aufwandsverteilung zwar nicht der Lärmsituation jedes einzelnen Grundstücks, aber „erheblich unterschiedlichen

Schallpegelminderungen" durch eine horizontale Differenzierung angemessen Rechnung getragen wird; als in diesem Sinne „erheblich" sind jedenfalls Unterschiede von jeweils 3 dB(A)" anzusehen (BVerwG [1]; Driehaus [5] § 18 Rn. 94). In der Literatur werden verschiedene Methoden dargestellt, wie den in 3 dB(A)-Schritten gebildeten „Pegelminderungsgruppen" unterschiedlich belastet werden können, z. B. eine (dem „Artzuschlag" vergleichbare) „Zuschlagsmethode" oder eine „Kostenmassenmethode" (zu den satzungsrechtlichen Einzelheiten vgl. Driehaus [5] § 18 Rn. 95 ff.).

C. Nachweise

BVerwG:

[1] U.v. 19.08.1988 – 8 C 51.87 – BVerwGE 80, 99 = NVwZ 1989, 566

[2] U.v. 13.08.1993 – 8 C 36.91 – DVBl 1993, 1367

[3] U.v. 23.06.1995 – 8 C 20.93 – BVerwGE 99, 18 = NVwZ 1996, 402

[4] U.v. 23.06.1995 – 8 C 18.94 – NVwZ 1996, 403

Literatur:

[5] Driehaus, Erschließungs- und Ausbaubeiträge, 8. Aufl. 2008

[6] Battis/Krautzberger/Löhr, BauGB, Kommentar, 10. Aufl. 2007

VIII Städtebaulicher Lärmschutz durch vertragliche Vereinbarungen

Michael Krautzberger

I. Städtebauliche Verträge

1. Zur Regelungstiefe städtebaulicher Verträge

Das Baugesetzbuch ist – jedenfalls seit den Novellen 1993[1] und 1998[2] – von der Vorstellung geprägt, dass „kooperative" Instrumente zum regulären Bestand des Instrumentariums gehören. Der Gesetzgeber hat eine verblüffend „kurze" Regelung getroffen, indem er in § 11 Abs. 1 Satz 1 BauGB bestimmt: „Die Gemeinde kann städtebauliche Verträge schließen". Was § 11 BauGB ansonsten regelt, sind Beispiele, die der Gesetzgeber benennt; so vor allem § 11 Abs. 1 Satz 2. Das gilt auch für die Folgelastenregelung in § 11 Abs. 1 Satz 2 Nr. 3 BauGB, die eine gefestigte Rechtsprechung ins Gesetz übernimmt[3].

Die beiden wichtigsten – in diesem Zusammenhang zu nennenden – Instrumente sind der städtebauliche Vertrag nach § 11 BauGB und der vorhabenbezogene Bebauungsplan nach § 12 BauGB.

Um es vorweg zu sagen: Durch Verträge werden städtebauliche Anliegen vorbereitet oder umgesetzt. Verträge schaffen keine eigenständigen Normen, die gesetzliche Regelungen verdrängen. Wohl aber sind sie geeignet, fehlende oder unzureichende Regelungen der städtebaulichen Ordnung im vertraglichen Wege auszugleichen. Und sie erlauben z. B. auch, die Inanspruchnahme von Rechten, z. B. durch einen Bebauungsplan, durch vorweg getroffene Vereinbarungen zu modifizieren, mit Auflagen und Bedingungen zu versehen. Die in § 11 Abs. 1 Satz 2 Nr. 2 BauGB genannten Fälle enthalten dafür ein gutes Anschauungsmaterial[4].

2. Rechtliche Voraussetzungen

Die rechtlichen Voraussetzungen über die Zulässigkeit städtebaulicher Verträge sind rasch beschrieben: Sie sind überall erlaubt, soweit das Gesetz nicht entgegens-

---

[1] Investitionserleichterungs- und Wohnbaulandgesetz vom 22. 4. 1993 (BGBl. I S. 466).
[2] Bau- und Raumordnungsgesetz 1998 vom 18. 8. 1997 (BGBl. I S. 2081).
[3] Vgl. bereits BVerwG Urteil vom 6.7.1973 – IV.C 22.72.
[4] Vgl. hierzu z. B. *Krautzberger*, in: Ernst/Zinkahn/Bielenberg/Krautzberger, BauGB, Loseblattkommentar München, § 11 Rn. 128 ff.

teht. Das Gesetz hat allerdings einige „rote Ampeln" aufgestellt, ansonsten Maßgaben, die sich aus allgemeinen Rechtsgrundsätzen „ohnehin" ergeben:

- An erster Stelle zu nennen ist § 1 Abs. 3 Satz 2 BauGB: „Auf die Aufstellung von Bauleitplänen und städtebaulichen Satzungen besteht kein Anspruch; ein Anspruch kann auch nicht durch Vertrag begründet werden." Die umfangreiche Rechtsprechung hierzu[5] ist in dieser Frage völlig eindeutig, ja rigoros. § 1 Abs. 3 Satz 2 BauGB verbietet es der Gemeinde sich weder gegenüber einem privaten Dritten, noch gegenüber anderen Gebietskörperschaften, zur Aufstellung oder Nichtaufstellung eines Bebauungsplans zu verpflichten[6].

- Dabei hat die Rechtsprechung bereits sehr früh erkannt und herausgearbeitet, dass die Vorbereitung zahlreicher Vorhaben durch Private nicht ohne ein gewisses Maß an Verbindlichkeit und an Absprachen möglich ist. Eine solche „vorgezogene Entscheidung" – so schon sehr früh das BVerwG[7] – muss sachlich gerechtfertigt sein, es muss die gemeindliche Zuständigkeitsordnung gewahrt sein und es muss die Vorwegbindung inhaltlich dem Abwägungsgebot entsprechen.

- Nach § 11 Abs. 2 Satz 1 BauGB müssen die vereinbarten Leistungen „den gesamten Umständen nach angemessen sein". Diese sog. Gebot der Angemessenheit wird aus dem Rechtstaatsprinzip abgeleitet; in § 56 Abs. 1 Satz 2 Halbsatz 2 VwVfG ist es – für öffentlich-rechtliche Verträge – gleichfalls verankert.

- Nach § 11 Abs. 2 Satz 2 BauGB ist die Vereinbarung einer vom Vertragspartner zu erbringenden Leistung unzulässig, „wenn er auch ohne sie einen Anspruch auf die Gegenleistung hätte". Auch dieses sog. „Koppelungsverbot" wird aus dem Rechtstaatsprinzip abgeleitet; in §§ 56 Abs. 2 VwVfG ist es – für öffentlich-rechtliche Verträge – (einfach gesetzlich) geregelt.

- Das „Kausalitätsprinzip" des § 11 Abs. 1 Satz 2 Nr. 3 BauGB findet seine Entsprechung in der erwähnten Rechtsprechung[8]: Verträge über „die Übernahme von Kosten", setzen voraus, dass sie der Gemeinde für städtebauliche Maßnahmen entstehen und dass sie die Voraussetzung oder Folge des geplanten Vorhabens sind. Auch hier findet sich in § 56 Abs. 1 Satz 1 und 2 VwVfG eine Entsprechung hierzu.

---

5 Vgl. die bei *Krautzberger* a.a.O. Fn. 4 nachgewiesene Rspr. in § 11 Rn. 133 ff.

6 BVerwG, Beschl. vom 28.12.2005 – 4 BN 40/05.

7 BVerwGE 45, 309/316.

8 Vgl. BVerwG in Fn. 3.

II. Zu den möglichen Vereinbarungen nach § 11 BauGB: § 11 Abs. 1 Satz 2 BauGB

1. Städtebauliche Maßnahmen und Planungen: § 11 Abs. 1 Satz 2 Nr. 1 BauGB

§ 11 Abs. 1 Satz 2 Nr. 1 betrifft städtebauliche Verträge über Gegenstände, die nach dem BauGB grundsätzlich von der Gemeinde wahrzunehmen sind. Hierzu zählt allgemein die Vorbereitung oder Durchführung städtebaulicher Maßnahmen. Das Gesetz führt namentlich auch die Ausarbeitung der städtebaulichen Planungen auf.

2. Förderung und Sicherung der planerischen Ziele: § 11 Abs. 1 Satz 2 Nr. 2 BauGB

§ 11 Abs. 1 Satz 2 Nr. 2 betrifft demgegenüber Handlungsverpflichtungen, die ein Dritter im Zusammenhang mit der gemeindlichen Bauleitplanung gegenüber der Gemeinde eingeht. Das Gesetz hebt auch hier einzelne, dem Gesetzgeber besonders wichtig erscheinende Fallgruppen beispielhaft hervor.

3. Übernahme der Folgekosten: § 11 Abs. 1 Satz 2 Nr. 3 BauGB

§ 11 Abs. 1 Satz 2 Nr. 3 hat die sog. Folgekostenverträge i. e. S. sowie sonstige Kostenregelungen zum Gegenstand, soweit die Kosten ursächlich mit der städtebaulichen Maßnahme verbunden sind; vgl. hierzu schon oben I.2.

4. Umweltbezogene Infrastruktur: § 11 Abs. 1 Satz 2 Nr. 4 BauGB

§ 11 Abs. 1 Satz 2 Nr. 4 benennt als Gegenstand eines städtebaulichen Vertrags städtebauliche Verträge, im Zusammenhang mit der Nutzung von Netzen und Anlagen der Kraft- Wärme-Kopplung sowie von Solaranlagen für die Wärme-, Kälte- und Elektrizitätsversorgung. Man kann daraus – allgemeiner – sehen, dass die Erstellung von „Infrastruktur" Gegenstand städtebaulicher Verträge sein kann.

III. Beispiele

An welche Regelungen kann man bei städtebaulichen Verträgen zum Lärmschutz denken?

1. Umweltbericht

§ 11 Abs. 1 Satz 2 Nr. 1 BauGB nennt die Ausarbeitung der städtebaulichen Planungen sowie erforderlichenfalls des **Umweltberichts**. Der Umweltbericht enthält die zusammenfassende Feststellung und Prüfung der beabsichtigten Bauleitplanung im Hinblick auf die in § 1 Abs. 6 Nr. 7 und § 1a BauGB bezeichneten Belange; § 2 Abs. 4 Satz 1 BauGB. Zu den Umweltbelangen gehört nach § 1 Abs. 6 Nr. 1 Buchst. a auch der „Lärm". Durch einen städtebaulichen Vertrag kann die Erstellung des Umweltberichts und der hierzu durchgeführten Umweltprüfung auf einen Dritten übertragen werden. Die Grenzen der Übertragbarkeit von Aufgaben ergeben sich insbesondere aus § 4b BauGB: Die Gemeinde kann die Vorbereitung und Durchführung von Verfahrensschritten nach den §§ 2a bis 4a einem Dritten übertragen. Die der Gemeinde vorbehaltenen Aufgaben bleiben davon unberührt, also etwa die Hoheitsentscheidungen der Abwägung, der Beschlussfassungen u.a.

2. Lärmminderungspläne und Lärmaktionspläne

Lärmminderungspläne und Lärmaktionspläne[9] sind umweltrechtliche und keine städtebaulichen Pläne. Aber sie sind für die städtebaulichen Planungen von Relevanz. Davon geht das BauGB ausdrücklich aus[10]. Liegen derartige Pläne nach § 1 Abs. 6 Nr. 7 Buchst. g vor, sind deren Bestandsaufnahmen und Bewertungen ebenso in der Abwägung wie – zunächst – innerhalb einer Umweltprüfung heranzuziehen.

3. Standards

Bei den städtebaulichen Verträgen nach § 11 Abs. 1 Satz 2 Nr. 2 über die Förderung der Ziele einer Bauleitplanung kann an Vereinbarungen „über" den gesetzlichen (Mindest-) **Standard etwa der TA Lärm** gedacht werden. Hier ergeben sich rechtliche Eckpfeiler etwa aus dem o.g. Prinzip der „Angemessenheit"[11].

4. Innenentwicklung und Lärmschutz

Eine neuere Entscheidung des BVerwG[12] hat interessante Denk- und Lösungsansätze zum Verhältnis von städtebaulicher Innenentwicklung und Lärmschutz aufgezeigt. Der Entscheidung lag als (Dortmunder) Fall zugrunde, dass ein Bebauungsplan ein neues Wohngebiet (WA) ausweist, das durch vorhandene Ver-

---

9 § 47a BimSchG.

10 § 1 Abs. 6 Nr. 7 Buchst. g BauGB: immissionsschutzrechtliche Verträge als abwägungsrelevante Pläne; vgl. auch § 2 Abs. 4 Satz 6 BauGB.

11 § 11 Abs. 2 Satz 1 BauGB; hierzu oben I.2.

12 Urteil vom 22.3.2007 – 4 CN 2/06 –, BVerwGE 128, 238.

kehrswege Lärmbelastungen ausgesetzt wird, die an den Gebietsrändern deutlich über den Orientierungswerten der DIN 18005 liegen. Es sei – so ein Leitsatz der Entscheidung – „nicht von vornherein abwägungsfehlerhaft", auf aktiven Schallschutz durch Lärmschutzwälle oder -wände zu verzichten. Denn – je nach den Umständen des Einzelfalls, z. B. in dicht besiedelten Räumen –, könne es abwägungsfehlerfrei sein, eine Minderung der Immissionen durch eine Kombination von passivem Schallschutz, Stellung und Gestaltung von Gebäuden sowie Anordnung der Wohn- und Schlafräume zu erreichen.

Das BVerwG weist zwar darauf hin, dass eine Gemeinde, die ein bislang weitgehend unbebautes Gebiet neu mit einer Wohnbebauung überplanen will, die Lärmbelastung durch vorhandene Verkehrswege als gewichtigen Belang in ihre Abwägung[13] einzustellen habe. Bei der Neuplanung von Wohngebieten, hat sie auch die Abwägungsdirektive des § 50 BImSchG zu berücksichtigen, wonach bei raumbedeutsamen Planungen die für eine bestimmte Nutzung vorgesehenen Flächen einander so zuzuordnen sind, dass schädliche Umwelteinwirkungen soweit wie möglich vermieden werden. Die Durchsetzung dieses Trennungsgrundsatzes stoße aber – so das BVerwG weiter – allerdings „auf Grenzen, vor denen auch der Gesetzgeber nicht die Augen verschließt. So soll nach § 1a Abs. 2 Satz 1 BauGB mit Grund und Boden sparsam umgegangen werden, wobei in diesem Zusammenhang unter anderem die Nachverdichtung sowie andere Maßnahmen zur Innenentwicklung besonders hervorgehoben werden."

In dicht besiedelten Gebieten werde es häufig nicht möglich sein, allein durch die Wahrung von Abständen zu vorhandenen Straßen schädliche Umwelteinwirkungen auf Wohngebiete zu vermeiden. Gerade in diesen Gebieten „kann jedoch ein berechtigtes Interesse bestehen, neue Baugebiete auszuweisen, um eine Abwanderung der Bevölkerung in ländliche Gebiete zu verhindern."

Das BVerwG weist auch auf weitere „gewichtige städtebauliche Interessen" hin, die darin bestehen, einen vorhandenen Ortsteil zu erweitern und damit dessen Infrastruktur (ÖPNV, soziale Einrichtungen etc.) mit zu nutzen. Auch auf das Gebot, die Anforderungen kostensparenden Bauens zu berücksichtigen[14], sowie das legitime Interesse einer Gemeinde, die Grundstücke zu verwerten, die sie in einem im Flächennutzungsplan für Wohnnutzung vorgesehenen Bereich erworben hat, um sie Bauinteressenten zum Eigentum zu überlassen[15], können zu berücksichtigen sein.

Wenn in derartigen Fällen das Einhalten größerer Abstände ausscheidet, sei – so das BVerwG weiter – durch geeignete bauliche und technische Vorkehrungen [16]dafür zu sorgen, dass keine ungesunden Wohnverhältnisse entstehen. Insbesondere könne in die Abwägung eingestellt werden, dass durch eine geschlossene Riegelbe-

13 § 1 Abs. 7 BauGB.
14 Vgl. § 1 Abs. 6 Nr. 2 BauGB.
15 Vgl. hierzu auch § 4 des Wohnraumförderungsgesetzes.
16 Hierzu auch § 9 Abs. 1 Nr. 24 BauGB.

bauung die rückwärtigen Flächen derselben Grundstücke und gegebenenfalls weitere Grundstücke wirksam abgeschirmt werden.

Dann aber schlägt das BVerwG die Brücke zu städtebaulichen Vereinbarungen: Das BVerwG hebt darauf ab, dass die gleichzeitige Errichtung aller in diese Konzeption einbezogenen Gebäude durch die Beauftragung eines Bauträgers als sichergestellt angesehen werden kann. Lärmschutzlösungen durch städtebauliche Verträge können also die Bebauungsplanung entlasten.

5. Sog. „Zaunwerte"

Nach ständiger Rechtsprechung des BVerwG[17] wird die Unzulässigkeit der Festsetzung eines Zaunwerts in Fällen bejaht, in denen es sich um einen „Summenpegel" handelte. Mit einem „Summenpegel" wird keine Nutzungsart, insbesondere nicht das Emissionsverhalten als „Eigenschaft" bestimmter Anlagen und Betriebe im Sinne von § 1 Abs. 4 Satz 1 Nr. 2 BauNVO festgesetzt, sondern nur ein Immissionsgeschehen gekennzeichnet, das von einer Vielzahl unterschiedlicher Betriebe und Anlagen gemeinsam bestimmt wird und für das Emissionsverhalten der jeweiligen Anlage für sich genommen letztlich unbeachtlich ist. Die Festsetzung eines Bebauungsplans, dass an der Grenze eines Kerngebiets zu einem Wohngebiet ein bestimmter Immissionsricht- oder -grenzwert (sog. Zaunwert) als „Summenpegel" einzuhalten ist, ist danach unzulässig.

Das BVerwG hebt dabei in seinen verschiedenen Entscheidungen darauf ab, dass ein Zaunwert als Summenpegel ungeeignet sei, umgesetzt zu werden, weil er, anders als ein immissionswirksamer flächenbezogener Schallleistungspegel nicht bestimmt, welche Emissionen von einer einzelnen Anlage oder einem einzelnen Betrieb ausgehen dürfen. Interessant ist, dass sich die Entscheidungen nicht mit der Frage auseinandersetzten bzw. nicht auseinander setzten mussten, wie dies zu beurteilen wäre, wenn die Umsetzung des Bebauungsplans durch städtebauliche Verträge – etwa mit einem Projektentwickler – zu beurteilen sei. Immerhin deutet das BVerwG[18] an, es könne offenbleiben, ob die Festsetzung von Zaunwerten – ausnahmsweise – zulässig sei, wenn nach den Umständen des Einzelfalls Probleme der Zurechenbarkeit des Zaunwerts nicht entstehen können. Dies kann aber gerade dann der Fall sein, wenn der „Vollzug" des Bebauungsplans, also die spätere Bebauung, durch einen städtebaulichen Vertrag fixiert wird, so dass die Konfliktsituation, die von der Rspr. zutr. Vermieden werden soll, gar nicht eintreten kann. Das BVerwG verfolgt diesen Ansatz aber nicht weiter, weil es ausschließlich darauf abstellt, was die Festsetzungen des Bebauungsplans sind und nicht die Art und Weise der Realisierung des Bebauungsplans, d. h. es stellt ausschließlich auf die Festset-

---

[17] Vgl. BVerwG, Beschluss vom 18. Dezember 1990 – 4N 6. 88 – ; Beschluss vom 7. März 1997 – 4 NB 38. 96; Urteil vom 16. 12. 1999 – 4 CN 7. 98.

[18] BVerwG, Urteil vom 16. 12. 1999 – 4 CN 7. 98.

zungen eines Plans ab, die als solche von mehreren Betreibern mit unterschiedlichen Anlagen realisiert werden können.

In einer neueren Entscheidung zur Festsetzung gebietsbezogener Verkaufsflächenbeschränkungen im Bebauungsplan greift das BVerwG[19] die Zaunwert-Rechtsprechung auf und überträgt sie auf baugebietsbezogene Verkaufsflächenobergrenzen: „Die durch Bebauungsplan erfolgte Festsetzung einer baugebietsbezogenen, vorhabenunabhängigen Verkaufsflächenobergrenze zur Steuerung des Einzelhandels in einem Sondergebiet ist mangels Rechtsgrundlage unzulässig“ so heißt es leitsatzmäßig.

Das BVerwG stellt – wie es scheint im Kern – darauf ab, dass eine Kontingentierung der Verkaufsflächen, die auf das Sondergebiet insgesamt bezogen ist, das Tor für sog. „Windhundrennen“ potenzieller Investoren und Bauantragsteller öffne und die Möglichkeit einschließt, dass Grundeigentümer im Fall der Erschöpfung des Kontingents von der kontingentierten Nutzung ausgeschlossen sind.

Genau diese Entwicklung ließe sich aber durch einen städtebaulichen Vertrag zwischen der Gemeinde und dem Investor/den Investoren vermeiden. Ja noch weiter gehend ist festzuhalten, dass in solchen Konstellationen eine städtebaulich verträgliche Lösung erforderlich, aber wohl letztlich nur durch städtebauliche Verträge zu erreichen ist.

6. Baurecht auf Zeit

Nach § 11 Abs. 1 Satz 2 Nr. 2 BauGB kann die Gemeinde – flankierend zu den Möglichkeiten nach § 9 Abs. 2 BauGB – städtebauliche Verträge abschließen, mit denen die mit der Bauleitplanung verfolgten Ziele auch hinsichtlich einer Befristung oder einer Bedingung der baulichen Nutzung unterstützt werden können: das sog. „Baurecht auf Zeit“. Auch dieser Weg kann dazu helfen bestimmte Konfliktsituationen im Verhältnis von Lärmschutz und Planungsrecht aufzulösen, und zwar z. B. durch aufschiebend bedingte Regelungen, die sicherstellen, dass eine bestimmte bauliche Nutzung erst eröffnet wird, wenn zuvor eine Lärmschutz-Vorkehrung getroffen wurde. An folgende Fallkonstellationen kann man denken:

(1) Im Bebauungsplan wird ein Wohngebiet festgesetzt. Die schutzwürdige Nutzung erfordert die Errichtung eines Lärmschutzwalles. Die planerische Festsetzung erfolgt mit der Bedingung der Errichtung des Lärmschutzwalles vor Aufnahme der Wohnnutzung. Flankiert wird das durch einen städtebaulichen Vertrag, in dem Einzelheiten bestimmt sind wie etwa die Realisierung, die Nachweispflichten u. a. Allerdings könnte die Bedingung auch primär bzw. nur durch Vertrag geregelt werden; dies müsste in der Abwägungsentscheidung erläutert werden und sich in der Begründung entsprechend wieder finden. Für die Gemeinde hätte diese Konstruk-

19 BVerwG, Urteil vom 3.2.2008 – 4 CN 3/07.

tion u. a. den Vorteil, dass sie die Konfliktlösung planerisch „bewältigt", aber deren Realisierung auf den privaten Projektträger verlagert. Für diesen ist diese Lösung u. a. interessant, weil er es dann in der Hand hat, für eine sachgerechte Planverwirklichung und Steuerung der Nutzungsaufnahme Sorge tragen zu können.

(2) Aus der Rechtsprechung[20]: Sind bei der Umsetzung eines Bebauungsplans im Hinblick auf einen störenden emittierenden Gewerbebetrieb Nutzungskonflikte zu erwarten, muss der Konflikt im Plan gelöst werden. Er darf sich nicht auf die bloße Absichtserklärung des Betriebsinhabers stützen, den Betrieb zu modernisieren oder die Betriebsabläufe zu ändern oder mittelfristig den Standort zu verlagern. Die Auflösung dieser Konfliktsituation könnte auch hier durch einen städtebaulichen Vertrag erfolgen.

(3) Wie die schrittweise Verwirklichung einer Bebauung durch städtebauliche Verträge abgesichert werden könnte, zeigt auch die Situation in folgender Entscheidung zur Geruchsbelästigung[21]: Soll eine Wohnbebauung durch eine vorgelagerte gewerbliche „Riegelbebauung" gegen Abgasimmissionen von Verkehrswegen abgeschirmt werden, ist planerisch sicherzustellen, dass die gewerbliche Bebauung nicht später als die Wohnbebauung errichtet wird; genauer: Dass die Wohnnutzung nicht vorher aufgenommen wird. Diese planerische Sicherung kann durch eine Festsetzung nach § 9 Abs. 2 BauGB, aber auch bzw. ergänzend durch einen städtebaulichen Vertrag erreicht werden.

Wie die vertragliche Sicherung bis hin zur Rückabwicklung bei Verfehlung des Sicherungszwecks geschehen kann, dafür enthält das BauGB selbst ein „Muster" in § 35 Abs. 5 Satz 2 BauGB, also in der „Baurecht auf Zeit"-Regelung für den Außenbereich: Für Vorhaben, nach § 35 Absatz 1 Nr. 2 bis 6 BauGB ist als weitere Zulässigkeitsvoraussetzung eine Verpflichtungserklärung abzugeben, das Vorhaben nach dauerhafter Aufgabe der zulässigen Nutzung zurückzubauen und Bodenversiegelungen zu beseitigen. Als Sicherheitsleistung kommt vor allem eine bankbesicherte selbstschuldnerische Bürgschaft in Betracht.

7. „Windklau"

Ein „Recht gegen Windklau", also dagegen, dass durch einen zeitlich nachfolgenden Betreiber mit einem Standort, der sozusagen den Wind „wegnimmt" oder die Anlage beeinträchtigt, gibt es nicht. Es gibt – so etwa neuere Rechtsprechung[22] – kein subjektiv-öffentliches Recht auf Ausnutzung der Windenergie, das ein Betreiber einer Windkraftanlage, die sich im Nachlauf zu einer anderen Windkraftanlage befindet, dem Betreiber einer vorgelagerten Windkraftanlage entgegenhalten könnte. Was bleibt ist daher, dass es die Betreiber gegenseitig vertraglich vereinbaren

---

20 OVG Münster Beschl. vom 30.6.2003 – 10a B 1028/02.NE.

21 OVG Münster, Urt. vom 19.2.2001 – 10 a D 65/98.NE.

22 VG Leipzig, Beschl. vom 12.7.2007 – 6 K 419/07.

können, dass evtl. verursachte Turbulenzen die Standsicherheit nicht beeinträchtigen u. a. Dies könnte auch durch die Gemeinden unterstützt werden. Beim sog. „Repowering" von Windkraftanlagen – unterstützt durch das „Erneuerbare-Energien-Gesetz (EEG) 2009"[23] – könnte dies z. B. zu Problemlösungen genutzt werden.

IV. Zur Kostenübernahme

Die Beteiligung des Privaten an den Kosten der Planungen und Maßnahmen macht städtebauliche Verträge für Gemeinden vielfach interessant; vgl. schon oben I.2. Rechtsgrundlage hierfür ist § 11 Abs. 1 Satz 2 Nr. 3 BauGB. Danach sind Vereinbarungen in städtebaulichen Verträgen zulässig mit denen die Übernahme von Kosten oder sonstigen Aufwendungen vereinbart werden, die der Gemeinde für städtebauliche Maßnahmen entstehen oder entstanden sind. Sie müssen – so § 11 Abs. 1 Satz 2 Nr. 3 BauGB ausdrücklich – „die Voraussetzung oder Folge des geplanten Vorhabens" sein. „Kausalität" von Maßnahme und Kostenvereinbarung ist danach unabdingbar. Die Rechtsprechung zeigt, dass sich hier die Praxis mitunter „anfällig" für Lösungen zeigt, die vom Gesetz nicht gedeckt sind[24].

V. Lärmsanierung durch Verträge: Stadtumbau und Sanierung

1. Städtebauliche Sanierung

Lärmsanierung ist eine „klassische" städtebauliche Aufgabe bei vielen Innenstadtsanierungen, bei Verkehrsberuhigung in Stadterneuerungsgebieten und bei der Umgestaltung von Orten infolge von Umgehungsstraßen. § 136 BauGB über den Sanierungstatbestand spricht Verkehrsfragen z. B. im Kontext ungesunder Wohn- und Arbeitsverhältnisse ausdrücklich an. Nach § 136 Abs. 2 BauGB sind städtebauliche Sanierungsmaßnahmen Maßnahmen, durch die ein Gebiet zur Behebung städtebaulicher Missstände wesentlich verbessert oder umgestaltet wird. § 136 Abs. 3 Nr. 1 Buchst. f) nennt dazu beispielhaft „die Einwirkungen, die von Grundstücken, Betrieben, Einrichtungen oder Verkehrsanlagen ausgehen, insbesondere durch Lärm, Verunreinigungen und Erschütterungen". Neben diesem Fall einer „Substanzschwäche" nennt § 136 Abs. 3 Nr. 2 Buchst. a den fließenden und ruhenden Verkehr als denkbaren Sanierungsfall, und zwar als sog. „funktionellen Missstand".

---

[23] Gesetz vom 25.10.2008 (BGBl. I S. 2074).

[24] Vgl. nur Grziwotz, Koppelungsverbot, Angemessenheitsgebot und Schellenass, Zwischenerwerbsmodelle von Kommunen, DVBl. 2007, 1125-1133.

Für städtebauliche Verträge besteht bei städtebaulichen Sanierungen ein weites Anwendungsgebiet, da die gemeindlichen Ordnungsmaßnahmen der Sanierung – etwa die Lärmsanierung – durch Vertrag sowohl einem Sanierungsträger[25] übertragen als auch den Eigentümern überlassen werden können[26]. Darunter fallen z. B. auch die Herstellung und Änderung von Erschließungsanlagen[27].

2. Stadtumbau

Durch den Stadtumbau nach §§ 171a ff. BauGB sollen in den von erheblichen städtebaulichen Funktionsverlusten betroffenen Gebieten Anpassungen vorgenommen werden zur Herstellung nachhaltiger städtebaulicher Strukturen. Die damit angestrebte Anpassung der Siedlungsstruktur an die Erfordernisse der Entwicklung von Bevölkerung und Wirtschaft einschließlich der Umweltverhältnisse umfasst auch ggf. erforderliche Lösungen von Lärmkonflikten. Das Gesetz geht von einer – wenn möglich – konsensualen Lösung der Stadtumbauaufgaben aus. § 171c BauGB bestimmt hierzu sehr direkt, dass die Gemeinden bei der Umsetzung ihres städtebaulichen Entwicklungskonzepts die Möglichkeit nutzen sollen, Stadtumbaumaßnahmen auf der Grundlage von städtebaulichen Verträgen im Sinne des § 11 BauGB insbesondere mit den beteiligten Eigentümern durchzuführen.

---

[25] Vgl. § 157 BauGB.
[26] § 146 Abs. 3 BauGB.
[27] § 147 Satz 1 Nr. 4 BauGB.

IX Zivilrechtliche Lösungen bei Lärmkonflikten

Herbert Grziwotz

I. Vom Missbrauch und Gebrauch privatrechtlicher Institute für öffentliche Zwecke

1. Das Vermischungsverbot

„Die Normen des Privatrechts sind … nicht dazu bestimmt, öffentlich-rechtlichen Vorschriften zum Vollzuge zu verhelfen; sie sind nur dazu bestimmt, den Privatrechtsverkehr zu regeln und die privatrechtlichen Interessen zu schützen, soweit sie vor dem Gesetz Anerkennung gefunden haben. Damit scheidet das öffentlich-rechtliche Interesse von selbst aus, und es ist nicht angängig, ... diesen Unterschied zwischen privatrechtlichem und öffentlich-rechtlichem Interesse zu vermischen. Nur das privatrechtliche Interesse bietet den vom Gesetz auch für die beschränkte persönliche Dienstbarkeit als Voraussetzung aufgestellten wirtschaftlichen Vorteil; es entfällt, wenn an die Stelle des privatrechtlichen Interesses das öffentliche Interesse tritt, und mit ihm entfällt eine für das Wesen der beschränkten persönlichen Dienstbarkeit notwendige Voraussetzung."[1] Privatrechtlich ist danach „ein Interesse, wie es Schutz und rechtliche Regelung im Privatrechte findet, d. i. in dem Teile der Rechtsordnung, wo nicht die Herrschafts- und Pflichtverhältnisse der öffentlichen Rechtsgemeinschaft geordnet werden, sondern die Rechtsverhältnisse der Einzelnen als Einzelner, die der Gemeinschaft nicht in rechtlichem Unterordnungsverhältnis, sondern nicht anders entgegentreten wie jeder Einzelne."[2] Ist das Verhältnis des Einzelnen zum Gemeinwesen bereits durch öffentlich-rechtliche Normen als ein öffentlich-rechtliches geregelt, begegnet die Einfügung eines privatrechtlichen Instituts in dieses Verhältnis somit grundsätzlichen Bedenken.[3]

2. Der Rechtsformwechsel

Allerdings wurde vom Reichsgericht für die sog. Gemeindeservituten als beschränkte Gebrauchsrechte mit einer interessanten Begründung eine Ausnahme gemacht: Die Zwecke, die die Gemeinde verfolgt, sind von ihrem Standpunkt aus regelmäßig nur öffentlich-rechtlicher Natur, auf das Wohlergehen und die Förderung der Gemeindegenossen gerichtet, zu deren Fürsorge die Gemeinde kraft ihrer

---

1 RG v. 11.10.1905 – V B 256/05, RGZ 61, 338/342 f.; s. dazu Quack, Rpfleger 1979, 281 ff.
2 RG v. 14.10.1925 – V B 22/25, RGZ 111, 384/391.
3 RG v. 14.10.1925 – V B 22/25, RGZ 111, 384/393.

öffentlich-rechtlichen Stellung als Rechtspersönlichkeit, in der die Gemeinschaft organisiert ist, berufen erscheint. Die Gemeinde verfolgt zwar auch bei ihnen „ihre öffentlich-rechtlichen Aufgaben, aber die privatrechtliche Rechtsform der ... Dienstbarkeit steht ihr dafür offen, weil sie für die Verwirklichung jener Aufgaben sich auf den Boden des Privatrechts begibt."[4]

Konsequenterweise hat der Bundesgerichtshof[5] einen notariell beurkundeten Grundstückskaufvertrag für wirksam erachtet, in dem auf eine von der Gemeinde O. erstellte Baufibel, die ebenfalls notariell beurkundet war, Bezug genommen wurde. Nach ihr war der Erwerber über die Einhaltung der Vorschriften des Bebauungsplans hinaus zur Beachtung der in der Baufibel niedergelegten Texte, Zeichnungen, Abbildungen und planerischen Darstellungen verpflichtet, die gegenüber den Festsetzungen des Bebauungsplans weitere Einschränkungen, insbesondere hinsichtlich der Geschossflächenzahl und der Dachneigung enthielten. Der Bundesgerichtshof verweist zur Begründung auf seine ständige Rechtsprechung, wonach eine Gemeinde städtebauliche Zwecke sowie Ziele der Bauleitplanung auch mit den Mitteln des Privatrechts wahrnehmen darf, wenn sie ihr zur Befriedigung eines rechtmäßigen öffentlichen Interesses am besten geeignet erscheinen und keine öffentlich-rechtlichen Normen und Rechtsgrundsätze entgegen stehen.[6] Ein öffentlich-rechtliches Verbot, das es einer Gemeinde als Grundstückseigentümerin verbietet, mit den Mitteln des Privatrechts, einen Grundstückserwerber an bestimmte bauliche Vorgaben zu binden, besteht nicht. Allerdings werden, wenn eine Gemeinde in den Formen des Privatrechts Aufgaben der öffentlichen Verwaltung wahrnimmt, die Normen des Privatrechts durch Bestimmungen des öffentlichen Rechts ergänzt, überlagert und modifiziert. Im Verwaltungsprivatrecht hat die Gemeinde nicht nur die Grundrechte, darunter auch den Gleichheitssatz zu beachten, sondern ist weiter gehenden Bindungen unterworfen. Dazu gehört insbesondere auch der Verhältnismäßigkeitsgrundsatz. Insoweit kommt den verfolgten öffentlich-rechtlichen Interessen entscheidende Bedeutung im Rahmen der Interessenabwägung zu. Grundsätzlich bleibt es aber dabei: Die Gemeinde kann, insoweit die öffentlich-rechtlichen Schwellenwerte verschärfend, als Verkäuferin von Bauplätzen privatrechtlichen Lärmschutz betreiben. Um auch eine Wirkung gegenüber Sonderrechtsnachfolgern zu erreichen, müssen derartige Unterlassungsverpflichtungen als beschränkte persönliche Dienstbarkeiten im Grundbuch eingetragen werden. Beschränkte persönliche und Grunddienstbarkeiten bieten somit die Möglichkeit, privatrechtlich bauleitplanerische Festsetzungen – auch beschränkt auf ei-

---

[4] RG v. 14.10.1925 – V B 22/25, RGZ 111, 384/394.

[5] BGH v. 7.2.1985 – III ZR 179/83, BGHZ 93, 372 = DNotZ 1986, 135 = MittBayNot 1985, 113 = NJW 1985, 1892 = ZMR 1986, 431. Vgl. auch BGH, v. 29.1.1988 – V ZR 146/86, NJW 1988, 1386.

[6] S. nur BGH v. 12.12.1980 – V ZR 43/79, NJW 1981, 916; BGH v. 24.6. 1983 – V ZR 167/83, NJW 1984, 924 = MittBayNot 1983, 224; BGH v. 6.7.1984 – V ZR 62/83, MittBayNot 1984, 173 u. BGH v. 2.7.1987 – I ZR 232/85, NJW 1988, 337.

nen bestimmten Zeitraum – zu verschärfen und zu verfeinern.[7] Die Gemeinde kann im Bereich eines Bebauungsplans somit zur Steuerung der Nutzung im Rahmen eines Planungskonzepts zivilrechtlich Nutzungen an bestimmten Standorten untersagen und somit „Konzentrationsflächen" für die im Übrigen verbotenen Nutzungen schaffen. Dies wird häufig im Rahmen einer Wohnbebauung zum Anwohnerschutz und zur Förderung des Fremdenverkehrs praktiziert. Aber auch in Gewerbegebieten kann die Nutzungsstruktur auf diese Weise gelenkt werden.

Muster einer beschränkten persönlichen Dienstbarkeit mit Nutzungsverbot:

Der Eigentümer ... bestellt für die Gemeinde Langdorf an dem Grundstück FlSt. ... der Gemarkung Langdorf eine beschränkte persönliche Dienstbarkeit mit folgendem Inhalt:

Der Eigentümer des vorbezeichneten Grundstücks hat es zu unterlassen, auf dem dienenden Grundstück FlSt. ... der Gemarkung Langdorf einen gastronomischen Betrieb im Sinne des jeweils maßgeblichen Gaststättenrechts zu betreiben, und zwar unabhängig davon, ob dieser öffentlich-rechtlich zulässig ist.

Die Eintragung der beschränkten persönlichen Dienstbarkeit im Grundbuch auf Kosten ... wird bewilligt und beantragt. Die Dienstbarkeit hat Rang vor den in Abteilung III eingetragenen Rechten sowie in Abteilung II vor Verwertungsrechten und Auflassungsvormerkungen, im Übrigen nächstoffene Rangstelle zu erhalten. Die Beteiligten stimmen allen der Rangbeschaffung dienenden Gläubigererklärungen mit dem Antrag auf grundbuchamtlichem Vollzug zu.

II. Konflikt und Harmonisierung von privatem und öffentlichem Nachbarschutz

1. Tennisplatz, Ballettschule und Frosch – zivilrechtlicher Abwehranspruch trotz öffentlich-rechtlicher Duldungspflicht?

Das bürgerliche Nachbarrecht ist zum einen von dem Anliegen geprägt, eine sinnvolle Nutzung der Grundstücke im Rahmen des Zusammenlebens zu ermöglichen.[8] Ihm kommt besondere Bedeutung zu, da zum einen Grundstücke räumlich unveränderlich sind, so dass ihre konkreten Nutzungsmöglichkeiten und damit auch ihr wirtschaftlicher Wert durch ihre räumliche Lage bestimmt werden. Der Konflikt verschiedener, sich ausschließender oder zumindest sich gegenseitig störender Nut-

[7] Zur Renaissance von Baufibeln im Hinblick auf die neue Vergaberechtsprechung im Zusammenhang mit Grundstückskaufverträgen (s. dazu nur Brambring/Vogt, NJW 2008, 1855; Greb/Rolshoven, NZBau 2008, 63 ff.; Grziwotz, BayGT 2008, 130 ff.; Regler, MittBayNot 2008, 253 ff.; Reidt, VergabeR 2008, 11 ff.) vgl. Bröll, BayGT 2005, 125 ff. Vgl. zum Einsatz der Dienstbarkeit im Bauplanungsrecht bereits Baur, AcP 176, 1976, 97/103.

[8] S. nur Wolf, NJW 1987, 2647.

zungsarten muss deshalb gesetzlich geregelt werden. Die Normierung in den §§ 906 ff. BGB entspricht zum anderen den Bedingungen der liberalen Industriegesellschaft, in der es nur minimale Ansätze einer Steuerung der Raumnutzungsentwicklung durch öffentliche Planung gab.[9] Sie betrifft zudem nur kleinere Bereiche, im Normalfall aneinander grenzende Grundstücke, und vermag deshalb nicht, großräumige Entwicklungen zu steuern.[10] Mitunter kann es wegen der unterschiedlichen Ansätze nicht nur zu einem Nebeneinander,[11] sondern sogar zu einem Konflikt zwischen dem privatrechtlichen Interessenausgleich der benachbarten Eigentümer und den durch die Bauleitplanung geschaffenen Eigentumspositionen[12] kommen.

Symptomatisch ist die heftig diskutierte Tennisplatzentscheidung des Bundesgerichtshofs aus dem Jahre 1982, in der das Gericht der Klage eines Grundstückseigentümers auf vollständige Einstellung des auf dem Nachbargrundstück in 3,2 - 5 m Abstand von den Wohn- und Schlafräumen des Klägers betriebenen Tennisspiels statt gab, obwohl im Bebauungsplan der Kommune das Tennisplatzgrundstück als Sonderbaufläche ausgewiesen und die Anlage von Spiel- und Sportplätzen im Mischgebiet planungsrechtlich zulässig war.[13] Auch eine Baugenehmigung, die

---

[9] Mittenzwei, MDR 1977, 99/100 f. u. kurz Gaentzsch, NVwZ 1986, 601/602. Zum grundsätzlichen Ausschließungsrecht gegen Einwirkungen auch NK-BGB/Ring, 2. Aufl. 2008, § 903 Rn. 1.

[10] Trzaskalik, DVBl. 1981, 71/72. Zu weitgehend Gaentzsch, NVwZ 1986, 601/604 f., der davon ausgeht, dass dem bürgerlichrechtlichen Grundeigentum das Ausschließlichkeitsrecht an einen Flächenausschnitt der Erdoberfläche samt dem Raum darüber und darunter (Säuleneigentum) unter Vernachlässigung der dritten Dimension, nämlich der Ausstrahlungen in den Nachbarraum, zugrunde liegt.

[11] Zur Doppelgleisigkeit des Nachbarschutzes kurz Baur, in: Gedächtnisschrift f. Martens, 1987, S. 545 ff.

[12] S. nur Westermann, in: FS f. Nipperdey I, 1965, 765/769 f.

[13] BGH v. 17.12.1982 – V ZR 55/82, NJW 1983, 751; s. dazu nur Breuer, DVBl. 1983, 431 ff.; Fickert, BauR 1990, 418/430; Hagen, UPR 1985, 192 ff.; ders., NVwZ 1991, 817 ff.; Johlen, BauR 1984, 134 ff. u. Papier, UPR 1985, 73 ff. Eine Begrenzung des Spielbetriebs hatte der beklagte Sportverein als widersinnig abgelehnt (Hagen, NVwZ 1991, 812/818). Vgl. auch BGH v. 15.4.1959 – V ZR 3/58, BGHZ 30, 273 = NJW 1959, 1867; BGH v. 19.5.1967 – V ZR 139/66, BGHZ 48, 31 = NJW 1967, 1907; BGH v. 17.12.1982 – V ZR 55/82, NJW 1983, 751 = BauR 1984, 134; BVerwG v. 7.8.1991 – 7 B 48/91, LKV 1991, 411; BVerwG v. 23.5.1991 – 7 C 19/90, BVerwGE 88, 210 = NVwZ 1991, 886; BVerwG v. 19.1.1989 – 7 C 77/87, BVerwGE 81, 197 = NJW 1989, 1291; OLG Koblenz v . 29.8.1989 – 7 A 26/89, NVwZ 1990, 279; OLG Koblenz v. 24.4.1992 – 10 U 1591/87, NVwZ 1993, 301; OLG Köln v. 15.5.1991 – 13 U 296/90, NJW-RR 1991, 1425; OLG Karlsruhe v. 11.11.1988 – 14 U 248/86, ZMR 1989, 90; OLG Hamm v. 6.10.1988 – 22 U 86/88, NJW-RR 1989, 1176; OLG Karlsruhe v. 22.6.1988 – 6 U 20/88, NJW-RR 1989, 145; OLG Köln v. 11.5.1988 – 13 U 246/87, NVwZ 1989, 290; OLG Nürnberg v. 25.11.1987 – 4 U 2721/87, NJW-RR 1988, 979; OLG Celle v. 14.4.1987 – 4 U 302/85, NJW 1988, 424; OLG Stuttgart v. 7.8.1985 – 4 U 46/85, NVwZ 1985, 784; OLG München v. 7.5.1986 – 3 U 1879/85, NJW-RR 1986, 1142; OLG Frankfurt/M. v. 13.4.1994 – 17 U 47/90, SpuRt 1995, 127; VGH Kassel v. 24.11.1988 – 6 TG 4463/88, NVwZ-RR 1989, 175; OVG Berlin v. 16.9.1988 – 2 S 56/87, NVwZ-RR 1989, 125; VGH München v. 30.11.1987 – 26 B 82 A 2088, NVwZ 1989, 269; VGH Kassel v. 9.11.1987 – 6 TG 3282/87, NVwZ-RR 1989, 177; OVG Hamburg v. 15.10.1985 – Bl. VI 10/82, NJW 1986, 2333; VGH München v. 16.2.1987 – 14 B 85

unbeschadet der Rechte Dritter erteilt wird,[14] hat insoweit keine privatrechtsgestaltende und damit „Bestandsschutz vor Nachbarn" verleihende Wirkung.[15] Dies schließt es allerdings, wie der BGH[16] im Balletschulen-Fall judiziert hat, umgekehrt nicht aus, dass sich der Nachbar auf eine darin enthaltene, einem Schutz gegen Lärm dienende Auflage (Fensterschließung nach 19 Uhr, wenn Tonwiedergabegeräte laufen) im Rahmen einer zivilrechtlichen Unterlassungsklage beruft.

Nach weiteren Annährungsentscheidungen des BVerwG[17] und des BGH[18] hat das Froschteich-Urteil[19] zu einer Vereinheitlichung zivil- und öffentlich-rechtlicher Beurteilungsmaßstäbe im Bereich des Lärmnachbarschutzes geführt. Gleichzeitig hat der V. Zivilsenat einen Paradigmenwechsel im Hinblick auf die Duldungsschwelle vorgenommen. Es ging um den Lärm von männlichen Fröschen aus einem 144 qm großen Teich, den die Beklagte in einem reinen Wohngebiet mit behördlicher Genehmigung angelegt hatte. Der Nachbar fühlte sich durch das lautstarke Quaken während mehrerer Monate im Jahr gestört und beantragte die Trockenlegung des Teichs und Schadensersatz dafür, dass er und seine Ehefrau vorübergehend ein Appartement in der Stadt beziehen mussten. Eine Lärmmessung ergab, dass der festgesetzte Schalldruck 28fach und die empfundene Lautstärke 7,5fach höher als die Richtwerte waren. Nachdem das Naturschutzrecht verbietet, die Fortpflanzungs-, Brut-, Wohn- und Ruhestätten wild lebender Tiere der besonders geschützten Arten, zu denen auch männliche Frösche gehören, zu beschädigen oder zu zerstören,[20] war die Einwirkung nicht rechtswidrig. Zudem soll es nicht – wie früher – auf das Empfinden eines normalen Durchschnittsbewohners des betroffenen

---

A 3090, NVwZ 1987, 986; VGH Mannheim v. 11.4.1994 – 1 S 1081/93, BauR 1994, 497 = NVwZ 1994, 920; OVG Münster v. 21.7.1994 – 11 B 1511/94, NVwZ-RR 1995, 435; LG Osnabrück v. 6.3.1984 – 7 O 448/83, MDR 1985, 1029; LG Aachen v. 30.9.1987 – 4 O 699/84, NVwZ 1988, 188; LG Aachen v. 7.10.1987 – 4 O 39/86, NVwZ 1988, 189 sowie zur älteren Rechtsprechung Mattern, WM 1979, 34/39 f. u. Vieweg, JZ 1987, 1104 ff.

[14] S. dazu nur § 72 Abs. 4 MBO 2002 sowie § 7 LBO BW; Art. 6 Abs. 2 BayBO; § 6 BauO Bln; § 6 BbgBO; § 6 BremLBO; § 6 HBauO; § 5 HBO; § 6 LBauO M-V; § 7 NBauO (Grenzabstände); § 6 BauO NRW; § 8 LBauO RhPf; § 7 LBO Saarl; § 6 SächsBO; § 6 BauO LSA; § 6 LBO SH u. § 6 ThürBO.

[15] Vgl. auch Enders, SächsVBl. 2002, 289 ff.

[16] BGH v. 26.2.1993 – V ZR 74/92, BGHZ 122, 1 = NJW 1993, 1580 = MDR 1993, 540. Vgl. auch BGH v. 27.9.1996 – V Z 335/95, NJW 1997, 55 = DVBl. 1997, 424 = MDR 1996, 1236 u. Fritzsche, NJW 1995, 1121 ff.

[17] BVerwG v. 29.4.1988 – 7 C 33/87, BVerwGE 79, 254 = NJW 1988, 2396 (Feuersirenen-Urteil). Vgl. auch VGH München v. 16.1.1992 – 4 B 88.1782, NVwZ-RR 1992, 233.

[18] BGH v. 23.3.1990 – V ZR 58/83, BGHZ 111, 63 = NJW 1990, 2465 = JR 1991, 149 (Volksfesturteil); vgl. auch BGH v. 5.2.1993 – V ZR 62/91, BGHZ 121, 248 = NJW 1993, 1656 = MDR 1993, 541 (Jugendzeltplatz-Urteil) u. BGH v. 18.11.1994 – V ZR 98/93, NJW 1995, 714 = MDR 1995, 573 (Brauerei-Urteil). S. auch Wagner, NJW 1991, 3247 ff.

[19] BGH v. 20.11.1992 – V ZR 82/91, BGHZ 120, 239 = NJW 1993, 925 = MDR 1993, 488; vgl. noch OLG München v. 21.1.1991 – 17 U 2577/90, MDR 1991, 971 u. OLG Schleswig v. 12.5.1986 – 5 U 202/84, NJW-RR 1986, 884. S. dazu auch Gerauer/Tauscher, NuR 1991, 478 ff. u. Gaisbauer, NZM 1999, 982 ff.

[20] Nunmehr § 42 BNatSchG.

Grundstücks ankommen, sondern im Hinblick auf das veränderte Umweltbewusstsein und das Naturschutzrecht auf das eines „verständigen" Durchschnittsmenschen.[21] Ob ein Grundstückseigentümer Naturschutz auf Kosten des Nachbarn betreiben darf, hat der BGH[22] später offen gelassen. Er darf sich jedenfalls dann nicht hinter dem öffentlichen Recht z. B. eine Baumschutzsatzung verschanzen, wenn er eine Gefahrenlage durch eine nicht naturschützende Maßnahme (Rodung) geschaffen hat, an deren Beseitigung er durch Rechtsvorschriften (Baumschutzsatzung) gehindert ist.[23]

2. Das Nachzeichnen des Gesetzgebers und die Anforderungen an das Verständnis des Durchschnittsmenschen im Einzelfall

Der Gesetzgeber hat mit Wirkung zum 1.10.1990 § 906 Abs. 1 BGB um zwei Sätze ergänzt, mit denen er durch die gesetzliche Bindung der Zivilgerichte an die öffentlich-rechtlichen Immissionsmaßstäbe einen „Gleichlauf" des Nachbarschutzes zu erreichen versucht.[24] Die Einhaltung der in Gesetzen oder Rechtsverordnungen festgelegten Grenz- oder Richtwerte kommt Indizwirkung dahin zu, dass eine nur unwesentliche und deshalb zu duldende Beeinträchtigung vorliegt.[25] Im Rahmen der Duldungspflicht des § 906 Abs. 1 BGB erlangt das Empfinden des verständigen Durchschnittsmenschen zunehmend Bedeutung. Maßgebend ist nicht allein das Maß der objektiven Beeinträchtigung; in die Beurteilung sind vielmehr wertende Gesichtspunkte einzubeziehen.[26] Der verständige Durchschnittsmensch berücksichtigt auch Allgemeininteressen und gesetzliche Wertungen. Dies hat Bedeutung vor allem für Kinderlärm,[27] Behinderteneinrichtungen,[28] Sportanlagen,[29] Bolzplät-

---

[21] Ausführlich Seidel, Öffentlich-rechtlicher und privatrechtlicher Nachbarschutz, 2000, Rn. 789 ff. S. hierzu auch Hagen, ZfBR 1995, 61/63 u. Roth, NJW 2001, 1338.

[22] BGH v. 17.9.2004 – V ZR 230/03, NJW 2004, 3701/3703.

[23] Vgl. auch OLG Köln v. 3.9.2003 – 19 U 120/03, ZMR 2004, 266 u. OLG Düsseldorf v. 20.4.1988 – 9 U 228/87, NJW 1989, 1807.

[24] S. dazu nur Fritz, NJW 1996, 573 ff.; Kregel, NJW 1994, 2599 ff. u. Otto, ZMR 1995, 147 ff.; vgl. bereits Bullinger, Öffentliches Recht und Privatrecht, 1968, S. 99 f.; Kleinlein, NVwZ 1982, 668 ff. u. Peine, JuS 1987, 169 ff. Zur Harmonisierung von öffentlichem und privatem Nachbarrecht s. auch Hagen, ZfIR 1999, 413 ff.; van den Hövel, JA 1993, 336 ff.; Seibel, BauR 2005, 1409 ff.; Stühler, BauR 2004, 614 ff. u. Vieweg/Röthel, DVBl. 1996, 1171 ff.

[25] BGH v. 13.2.2004 – V ZR 217/03, NJW 2004, 1317 = NVwZ 2004, 1019 = NZM 2004, 310 = BauR 2005, 74 = MDR 2004, 742 u. Palandt/Bassenge, BGB, 68. Aufl. 2009, § 906 Rn. 19 f. Vgl. bereits BGH v. 6. 7.2001 – II ZR 246/00, BauR 2001, 1859 = NJW 2001, 3119 = JuS 2001, 1227 sowie Bitzer, BauR 2002, 1019 ff. u. Johlen, BauR 2001, 1848 ff. Zum Unterbleiben von Maßabschlägen s. BGH v. 8.10.2004 – V ZR 85/04, BauR 2005, 104 = NVwZ 2005, 116 = NZM 2004, 957 = KommJur 2005, 36 = ZfIR 2004, 945; teilw. abw. OLG Celle v. 27.6.1997 – 4 U 47/94, MDR 1997, 1023.

[26] S. nur OLG Köln v. 8.1.1998 – 7 U 83/96, NJW 1998, 763 = NZM 1998, 122; Vieweg/Röthel, NJW 1999, 969 ff.

[27] BVerwG v. 12.12.1991 – 4 C 5/88, NJW 1992, 1779; OLG Düsseldorf v. 11.10.1995 – 9 U 51/95, NJW-RR 1996, 211; OLG Münster v. 8.7.2004 – 21 A 2435/02, BauR 2004, 1740 =

ze,[30] Jugendzeltplätze[31] und Freizeitveranstaltungen.[32] Die Beurteilung der Wesentlichkeit von Lärm verlangt eine Abwägung zwischen den Interessen des betroffenen Nachbarn an Ungestörtheit einerseits und dem Interesse der Allgemeinheit an der diesbezüglichen Betätigung oder Umwelt andererseits. Der Begriff der Wesentlichkeit steht daher unter einem allgemeinen Toleranzgebot. Es führt zu einer Abweichung von objektiven Kriterien.[33] Mit den Begriffen der Sozialadäquanz, der Akzeptanz und der sozialen Interessen fließen vor allem die eigenen Wertungen des entscheidenden Richters ein. Dies belegen insbesondere die Streitigkeiten über Sammelcontainer,[34] das Hahnenkrähen,[35] die Zahl der Katzen des Nachbarn,[36] das

---

NVwZ-RR 2005, 100 u. LG München I v. 24.2.2005 – 31 S 20796/04, NJW 2005, 2463; vgl. Stollenwerk, NZM 2004, 289 ff. u. Dieterich/Kahle, DVBl. 2007, 18 ff.

[28] OLG Köln v. 8.1.1998 – 7 U 83/96, NJW 1998, 763 = NZM 1998, 122 u. Lachwitz, NJW 1998, 881 ff.

[29] OLG Zweibrücken v. 4.2.1992 – 8 U 103/91, NJW 1992, 1242; OLG Koblenz v. 24.4.1992 – 10 U 1591/87, NVwZ 1993, 301; OLG Koblenz v. 12.6.1992 – 10 U 1591/87, DWW 1993, 144; VGH Kassel v. 6.5.1993 – 6 UE 876/92, NJW 1993, 3088; OLG Celle v. 18.3.1994 – 4 U 251/91, SpuRt 1995, 126; OLG Saarbrücken v. 15.4.1994 – 4 U 80/90, SpuRt 1995, 1290; OVG Schleswig v. 4.5.1994 – 1 L 1/92, NVwZ 1995, 1019; OLG Koblenz v. 25.10.2000 – 1 U 971/98, NuR 2001, 478; OLG Hamm v. 20.3.2007 – 34 U 86/03, NVwZ-RR 2007, 756. S. nur Dury, SpuRt 1995, 202 ff.; ders. NJW 1994, 302 ff.; Krahe, SpuRt 1994, 81 ff. u. Schmitz, NVwZ 1991, 1126 ff.

[30] VGH München v. 18.1.1993 – 2 B 91.15, NVwZ 1993, 1006 u. VG Berlin v. 22.9.2006 – 10 A 239/05, GE 2007, 61

[31] BGH v. 5.2.1993 – V ZR 62/91, BGHZ 121, 248 = NJW 1993, 1656 = MDR 1993, 541.

[32] BVerwG v. 17.7.2003 – 4 B 55/03, BauR 2004, 657 = NJW 2003, 3360 (Musik-Veranstaltung), BGH v. 26.9.2003 – V ZR 41/03, BauR 2004, 300 = NJW 2003, 3699 = DÖV 2004, 343 = DVBl. 2004, 376 = MDR 2004, 145 = KommJur 2004, 152 (Rockkonzert); BGH v. 7.4.2000 – V ZR 39/99, BGHZ 144, 200 = BauR 2000, 1766 = DÖV 2001, 166 = DVBl. 2000, 1608 = MDR 2000, 1069 = ZfIR 2000, 977 (Drogenhilfezentrum); OVG Schleswig v. 19.3.2007 – 1 MB 3/07, NuR 2007, 624 (Freizeitfläche); LG Landshut v. 1.7.1998 – 12 S 239/98, NZM 1998, 761 (Veranstaltungen in mittelalterlicher Burg) u. LG Frankfurt v. 12.2.1999 – 15 G 401/99, NJW 1999, 1986 (Fastnachtsumzug).

[33] Zum früheren differenziert-objektiven Maßstab s. nur Staudinger/Roth, BGB, Neubearb. 2002, § 906 Rn. 177 ff. Vgl. auch Erman/Lorenz, BGB, 12. Aufl. 2008, § 906 Rn. 17 („Überempfindlichkeit ist ein Los, das jeder selbst tragen muss").

[34] S. einerseits VG Köln v. 2.7.1992 – 4 K 2071/89, NVwZ 1993, 401; VG Schleswig v. 17.2.2000 – 12 A 112/97, NVwZ-RR 2001, 22 u. VGH München v. 27.11.1995 – 20 B 95.436, NVwZ 1996, 1031 = BayVBl. 1996, 243 sowie andererseits VG Würzburg v. 10.10.1991 – W 6 K 90.1011, NVwZ 1992, 507.

[35] LG München I v. 23.12.1986 – 23 O 14452/86, NJW-RR 1988, 205; LG Ingolstadt v. 30.11.1989 – 4 O 1279/88, NJW-RR 1991, 654 u. Gaisbauer, DWW 1993, 192.

[36] S. einerseits OLG Schleswig v. 14.7.1988 – 4 U 91/87, NJW-RR 1988, 1360; OLG Celle v. 27.3.1986 – 4 U 64/85, NJW-RR 1986, 821; LG Augsburg v. 24.8.1984 – 4 S 2099/84, NJW 1985, 499; LG Darmstadt v. 17.3.1993 – 9 O 597/92, NJW-RR 1994, 147 sowie andererseits AG Passau v. 9.3.1983 – 11 C 708/82, NJW 1983, 2885 u. OLG Köln v. 17.9.1982 – 20 U 44/82, NJW 1985, 2338; krit. Dieckmann, NJW 1985, 2311 ff. Vgl. auch Borrmann/Greck, ZMR 1993, 51 ff. u. LG Lüneburg v. 27.1.2000 – 1 S 198/99, NZM 2001, 397 (Betretungsrecht der Katzen bezügl. des Grundstücks, nicht aber der Kraftfahrzeuge des Nachbarn).

Läuten von Kirchenglocken,[37] echte oder vermeintliche Strahlungsfelder von Mobilfunkanlagen[38] und gentechnische Freilandversuche.[39] Lediglich von einer Eisenbahnbrücke fallende Fäkalienteile[40] und wohl auch der Lärm und das erhöhte Kraftfahrzeugaufkommen eines benachbarten Bordellbetriebs[41] scheinen (noch) außerhalb der sozial und umweltmäßig hinzunehmenden Schwellenwerte zu liegen.[42]

III. Zivilrechtliche Problemlösung ohne öffentlich-rechtliche Folgen – das endgültige öffentlich-rechtliche Ende

1. Das vereinbarte Nachbarrecht als Konfliktlösung

Verkauft jemand eine Teilfläche seines Grundstücks, ist für das Kaufgrundstück oder die verbleibende Restfläche eine Erschließungssicherung erforderlich. Beispiele sind Wege- und Leitungsrechte. Die zivilrechtliche Duldungspflicht, die eigentumsrechtliche Störungsansprüche ausschließt, dient gleichzeitig öffentlich-rechtlich der Sicherung der Erschließung (§§ 30 Abs. 1 und 2, 33 Abs. 1 Nr. 4, 34 Abs. 1, 35 Abs. 1 und 2 BauGB, § 4 MBO 2002). Noch deutlicher wird dies bei baurechtlich erforderlichen Abstandsflächen. Werden sie aufgrund der Grundstücksteilung nicht mehr eingehalten, liegt zivilrechtlich ein Grenzüberbau vor.[43] Dieser ist nach den §§ 912 ff. BGB zu dulden, wenn er zwar rechtswidrig durchge-

---

[37] S. einerseits OVG Hamburg v. 18.6.1991 – OVG Bf VI 32/89, MDR 1992, 485; VGH München v. 14.3.1980 – 157 VII/72, NJW 1980, 1973 sowie andererseits LG Aschaffenburg v. 26.8.1999 – 2 S 391/98, NVwZ 2000, 965 = NZM 2000, 733. Vgl. auch Hense, Glockenläuten und Uhrenschlag, 1998, S. 224 ff. Zu Kuhglocken s. AG Lindau v. 19.8.1991 – C 507/91, NJW-RR 1992, 277 u. Gaisbauer, ZMR 1997, 561 ff., wonach es auf den Standort der Kühe ankommt.

[38] S. OLG Düsseldorf v. 20.12.2001 – 14 U 208/01, MDR 2002, 755; OLG Karlsruhe v. 25.9.2002 – 6 U 23/02, NJW 2003, 759; BGH v. 13.2.2004 – V ZR 217/03, BauR 2005, 74 = NJW 2004, 1317 = NVwZ 2004, 1019 = MDR 2004, 742; OLG Frankfurt v. 10.3.2005 – 1 U 54/04, OLGR 2006, 233. Vgl. auch Dallmer, DWW 2004, 143 ff.; Kessler, UPR 2000, 328 ff.; Kniep, WuM 2004, 654 ff. u. ders. DWW 2005, 101 ff. Zu Windenergieanlagen s. OLG Frankfurt/M. v. 9.3.2000 – 15 U 118/99, NJW-RR 2000, 1542.

[39] OLG Stuttgart v. 24.8.1999 – 14 U 57/97, NuR 2000, 357 u. Arnold, NuR 2006, 15 ff. Zum biologischen Anbau s. OLG Hamm v. 10.10.1995 – 34 U 25/95, NJW 1996, 1354 = MDR 1996, 149. S. auch § 36a GenTG u. dazu Wagner, VersR 2007, 1017 ff.

[40] S. dazu OLG Schleswig v. 20.3.1995 – 1 U 191/92, NJW-RR 1996, 399 u. LG Itzehoe v. 2.10.1992 – 2 O 1046/91, NZV 1993, 73.

[41] OLG Oldenburg v. 9.1.1998 – 6 U 177/87, WuM 1998, 164. Vgl. aber § 1 ProstG, der den Maßstab der Sittenwidrigkeit auch insoweit verändert hat (BGH v. 8.11.2007 – III ZR 102/07, MDR 2008, 132 = NJW 2008, 140; a. A. Majer, NJW 2008, 1926 ff.).

[42] Krit. Jauernig, BGB, 12. Aufl. 2007, § 906 Rn. 3 a. E., der die Förderung der Rücksichtslosigkeit und Ellbogenmentalität durch die „Güterabwägung" beklagt und zu Recht darauf hinweist, dass die Empfehlung „Wen es stört, der möge umziehen" dem dargestellten Leitbild den BGB-Nachbarrechts widerspricht. Vgl. auch Weber, Sachenrecht II, 2. Aufl. 2008, § 3 Rn. 36.

[43] OLG Karlsruhe v. 9.9.1992 – 6 U 45/92, NJW-RR 1993, 665; OLG Koblenz v. 17.12.1998 – 5 U 500/98, NJW-RR 1999, 1394 u. OLG Köln v. 15.1.2002 – 19 U 75/02, NZM 2003, 296 = NJW-RR 2003, 376.

führt wird, aber die Grenzüberschreitung entschuldigt, d. h. ohne grobes Verschulden erfolgte, und auch kein Widerspruch vor oder sofort nach der Grenzüberschreitung erhoben wird. Folge ist die Duldung des entschuldigten Überbaus gegen Zahlung einer Rente. Werden von den Grundstücksnachbarn hingegen vertragliche Vereinbarungen getroffen, richten sich die Rechtsfolgen der nicht eingehaltenen Abstandsflächen nach diesen und nicht nach den §§ 912 ff. BGB.[44] Ein Einzelrechtsnachfolger ist hieran nur bei einer Eintragung im Grundbuch gebunden. Denkbar sind als Gestaltungsmittel die Grunddienstbarkeit und der Verzicht auf die Überbaurente.[45]

Um auch eine öffentlich-rechtliche „Legitimation" zu erreichen, ist zusätzlich in allen Ländern außer in Bayern und Brandenburg die Bestellung einer Baulast erforderlich.[46] In Bayern bedarf es für eine Abstandsflächenübernahme einer diesbezüglichen schriftlichen Erklärung gegenüber der Baubehörde oder der Eintragung einer Dienstbarkeit im Grundbuch.[47] In Brandenburg steht nur die letztgenannte Möglichkeit zur Verfügung.[48] Auf diese Weise werden die öffentlichen Belange des Baurechts durch eine Verschiebung zwischen den benachbarten Grundstücken, nämlich durch die Übernahme auf das Nachbargrundstück gewahrt. Die öffentlich-rechtlichen Sicherungsmittel gewährleisten zwar die Einhaltung materiell-baurechtsmäßiger Zustände, vermitteln aber dem Eigentümer des begünstigten Grundstücks keine zivilrechtliche Rechtsposition. Sie verpflichten den belasteten Eigentümer zivilrechtlich weder zur Duldung einer Nutzung noch stellen sie dafür einen Rechtsgrund dar,[49] wenn man in ihnen nicht eine konkludente Zustimmung zum „Überbau" gegenüber dem Nachbarn sieht.

---

[44] BGH v. 22.2.1974 – V ZR 103/73, NJW 1974, 794 = MittBayNot 1974, 140 u. BGH v. 21.1.1983 – V ZR 154/81, NJW 1983, 1112/1113.

[45] S. hierzu nur Grziwotz, in: Grziwotz/Lüke/Saller, Praxishandbuch Nachbarrecht, 2005, 2. Teil Rn. 319 ff.

[46] S. dazu nur § 71 LBO BW; § 82 BauO Bln; § 85 BremLBO; § 79 HBauO; § 75 HBO; § 83 LBauO M-V; § 92 NBauO; § 83 BauO NRW; § 86 LBauO RhPf; § 83 LBO Saarl; § 83 SächsBO; § 82 BauO LSA; § 89 LBO SH u. § 80 ThürBO sowie Wenzel, Baulasten in der Praxis, 2006, Rn. 140 ff. u. OVG Hamburg v. 28.2.1985 – Bf. II 29/83, NJW 1987, 915.

[47] Art. 6 BayBO sowie dazu Busse/Dirnberger, Die neue Bayer. Bauordnung, 3. Aufl. 2007, Art. 6 Rn. 6 u. Dirnberger, in: Jäde/Dirnberger/Bauer/Weiß, BayBO, Stand: Sept. 2008, Art. 6 Rn. 89 ff.

[48] Vgl. § 6 Abs. 2 S. 4 BbgBO.

[49] BGH v. 8.7.1983 – V ZR 204/82, BGHZ 88, 97/99; BGH v. 19.4.1985 – V ZR 152/83, BGHZ 94, 160/165; OVG Münster v. 17.11.1986 – 7 A 2169/85, NJW 1988, 278; Meinecke, Die zivilrechtliche Bedeutung der Baulast, 1995, S. 51 ff. u. Odersky, in: FS BayNot, 1987, S. 213/229.

2. Geschieht dem zivilrechtlich Wollenden öffentlich-rechtlich ein Unrecht?

a) Zivilrechtliche Voraussetzungen des vereinbarten Nachbarrechts

Veräußert der Eigentümer eines emittierenden Betriebs wie z. B. eines Sägewerks, einer Druckerei, einer Schreinerei, einer Autowerkstatt oder eines Mastbetriebs eine an das Betriebsgrundstück angrenzende Fläche, hat er regelmäßig ein Interesse daran, sich vor Beseitigungs- und Unterlassungsansprüchen des künftigen Nachbarn zu schützen. Der Grundsatz der Nutzungspriorität findet nämlich im Rahmen der zivilrechtlichen Duldungspflicht keine Anwendung.[50] Dies bedeutet, dass die zeitliche Priorität des Störverhaltens allein noch keine Duldungspflicht des sich später ansiedelnden Nachbarn begründet.[51] Lediglich aus dem Gedanken der Mitverantwortung des beeinträchtigten Eigentümers für eine bereits vorhersehbare Konfliktlage[52] und der Situationsbelastung seines Grundstücks lässt sich bei Einhaltung der zulässigen Richtwerte aus dem Gedanken des § 242 BGB und dem damit verbundenen nachbarschaftlichen Gemeinschaftsverhältnis eine Duldungspflicht rechtfertigen.[53]

Für Sicherheit im Nachbarrechtsverhältnis sorgten (bisher)[54] die durch Grunddienstbarkeiten dinglich gesicherte Nachbarschaftsvereinbarung.[55] Als Inhalt einer Unterlassungsdienstbarkeit kann dem Eigentümer eines Grundstücks die Ausübung bestimmter Handlungen, die er sonst kraft seines Eigentümerrechts vornehmen dürfte, verboten werden. Seine durch § 903 BGB garantierten umfassenden Eigentümerbefugnisse, die nur durch das Nachbarrecht beschränkt sind, werden zusätzlich eingeschränkt.[56] Oder mit anderen Worten: Die nachbarrechtliche „Grenze" wird zu seinen Lasten verschoben. Die ausgeschlossene Handlung muss unmittelbare Auswirkungen auf den tatsächlichen Gebrauch des Grundstücks und nicht nur eine Beschränkung der rechtlichen Verfügungsfreiheit zur Folge haben.[57] Beispiele

---

[50] S. nur BGH v. 29.10.1954 – V ZR 53/53, BGHZ 15, 146/148 u. BGH v. 22.10.1976 – V ZR 36/75, NJW 1977, 146. Vgl. zur heranreichenden Wohnbebauung nur BGH v. 21.6.2001 – III ZR 313/99, BayVBl. 2002, 536 u. VGH Mannheim v. 25.7.1995 – 3 S 2123/93, NVwZ-RR 1996, 310.

[51] BGH v. 23.7.1973 – V ZR 109/71, BGHZ 60, 235/242 u. BGH v. 18.4.1997 – V ZR 28/96, BGHZ 135, 235/241 = MDR 1997, 825 = NJW 1997, 2234 = ZfIR 1997, 404.

[52] BGH v. 5.2.1993 – V ZR 62/91, BGHZ 121, 248/254 = NJW 1993, 1656 = MDR 1993, 541 („Jugendzeltplatz-Fall") u. BGH v. 18.4.1997 – V ZR 28/96, BGHZ 135, 235/241 = MDR 1997, 825 = NJW 1997, 2234 = ZfIR 1997, 404 („Tennisplatz-Pappelwurzel-Fall").

[53] BGH v. 6.7.2001 – V ZR 246/00, NJW 2001, 3119 = JuS 2001, 1227 = BauR 2001, 1859 („Hammerschmiede"). S. dazu Hagen, in: FS f. Medicus, 1999, S. 161/174 u. Krüger, in: RWS-Forum 23, Immobilienrecht 2002, 2004, S. 1/9 ff.. Vgl. auch OLG Koblenz v. 26.10.2005 – 1 U 98/01, OLGR Frankfurt 2006, 14.

[54] S. zu möglichen Einschränkungen Abschn. IV.

[55] Allg. dazu von und zu Franckenstein, BauR 2002, 1041 ff.

[56] S. dazu Ahrens, Dingliche Nutzungsrechte, 2. Aufl. 2007, Rn. 175.

[57] S. nur BGH v. 6.12.1961 – V ZR 186/60, NJW 1962, 486.

sind Baubeschränkungen, Bebauungsverbote, Gewerbebetriebsbeschränkungen, Energiebezugsverbote sowie Wohnungsbesetzungsrechte.[58] Dagegen kann das Verbot der Vermietung oder Veräußerung des Grundstücks ohne Zustimmung des Nachbarn nicht Inhalt einer Unterlassungsdienstbarkeit sein.[59] Im Zusammenhang mit diesen Dienstbarkeiten stehen häufig Ausschlussdienstbarkeiten. Mit ihnen wird dem Grundstückseigentümer im Verhältnis zu seinem Nachbarn untersagt, diesem gegenüber die sich aus dem Eigentum ergebenden Rechte geltend zu machen. Es geht um den unmittelbaren Ausschluss von Nachbarrechten, ohne den „Umweg" über die Hinnahme eines bestimmten Verhaltens. Der Verzicht kann nur Rechte betreffen, die zum Inhalt des Grundeigentums gehören, nicht solche, die an die Person des Verzichtenden geknüpft sind. Unerheblich ist aber, ob es sich um zivilrechtliche oder öffentlich-rechtliche Positionen handelt.[60] Der Ausschluss von Rechten, die gegenüber jedermann bestehen oder nicht aus dem Eigentum am Grundstück resultieren, also z. B. auf Rechte aus einer Dienstbarkeit und auf deliktsrechtliche Ansprüche wegen einer Verletzung des Körpers, kann nicht Dienstbarkeitsinhalt sein. Wie schwierig die Abgrenzung ist, wird am Beispiel des Eigentums deutlich. Entschädigungsansprüche, die sich aus ihm ergeben, sind die Entschädigungsansprüche nach § 906 Abs. 2 BGB und § 14 BImSchG, nicht dagegen deliktsrechtliche Ansprüche und die öffentlich-rechtliche Enteignungsentschädigung.[61] Umstritten ist, ob ein Verzicht auf Rechtsbehelfe gegen eine öffentlich-rechtliche Genehmigung mittels der Ausschlussdienstbarkeit gegenüber dem Nachbarn gesichert werden kann.

Das vereinbarte Nachbarrecht, das durch Grunddienstbarkeit verdinglicht und damit „verewigt" werden kann, betrifft vor allem auch die „entschädigungslose" Duldung von Immissionen, die vom Nachbargrundstück ausgehen, und den Verzicht auf diesbezügliche Abwehransprüche. Geduldet werden können auch alle „Einwirkungen aus dem Betrieb der auf dem herrschenden Grundstück errichteten und betriebenen baulichen und sonstigen, insbesondere immissionsrechtlich genehmigungspflichtigen Anlagen, vor allem durch Lärm, Staub und Erschütterungen, und zwar auch wenn sich diese Einwirkungen künftig ihrem Umfang nach oder durch eine Änderung des Betriebs und der hierbei angewandten Verfahren ändern." Hiermit kann ein „Verzicht auf Ersatzansprüche, die sich aus dem Eigentum ergeben, wegen der durch die Grunddienstbarkeit auferlegten Duldung" verbunden werden.[62] Der Bestimmtheitsgrundsatz steht der Eintragung einer Immissions-

[58] S. nur Staudinger/Mayer, Neubearb. 2002, § 1018 Rn. 106 ff. Zu Problemen der Sicherung von Bezugsverpflichtungen kurz Walter/Maier, NJW 1988, 377 ff.

[59] S. nur BGH v. 19.5.1989 – V ZR 182/87, BGHZ 107, 289/292 = NJW 1989, 2391 u. BayObLG v. 27.11.1981 – BReg 2 Z 90/81, NJW 1982, 1054/1055, jeweils m. w. Nachw.

[60] Staudinger/Mayer, Neubearb. 2002, § 1018 Rn. 125.

[61] BayObLG v. 24.10.1989 – 2 Z 85/89, NJW-RR 1990, 207 u. MünchKommBGB / Falckenberg, 4. Aufl. 2004, § 1018 Rn. 38.

[62] So BayObLG v. 15.4.2004 – 2 Z BR 221/03, NJW-RR 2004, 1460 = ZfIR 2004, 776 („Chemiewerk"). S. dazu Spiegels, UPR 2005, 61 f. Vgl. auch BVerwG v. 28.4.1978 – 4 C 53/76, DVBl. 1979, 622 u. OVG Münster v. 10.11.1988 – 21 A 1104/85, UPR 1989, 390.

dienstbarkeit mit diesem Inhalt nicht entgegen, da die verwendeten Rechtsbegriffe der Anlagen und Einwirkungen durch die Rechtsprechung hinreichend geklärt sind.

b) Verzicht auf öffentlich-rechtliche Rechtspositionen mit Wirkung zugunsten der öffentlichen Hand?

Mit einer Dienstbarkeit können auch im öffentlichen Interesse liegende Zwecke verfolgt werden. Als Beispiel wird u. a. die Dienstbarkeit genannt, nach der der Eigentümer eines Grundstücks gewisse Immissionen eines benachbarten Betriebs hinnehmen muss.[63] Das Problem ist dabei nicht so sehr, dass etwas festgelegt werden soll, was ohnehin schon kraft öffentlichen Rechts gilt.[64] Problematisch ist vielmehr die Festlegung von Rechtsfolgen, die nach öffentlichem Recht so nicht angeordnet werden können.[65] Der Rekurs auf die Institute des Zivilrechts soll eine privatrechtliche Gestattungsordnung schaffen, die öffentlich-rechtlich verbindlich ist.[66] Privatrechtliche Nachbarschaftsvereinbarungen und öffentlich-rechtliche Nutzungseinschränkungen werden jedoch von ganz unterschiedlichen Interessen und ebenso unterschiedlichen Rechtsnormen bestimmt.[67] So schützt das öffentliche Immissionsschutzrecht nicht nur die Eigentümer von Grundstücken im Einwirkungsbereich emittierender Anlagen, sondern Personen, die in einer „engen räumlichen und zeitlichen Beziehung" zu den Anlagen stehen.[68] Der Mieter oder Pächter ist, auch wenn er „bodenrechtlich" keine weiter gehenden Rechte als die Eigentümer geltend machen kann, an der Anfechtung einer immissionsschutzrechtlichen Genehmigung nicht gehindert.[69]

Im Immissionsschutzrecht steht der Schutz der Umwelt und damit auch der durch Art. 2 Abs. 2 S. 1 GG geschützten Gesundheit im Vordergrund. Er richtet sich gegen staatliche Eingriffe. Gleichzeitig wird die Pflicht staatlicher Organe begründet, sich schützend und fördernd vor diese Rechtsgüter zu stellen. Dies soll jedoch dem Einzelnen nicht untersagen, auf öffentlich-rechtliche Rechtsbehelfe zu verzichten, die der Wahrung seiner privaten Rechte und geschützten Interessen dienen.[70] Er kann sich seine Rechte „abkaufen" lassen. Er bestimmt dadurch über seine körperliche Unversehrtheit in gewissem Umfang selbst. Allerdings ist dies nicht grenzenlos der Fall. Verfahrensmäßig ist zu beachten, dass ein Rechtsmittelverzicht erst nach Entstehen des Rechtsmittels ausgesprochen werden kann.[71] Materiellrechtlich

---

[63] IBStT 3/1986, S. 24 u. Odersky, in: FS BayNot, 1987, S. 213/216.
[64] So aber Quack, Rpfleger 1979, 281.
[65] Für unproblematisch gehalten von Quack, Rpfleger 1979, 281 f.
[66] Vgl. allg. hierzu Baur, AcP 176, 1976, 97/103 ff.
[67] S. für das Wasserrecht BVerwG v. 21.8.1986 – 4 B 110/86, NVwZ 1988, 150.
[68] Gaentzsch, NVwZ 1986, 601/606 m. w. Nachw.
[69] OVG Münster v. 10.11.1988 – 21 A 1104/85, UPR 1989, 390.
[70] S. nur BGH v. 11.12.1980 – III ZR 38/79, NJW 1981, 811; vgl. allg. BVerwG v. 30.5.1960 – IV C 182/59, NJW 1960, 1781 u. BVerwG v. 17.10.1997 – 8 C 1/96, DStRE 1998, 187.
[71] Allg. A., s. nur Kothe, in: Redeker/von Oertzen, VwGO, 14. Aufl. 2004, § 69 Rn. 4 m. w. Nachw.

ist die Grenze zu beachten, ab der ein Verzicht auf die verfassungsrechtlichen Wertentscheidungen, die auch im Privatrecht zu beachten sind, unzulässig ist.[72] Diese Werteordnung ist für den Einzelnen unverfügbar.[73] Auch wenn er in seinem individuellen Lebensbereich auf ihre Einhaltung verzichten kann, ist ihm dies in einem Bereich, der der Mitverantwortung der öffentlichen Hand unterliegt, nicht gestattet. Erst recht ist dem Einzelnen nicht gestattet, auf die Einhaltung öffentlicher Belange zu verzichten. Sie sind – sozusagen – privaten Verzichtserklärungen unzugänglich.[74] Die Behörde darf den privatrechtlich möglicherweise zulässigen und sogar im Grundbuch eingetragenen Verzicht deshalb in ihrer Planung und insbesondere Abwägung nicht berücksichtigen.[75] So ließ auch der in einigen Altlastenfällen vereinbarte Gewährleistungsausschluss im Grundstückskauf der Gemeinde deren Amtspflicht, bei der Aufstellung von Bebauungsplänen Gesundheitsgefahren zu vermeiden, unberührt.[76]

c) Konfliktlösung durch Privatrecht?

Allerdings können private Vereinbarungen öffentliche Belange mittelbar beeinflussen. Dies ist der Fall, wenn sie sicherstellen, dass aus tatsächlichen oder rechtlichen Gründen alle Interessenkonflikte ausgeschlossen werden. Auch künftige Konfliktlösungen müssen dadurch entbehrlich werden.[77] Die private Vereinbarung oder Verzichtserklärung muss somit objektiv zu einer Konfliktlösung führen.[78] Entscheidend ist, dass der Konflikt selbst tatsächlich gelöst ist. Ein Verzicht auf Abwehransprüche kann hierfür allenfalls ein Indiz sein; er ist aber nicht die Konflikt-

---

[72] BGH v. 11.12.1980, – III ZR 38/79, NJW 1981, 811/813.

[73] BVerwG v. 15.12.1981 – 1 C 232/79, NJW 1982, 664/665 u. BVerwG v. 6.3.1986 – 1 CB 28/85, GewA 1986, 229. Offen gelassen von BVerwG v. 16.12.1981 – 1 C 32/78, NJW 1982, 665/666 u. BVerwG v. 30.1.1990 – 1 C 26/87, BVerwGE 84, 314 = NVwZ 1990, 668. Vgl. auch BVerfG v. 9.7.1986 – 1 BvR 413/86, NJW 1987, 3246.

[74] So BVerwG v. 28.4.1978 – 4 C 53.76, BauR 1978, 385/386; vgl. OVG Saarlouis v. 18.6.2002 – 2 R 2/01, NJW 2003, 768/770.

[75] Vgl. auch Odersky, in: FS BayNot, 1987, S. 213/216 Fn. 9.

[76] BGH v. 26.1.1989 – III ZR 194/87, BGHZ 106, 323 = NJW 1989, 976; BGH v. 6.7.1989 – III ZR 251/89, BGHZ 108, 224 = NVwZ 1990, 298; BGH v. 21.12.1989 – III ZR 118/88, BGHZ 109, 380 = NJW 1990, 1038; BGH v. 19.3.1992 – III ZR 16/90, BGHZ 117, 363 = NJW 1992, 1953; BGH v. 9.7.1992 – III ZR 87/91, NJW 1993, 384; BGH v. 17.12.1992 – III ZR 114/91, BGHZ 121, 65 = NJW 1993, 933 = DÖV 1993, 349 = DVBl. 1993, 433; BGH v. 25.2.1993 – III ZR 47/92, NVwZ 1994, 91 = DÖV 1993, 574 = MDR 1993, 516; BGH v. 14.10.1993 – III ZR 156/92, BGHZ 123, 363 = NJW 1994, 253 = DVBl. 1994, 283 = MDR 1994, 1095; BGH v. 29.7.1999 – III ZR 234/97, BGHZ 142, 259 = NJW 2000, 427 = DVBl. 1999, 1507 = MDR 1999, 1442 = ZfIR 1999, 858. Vgl. auch BGH v. 2.6.2004 – V ZR 267/03, BGHZ 158, 354 = NJW-RR 2004, 1243 = DNotZ 2004, 783 = ZfIR 2004, 597.

[77] BVerwG v. 28.4.1978 – 4 C 53/76, BauR 1978, 385/286 f.; vgl. OVG Saarlouis v. 18.6.2002 – 2 R 2/01, NJW 2003, 768.

[78] BVerwG v. 23.1.2002 – 4 BN 3.02, BauR 2002, 730/731 = DÖV 2002, 483 = NVwZ-RR 2002, 329 = UPR 2002, 230; VGH Mannheim v. 26.9.2001 – 3 S 1628/00 (n. v.); OVG Lüneburg v. 4.1.1983 – 1 C 2/81, ZfBR 1983, 281; VGH München v. 11.7.1994 – 14 N 92.2397, BayVBl. 1995, 150; VGH Kassel v. 16.3.1995 – 3 TG 50/95, NVwZ-RR 1995, 633 u. VGH Mannheim v. 8.11.2001 – 5 S 1218/99, BauR 2002, 1209/1212.

lösung selbst. Denkt man den (meist vorsorglich dennoch zusätzlich erklärten) privatrechtlichen Verzicht auf Abwehransprüche weg, muss die Bauleitplanung dem Abwägungserfordernis entsprechen. Dies ist beispielsweise der Fall, wenn sich der Eigentümer des einzigen in der näheren Umgebung eines neuen Gewerbegebiets befindlichen Wohnhauses zu dessen Abriss bis zur Inbetriebnahme der angrenzenden emittierenden Anlagen verpflichtet und ein Wiederaufbau eventuell zusätzlich durch ein Bauverbot im Rahmen einer Dienstbarkeit gesichert wird. Ein einer Sportanlage benachbarter Hauseigentümer kann sich verpflichten, den Einbau von Schallschutzfenstern und deren Belassen und Unterhalten zu dulden oder diese selbst einzubauen und zu unterhalten. Ein weiteres Beispiel ist die Errichtung eines Lärmschutzwalls oder die Duldung einer Bepflanzung an der Grenze, deren Entfernung nach nachbarrechtlichen Vorschriften verlangt werden könnte, um Lärmpegel auf das zulässige Maß zu senken. Denkbar ist schließlich bei Vorliegen der diesbezüglichen baurechtlichen Voraussetzungen auch eine Nutzungsänderung einer beeinträchtigten Wohnbebauung z. B. in eine Vereinsgaststätte, verbunden mit dem Verbot, das Gebäude zu anderen Zwecken als eines Gaststättenbetriebs zu nutzen. Das in § 1 Abs. 7 BauGB enthaltene Gebot der Konfliktbewältigung steht somit vertraglichen Lösungswegen, und zwar auch privatrechtlichen, nicht entgegen.[79]

Muster einer Dienstbarkeit zur Minderung von Immissionen:

Auf dem Grundstück FlSt. ... der Gemarkung Langdorf befinden sich drei Tennisplätze samt Vereinsheim und gastronomischem Betrieb. An dieses grenzt das Grundstück FlSt. ... der Gemarkung Langdorf an. An diesem wird eine Grunddienstbarkeit zugunsten des Grundstücks FlSt. ... der Gemarkung Langdorf mit folgendem Inhalt bestellt:

Der Eigentümer des dienenden Grundstücks FlSt. ... der Gemarkung Langdorf hat es zu dulden, dass ohne Abstand von der gemeinsamen Grenze in einer Breite von drei Metern eine ... Hecke gepflanzt wird und diese eine Höhe von bis zu vier Metern erreichen darf. Er hat es ferner zu dulden, dass sein Grundstück zur Pflege dieser Hecke vom Eigentümer des herrschenden Grundstücks und von diesem beauftragten Personen betreten wird. Er verzichtet insoweit auf Abwehransprüche sowie Schadensersatz- und Entschädigungsansprüche, die zum Inhalt seines Eigentums gehören, wobei zwingende Haftungsbestimmungen unberührt bleiben.

Die Eintragung der vorstehend bestellten Grunddienstbarkeit am Grundstück FlSt. ... der Gemarkung Langdorf zugunsten des jeweiligen Eigentümers des Grundstücks FlSt. ... der Gemarkung Langdorf wird bewilligt und beantragt.

Die Eintragung der Grunddienstbarkeit auf Kosten ... wird bewilligt und beantragt. Die Grunddienstbarkeit hat Rang vor den in Abteilung III eingetragenen Rechten

---

[79] Vgl. auch Tennie, Dingliche Rechte als städtebauliche Gestaltungsmittel, 2005, S. 38 ff. Zu einem Muster s. Grziwotz, KommJur 2008, 172/175 f.

sowie in Abteilung II vor Verwertungsrechten und Auflassungsvormerkungen, im Übrigen nächstoffene Rangstelle zu erhalten. Die Beteiligten stimmen allen der Rangbeschaffung dienenden Gläubigererklärungen mit dem Antrag auf grundbuchamtlichem Vollzug zu.

IV. Zur Harmonisierung der Grenzen kooperativer Lösungsansätze

Grundgedanke des Privatrechts ist die Selbstbestimmung des Einzelnen über die Gestaltung seiner Rechtsbeziehungen. Er definiert für sich den Begriff der Gerechtigkeit, und zwar in Bezug auf die eigene Person und auch im Verhältnis zu Dritten. Demgegenüber geht es im öffentlichen Recht weniger um gerechtigkeitsbezogene Regelungen, sondern mehr um Ordnungsnormen.[80] Das öffentliche Recht hat die Privatrechtsordnung zu sichern.[81] Das Privatrecht dient – entgegen einer zunehmend praktizierten Fehlvorstellung – nicht dazu, die öffentliche Hand von ihren öffentlich-rechtlichen Bindungen zu befreien. Auch im Privatrecht gilt nicht der Grundsatz des „anything goes".[82] Unzulässig ist stets ein Verzicht auf Ansprüche gewesen, die sich wegen vorsätzlichen Handelns ergeben (§ 276 Abs. 3 BGB).[83] Wichtigere Grenzen für Haftungsabreden ergeben sich aus den §§ 307 ff. BGB.[84] Nach § 307 Nr. 7a BGB ist ein Ausschluss oder eine Begrenzung der Haftung für Schäden aus der Verletzung des Lebens, des Körpers oder der Gesundheit, die auf einer fahrlässigen Pflichtverletzung des Verwenders oder einer vorsätzlichen oder fahrlässigen Pflichtverletzung eines gesetzlichen Vertreters oder Erfüllungsgehilfen des Verwenders beruhen. Dieses absolute Haftungsfreisetzungsverbot für Verletzungen des Lebens, des Körpers und der Gesundheit gilt wegen des mit dieser Norm bezweckten Schutzes besonders wichtiger persönlicher Rechtsgüter auch im unternehmerischen Geschäftsverkehr.[85] Die Flucht der öffentlichen Hand ins vermeintlich privatrechtliche Reich der Freiheit könnte sich somit als Bumerang erweisen.

---

[80] S. nur Brückner, Die Trennung von Privatrecht und öffentlichem Recht, in: FG zum Schweizerischen Juristentag, 1985, S. 35/41 ff.

[81] S. nur Berg, MittBayNot 1988, 197/198; Biedenkopf, Die neue Sicht der Dinge, 1985, S. 82 f. u. Schmidt, Die Unterscheidung von privatem und öffentlichem Recht, 1985, S. 16 ff.

[82] Vgl. bereits Dig. 50, 17, 144 pr.

[83] Vgl. auch § 307 Nr. 7b BGB.

[84] Ebenso MünchKommBGB/Grundmann, 5. Aufl. 2007, § 276 Rn. 183.

[85] BGH v. 19.9.2007 – VIII ZR 141/06, BGHZ 174, 1 = NJW 2007, 3774/3775 = MDR 2008, 16 = ZIP 2007, 2270 = DNotZ 2008, 365. Gleiches gilt nach dieser Entscheidung für § 309 Nr. 7b BGB.

X Verkehrslärm und Bauleitplanung

Olaf Reidt

I. Zu betrachtende Konfliktfälle

1. Verkehrslärm kann durch **unterschiedliche Verkehrsträger** entstehen (insbesondere Straßenverkehr, Eisenbahn, Luftfahrt, Schifffahrt). Die nachfolgenden Ausführungen konzentrieren sich auf den (öffentlichen) Straßenverkehr. Gemäß § 17 Abs. 3 FStrG sowie den vergleichbaren Vorschriften der Landesstraßengesetze kann ein **gemeindlicher Bebauungsplan** eine ansonsten für die Errichtung und den Betrieb einer Straße oder deren wesentliche Änderung notwendige **Planfeststellung** oder **Plangenehmigung** ersetzen (Straßenplanung durch Bebauungsplan). Insbesondere gilt dies für Gemeindestraßen. Für andere Verkehrsträger ist dies mit Ausnahme von Straßenbahnen (§ 28 Abs. 3 PBefG) nicht möglich. Zwar können im Rahmen der Bauleitplanung Flächen für verkehrliche Infrastruktureinrichtungen (z. B. für einen Bahnhof) dargestellt bzw. festgesetzt werden, jedoch ändert dies nichts daran, dass es – mangels § 17 Abs. 3 FStrG bzw. den entsprechenden Landesvorschriften vergleichbarer Regelungen – gleichwohl noch der Durchführung eines Planfeststellungs- oder Plangenehmigungsverfahrens bedarf, um die betreffende Verkehrsanlage zu errichten.

Soweit es um die **Bauleitplanung für schutzbedürftige Nutzungen** in der Nähe von vorhandenen Verkehrsanlagen geht, etwa um die Aufstellung eines Bebauungsplans für ein Wohngebiet, gelten bei den unterschiedlichen Verkehrsträgern im Wesentlichen identische Anforderungen an die Bauleitplanung. Besonderheiten bestehen insofern allerdings für den Bereich des Fluglärms. Hierfür sind namentlich die Anforderungen zu berücksichtigen, die das Fluglärmgesetz stellt. Sie sollen nachfolgend nicht weiter behandelt werden.

2. Für das Verhältnis von Verkehrslärm und Bauleitplanung sind vor allem folgende Verfahrens- und Fallkonstellationen zu unterscheiden:

a) Die **Planung einer Straße** oder deren **Änderung** durch einen Bebauungsplan;

b) die **Planung einer Straße** oder deren Änderung und einer neuen **schutzbedürftigen Nutzung** (insbesondere Wohnnutzung) durch einen Bebauungsplan;

c) die Planung einer **schutzbedürftigen Nutzung** (insbesondere Wohnnutzung) in der Nähe einer **vorhandenen Straße**;

d) die **bloße Erhöhung der Verkehrslärmimmissionen** auf einer vorhandenen Straße aufgrund der Aufstellung eines Bebauungsplans für eine mit zusätzlichem Ziel- oder Quellverkehr verbundene Nutzung;

e) der **Schutz der kommunalen Planungshoheit** gegen eine Straßenplanung mit den Mitteln der Fachplanung (Planfeststellung, Plangenehmigung).

Für diese unterschiedlichen Fallkonstellationen gelten zum Teil im Wesentlichen identische rechtliche Anforderungen, zum Teil bedarf es insofern einer Differenzierung.

Weitgehend gleich zu behandeln sind die Fälle, in denen eine neue Straße oder die wesentliche Änderung einer vorhandenen Straße eigenständig geplant wird und der Fall, in dem dies unter gleichzeitiger Planung einer schutzbedürftigen Nutzung erfolgt (Fälle a) und b), nachfolgend unter II.). Ebenfalls gemeinsam behandelt werden können die Fälle, in denen eine schutzbedürftige Nutzung in der Nähe einer vorhandenen Straße geplant wird und der Fall, dass sich aufgrund der Neuplanung einer verkehrsintensiven Nutzung für bereits vorhandene schutzbedürftige Nutzungen die Lärmbelastung erhöht, ohne dass dies mit der Neuerrichtung oder der Änderung einer Straße verbunden ist (Fälle c) und d), nachfolgend unter III.). Einen Sonderfall gegenüber diesen beiden Fallgruppen stellt die Situation dar, dass sich eine Gemeinde gegen die Fachplanung für die Errichtung oder die wesentliche Änderung einer Straße unter Hinweis auf ihre kommunale Planungshoheit oder die Schutzbedürftigkeit kommunaler Einrichtungen zur Wehr setzt. Die Besonderheit liegt insofern darin, dass die Gemeinde anders als in den anderen Fällen hier nicht selbst aktiv planerisch tätig wird, sondern die Planung des zuständigen Straßenbaulastträgers abwehren möchte (nachfolgend unter 4.).

II. Planung von Straßen mittels Bebauungsplan

1. Wird der Bau oder die (wesentliche oder unwesentliche) Änderung einer Straße mit den Möglichkeiten eines Bebauungsplans, insbesondere also mittels einer **Festsetzung gemäß § 9 Abs. 1 Nr. 11 BauGB**, geplant, bestehen die allgemeinen Anforderungen, die stets bei der Aufstellung von Bebauungsplänen zu beachten sind. So gelten neben zwingenden fachrechtlichen Beschränkungen für die Bauleitplanung (z. B. aus Gründen des Naturschutzes) insbesondere das **Zielanpassungsgebot** des § 1 Abs. 4 BauGB und das planerische **Abwägungsgebot** gemäß § 1 Abs. 7 BauGB. Gerade in letzterem Punkt unterscheidet sich die Bauleitplanung nicht von der straßenrechtlichen oder sonstigen Fachplanung. Denn das Abwägungsgebot ist unabhängig davon, ob es überhaupt einfachgesetzlich verankert ist – wie für Fernstraßen etwa in § 17 Abs. 1 Satz 2 FStrG – Ausdruck des im Rechts-

staatsprinzip wurzelnden **Verhältnismäßigkeitsgrundsatzes**. Es ist daher bei jeder Planungsentscheidung zwingend zu beachten[1].

2. Welche Belange neben der notwendigen Beachtung zwingenden Rechts **abwägungserheblich** sind, ergibt sich ganz allgemein aus den in der Rechtsprechung entwickelten Anforderungen an das planerische Abwägungsgebot. Bei der planerischen Abwägung ist zu unterscheiden zwischen dem Abwägungsvorgang und dem Abwägungsergebnis.

Der **Abwägungsvorgang** dient dazu, die Belange, die für die Abwägung von Bedeutung sind (Abwägungsmaterial), zu ermitteln und zu bewerten (§ 2 Abs. 3 BauGB). Die **Ermittlung** ist dabei das Erkennen der planungsrelevanten öffentlichen und privaten Belange als solches. Die **Bewertung** ist die qualitative und quantitative Einschätzung, inwieweit und mit welcher Intensität die betreffenden Belange berührt sind.

Das **Abwägungsergebnis** ist das Resultat aus der Gewichtung der entscheidungserheblichen Belange im konkreten Planungsfall. In der Bevorzugung einzelner Belange und der damit zwangsläufig verbundenen Zurückstellung anderer Belange liegt die dem Planungsträger zukommende **planerische Gestaltungsfreiheit**.

Bei der **gerichtlichen Überprüfung**, ob eine Planungsentscheidung rechtmäßig ist, steht in der Regel die Ermittlung und Bewertung des Abwägungsmaterials im Vordergrund, also die eher **verfahrensrechtliche Seite** der Planung. Demgegenüber ist das Abwägungsprodukt im Hinblick auf die dem Planungsträger zukommende planerische Gestaltungsfreiheit nur eingeschränkt überprüfbar. Im Wesentlichen geht es um die Frage, ob die Planungsentscheidung vertretbar ist. Ob möglicherweise auch eine andere Planung möglich gewesen wäre, ist demgegenüber ohne Belang[2].

3. Von vornherein nicht abwägungsrelevant sind Belange, die nur unwesentlich berührt oder nicht schutzwürdig sind. Letzteres ist vor allem bei der Betroffenheit illegaler Nutzungen in Betracht zu ziehen, die aus bauordnungsrechtlichen Gründen beseitigt werden müssen („Schwarzbauten"; s. auch § 2 Abs. 4 der 24. BImSchV)[3]. Wo die **Unwesentlichkeitsschwelle** für zusätzliche Lärmbelastungen liegt (Bagatellgrenze) ist unklar. Generell geht die Rechtsprechung davon aus, dass der Kreis der abwägungserheblichen Belange eher weit als eng zu ziehen ist. Nicht

---

[1] S. etwa BVerwG, Urteil vom 28.06.2000 – 11 C 13.99, BVerwGE 111, 276; Vallendar, in: Hermes/Sellner, AEG-Kommentar, 2006, § 18, Rn. 120; Krautzberger, in: Battis/Krautzberger/Löhr, 10. Aufl. 2007, § 1, Rn. 126; Reidt, in: Gelzer/Bracher/Reidt, Bauplanungsrecht, 7. Aufl. 2006, Rn. 551.

[2] S. etwa VGH Kassel, Urteil vom 12.03.2008 – 3 N 1907/05, UPR 2008, 359; Krautzberger, in: Battis/Krautzberger/Löhr, Baugesetzbuch, 10. Aufl. 2007, § 1, Rn. 87 ff.

[3] S. etwa Bracher, in: Landmann/Rohmer, Umweltrecht, Stand: August 2008, § 42 BImSchG, Rn. 19.

relevant ist, ob die Immissionsgrenzwerte aus § 2 der 16. BImSchV erreicht sind[4]. Ebenfalls nicht von Bedeutung ist, ob die auf die Planung zurückzuführende Lärmerhöhung so hoch ist, dass sie als solche wahrnehmbar ist. Auch Erhöhungen um weniger als 2 bis 3 dB(A) können also abwägungsrelevant sein[5]. Insbesondere gilt dies, wenn es um Lärmerhöhungen geht, die sich im Bereich einer möglichen Gesundheitsgefährdung bewegen. Im Übrigen kommt es auf die bestehende Vorbelastung, die Lärmverteilung über den Tag und die Nacht, die zu erwartenden Maximalpegel u. ä. an. Der Planungspraxis kann vor diesem Hintergrund nur die Empfehlung gegeben werden, nach Möglichkeit jede nicht völlig zu vernachlässigende Lärmerhöhung zu berücksichtigen. Ist sie nur geringfügig, kann sie unproblematisch durch gegenläufige andere Belange überwunden werden, ohne dass es einer vollständigen Ausblendung der Lärmerhöhung bedarf. Notwendig ist es dafür allerdings, dass die Lärmerhöhung als solche hinreichend ermittelt und bewertet oder aber insofern mit einer Wahrunterstellung oder Worst Case-Annahme gearbeitet wird. Zugrunde zu legen ist dabei ein angemessener **Prognosehorizont**. Für diesen bestehen keine verbindlichen Vorgaben. Eine zumeist übliche und rechtlich abgesicherte Größenordnung liegt bei 15 bis 20 Jahren[6].

4. Bei der planerischen Abwägung genießt grundsätzlich **kein Belang abstrakten Vorrang**[7]. Dies gilt auch für den sogenannten **Trennungsgrundsatz** in § 50 BImSchG, nach dem bei raumbedeutsamen Planungen und Maßnahmen die für eine bestimmte Nutzung vorgesehenen Flächen einander so zuzuordnen sind, dass schädliche Umwelteinwirkungen soweit wie möglich vermieden werden. Teilweise wird in diesem Zusammenhang von einem **Optimierungsgebot** gesprochen[8]. Dies ist zumindest missverständlich. Sofern man neben strikt zu beachtenden Rechtsnormen, die in der planerischen Abwägung nicht überwindbar sind, überhaupt von einem Optimierungsgebot spricht, handelt es sich dabei um eine abstrakte Vorranganordnung, von der nur in atypischen Fällen abgewichen werden darf[9]. Ein Optimierungsgebot in diesem Sinne ist der Trennungsgrundsatz des § 50 BImSchG nicht. Er kollidiert vielfach mit Belangen, die ihm im Range nicht ohne weiteres nachstehen, insbesondere mit der Bodenschutzklausel in § 1 a Abs. 2 BauGB. Da-

---

[4] S. BVerwG, Beschluss vom 24.05.2007 – 4 BN 16.07 und 4 VR 1.07, BauR 2007, 2041.

[5] S. etwa BVerwG, Beschluss vom 8.06.2004 – 4 BN 19.04, BauR 2005, 829; BVerwG, Urteil vom 21.10.1999 – 4 CN 1.98, UPR 2000, 189; BVerwG, Urteil vom 28.11.1995 – 4 NB 38.94, NVwZ 1996, 711; Halama, VBl BW 2006, 132, 133; Reidt, in: Gelzer/Bracher/Reidt, Bauplanungsrecht, 7. Aufl. 2004, Rn. 588.

[6] Hoffmann/Kassow, NVwZ 2007, 149 m.w.N.; s. hierzu auch Bracher, in: Landmann/Rohmer, Umweltrecht, Stand: August 2008, § 41 BImSchG, Rn. 58 ff.

[7] BVerwG, Urteil vom 5.04.1993 – 4 NB 3.93, BVerwGE 92, 231.

[8] BVerwG, Urteil vom 22.03.1985 – 4 C 73.82, BVerwGE 71, 163; Jarass, BImSchG, 7. Aufl. 2007, § 50 Rn. 19 ff.; Schink, NVwZ 2003, 1041.

[9] BVerwG, Beschluss vom 31.01.1997 – 4 NB 27.96, BVerwGE 104, 68; Halama, VBl BW 2006, 132, 133; Vallendar, in: Sellner/Hermes, AEG-Kommentar, 2006, § 18, Rn. 101 ff.

her handelt es sich beim Trennungsgrundsatz lediglich um eine **schlichte Abwägungsdirektive**[10].

5. Ab einer bestimmten Lärmbelastung kann diese nicht mehr allein in der planerischen Abwägung überwunden und gegenüber anderen Belangen zurückgestellt werden. Es bedarf dann vielmehr **ergänzender Ausgleichsmaßnahmen**. Wenn es um den Bau oder die wesentliche Änderung einer Straße geht, sind insofern § 41 und § 42 BImSchG i. V. m. der 16. BImSchV maßgeblich. Die in § 2 Abs. 1 der **16. BImSchV** geregelten Grenzwerte markieren verbindlich die **Grenze zu schädlichen Umwelteinwirkungen**, deren Vermeidung gemäß § 41 Abs. 1 BImSchG sicherzustellen ist[11]. Werden diese Werte unterschritten, liegt lediglich eine abwägungserhebliche Lärmbelastung vor. Werden die Grenzwerte überschritten, bedarf es neben der Abwägung zugleich auch der Durchführung von Ausgleichsmaßnahmen nach Maßgabe des immissionsschutzrechtlichen Lärmschutzkonzeptes.

Mit dem **Bau** einer Straße ist deren Neubau, also die erstmalige Errichtung gemeint. Die **wesentliche Änderung** einer Straße ist in § 1 Abs. 2 der 16. BImSchV geregelt. Dafür bedarf es zunächst einer Änderung am Straßenkörper. Bloße Veränderungen des Verkehrsflusses oder der Verkehrsmenge, der bloßen Verkehrsführung u.ä. reichen nicht (s. hierzu auch Nr. 10.1 der Verkehrslärmschutzrichtlinien 1997 – VlärmSchR 1997)[12]. Eine solche Änderung ist sodann auch wesentlich, wenn

- mindestens ein weiterer durchgehender Fahrstreifen errichtet wird oder
- wenn durch einen erheblichen baulichen Eingriff der Beurteilungspegel des von dem zu ändernden Verkehrswegs ausgehenden Verkehrslärms um mindestens 3 dB(A) oder auf mindestens 70 dB(A) am Tage oder mindestens 60 dB(A) in der Nacht erhöht wird oder
- wenn der Beurteilungspegel des von dem zu ändernden Verkehrswegs ausgehenden Verkehrslärm zu ändernden Verkehrswegs bereits vor dem erheblichen baulichen Eingriff bei 70 dB(A) am Tage oder 60 dB(A) in der Nacht liegt; dies gilt jedoch nicht in Gewerbegebieten.

Maßgeblich ist immer nur die Lärmerhöhung im Bereich des Straßenneubaus oder der wesentlichen Änderung. Ob sich im darüber hinausgehenden Straßennetz Lärmerhöhungen ergeben, ist für das Lärmschutzkonzept der §§ 41 und 42

---

[10] S. etwa BVerwG, Urteil vom 28.01.1999 – 4 CN 5.98, BVerwGE 108, 248; Halama, VBl BW 2006, 132, 133; „Im Urteil vom 28.01.1999 hat der 4. Senat die Vorschrift aus den Höhen einer Vorrangregelung endgültig in die Niederungen einer schlichten Abwägungsdirektive heruntergeholt.".

[11] BVerwG, Urteil vom 17.03.2005 – 4 A 18.04, UPR 2005, 348.

[12] Bracher, in: Landmann/Rohmer, Umweltrecht, Stand: August 2008, § 41 BImSchG, Rn. 29 ff.

BImSchG sowie der 16. BImSchG unerheblich (s. allerdings noch zur planerischen Abwägung im Hinblick auf die Gesamtbelastung unter 7.)[13].

Die in § 2 Abs. 1 der 16. BImSchV geregelte Grenze zu schädlichen Umwelteinwirkungen i.S.v. § 41 Abs. 1, § 3 Abs. 1 BImSchG richtet sich – vergleichbar mit anderen Regelwerken wie der 18. BImSchV, der TA Lärm oder der DIN 18 005 – nach der **planerischen Gebietseinordnung** der betroffenen Nachbarschaft, die vor schädlichen Umwelteinwirkungen durch Verkehrsgeräusche geschützt werden soll. Maßgeblich sind daher in erster Linie die Baugebietsfestsetzungen in Bebauungsplänen, soweit sie wirksam und nicht funktionslos geworden sind. Existiert keine derartige planerische Festsetzung, ist auf die **tatsächliche Schutzbedürftigkeit** abzustellen (§ 2 Abs. 2 Satz 2 der 16. BImSchV). Sofern es sich nicht um in § 2 Abs. 1 ausdrücklich genannte Nutzungen handelt (Krankenhäuser, Schulen, Kurheime, Altenheime), wird sich vielfach gerade bei Gemengelagen eine Einordnung mit der Schutzbedürftigkeit eines Mischgebiets anbieten. Insofern gelten ähnliche Überlegungen wie zur Mittelwertbildung beim Sportlärm nach Maßgabe der 18. BImSchV oder der TA Lärm (s. insbesondere Nr. 6.7 TA Lärm).

6. Das unbeschadet von § 50 BImSchG (s. unter 4.) geltende Lärmschutzsystem der §§ 41 und 42 BImSchG besteht aus (weiteren) drei Stufen:

- aktiver Lärmschutz
- passiver Lärmschutz
- Entschädigung.

Teilweise wird im Hinblick auf die Einbeziehung des Trennungsgrundsatzes von vier Stufen gesprochen[14].

Dieses dreistufige Schallschutzkonzept ersetzt die planerische Abwägung nicht. Es ergänzt sie lediglich.

a) Vorrangig sind schädliche Umwelteinwirkungen, also Immissionsbelastungen oberhalb der Grenzwerte gemäß § 2 Abs. 1 der 16. BImSchV, zu **vermeiden** (§ 41 Abs. 1 BImSchG). Dazu dienen neben der räumlichen Trennung (§ 50 BImSchG, s. 4.) Maßnahmen des sogenannten aktiven Schallschutzes, also in der Regel die Errichtung von **Lärmschutzwänden oder Lärmschutzwällen** oder auch die Führung der Straße in **Troglage** (s. Nr. 11 VLärmSchR 1997). Diese Verpflichtung besteht allerdings dann nicht, wenn eine solche Vermeidung von schädlichen Umwelteinwirkungen nach dem **Stand der Technik** nicht möglich ist (§ 41 Abs. 1 BImSchG) oder wenn die Kosten derartiger Maßnahmen **außer Verhältnis** zu

---

[13] BVerwG, Urteil vom 21.03.1996 – 4 C 9/95, NVwZ 1996, 1003; kritisch hierzu Bracher, in: Landmann/Rohmer, Umweltrecht, Stand: August 2008, § 41 BImSchG, Rn. 44 f.

[14] So etwa Bracher, in: Landmann/Rohmer, Umweltrecht, Stand: August 2008, § 42 BImSchG, Rn. 1 ff.; Schink, NVwZ 2003, 1041.

dem angestrebten Schutzzweck stehen würden (§ 41 Abs. 2 BImSchG). Dabei ist wichtig, dass es nicht auf einen Kostenvergleich zum passiven Schallschutz ankommt, sondern auf einen Vergleich mit dem angestrebten Schutzzweck. Dies betont die Vorrangigkeit von aktivem gegenüber bloß passiv wirkendem Schallschutz, der immer nur die zweitbeste Lösung darstellt[15]. Denn bei passivem Schallschutz findet eine Abschirmung nicht nur gegen unerwünschte Lärmeinwirkungen statt, sondern auch von der als positiv eingestuften Geräuschkulisse (Vogelgesang, Blätterrauschen u. ä.). Es soll also nach Möglichkeit eine „akustische Käfighaltung“[16] vermieden werden.

Nicht weiter vertieft werden soll hier der in erster Linie rechtsdogmatische Streit zwischen dem 4. und 9. Senat des Bundesverwaltungsgerichts zu der Frage, ob es sich bei den Anforderungen des § 41 Abs. 1 BImSchG um **strikt bindendes Recht** handelt[17] oder ob sich die Frage, unter welchen Voraussetzungen von Maßnahmen des aktiven Schallschutzes abgesehen werden darf, nach den zum **Abwägungsgebot** entwickelten Grundsätzen richtet[18]. Dieser Streit hat vor allem Bedeutung für den gerichtlichen Überprüfungsumfang. Unabhängig vom rechtsdogmatischen Ansatz bedarf es einer **umfassenden Ermittlung** der für aktiven Schallschutz zu erwartenden Kosten und einer Ermittlung des dadurch erreichbaren Schutzes. Letzteres richtet sich insbesondere nach der Größe des Personenkreises, der von Grenzwertüberschreitungen betroffen ist, der Personenanzahl, die durch aktive Maßnahmen geschützt werden kann, in welchem Umfang Maßnahmen des aktiven Schallschutzes zur Lärmreduzierung beitragen u. ä.[19] Probleme kann der unterschiedliche dogmatische Ausgangspunkt allerdings dann aufwerfen, wenn von aktiven Schallschutzmaßnahmen **nicht** aus Gründen des Standes der Technik oder aus Kostengründen abgesehen werden soll, sondern – jedenfalls auch – im Hinblick auf den Entzug von Licht, Sonne und Luft bei den von der Schutzmaßnahme Begünstigten oder sonstigen Dritten oder etwa aus Gründen des Orts- und Landschaftsbildes oder des Naturschutzes. Nach der Rechtsprechung des 9. Senats wäre dies nach Maßgabe des allgemeinen Abwägungsprogramms unproblematisch. Gemäß der Rechtsprechung des 4. Senats, der § 41 Abs. 1 BImSchG als strikt bindendes Recht ansieht, wäre dies ohne eine erweiternde Auslegung hingegen kaum möglich. Wenn daher insofern Planungsrisiken vermieden werden sollen, empfiehlt es sich, nach Möglichkeit auf die in § 41 Abs. 1 und Abs. 2 BImSchG genannten Umstände (Stand der Technik, Verhältnis der Kosten zum angestrebten Schutzzweck)

---

[15] S. etwa BVerwG, Beschluss vom 30.11.2006 – 4 BN 14/06, ZUR 2007, 205.

[16] So ausdrücklich BayVGH, Urteil vom 3.12.2002 -, BayVBl 2003, 691; Halama, VBl BW 2006, 132, 135.

[17] BVerwG, Urteil vom 28.01.1999 – 4 CN 5.98, BVerwGE 108, 248; BVerwG, Beschluss vom 24.05.2007 – 4 BN 16.07 und 4 VR 1.07, BauR 2007, 2041; s. hierzu im Einzelnen auch Bracher, in: Landmann/Rohmer, Umweltrecht, Stand: August 2008, § 41 BImSchG, Rn. 72 ff.

[18] So etwa BVerwG, Urteil vom 3.03.2004 – 9 A 15.03, DVBl. 2004, 953; BVerwG, Urteil vom 5.03.1997 – 11 A 25.95, BVerwGE 104, 123.

[19] Bracher, in: Landmann/Rohmer, Umweltrecht, Stand: August 2008, § 41 BImSchG, Rn. 68 ff.

abzustellen und weitere Aspekte lediglich als – die Entscheidung nicht tragende – ergänzende Überlegungen anzuführen.

b) Sofern aktive Schallschutzmaßnahmen nach Maßgabe von § 41 BImSchG trotz Überschreitung der Grenzwerte der 16. BImSchV unterbleiben können, sieht § 42 BImSchG vor, dass der Eigentümer einer betroffenen baulichen Anlage gegen den Träger der Straßenbaulast, bei einer Gemeindestraße also gegenüber der Gemeinde, einen Anspruch auf **angemessene Entschädigung in Geld** hat. Bauliche Anlagen sind dabei solche, die Bestandsschutz genießen oder die bei Auslegung des Entwurfs des Bebauungsplans gemäß § 3 Abs. 2 BauGB mit ausgewiesener Wegeplanung bauaufsichtlich genehmigt waren. Soweit es keiner Baugenehmigung bedarf, etwa im Bauanzeigeverfahren, ist darauf abzustellen, ob bei Auslegung des Planentwurfs bereits mit der Durchführung des Vorhabens begonnen werden durfte[20].

Das Ziel der Entschädigung ergibt sich aus § 42 Abs. 2 BImSchG. Danach ist die Entschädigung zu leisten **für Schallschutzmaßnahmen** an der betreffenden baulichen Anlage (s. Nr. 13 VLärmSchR 97) in Höhe der erbrachten notwendigen Aufwendungen für Schallschutzmaßnahmen. Soweit es um die notwendigen Aufwendungen für Räume geht, ist dafür die **24. BImSchV** (Verkehrswege-Schallschutzmaßnahmenverordnung) maßgeblich. Soweit es um bauliche Anlagen geht, die zum Außenwohnbereich gehören (z. B. Terrassen, Balkone) ist im Hinblick auf passive Schallschutzmaßnahmen allein § 42 Abs. 2 BImSchG maßgeblich[21]. Der Sache nach handelt es sich also um einen **Aufwendungsersatzanspruch** für erbrachte notwendige Aufwendungen. Der praktische Vollzug gestaltet sich dabei regelmäßig so, dass vorab durch den Straßenbaulastträger der notwendige Bedarf festgestellt wird und dieser entweder selbst die Maßnahmen beauftragt oder aber den Eigentümern eine Vorschusszahlung leistet, damit diese die betreffenden Maßnahmen beauftragen können. Von Rechts wegen sind sie dazu auch verpflichtet, wenn eine Rückzahlung vermieden werden soll. Es handelt sich also nicht um eine maßnahmenunabhängige Entschädigung (kein „dulde und liquidiere“!).

Nicht erforderlich ist es für den Entschädigungsanspruch gemäß § 42 Abs. 2 BImSchG, ob eine Maßnahme des passiven Schallschutzes auf der Grundlage von § 9 Abs. 1 Nr. 24 BImSchG **im Bebauungsplan festgesetzt wurde oder nicht**. Dies ist im Hinblick auf die planerische Konfliktbewältigung zwar möglich, jedoch nicht zwingend notwendig. Bei der Planung von Straßen mittels Bebauungsplan stellt § 42 Abs. 2 Satz 1 BImSchG eine eigenständige Anspruchsgrundlage für die Entschädigung dar, die keine ergänzende Bebauungsplanfestsetzung erforderlich macht[22]. Anders ist dies bei der Straßenplanung durch Planfeststellung. Hier besteht ein Anspruch auf Maßnahmen des passiven Schallschutzes nur, wenn der Planfeststellungsbeschluss dies vorsieht (§ 74 Abs. 2 Satz 2 VwVfG).

---

[20] Bracher, in: Landmann/Rohmer, Umweltrecht, Stand: August 2008, § 42 BImSchG, Rn. 20 f.

[21] Bracher, in: Landmann/Rohmer, Umweltrecht, Stand: August 2008, § 42 BImSchG, Rn. 27.

[22] Halama, VBl BW 2006, 132, 135; Schink, NVwZ 2003, 1041, 1046; Bracher, in: Landmann/Rohmer, Umweltrecht, Stand: August 2008, § 42 BImSchG, Rn. 3, 13.

Daraus folgt zugleich ein weiterer Unterschied: Die Betroffenen müssen im Rahmen der Öffentlichkeitsbeteiligung in einem Bebauungsplanverfahren gemäß § 3 Abs. 2 BauGB nicht ausdrücklich geltend machen, dass sie einen Anspruch auf passiven Schallschutz haben und dementsprechend einfordern, dass eine diesbezügliche Planfestsetzung erfolgt. Erst recht müssen sie dies nicht mit Rechtsmitteln gegen den Bebauungsplan (Normenkontrolle gemäß § 47 VwGO) geltend machen. Demgegenüber sind die Betroffenen dazu zur Rechtswahrung bei einer straßenrechtlichen Planfeststellung in der Regel verpflichtet. Enthält der Planfeststellungsbeschluss keine Regelung zu Schutzvorkehrungen im Hinblick auf passiven Schallschutz (§ 74 Abs. 2 Satz 2 VwVfG), müssen sie eine entsprechende Planergänzung klageweise innerhalb der Rechtsmittelfrist geltend machen. Erfolgt dies nicht, sind sie mit entsprechenden Entschädigungsansprüchen ausgeschlossen. Die Einzelheiten zu Art und Umfang des passiven Schallschutzes, die möglichen Maßnahmen, die zu erreichenden Schalldämmmaße usw. sind in der 24. BImSchV (Verkehrswege-Schallschutzmaßnahmenverordnung) geregelt. Erreicht wird damit ein energieäquivalenter Dauerschallpegel von etwa 40 dB(A) in Wohn- und von 30 dB(A) in Schlafräumen[23]. Damit werden unter Berücksichtigung der Erkenntnisse aus der Lärmwirkungsforschung sowohl eine ungestörte Kommunikation als auch ein ungestörter Schlaf gewährleistet[24]. Auf die diesbezüglichen Einzelheiten des Planvollzugs wird nachfolgend nicht weiter eingegangen. Sie sind unter Nr. 10 ff. der Verkehrslärmschutzrichtlinien 1997 im Einzelnen dargelegt.

c) Die Regelungen zum aktiven und passiven Schallschutz schließen das in § 41 und § 42 BImSchG selbst enthaltene Schallschutzkonzept ab. Allerdings sieht **§ 42 Abs. 2 Satz 2 BImSchG** als weitere Stufe vor, dass Vorschriften, die weiter gehende Entschädigungen gewähren, unberührt bleiben. Diese Regelung dient vor allem dazu, dass die **verbleibenden Schutzlücken**[25] geschlossen werden können.

Derartige Schutzlücken bestehen insbesondere für **Außenwohnbereiche**, also vor allem für Balkone und Terrassen (s. Nr. 49 VLärmSchR 1997), sofern im konkreten Fall aktive Schallschutzmaßnahmen ausscheiden. Anders als bei der straßenrechtlichen Planfeststellung bedarf es auch insofern keiner § 74 Abs. 2 Satz 3 VwVfG vergleichbaren Planfestsetzung im Bebauungsplan. Vielmehr genügt es, wenn die Immissionsgrenzwerte in Außenwohnbereichen aufgrund des Neubaus oder der wesentlichen Änderung einer Straße überschritten werden und dies nicht durch Maßnahmen des aktiven Schallschutzes verhindert wird[26]. Die Entschädigung für

---

[23] Schink, NVwZ 2003, 1041; Koch, NVwZ 2000, 490.

[24] S. insofern etwa zum Bereich des Fluglärms Reidt/Fellenberg, in: Landmann/Rohmer, Umweltrecht, Stand: August 2008, § 2 FluglärmG, Rn. 12 ff.; Reidt/Schiller, a.a.O., § 7 FluglärmG, Rn. 18; s. auch BVerwG, Urteil vom 16.03.2006 – 4 A 1075.04, BVerwGE 125, 116.

[25] S. hierzu Bracher, in: Landmann/Rohmer, Umweltrecht, Stand: August 2008, § 42 BImSchG, Rn. 5.

[26] BVerwG, Beschluss vom 30.11.2006 – 4 BN 14/06, ZUR 2007, 205; BVerwG, Beschluss vom 7.09.1988 – 4 N 1.87, BVerwGE 80, 184; Bracher, in: Landmann/Rohmer, Umweltrecht, Stand: August 2008, § 42 BImSchG, Rn. 3; Schulze-Fielitz, UPR 2008, 401.

unvermeidbare Lärmbelastungen in Außenwohnbereichen ist gesetzlich im Einzelnen nicht geregelt. In der Praxis einschlägig und in der Rechtsprechung auch bestätigt, sind die diesbezüglichen Ermittlungsgrundlagen in den Verkehrslärmschutzrichtlinien 1997 (Nr. 47 ff.).

7. Ein weiterer wichtiger Gesichtspunkt, der durch das Schallschutzkonzept in den §§ 41 und 42 BImSchG unmittelbar nicht abgebildet wird, ist die **Summierung verschiedener Lärmquellen** (Gesamtlärmbelastung)[27]. Dies gilt insbesondere für Fälle, in denen die Errichtung oder wesentliche Änderung einer Straße für sich genommen zwar auch unter Berücksichtigung der Grenzwerte der 16. BImSchV kritisch ist, die Anlieger der Straße jedoch durch den Lärm weiterer Straßen, durch Gewerbelärm, Fluglärm oder Sportlärm zusätzlich betroffen sind. Die eigentliche Problematik liegt dabei letztlich in der jeweils **lärmquellenspezifischen Bewertung**. Da diese durch die maßgeblichen lärmtechnischen Vorschriften und die sie ergänzenden untergesetzlichen Regelwerke vorgegeben ist, muss sie grundsätzlich von der Planungspraxis und auch von den Betroffenen hingenommen werden[28]. Allerdings gilt dies nicht unbegrenzt. Denn unabhängig von dem Lärmschutzkonzept der §§ 41 und 42 BImSchG ist die Gesamtlärmbelastung zumindest in der planerischen **Abwägung** zu berücksichtigen. Sie darf mit der Planung verbundene Konflikte nicht ungelöst lassen. Dies hat zur Folge, dass es aufgrund der Gesamtbelastung zumindest nicht zu Gesundheitsgefährdungen oder zur Verletzung sonstiger verfassungsrechtlich geschützter Rechtsgüter kommen darf[29]. Die diesbezügliche Grenze wird bei Gebieten, die ausschließlich dem Wohnen dienen, bei etwa 70 dB(A) tags und 60 dB(A) nachts, bei Gebieten, die nicht nur zum Wohnen bestimmt sind, bei etwa 75 dB(A) tags und 65 dB(A) nachts gezogen[30]. Führt der Bau oder die (ggf. auch unwesentliche) Änderung einer Straße dazu, dass diese Zumutbarkeitsschwelle erstmals oder stärker als zuvor überschritten wird, muss der Planungsträger dem Rechnung tragen. Ansonsten ist die planerische Abwägung unvertretbar und damit rechtswidrig. In Betracht kommen in einem solchen Fall Maßnahmen nach Maßgabe des in den § 41 und § 42 BImSchG angelegten Lärmschutzkonzepts, im Wesentlichen also Maßnahmen des aktiven und passiven Schallschutzes.

---

[27] S. dazu etwa Schulze-Fielitz, UPR 2008, 401.

[28] BVerwG, Urteil vom 21.03.1996 – 4 C 9.95, NVwZ 1996, 1003.

[29] S. etwa BVerwG, Urteil vom 10.11.2004 – 9 A 67.03, NVwZ 2005, 591; BVerwG, Urteil vom 17.03.2005 – 4 A 18.04, NVwZ 2005, 811.

[30] S. etwa BVerwG, Urteil vom 16.03.2006 – 4 A 1075.04, BRS 70 Nr. 29; BVerwG, Urteil vom 23.02.2005 – 4 A 5.04, BRS 69 Nr. 21; OVG Münster, Urteil vom 13.03.2008 – 7 D 34/07 (juris); BVerwG, Urteil vom 28.10.1998 – 11 A 3.98, BVerwGE 170, 350; BGH, Urteil vom 16.03.1995 – III ZR 166/93, BGHZ 129, 124; Schulze-Fielitz, UPR 2008, 401.

III. Planung einer schutzbedürftigen Bebauung in der Nachbarschaft einer vorhandenen Straße

Wird eine schutzbedürftige (Wohn-)Nutzung in der Nähe einer vorhandenen Straße geplant, ohne dass diese wesentlich geändert wird, sind das Lärmschutzkonzept der §§ 41 und 42 BImSchG sowie der 16. BImSchV nicht anwendbar[31]. In diesem Fall gelten **keine normativ festgelegten Grenzwerte**. Zu beachten ist allerdings ebenso wie in den Fällen, in denen der Bau oder die wesentliche Änderung einer Straße beabsichtigt ist, das planerische **Abwägungsgebot**. Dies schließt eine Berücksichtigung der Abwägungsdirektive des § 50 BImSchG ein, die allerdings bei der Planung einer schutzbedürftigen Bebauung ebenso wie bei der Planung einer neuen Straße mit anderen Belangen, insbesondere der Bodenschutzklausel des § 1 a Abs. 2 Satz 1 BauGB, in Einklang gebracht werden muss[32]. Ebenso wie es planerisch gerechtfertigt sein kann, eine Straße zu planen, obgleich die Grenzwerte gemäß § 2 Abs. 1 der 16. BImSchV überschritten sind, kann auch umgekehrt die Planung eines neuen Wohngebietes in derartigen Fällen zulässig sein. Notwendig ist, dass hierfür planerische Belange von hinreichendem Gewicht sprechen. Dies kann etwa neben dem sparsamen Umgang mit Grund und Boden das gemeindliche Interesse sein, einen vorhandenen Ortsteil zu erweitern oder nachzuverdichten, um so dessen Infrastruktur (ÖPNV, soziale Einrichtung usw.) besser zu nutzen. Auch das Gebot, die Anforderungen kostensparenden Bauens zu berücksichtigen sowie das Interesse einer Gemeinde, ihre Grundstücke zu verwerten, die sie in einem im Flächennutzungsplan für Wohnnutzung dargestellten Bereich erworben hat, um sie an Bauinteressenten zu veräußern, können legitime Planungsziele sein[33]. Eine absolute **Schranke für die planerische Vertretbarkeit** ist auch in diesem Fall die Grenze zu **Gesundheitsgefahren**, die nicht überschritten werden darf. Auch dabei sind die in der Planung vorgesehenen Maßnahmen des aktiven und passiven Schallschutzes, insbesondere also diesbezügliche Planfestsetzungen nach Maßgabe von § 9 Abs. 1 Nr. 24 BauGB zu berücksichtigen.

Für die planerische Abwägung stellen die **Orientierungswerte der DIN 18 005** und auch die **Grenzwerte in § 2 Abs. 1 der 16. BImSchV** eine **Hilfestellung** dar[34]. Je weiter deren Werte überschritten werden, desto gewichtiger müssen die für die Planung sprechenden städtebaulichen Gründe sein und um so mehr hat die Gemeinde die baulichen und technischen Möglichkeiten auszuschöpfen, die ihr zu Gebote stehen, um derartige Auswirkungen zu verhindern. Dies gilt insbesondere bei der Ausweisung neuer Baugebiete in einem bislang praktisch unbebauten Be-

[31] BVerwG, Beschluss vom 13.12.2007 – 4 BN 41/07, NVwZ 2008, 426; BVerwG, Urteil vom 17.03.2008 – 4 A 18.04, UPR 2005, 348; BVerwG, Urteil vom 1.09.1999 – 4 BN 25.99, NVwZ-RR 2000, 146.

[32] BVerwG, Urteil vom 22.03.2007 – 4 CN 2/06, NVwZ 2007, 831.

[33] BVerwG. Urteil vom 22.03.2007 – 4 CN 2/06, NVwZ 2007, 831.

[34] S. BVerwG, Beschluss vom 13.12.2007 – 4 BN 41/07, NVwZ 2008, 426; BVerwG, Urteil vom 17.03.2005 – 4 A 18.04, UPR 2005, 348.

reich. Geht es um die Überplanung einer Gemengelage, sind die Anforderungen aufgrund der damit einhergehenden Zwangspunkte geringer.

Eine generelle Grenze, bis zu der die Orientierungswerte der DIN 18 005 überschritten werden dürfen, um ein gerechtes Abwägungsergebnis zu erhalten, gibt es nicht. Selbst eine Überschreitung der Orientierungswerte um **10 dB(A) und mehr** bei der Beplanung eines bislang unbebauten Bereichs kann zulässig sein[35]. Allerdings sind in diesem Fall die Umstände des Einzelfalls und die planerischen Möglichkeiten entsprechend sorgfältig in den Blick zu nehmen. Dies beginnt bei der Ermittlung und Bewertung der Lärmimmissionen im Hinblick auf ihre Höhe und auf ihre Verteilung insbesondere auf die Tageszeit und die Nachtzeit. Vielfach ist, gemessen an den einschlägigen Richtwerten, die Nachtzeit problematischer als der Tag. Dies beruht zum einen darauf, dass die Lärmwerte um 10 dB(A) (16. BImSchV) bzw. um 15 dB(A) (TA Lärm, DIN 18 005) geringer sind. Zum anderen wird für den Tag zur Lärmermittlung in der Regel die Gesamtzeit von 16 Stunden (6.00 Uhr bis 22.00 Uhr) herangezogen, für die Nacht demgegenüber die lauteste Nachtstunde (s. etwa Nr. 6.4 der TA Lärm). Die **Schutzziele** am Tag und in der Nacht sind allerdings unterschiedlich.

Während es beim **Tagschutz** für das Gebäudeinnere in erster Linie um die Vermeidung von **Kommunikationsstörungen** geht sowie um den Schutz von **Außenwohnbereichen**, ist das Schutzziel während der Nacht die Vermeidung von **Schlafstörungen** (s. bereits II., 6., b)). Insbesondere der Außenwohnbereich genießt während der Nachtzeit keinen besonderen Schutz[36]. Dementsprechend ist für die Nachtzeit in erster Linie in den Blick zu nehmen, ob – insbesondere auch ohne weiter gehende Maßnahmen des passiven Schallschutzes – ein ungestörter Schlaf möglich ist, etwa aufgrund aktiver Schallschutzmaßnahmen oder im Hinblick darauf, dass aufgrund von Wärmeschutzanforderungen oder mittels Festsetzungen zur Lage schutzbedürftiger Wohnräume auf der dem Lärm abgewandten Seite ein hinreichendes Maß an Schutz erreicht werden kann. Demgegenüber ist am Tag, insbesondere dann, wenn die einschlägigen Richtwerte überschritten sind, neben dem Innenraumschutz auch die Benutzbarkeit des Außenwohnbereichs in den Blick zu nehmen.

Da das Abwägungsergebnis nur einer eingeschränkten gerichtlichen Kontrolle unterliegt (s. II., 2.), ist gerade bei erheblicher Überschreitung der einschlägigen Richtwerte die **Verfahrenskontrolle** im Hinblick auf die Zusammenstellung des Abwägungsmaterials besonders hoch. Es bedarf dann einer besonders sorgfältigen und intensiven Auseinandersetzung mit der Frage, ob im Vorfeld passiver Schallschutzmaßnahmen aktive Schutzmöglichkeiten in Form von Lärmschutzwänden oder Lärmschutzwällen bestehen, in welchem Umfang sie wirken, welche kosten-

---

[35] So ausdrücklich BVerwG, Urteil vom 22.03.2007 – 4 CN 2/06, NVwZ 2007, 831; s. etwa auch OVG Lüneburg, Urteil vom 25.06.2008 – 1 KN 132/06, NuR 2008, 714.

[36] S. etwa BVerwG, Urteil vom 16.03.2006 – 4 A 1075/04, BVerwGE 125, 116 zum Fluglärm; s. dazu auch Reidt/Fellenberg, in: Landmann/Rohmer, Umweltrecht, § 2 Fluglärmgesetz, Rn. 7.

mäßigen, stadtgestalterischen oder sonstigen Gründe dagegen sprechen, zumindest auch aktive Schallschutzmaßnahmen festzusetzen u. ä.[37]. Ist eine derartige Ermittlung und Bewertung ordnungsgemäß erfolgt, ist eine Beschränkung auf passive Schallschutzmaßnahmen, ggf. verbunden mit einer Festsetzung der Außenwohnbereiche auf der straßenabgewandten Seite, grundsätzlich abwägungsfehlerfrei möglich. Auch einbezogen werden können hierbei **Festsetzungsmöglichkeiten gemäß § 9 Abs. 2 BauGB** (bedingtes Baurecht), die die Errichtung schutzbedürftiger (Wohn-)Gebäude davon abhängig machen, dass zuvor eine anderweitige schallabschirmende Bebauung realisiert wird (z. B. ein Gebäuderiegel mit Büro- oder sonstigen weniger lärmempfindlichen Gewerbenutzungen). Ebenfalls kann ein vergleichbares Ergebnis mittels der Möglichkeiten eines **städtebaulichen Vertrages** erreicht werden (s. insbesondere § 11 Abs. 1 Satz 1 Nr. 2 BauGB). Allerdings ist bei solchen Steuerungsmöglichkeiten stets darauf zu achten, dass sie auch langfristig wirken. Gegebenenfalls bedarf es daher entsprechender Bedingungen oder sonstiger Nebenbestimmungen in den zu erteilenden Baugenehmigungen. Nicht ausreichend ist es allerdings, wenn die Betroffenen lediglich vertraglich darauf verzichten, sich gegen Lärmimmissionen zur Wehr zu setzen. Denn das Gebot der planerischen Konfliktbewältigung verlangt, dass der mit Planung verbundene Konflikt ordnungsgemäß gelöst, nicht hingegen nur verdrängt wird[38].

IV. Gemeindenachbarschutz gegen eine Straßenplanung

Vorstehend wurden die Fallkonstellationen behandelt, in denen eine Gemeinde mittels eines Bebauungsplans selbst den Bau oder die wesentliche Änderung einer Straße plant oder aber selbst ein schutzbedürftiges Baugebiet in der Nähe einer vorhandenen Straße realisieren möchte. In beiden Fällen geht es um eigene aktive Planungsentscheidungen der Gemeinde. Gänzlich andere Fragen stellen sich, wenn die Gemeinde die betreffende Straßenplanung gar nicht wünscht und betreibt. Allein mit den Mitteln der Bauleitplanung kann sie eine Straßenplanung, die auf der Grundlage des Fachplanungsrechts nach Maßgabe des Bundesfernstraßengesetzes und der Landesstraßengesetze erfolgt, zumeist nicht verhindern. Dem steht regelmäßig **§ 38 BauGB** entgegen. Die Vorschrift führt dazu, dass jedenfalls bei Vorhaben von überörtlicher Bedeutung die §§ 29 bis 37 BauGB nicht anzuwenden sind. Einem Straßenbauvorhaben entgegenstehende Bebauungsplanfestsetzungen werden in der Planfeststellung nur als abwägungserhebliche Belange berücksichtigt[39]. Die gemäß § 38 BauGB erforderliche überörtliche Bedeutung ist jedenfalls dann gegeben, wenn das Vorhaben überörtliche Bezüge aufweist. Bereits die durch das

---

[37] BVerwG, Urteil vom 22.03.2007 – 4 CN 2/06, 831: BVerwG, Beschluss vom 13.12.2007 – 4 BN 41/=7, NVwZ-RR 2008, 426.

[38] BVerwG, Beschluss vom 23.01.2002 – 4 BN 3/02, BauR 2002, 730.

[39] S. im Einzelnen etwa Kraft, BauR 1999, 829 ff.; Reidt, in: Gelzer/Bracher/Reidt, Bauplanungsrecht, 7. Aufl. 2004, Rn. 85 ff.

Fachplanungsgesetz begründete nichtgemeindliche, überörtliche Planungszuständigkeit indiziert dabei die überörtliche Bedeutung[40]. Insbesondere dann, wenn eine Straße Gemeindeverknüpfungsfunktion hat, ist die überörtliche Bedeutung regelmäßig zu bejahen.

Möchte eine Gemeinde sich gegen eine Straßenplanung wehren, kann sie sich dabei zum einen auf möglicherweise beeinträchtigende **kommunale Einrichtungen** (kommunale Kindergärten, Schulen, Krankenhäuser u.ä.) berufen. Die diesbezüglichen Belange sind abwägend zu berücksichtigen. Die Gemeinde hat einen Anspruch darauf, dass diese ordnungsgemäß ermittelt und bewertet und abwägend berücksichtigt werden. Ebenfalls kann ein Anspruch auf die Realisierung aktiver oder passiver Schallschutzmaßnahmen oder auf die Leistung einer Entschädigung bestehen. Insofern gelten uneingeschränkt die vorstehenden Ausführungen unter II. zur Straßenplanung. Ein derartiger Anspruch ist regelmäßig nicht mit einer Anfechtungsklage gegen den Planfeststellungsbeschluss, sondern mit einer Verpflichtungsklage auf Planergänzung zu verfolgen, wenn derartige Regelungen im Planfeststellungsbeschluss nicht enthalten sind.

Soweit es nicht um die Betroffenheit kommunaler Einrichtungen geht, kommt allein eine Beeinträchtigung der **gemeindlichen Planungshoheit** in Betracht. Diese ist allerdings nicht in rechtsschutzrelevanter Weise berührt, wenn lediglich einzelne benachbarte Grundstücke, die nicht im Eigentum der Gemeinde stehen, durch die Lärmzunahme berührt sind. Sie muss sich in der Regel vielmehr auf **wesentliche Teile von Baugebieten** auswirken, die in Bebauungsplänen ausgewiesen sind[41] oder aber wesentliche Teile des Gemeindegebiets einer durchsetzbaren kommunalen Planung entziehen[42]. Dabei ist es allerdings nicht erforderlich, dass die nachteiligen Auswirkungen für die betroffenen Gebiete, wenn sie ohne Schutzmaßnahmen unbewältigt bleiben, die Gemeinde zu Umplanungen zwingen. Bereits das Interesse an der Bewahrung der in der Bauleitplanung zum Ausdruck kommenden städtebaulichen Ordnung vor nachhaltigen Störungen ist ein schutzwürdiger kommunaler Belang, der der Abwägung bedarf. Einen Anspruch auf die Anordnung von Lärmschutzmaßnahmen aufgrund einer Verpflichtungsklage oder gar einen Anspruch auf die gerichtliche Aufhebung eines Planfeststellungsbeschlusses vermittelt er jedoch nur dann, wenn jede andere Entscheidung als die Gewährung von Lärmschutz bzw. die Aufhebung der Planfeststellung abwägungsfehlerhaft wäre[43].

---

40 BVerwG, Urteil vom 31.10.2000 – 11 VR 12/00, BauR 2001, 928; Löhr, in: Battis/Krautzberger/Löhr, Baugesetzbuch, 10. Aufl. 2007, § 38, Rn. 30.

41 BVerwG, Urteil vom 17.03.2005 – 4 A 18.04, UPR 2005, 348.

42 S. etwa BVerwG, Urteil vom 1.08.2002 – 4 C 5.01, BVerwGE 117, 25; BVerwG, Urteil vom 26.02.1999 – 4 A 47.96, NVwZ 2000, 560; Schütz, in: Ziekow, Praxis des Fachplanungsrechts, 2004, Rn. 945 ff.

43 BVerwG, Urteil vom 17.03.2005 – 4 A 18.04, UPR 2005, 348.

XI Lärmsummation als Anforderung der Umweltprüfung

*Hans-Peter Michler**

Eine der offenen Fragen des Lärmschutzrechts ist die Bewältigung von Lärmsummenkonflikten. Die Frage lautet, ob Lärmeinwirkungen quellenbezogen – also nur mit Blick auf den einzelnen Emittenten – oder, wenn am Einwirkungsort Beeinträchtigungen aus mehreren Quellen zu erwarten sind, in ihrer Gesamtheit zu bewerten sind. Dabei ist die Zahl möglicher Fallkonstellationen reichhaltig, der Sprachgebrauch ist uneinheitlich. So ist etwa von „Lärmsummation"[1], „Gesamtlärmbewertung"[2] oder „Kumulation"[3] die Rede. Im Vordergrund stehen die Fälle, in denen ein neues, Lärm emittierendes Vorhaben an einem Standort errichtet werden soll, dessen Nachbarschaft bereits durch andere Emittenten lärmvorbelastet ist. Dabei stellt sich zunächst die Frage, ob nur die neu geplante Anlage zu betrachten ist, andere Lärmquellen also gleichsam von vornherein „ausgeblendet" werden. Ist das nicht der Fall, kann eine bereits vorhandene Vorbelastung zum einen zur Folge haben, dass Vor- und Zusatzbelastung „gesamthaft" zu beurteilen sind, sei es, dass sie zu einem Gesamtbeurteilungspegel zusammen zu fassen sind, sei es, dass sie zumindest in ihrer Gesamtheit zu bewerten sind. Zum anderen kann eine Vorbelastung aber auch Einfluss auf das Schutzniveau auf Seiten des Betroffenen haben mit der Folge, dass der Eigentümer eines bereits lärmvorbelasteten Grundstücks nur einen der Vorbelastung seines Grundstücks entsprechenden Schutz gegenüber einer neuen Lärmquelle beanspruchen kann. Seine „Toleranzschwelle" gegenüber neu hinzukommendem Lärm wird also angehoben, was auf Seiten der Betroffenen als schutzmindernd empfunden wird.

Im Recht des Lärmschutzes lassen sich Beispiele für alle „Modelle" finden. Das soll zu Beginn der folgenden Ausführungen sowohl für das Anlagenzulassungsrecht, als auch für die kommunale Bauleitplanung vorgestellt werden. Ob die Bewertung der Umweltauswirkungen eines Vorhabens bzw. Plans in der Umweltprüfung eine – das sei vorweg genommen – weniger zurückhaltende Sicht als das Fachrecht gebietet, wird im Anschluss daran beleuchtet.

---

* Der Verfasser ist Professor für Umwelt- und Planungsrecht sowie Europarecht an der FH Trier, Umwelt-Campus Birkenfeld, und freier Mitarbeiter der Anwaltskanzlei Rapräger, Hoffmann und Partner, Saarbrücken.

[1] Unter „Summation" wird im Folgenden die Anforderung verstanden, den Beurteilungspegel, der mit Grenz- bzw. Richtwerten verglichen werden soll, aus einer Addition des Pegels für die Vorbelastung mit dem der Zusatzbelastung zu bilden.

[2] Unter „Gesamtlärmbewertung" wird im Folgenden die Verpflichtung verstanden, Lärm aus mehreren Quellen, der auf einen Ort einwirkt, in seiner Gesamtheit zu bewerten, allerdings nicht „additiv" durch Bildung eines Summenpegels,.

[3] Vgl. etwa § 3b Abs. 2 UVPG („kumulierende Vorhaben") oder Nr. 2 der Anlage 2 zum UVPG („...unter Berücksichtigung der Kumulierung mit anderen Vorhaben...").

I. Lärmsummation im Anlagenzulassungsrecht

Die Beurteilung der Frage der „Zumutbarkeit" von Geräuschimmissionen hängt zum einen davon ab, welche Anlage in den Blick zu nehmen ist, und zum anderen davon, ob die von der zu beurteilenden Anlage ausgehenden Immissionen nur für sich betrachtet werden oder ob auch Lärmbeeinträchtigungen aus anderen Quellen in die Betrachtung mit einbezogen werden müssen. Ausgangspunkt ist also zunächst der „Anlagenbezug" des Immissionsschutzrechts[4]. Steht fest, welche Anlage „in den Blick zu nehmen" ist, sind die Immissionen am Einwirkungsort zu ermitteln. Dabei liegt nach überwiegender Auffassung dem Immissionsschutzrecht eine „akzeptorbezogene" Sicht zugrunde, weil § 3 Abs. 2 BImSchG von „Einwirkungen" spricht. D. h., für die Frage, ob an einem bestimmten Ort schädliche Umwelteinwirkungen durch Lärm i.S.d. § 3 Abs. 1 BImSchG vorliegen, kommt es auf eine Berücksichtigung der Lärmbelastung aus allen einwirkenden Quellen und nicht nur auf den Anteil der einzelnen Anlage, die zur Beurteilung ansteht, an[5].

1. Die „Anlage"

Eine Pflicht zur gesamthaften Betrachtung von Lärmbeeinträchtigungen hängt also zunächst – schaut man auf die „Anlagenseite" – davon ab, ob man es mit einer oder mit mehreren „Quellen" zu tun hat. Ausgangspunkt ist, wie erwähnt, der „Anlagenbezug" des Immissionsschutzrechts. Das schließt nicht aus, mehrere Vorhaben zu einer Anlage zusammen zu fassen. Mehrere Anlagen können etwa, entweder weil sie Haupt- und Nebenanlage (§ 1 Abs. 2 der 4. BImSchV) sind, oder weil mehrere Anlagen eine gemeinsame Anlagen i.S.d. § 1 Abs. 3 der 4. BImSchV bilden, zusammen gehören. Zu Sportanlagen gehören auch die mit einer Sportanlage in einem engen räumlichen und betrieblichen Zusammenhang stehenden Einrichtungen, § 1 Abs. 3 der 18. BImSchV (Parkplätze oder zur Sportanlage gehörende gastronomische Betriebe). „Anlagenbezug" weisen streng genommen auch die Vorschriften der TA Lärm und der 18. BImSchV auf, die den zu- und abfahrenden Verkehr unter bestimmten Voraussetzungen der zu beurteilenden Anlage zurech-

---

[4] BVerwG v. 16.5.2001 – 7 C 16/00 –, NVwZ 2001, 1167.

[5] Vgl. dazu Koch, Die rechtliche Beurteilung der Lärmsummation nach BImSchG und TA Lärm 1998, in: Immissionsschutzrecht in der Bewährung, Festschrift für Gerhard Feldhaus, 1999, S. 215 (218); Dolde, Immissionsschutzrechtliche Probleme der Gesamtlärmbewertung, in: Dolde (Hrsg.), Umweltrecht im Wandel, 2001, S. 451 (452); Müller, Die TA-Lärm als Rechtsproblem, 2001, S. 165 f.; Jarass, Bundes-Immissionsschutzgesetz, Kommentar, 5. Aufl. 2002, § 3 RdNr. 49 f. und RdNr. 17; Koch, in: Koch/Scheuing (Hrsg.), GK-BImSchG, Stand: Januar 2004, § 3 Rn. 30 ff.; Herrmann/Wagner, Grenzen der Summation und Kumulation im Umweltrecht, NuR 2005, S. 20 (21 f.); Kutscheidt, in: Landmann/Rohmer, Umweltrecht, Band I, Stand August 2008, § 3 BImSchG Rn. 16 ff.; Karkaj, Die Gesamtlärmbewertung im Immissionsschutzrecht, 2008, S. 78 ff. Aus der Rechtsprechung: BVerwG v. 21.3.1996 – 4 C 9/95 –, BVerwGE 101, 1; v. 16.5.2001 – 7 C 16/00 –, NVwZ 2001, 1167.

nen[6]. Diese Vorschriften lassen gleichzeitig erkennen, dass eine Zurechnung aus mehreren Quellen nicht „additiv“, durch Bildung eines Summenpegels, zu erfolgen hat[7].

Grundsätzlich sind also mehrere Quellen getrennt – jede für sich – zu betrachten. Eine solche „segmentierende Sicht“ wird allerdings den tatsächlichen Verhältnissen dann nicht mehr gerecht, wenn mehrere in räumlichem Zusammenhang stehende Anlagen trotz ihrer organisatorischen Trennung vom Betreiber im Sinne eines integrativen Konzepts zu einer Einheit zusammengefasst worden sind[8]. In diesen Fällen ist ausnahmsweise eine gesamtheitliche Sicht geboten.

Steht fest, welche Anlage „in den Blick“ zu nehmen ist, ist dann – auf der „Immissionsseite“ – anhand der gesetzlichen Vorgaben und der für die jeweilige Anlagenart einschlägigen technischen Regelwerke zu beantworten, wie der Lärmbeitrag anderer Anlagen, die auf den Immissionsort einwirken, zu berücksichtigen ist[9].

2. Die Verwirklichung des „Akzeptorbezugs“

Das Immissionsschutzrecht „leidet“ daran, dass der Gesetzgeber selbst nicht zu erkennen gibt, was er unter einer „erheblichen Belästigung“ (i.S.d. § 3 Abs. 1 BImSchG) versteht. Vielmehr hat er es dem untergesetzlichen Normgeber überlassen, durch Rechtsverordnung (§§ 7, 23 BImSchG) bzw. durch Verwaltungsvorschrift (§ 48 BImSchG) die einfachrechtliche Zumutbarkeitsschwelle bereichsspezifisch festzulegen[10]. Das ist etwa für Gewerbe- und Sportlärm geschehen. Dabei steht dem untergesetzlichen Normgeber ein weiter Einschätzungs-, Wertungs- und Gestaltungsspielraum zu. Die verbindlichen Regelwerke, die den Begriff der „schädlichen Umwelteinwirkungen“ i.S.d. § 3 Abs. 1 BImSchG konkretisieren und

---

6 Zu Nr. 7.4 TA Lärm etwa VGH Mannheim v. 27.6.2002 – 14 S 2736/01 –, NVwZ-RR 2003, S. 745; OVG Bautzen v. 8.6.2004 – 4 D 24/00 –, zitiert nach Juris; OVG Lüneburg v. 15.11.2005 – 1 ME 153/05 –, zitiert nach Juris; v. 25.1.2007 – 1 ME 177/06 –, zitiert nach Juris.

7 Nach Nr. 7.4 TA Lärm ist für den Lärm auf dem Betriebsgelände (einschließlich der Fahrzeuggeräusche auf dem Betriebsgrundstück) zwar die TA Lärm, für den an- und abfahrenden Verkehr im Umkreis bis zu 500 m außerhalb des Betriebsgeländes aber die – auf einem ganz andersartigen Berechnungsverfahren beruhende – 16. BImSchV heranzuziehen. Dazu Karkaj, Die Gesamtlärmbewertung im Immissionsschutzrecht, 2008, S. 144 ff. Vergleichbares gilt nach Nr. 1.1 des Anhangs zur 18. BImSchV, Karkaj, Die Gesamtlärmbewertung im Immissionsschutzrecht, 2008, S. 197 f.

8 Bei mehreren, in einem räumlichen Zusammenhang stehenden, aber organisatorisch selbständigen Freizeitanlagen einschließlich einer Sporthalle, die eine konzeptionelle Einheit im Sinne eines „Freizeitbereichs“ bilden, ist also eine summative Beurteilung der von diesen Anlagen ausgehenden Geräuschimmissionen nach den Bestimmungen der Freizeitlärm-Richtlinie zulässig, BVerwG v. 16.5.2001 – 7 C 16/00 –, NVwZ 2001, 1167; VG Trier v. 23.1.2008 – 5 K 505/07.TR –, zitiert nach Juris. Vgl. dazu Halama/Stüer, Lärmschutz in der Planung, NVwZ 2003, S. 137 (140).

9 BVerwG v. 16.5.2001 – 7 C 16/00 –, NVwZ 2001, 1167.

10 BVerwG v. 16.3.2006 – 4 A 1075/04 –, BVerwGE 125, 116.

verbindliche Mess- bzw. Berechnungsverfahren sowie Lärmwerte enthalten, tragen dem Problem der Gesamtlärmbetrachtung auf unterschiedliche Art und Weise Rechnung[11].

a) Gewerbe- und Sportlärm

Für Gewerbe- und Sportlärm enthalten die TA Lärm und die 18. BImSchV verbindliche[12] Berechnungs- bzw. Messverfahren und Immissionsrichtwerte zur Ermittlung der einfachrechtlichen Zumutbarkeitsschwelle. Sie entscheiden auch darüber, ob, und wenn ja, unter welchen Voraussetzungen nicht nur der Lärm der zu beurteilenden Anlage, sondern auch der auf den Immissionsort aus anderen Quellen einwirkende Lärm zu berücksichtigen ist.

aa) Gewerbelärm

Die TA Lärm[13] sieht für genehmigungsbedürftige Anlagen[14] den Schutz vor schädlichen Umwelteinwirkungen als sichergestellt an, wenn die Gesamtbelastung am maßgeblichen Immissionsort die Immissionsrichtwerte nicht überschreitet, Nr. 3.2.1 Abs. 1 TA Lärm. Die Gesamtbelastung setzt sich aus der Vorbelastung und der Zusatzbelastung zusammen, wobei die Vorbelastung die Belastung mit Geräuschimmissionen von allen Anlagen meint, *für die die TA Lärm gilt*, Nr. 2.4. Abs. 1 TA Lärm. Die Zusatzbelastung ist der Immissionsbeitrag der zu beurteilenden Anlage (Nr. 2.4 Abs. 2 TA Lärm).

Die neue TA Lärm verlangt damit eine Addition von Vorbelastung und Zusatzbelastung und verpflichtet damit zur Lärmsummation. Mit „Vorbelastung" ist die Belastung des Immissionsortes mit Geräuschimmissionen anderer Anlagen gemeint, Nr. 2.4 Abs. 1 TA Lärm. Allerdings gilt das nur für solche Anlagen, *für die die TA Lärm gilt.* Vom Geltungsbereich der TA Lärm sind jedoch nach § 1 Abs. 2 a) bis h) TA Lärm 8 Anlagenarten ausgenommen, für die z.T. eigene Regelwerke existieren (etwa Sportanlagen der 18. BImSchV und nicht genehmigungsbedürftige Freizeitanlagen) bzw. die sich wegen ihrer Geräuschcharakteristik nicht ohne weiteres mit

---

[11] Überblick bei Dolde, Immissionsschutzrechtliche Probleme der Gesamtlärmbewertung, in: Dolde (Hrsg.), Umweltrecht im Wandel, 2001, S. 451 (453 ff.) und Halama/Stüer, Lärmschutz in der Planung, NVwZ 2003, S. 137 (139 ff.). Siehe auch Koch, Aktuelle Probleme des Lärmschutzes, NVwZ 2000, S. 490.

[12] Nach der Rechtsprechung kommt auch der TA Lärm (wie der TA Luft) eine im gerichtlichen Verfahren zu beachtende Bindungswirkung insoweit zu, als sie bestimmte Gebietsarten und Tageszeiten entsprechend ihrer Schutzbedürftigkeit bestimmten Immissionsrichtwerten zuordnet und das Verfahren der Ermittlung und Beurteilung der Geräuschimmissionen vorschreibt, BVerwG v. 29.8.2007 – 4 C 2/07 –, BVerwGE 129, 209.

[13] Sechste Allgemeine Verwaltungsvorschrift zum Bundes-Immissionsschutzgesetz (Technische Anleitung zum Schutz gegen Lärm – TA Lärm) v. 26.8.1998, GemMBl. S. 503.

[14] Für die nicht genehmigungsbedürftigen Anlagen ist die Ermittlung der Vorbelastung von vornherein nur unter bestimmten Voraussetzungen erforderlich, Nr. 4.2 TA Lärm. Das betrifft immerhin nahezu alle Sportanlagen.

dem gewerblichen Anlagenlärm vergleichen lassen[15]. Damit scheidet der Beitrag von zwei wichtigen Lärmquellen – Sport- und Freizeitanlagen – bei der Ermittlung der Vorbelastung aus.

Die TA Lärm gilt darüber hinaus nur für solche Anlagen, die als genehmigungsbedürftige oder nicht genehmigungsbedürftige Anlagen den *Anforderungen des Zweiten Teils des Bundes-Immissionsschutzgesetzes* unterliegen. Damit fallen Flugplätze (§ 6 Abs. 1 S. 1 LuftVG i. V. m. §§ 38 LuftVZO), für die nach § 2 Abs. 2 S. 1 LuftVG nur die Vorschriften des Sechsten Teils des BImSchG über die Lärmminderungsplanung gelten, und öffentliche Verkehrsanlagen (Straßen, Eisenbahnen, Magnetschwebebahnen und Straßenbahnen), für die gem. § 2 Abs. 1 Nr. 4 BImSchG das Bundes-Immissionsschutzgesetz nur nach Maßgabe der §§ 41 bis 42 BImSchG gilt, aus dem Anwendungsbereich der TA Lärm mit der Folge, dass auch sie nicht im Rahmen der Vorbelastung zu berücksichtigen sind. Verkehrslärm – mit Ausnahme des an- und abfahrenden Verkehrs, der unter den Voraussetzungen der Nr. 7.4 TA Lärm der Anlage zugerechnet wird – wird bei der Bildung eines Summenpegels also ebenfalls von vornherein ausgeblendet.

bb) Sportlärm

Sportanlagen, die der Sportanlagenlärmschutzverordnung[16] unterfallen, sind nach § 2 Abs. 1 der 18. BImSchV so zu errichten und zu betreiben, dass die Immissionsrichtwerte „unter Einrechnung der Geräuschimmissionen *anderer Sportanlagen*“ nicht überschritten werden[17]. Gewerbe- und Freizeitlärm bleiben somit außen vor. Dasselbe gilt für Verkehrslärm, sofern er nicht gem. Nr. 1.1 d) des Anhangs zur 18. BImSchV der Sportanlage zuzurechnen ist.

cc) Möglichkeiten einer „Gesamtlärmbewertung“

Die nur eingeschränkte Berücksichtigung von Fremdgeräuschen bei der Ermittlung des Beurteilungspegels haben der TA Lärm[18] und der 18. BImSchV[19] den Vorwurf

---

[15] Bundesrats-Drucksache 254/98, S. 48.

[16] Achtzehnte Verordnung zur Durchführung des Bundes-Immissionsschutzgesetzes (Sportanlagenlärmschutzverordnung – 18. BImSchV) v. 18.7.1991, BGBl. S. 1588.

[17] Vgl. dazu nur Ketteler, Sportanlagenlärmschutzverordnung (18. BImSchV), 1998, S. 92 f.

[18] Aus der Literatur: Koch, Die rechtliche Beurteilung der Lärmsummation nach BImSchG und TA Lärm 1998, in: Immissionsschutzrecht in der Bewährung, Festschrift für Gerhard Feldhaus, 1999, S. 215 (227 ff.); Kunert, Alte und neue Probleme beim Lärmschutz, NuR 1999, S. 430 (431); Kutscheidt, Die Neufassung der TA Lärm, NVwZ 1999, S. 577 (581); Schulze-Fielitz, Die neue TA Lärm, DVBl. 1999, S. 65 (69); Tegeder, Die TA Lärm 1998: technische Grundlagen der Lärmbewertung, UPR 2000, S. 99 (101); Koch, Aktuelle Probleme des Lärmschutzes, NVwZ 2000, S. 490 (493); Müller, Die TA-Lärm als Rechtsproblem, 2001, S. 172 ff.; Karkaj, Die Gesamtlärmbewertung im Immissionsschutzrecht, 2008, S. 134. Aus der Rechtsprechung: OVG Berlin v. 18.7.2001 – 2 S 1/01 –, NVwZ-RR 2001, 722 (im Ergebnis offen gelassen). A.A.: VGH München v. 11.3.2004 – 22 B 02.1653 –, NVwZ-RR 2005, 797, der kein Regelungsdefizit sieht.

nur unzureichender Berücksichtigung des „akzeptorbezogenen" Ansatzes des Bundes-Immissionsschutzgesetzes eingebracht.

(1) Sonderfallprüfung im Einzelfall?

Um dem Vorwurf mangelnder Gesetzeskonformität zu entgehen, wird in der Literatur vorgeschlagen, die untergesetzlich nicht vorgesehene Berücksichtigung bereits vorhandener Quellen in einer ergänzenden Sonderfallprüfung vorzunehmen[20].

Die **TA Lärm** sieht eine Sonderfallprüfung zwar in Nr. 3.2.2 vor. Allerdings „treffen" die Regelbeispiele des Nr. 3.2.2 Abs. 2 TA Lärm, die eine Sonderfallprüfung erforderlich machen können, nicht den hier interessierenden Fall. Einem Rückgriff auf die Vorschriften der TA Lärm über eine ergänzende Prüfung im Sonderfall könnte vielmehr entgegengehalten werden, dass sich die TA Lärm an anderer Stelle dem Problem ständig vorherrschender Fremdgeräusche – das sind alle Geräusche, die nicht von der zu beurteilenden Anlage ausgehen (Nr. 2.4 Abs. 4 TA Lärm) – angenommen hat. Nach Nr. 3.2.1 Abs. 5 TA Lärm darf nämlich eine Genehmigung nicht versagt werden, wenn wegen bestimmter, ständig vorherrschender Fremdgeräusche keine zusätzlichen schädlichen Umwelteinwirkungen durch die zu beurteilende Anlage zu befürchten sind[21]. Dieser Vorschrift kann aber nicht entnommen werden, dass der Normgeber dadurch eine abschließende Regelung habe treffen wollen, die in Fällen des Vorliegens von Fremdgeräuschen einen Rückgriff auf Nr. 3.2.2 TA Lärm ausschließt. Im Gegenteil: Nr. 3.2.2 **Abs. 2** TA Lärm enthält lediglich eine beispielhafte Aufzählung („...insbesondere..."). Ein Rückgriff auf die in Form einer Generalklausel formulierte Nr. 3.2.2 **Abs. 1** TA Lärm ist also möglich. Von dessen Wortlaut werden auch die hier interessierenden Fälle einer bereits bestehenden Vorbelastung durch Anlagen, für die die TA Lärm nicht gilt, erfasst. Deshalb lässt sich nicht dagegen einwenden, dass im Verfahren auf Erlass der TA Lärm ein Vorschlag des Umweltausschusses, Fälle der besonderen Belastung durch von der TA Lärm nicht erfasste Fremdgeräusche als Regelbeispiel in Nr. 3.2.2

---

[19] Feldhaus, 30 Jahre Lärm – Auf dem Weg zum gesetzeskonformen Lärmschutz?, in: Koch (Hrsg.), Aktuelle Probleme des Immissionsschutzrechts, 1988, S. 181 (184); Hansmann, Rechtsprobleme bei der Bewertung von Lärm, NuR 1997, S. 53 (54); Koch, Die rechtliche Beurteilung der Lärmsummation nach BImSchG und TA Lärm 1998, in: Immissionsschutzrecht in der Bewährung, Festschrift für Gerhard Feldhaus, 1999, S. 215 (224); Karkaj, Die Gesamtlärmbewertung im Immissionsschutzrecht, 2008, S. 204.

[20] Der Vorschlag geht auf Feldhaus, 30 Jahre Lärm – Auf dem Weg zum gesetzeskonformen Lärmschutz?, in: Koch (Hrsg.), Aktuelle Probleme des Immissionsschutzrechts, 1988, S. 181 (185 f.); ders., Einführung in die TA Lärm 1998, UPR 1999, S. 1 (5 f.) zurück. Ebenso Kutscheidt, Die Neufassung der TA Lärm, NVwZ 1999, S. 577 (581 f.); Koch, Die rechtliche Beurteilung der Lärmsummation nach BImSchG und TA Lärm 1998, in: Immissionsschutzrecht in der Bewährung, Festschrift für Gerhard Feldhaus, 1999, S. 215 (231 f.); Schulze-Fielitz, Die neue TA Lärm, DVBl. 1999, S. 65 (69); Koch, Aktuelle Probleme des Lärmschutzes, NVwZ 2000, S. 490 (501); ausführlich Karkaj, Die Gesamtlärmbewertung im Immissionsschutzrecht, 2008, S. 152 ff.

[21] Karkaj, Die Gesamtlärmbewertung im Immissionsschutzrecht, 2008, S. 154.

Abs. 2 TA Lärm aufzunehmen, erfolglos blieb[22]. Eine Berücksichtigung der Lärmbeeinträchtigungen der von der TA Lärm nicht erfassten Anlagen bei der Antwort auf die Frage, ob erhebliche Umweltbeeinträchtigungen durch Lärm vorliegen, kann also im Wege einer Sonderfallprüfung erfolgen[23].

Schwieriger ist es mit dem Vorschlag einer Sonderfallprüfung bei der Anwendung der **Sportanlagenlärmschutzverordnung**[24]. Denn die 18. BImSchV sieht eine Sonderfallprüfung nicht vor. Fremdgeräusche werden zwar in § 5 Abs. 1 der 18. BImSchV angesprochen, ermächtigen aber die zuständige Behörde nur dazu, von Nebenbestimmungen zu erforderlichen Zulassungsentscheidungen bzw. von Anordnungen zur Durchführung der 18. BImSchV absehen zu dürfen, wenn diese i.S.d. Nr. 1.4 des Anhangs zur 18. BImSchV ständig vorherrschen. Hinzu kommt, dass das Bundesverwaltungsgericht die Immissionsrichtwerte und das Beurteilungsverfahren der § 18. BImSchV als verbindliche Vorgaben versteht, die eine gleichmäßige Rechtsanwendung sicherstellen sollen, was gegen eine einzelfallbezogene Betrachtung spreche[25]. Die verbindliche Festlegung von Immissionsrichtwerten und Beurteilungsgrundsätzen, die der Verordnungsgeber generell-abstrakt in der 18. BImSchV vorgenommen habe, diene der Rechtssicherheit in einem Bereich, der in hohem Maße von Wertungen geprägt und daher höchst unterschiedlichen Beurteilungen im Einzelfall ausgesetzt sei. Für eine einzelfallbezogene Beurteilung der Zumutbarkeitsschwelle sei daher – so das Bundesverwaltungsgericht – nur dann Raum, wenn die 18. BImSchV durch Verweis auf andere Vorschriften (etwa in § 4 18. BImSchV) oder durch Sollvorschriften für atypisch gelagerte Fälle Ab-

[22] BRats-Drs. 254/1/98, S. 10 f.; dazu Hansmann, in: Landmann/Rohmer, Umweltrecht, Band II, Stand: April 2008, Nr. 3 TA Lärm Rn. 34. Dem lässt sich auch entgegenhalten, dass die Begründung des Entwurfs der TA Lärm 1998 die Frage der Beeinträchtigung durch eine Kumulation verschiedenartiger Geräusche als tauglichen Gegenstand einer Sonderfallprüfung ansah, BRats-Drs. 254/98, S. 48, Sparwasser/von Komorowski, Die neue TA Lärm in der Anwendung, VBlBW 2000, S. 348 (350 f.).

[23] Feldhaus, Einführung in die TA Lärm 1998, UPR 1999, S. 1 (6); Kutscheidt, Die Neufassung der TA Lärm, NVwZ 1999, S. 577 (580); Koch, Die rechtliche Beurteilung der Lärmsummation nach BImSchG und TA Lärm 1998, in: Immissionsschutzrecht in der Bewährung, Festschrift für Gerhard Feldhaus, 1999, S. 215 (232); Schulze-Fielitz, Die neue TA Lärm, DVBl. 1999, S. 65 (69); Feldhaus, Einführung in die TA Lärm 1998, UPR 1999, S. 1 (5 f.); Sparwasser/von Komorowski, Die neue TA Lärm in der Anwendung, VBlBW 2000, S. 348 (350 f.; Beckert/Chotjewitz, TA Lärm, 2000, S. 44 und 54; Hansmann, TA Lärm, Kommentar, 2000, Nr. 2 Rn. 28 und Nr. 3 Rn. 44 ff.; Müller, Die TA-Lärm als Rechtsproblem, 2001, S. 185 ff. (187); Karkaj, Die Gesamtlärmbewertung im Immissionsschutzrecht, 2008, S. 154 f.; Hansmann, in: Landmann/Rohmer, Umweltrecht, Band II, Stand: April 2008, Nr. 2 TA Lärm Rn. 28 sowie Nr. 3 Rn 45 f.

[24] Zu diesem Vorschlag Feldhaus, 30 Jahre Lärm – Auf dem Weg zum gesetzeskonformen Lärmschutz?, in: Koch (Hrsg.), Aktuelle Probleme des Immissionsschutzrechts, 1988, S. 181 (184). Dazu Dolde, Immissionsschutzrechtliche Probleme der Gesamtlärmbewertung, in: Dolde (Hrsg.), Umweltrecht im Wandel, 2001, S. 451 (454); Karkaj, Die Gesamtlärmbewertung im Immissionsschutzrecht, 2008, S. 206 f.

[25] BVerwG v. 8.11.1994 – 7 B 73/94 –, NVwZ 1995, 993.

weichungen zulasse[26]. Folgt man dem, würde es bereits an einer „Öffnungsklausel" fehlen, die es der Behörde erlauben würde, über die in der 18. BImSchV enthaltenen generell-abstrakten, verbindlichen Vorgaben hinaus andere oder weiter gehende Anforderungen im Wege einer Sonderfallprüfung berücksichtigen zu dürfen[27].

Das Bundesverwaltungsgericht hat ferner den Ausschluss der Bildung eines Summenpegels mit Geräuschimmissionen anderer Anlagen als Sportanlagen gebilligt und mit höherrangigem Recht als vereinbar angesehen[28]. Die Frage war, ob die in der Sportanlagenlärmschutzverordnung angeordnete Beschränkung der Summation auf die Geräusche anderer Sportanlagen wegen des „Akzeptorbezugs" des Bundes-Immissionsschutzgesetzes gegen höherrangiges Recht verstoße. Das vermochte das Bundesverwaltungsgericht jedoch nicht zu erkennen. Die Vorschriften der 18. BImSchV bildeten – wie die der anderen Regelwerke zur Konkretisierung des Bundes-Immissionsschutzgesetzes – eine geschlossene Einheit. Die in der 18. BImSchV niedergelegten Immissionsrichtwerte und die Mess- und Beurteilungsverfahren seien aufeinander abgestimmt und gäben die normkonkretisierende Einschätzung des Verordnungsgebers wieder. Dieser gehe für den Regelfall erklärtermaßen davon aus, dass Immissionen von Sportanlagen dann keine schädlichen Umwelteinwirkungen seien, wenn sie trotz möglicher Vorbelastungen aus andersartigen Anlagen bei Anwendung der verordnungsrechtlich vorgegebenen Mess- und Beurteilungsverfahren die darin niedergelegten Richtwerte nicht überschritten[29]. Die Immissionsrichtwerte sowie die Mess- und Beurteilungsverfahren der 18. BImSchV stellten also die vorhandene Vorbelastung aus andersartigen Anlagen durchaus in Rechnung. Das geschehe zwar nicht aufgrund einer Würdigung der besonderen Umstände des Einzelfalles, aber insofern, als der Verordnungsgeber die von ihm „zugelassenen" Immissionen aus Sportanlagen einschließlich einer denkbaren Vorbelastung (durch andere Lärmquellen) aus Gründen der Sozialadäquanz als hinnehmbar ansehe[30].

(2) Berücksichtigung im Rahmen der Festlegung von Grenz- bzw. Richtwerten?

Dem untergesetzlichen Normgeber steht sowohl bei der Entscheidung über Mess- bzw. Berechnungsverfahren, als auch bei der Festlegung von Lärmwerten ein weiter Einschätzungs-, Wertungs- und Gestaltungsspielraum zu. Die Befugnis, den

---

[26] BVerwG v. 8.11.1994 – 7 B 73/94 –, NVwZ 1995, 993; Reidt/Schiller, in Landmann/Rohmer, Umweltrecht, Band II, Stand: April 2008, § 2 Rn. 17.

[27] Für eine Sonderfallprüfung Feldhaus, 30 Jahre Lärm – Auf dem Weg zum gesetzeskonformen Lärmschutz?, in: Koch (Hrsg.), Aktuelle Probleme des Immissionsschutzrechts, 1988, S. 181 (184); Koch, in: Die rechtliche Beurteilung der Lärmsummation nach BImSchG und TA Lärm 1998, in: Immissionsschutzrecht in der Bewährung, Festschrift für Gerhard Feldhaus, 1999, S. 215 (224); Karkaj, Die Gesamtlärmbewertung im Immissionsschutzrecht, 2007, S. 207.

[28] BVerwG v. 16.5.2001 – 7 C 16/00 –, NVwZ 2001, S. 1167.

[29] BVerwG v. 16.5.2001 – 7 C 16/00 –, NVwZ 2001, S. 1167.

[30] BVerwG v. 16.5.2001 – 7 C 16/00 –, NVwZ 2001, S. 1167.

unbestimmten Rechtsbegriff der „schädlichen Umwelteinwirkungen" auf untergesetzlicher Ebene normativ verbindlich konkretisieren zu dürfen, erfasst auch die Frage, welche Vorbelastungen durch andere Anlagen zu berücksichtigen sind. Das kann – wie in der 18. BImSchV und der TA Lärm – zum einen dadurch geschehen, dass ausdrücklich festgelegt wird, welche anderen Lärmquellen additiv mit zu berücksichtigen sind. Zum anderen – und so wird man die eben erwähnte Entscheidung des Bundesverwaltungsgerichts verstehen können – wird vom weiten Einschätzungs-, Wertungs- und Gestaltungsspielraum des untergesetzlichen Normgebers auch die Möglichkeit erfasst, bei der Entscheidung über die *Höhe* von Lärmgrenz- oder Lärmrichtwerten solche Vorbelastungen miteinzubeziehen, die in der dicht besiedelten, hochindustrialisierten und verkehrsmäßig gut erschlossenen Bundesrepublik Deutschland „üblich" (als „sozialadäquat hinzunehmen") sind. Die auf einer solchen Wertung beruhende Festlegung von Immissionsricht- bzw. Grenzwerten des untergesetzlichen Normgebers berücksichtigt – wenn man so will: incident – Beeinträchtigungen durch gleichzeitig einwirkende andere (auch ungleichartige) Lärmquellen. Das würde dem „akzeptorbezogenen" Ansatz des Bundes-Immissionsschutzgesetzes nicht widersprechen, weil es vom gesetzlich eröffneten Gestaltungsspielraum des untergesetzlichen Normgebers, verbindliche Lärmwerte festlegen zu dürfen, gedeckt wäre[31].

Allerdings wird man dann verlangen müssen, dass sich der Normgeber darüber bewusst ist, bei der Festlegung der Immissionsricht- bzw. Grenzwerte (auch) eine Entscheidung darüber zu treffen, dass „seine" Werte nicht nur für sich betrachtet (also bezogen auf die zu beurteilende Anlagenart), sondern zusammen mit Vorbelastungen aus anderen Quellen das Maß des für die Nachbarschaft einfachrechtlich Zumutbaren nicht überschreiten. Der Normgeber muss also die „Summation wollen"[32].

Die abstrakt-generelle Festlegung von „summativen" Immissionsricht- bzw. Grenzwerten kann aber in besonders gelagerten Fällen zu unbilligen, weil die konkreten Umstände des Einzelfalles nicht berücksichtigenden Ergebnissen führen. Folge ist, dass in atypischen, vom Normgeber nicht bedachten Fällen, ausnahmsweise eine summative Berücksichtigung von Beeinträchtigungen unterschiedlicher Lärmquellen erfolgen muss. Billigt man dem Verordnungsgeber im Rahmen seines weiten Gestaltungsspielraums die Befugnis zu, bei der Festlegung der Immissionsrichtwerte eine vorhandene Vorbelastung aus anderen Anlagen (generell-abstrakt) in Rechnung zu stellen, kann es im Einzelfall – etwa aufgrund besonderer örtlicher Gegebenheiten oder wegen des Kompromisscharakters der festgelegten Lärmwerte – zu nicht berücksichtigten Härten kommen. Wenn also eine Gesamtlärmbelastung

[31] Michler, Lärmsummation, in: Ziekow (Hrsg.), Aktuelle Probleme des Fachplanungs- und Raumordnungsrechts 2004, 2005, S. 195 (202 f.). A.A.: Koch, Das deutsche Lärmschutzrecht im Überblick, in: Umweltmedizin in Forschung und Praxis 2005, S. 112 (123), der ein solches Ergebnis als von der Verordnungsermächtigung nicht gedeckt ansieht.
[32] Michler, Lärmsummation, in: Ziekow (Hrsg.), Aktuelle Probleme des Fachplanungs- und Raumordnungsrechts 2004, 2005, S. 195 (202 f.).

in atypisch gelagerten Fällen bei der pauschalierenden und generalisierenden Festlegung der Erheblichkeitsschwelle durch den untergesetzlichen Normgeber nicht angemessen berücksichtigt wurde, muss es ausnahmsweise möglich sein, nicht nur den Lärmpegel des einzelnen, zu beurteilenden Vorhabens, sondern alle einwirkenden Lärmquellen zu bewerten[33].

b) Freizeitlärm

Für die Beurteilung von Freizeitlärm, der weder von der TA Lärm, noch von der 18. BImSchV erfasst wird, hat der Länderausschuss für Immissionsschutz (LAI) eine **Freizeitlärmrichtlinie**[34] erarbeitet. Sie ist keine Rechtsnorm und für die Behörden nur verbindlich, wenn sie durch Verwaltungsvorschrift eingeführt wurde, wird aber in der Rechtsprechung als Orientierungshilfe zur Bewertung von Geräuschimmissionen durch Freizeitanlagen herangezogen[35]. Die Freizeitlärmrichtlinie enthält sich allerdings einer Aussage dahin gehend, ob Lärm aus anderen Quellen als der zu beurteilenden Freizeitanlage mit zu berücksichtigen ist. In der Rechtsprechung wird eine Gesamtlärmbetrachtung hinsichtlich gleichartiger und durch dasselbe Regelwerk erfasster Anlagen erwogen[36]. Lärm anderer Anlagen – etwa Verkehrslärm – würde also (auch) hier nicht berücksichtigt[37].

Die Besonderheit gegenüber den der TA Lärm bzw. der 18. BImSchV unterfallenden Anlagen liegt darin, dass die Freizeitlärmrichtlinie keine *normativ verbindlichen* Vorgaben enthält, sodass es einer Einzelfallprüfung vorbehalten bleibt, die Zumutbarkeitsschwelle festzulegen. Das hat nach ständiger Rechtsprechung auf Grund einer umfassenden Würdigung aller Umstände des Einzelfalles unter Berücksichtigung der durch die Gebietsart und die tatsächlichen Verhältnisse bestimmten Schutzwürdigkeit und Schutzbedürftigkeit des betroffenen Grundstücks zu erfolgen[38]. Einfluss auf die Schutzwürdigkeit – und damit auf die Schutzbedürftigkeit – eines Grundstücks hat dabei nach ständiger Rechtsprechung auch eine bereits bestehende tatsächliche Vorbelastung durch Lärm aus anderen Quellen. Folge ist,

---

33 Michler, Lärmsummation, in: Ziekow (Hrsg.), Aktuelle Probleme des Fachplanungs- und Raumordnungsrechts 2004, 2005, S. 195 (203).

34 Freizeitlärm-Richtlinie (1995) des Länderausschusses für Immissionsschutz, NVwZ 1997, S. 469.

35 BVerwG v. 24.4.1991 – 7 C 12/90 –, BVerwGE 88, 143 (148); v. 16.5.2001 – 7 C 16/00 –, NVwZ 2001, 1167; v. 17.7.2003 – 4 B 55/03 –, NJW 2003, 3360; Ketteler, Die Beurteilung von Geräuschimmissionen bei Freizeitanlagen, DVBl. 2008, S. 220 (221).

36 BVerwG v. 16.5.2001 – 7 C 16/00 –, NVwZ 2001, S. 1167; OVG Lüneburg v. 21.11.2005 – 9 ME 301/05 –, zitiert nach Juris. Zur Lärmsummation beim Freizeitlärm Koch/Maaß, Die rechtlichen Grundlagen zur Bewältigung von Freizeitlärmkonflikten, NuR 2000, S. 69 (75); Ketteler, Die Beurteilung von Geräuschimmissionen bei Freizeitanlagen, DVBl. 2008, S. 220 (225).

37 So etwa OVG Lüneburg v. 21.11.2005 – 9 ME 301/05 –, zitiert nach Juris.

38 St. Rspr. Vgl. etwa BVerwG v. 29.4.1988 – 7 C 33/87 –, BVerwGE 79, 254; v. 24.4.1991 – 7 C 12/90 –, BVerwGE 88, 143; v. 30.4.1992 – 7 C 25/91 –, BVerwGE 90, 136; v. 17.7.2003 – 4 B 55/03 –, NJW 2003, 3360; VGH München v. 12.5.2004 – 24 CE 04.1230 –, NVwZ 2005, 719; VGH Kassel v. 25.2.2005 – 2 UE 2890/04 –, NVwZ-RR 2006, 531.

dass ein bereits lärm(vor)belastetes Grundstück gegenüber einem anderen, unvorbelasteten Grundstück als minder schutzwürdig angesehen wird[39]. Dahinter stehen Kausalitätserwägungen[40]. Lärmbeeinträchtigungen aus unterschiedlichen Quellen summieren sich nicht zwangsläufig „auf". Vielmehr kann Lärm aus einer Quelle den aus einer anderen überlagern, gleichsam also dahinter „verschwinden". Geht also ein künftig zu erwartender Lärm in einem bereits vorhanden Lärm „auf", ist er für eine Verschlechterung der Lärmsituation nicht kausal. Etwas anderes kann aber für Beeinträchtigungen aus „ungleichartigen" Quellen gelten. Unterscheiden sich Lärmbeiträge unterschiedlicher Emittenten hinsichtlich ihrer Charakteristik und hinsichtlich ihrer Akzeptanz bei den Betroffenen[41] – kommt es also nicht zu einer Überlagerung der unterschiedlichen Lärmbeiträge –, muss das nicht zu einer Erhöhung der Toleranzschwelle hinsichtlich des neu hinzukommenden Lärmbeitrags auf Seiten des Betroffenen führen.

Außerhalb der Festlegung der einfachrechtlichen Zumutbarkeitsschwelle durch verbindliche Regelwerke hat eine bereits vorhandene Vorbelastung also nicht zur Folge, dass – zu Lasten des Verursachers – „nichts mehr hinzukommen dürfe", sondern führt – aus Sicht der Betroffenen – zu einem „Weniger an Schutzwürdigkeit".

c) Verkehrslärm

Für die nicht oder nur eingeschränkt dem Geltungsbereich des Bundes-Immissionsschutzgesetzes unterfallenden Verkehrsanlagen verneint das Bundesverwaltungsgericht in ständiger Rechtsprechung eine Pflicht zur Bildung eines Summenpegels.

aa) Lärm von Straßen und Schienenwegen

Bei Neubaumaßnahmen war in der Literatur umstritten, ob bei der Ermittlung des Lärmpegels eines neu zu errichtenden Verkehrsweges (Straßen- oder Schienenweg), für den sich in § 2 Abs. 1 der 16. BImSchV Grenzwerte finden, der Verkehrslärm mit eingerechnet werden muss, der von einem bereits vorhandenen, anderen Verkehrsweg (oder anderen Quellen) ausgeht[42]. Dem hat das Bundesverwaltungsge-

---

[39] Hierzu – zum Fachplanungsrecht – z. B. BVerwG v. 14.12.1979 – 4 C 10/77 –, BVerwGE 59, 253 (263); v. 22.3.2985 – 4 C 63/80 –, BVerwGE 71, 150, (155 ff.); v. 22.5.1987 – 4 C 33-35/85 u.a. –, BVerwGE 77, 285, (292 f.); v. 29.1.1991 – 4 C 51/89 –, BVerwGE87, 332. Michler, Rechtsprobleme des Verkehrsimmissionsschutzes, 1993, S. 77 f.

[40] Kühling, Fachplanungsrecht, 1988, Rn. 262; Michler, Rechtsprobleme des Verkehrsimmissionsschutzes, 1993, S. 76 f.

[41] So etwa für Verkehrslärm und Gewerbelärm VGH Mannheim v. 27.6.2002 – 14 S 2736/01 –, NVwZ 2003, 745.

[42] Ein instruktiver Überblick mit weiteren Nachweisen findet sich bei Schulze-Fielitz, in: Koch/Scheuing (Hrsg.), Gemeinschaftskommentar zum Bundes-Immissionsschutzgesetz (FN 3), § 43 RdNr. 83 ff.

richt eine Absage erteilt[43]. Bei dem Bau oder der wesentlichen Änderung einer Straße oder eines Schienenweges bestehe ein Anspruch auf Lärmschutz grundsätzlich nur, wenn der von dem neuen oder geänderten Verkehrsweg ausgehende Verkehrslärm den nach § 2 Abs. 1 der 16. BImSchV maßgeblichen Immissionsgrenzwert überschreite. Der hierfür maßgebende Beurteilungspegel sei grundsätzlich nicht als „Summenpegel" unter Einbeziehung von Lärmvorbelastungen bereits vorhandener Verkehrswege zu ermitteln[44].

Die Nichtberücksichtigung von Geräuschbeeinträchtigungen durch bereits vorhandene Verkehrswege dürfe jedoch nicht dazu führen, dass es in der Summe zu einer Gesamtbelastung komme, die mit Gesundheitsgefahren (Art. 2 Abs. 2 Satz 1 GG) oder mit einem Eingriff in die Substanz des Eigentums (Art. 14 Abs. 1 und 2 GG) verbunden sei. In diesen Fällen sei von Verfassungs wegen eine Gesamtlärmbetrachtung geboten, wenn der neue oder zu ändernde Verkehrsweg im Zusammenwirken mit bereits vorhandenen Vorbelastungen anderer Verkehrswege eine die menschliche Gesundheit gefährdende Lärmbelastung bewirke[45]. Allerdings ist diese Schwelle bislang nicht eindeutig festgelegt[46]. Dabei ist die verfassungsrechtlich ge-

---

[43] BVerwG, Urt. v. 21.3.1996 – 4 C 9/95 –, BVerwGE 101, 1; v. 3.3.1999 – 11 A 9/97 –, NVwZ-RR 1999, 720. Dazu – und zum folgenden – Michler, Planfeststellung und Immissionsschutz, VerwArch. 1999, S. 21 (35 ff.); ders., Verkehrslärmschutz, in: Ziekow (Hrsg.), Praxis des Fachplanungsrechts, 2004, RdNr. 1179 ff.; ders., Lärmsummation, in: Ziekow (Hrsg.), Aktuelle Probleme des Fachplanungs- und Raumordnungsrechts 2004, 2005, S. 195 (198 ff.).

[44] So der erste Leitsatz des Urteils des BVerwG v. 21.3.1996 – 4 C 9/95 –, BVerwGE 101, 1. Das Verbot einer „Summenpegelbildung" gilt nach der Rechtsprechung auch, wenn zwei Vorhaben gleichzeitig geplant (und verfahrensrechtlich über § 78 VwVfG miteinander verbunden) werden, BVerwG v. 23.2.2005 – 4 A 5/04 –, BVerwGE 123, 23.

[45] Dabei ist auf folgendes hinzuweisen (dazu Strick, Lärmschutz an Strassen, 2. Aufl. 2006, RdNr. 77): Die Addition zweier Lärmpegel führt höchstens zu einer Steigerung um 3 dB (A) und wird nur erreicht, wenn zwei gleich hohe Pegel addiert werden müssen (also: 59 dB (A) + 59 dB(A) = 62 dB (A). Auf Gesamtpegel in Höhe der Werte, die die Schwelle zur Gesundheitsgefahr kennzeichnen (also beispielsweise 70 dB (A) tags) wird man demnach nur dann kommen, wenn zu einem Pegel von 67 dB(A) oder mehr ein gleich hoher Pegel hinzutritt. Ein solcher Fall ist jedoch für die Beeinträchtigung von Wohn- bzw. Kern-, Dorf- und Mischgebieten deshalb kaum denkbar, weil dort nach § 2 Abs. 1 Nr. 2 und 3 der 16. BImSchV durch das geplante Vorhaben Beurteilungspegel eingehalten werden müssen, die deutlich unter 67 dB (A) liegen. Berücksichtigt man weiter, dass sich der Pegel einer Schallquelle, der mehr als 10 dB (A) unter dem Pegel einer zweiten Schallquelle liegt, rechnerisch kaum noch auswirkt, wird deutlich, dass die Rechtsprechung des Bundesverwaltungsgerichts zur Summenpegelbildung bei Gesundheitsgefährdungen vor allem dann „greifen" dürfte, wenn die Vorbelastung durch andere Lärmquellen die „enteignungsrechtliche Zumutbarkeitsschwelle" erreicht oder überschreitet.

[46] Die Gerichte sehen die enteignungsrechtliche Zumutbarkeitsschwelle für Verkehrslärmimmissionen in Gebieten, die auch zum Wohnen bestimmt sind, von 70 bis 75 dB (A) tagsüber und von 60 bis 65 dB (A) nachts als erreicht an, BGH v. 25.3.1993 – III ZR 60/91 –, BGHZ 122, 76 (mit zahlreichen weiteren Nachweisen); BVerwG v. 28.10.1998 – 11 A 3/98 –, BVerwGE 107, 350. Allerdings erscheinen diese Werte zwischenzeitlich als zu hoch und deshalb überdenkenswert, vgl. etwa Ortscheid/Wende, Fluglärmwirkungen, 2000, herausgegeben vom Umweltbundesamt, S. 31; dies., Fluglärm: Schutzziele aus der Sicht des Umweltbundesamtes, in: Ziekow

botene Gesamtlärmbeurteilung nicht – so könnte man aber das Bundesverwaltungsgericht verstehen – auf die Berücksichtigung der Vorbelastung durch Verkehrsgeräusche beschränkt. Denn wenn zum Schutz der Gesundheit eine Gesamtgeräuschbetrachtung geboten ist, kann es nicht darauf ankommen, welche Quellen zur Gesundheitsgefährdung beitragen[47].

bb) Fluglärm

Auch beim Fluglärm ist die Rechtsprechung zurückhaltend[48]. Für die Beurteilung, ob Fluglärm zu „Gefahren oder Nachteilen" führt, existieren zwar zwischenzeitlich[49] in § 2 Abs. 2 des Gesetzes zum Schutz gegen Fluglärm[50] – zumindest für Ansprüche auf passiven Schallschutz und für weiter gehende Entschädigungsansprüche für Beeinträchtigungen des Außenwohnbereichs[51] – Werte, die auch für die Konkretisierung der fachplanerischen Zumutbarkeitsschwelle im luftrechtlichen Genehmigungs- und Planfeststellungsverfahren gelten, § 8 Abs. 1 S. 3 und 4 LuftVG/ § 13 Abs. 1 FluglärmG. Folge ist, dass – soweit die Vorschrift reicht – die Zumutbarkeitsschwelle nicht mehr, wie bisher, anhand der besonderen Umstände des Einzelfalls[52] festzulegen ist. Die Neuerungen werden aber nicht (auch) dazu führen, dass die Absage des Bundesverwaltungsgerichts an eine „Verantwortungsgemeinschaft der Emittenten"[53] überdacht werden müsste. Es wird also auch künftig beim Schutz vor Fluglärm nur das geplante Neu- oder Ausbauvorhaben in den Blick zu nehmen sein, wenn es um Ansprüche auf passiven Schallschutz oder um eine sog. Außenwohnbereichsentschädigung geht. Offen ist, wie künftig die einfachrechtliche Zumutbarkeitsschwelle für Ansprüche auf aktive Schallschutzmaß-

---

(Hrsg.), Bewertung von Fluglärm – Regionalplanung – Planfeststellungsverfahren, 2003, S. 9 (26); Berkemann, Fluglärm – Offene, aber zu lösende Rechtsfragen, ZUR 2002, S. 202 (204).

47 So auch Dolde, Immissionsschutzrechtliche Probleme der Gesamtlärmbewertung, in: Dolde (Hrsg.), Umweltrecht im Wandel, 2001, S. 451 (456).

48 Nur der sog. „Bodenlärm" – also etwa Lärm, der bei Triebwerksprobeläufen entsteht und der sonstige, „luftseitige" Lärm am Boden (Roll- und sonstige Bewegungen von Luftfahrzeugen und Kraftfahrzeugen in Bodennähe) – ist neben dem eigentlichen Fluglärm mit zu berücksichtigen, was allerdings nicht dazu führen muss, Flug- und Bodenlärm „zusammen zu rechnen". Zum Bodenlärm Giemulla/Rathgeb, Das neue Fluglärmgesetz, DVBl. 2008, S. 669 (673).

49 Zur Forderung nach einer „Fluglärmschutzverordnung" Koch, Umweltprobleme des Luftverkehrs, NVwZ 2003, S. 1153 (1159 m.w.N.).

50 Gesetz zum Schutz gegen Fluglärm i.d.F.d. Bekanntmachung v. 31.10.2007, BGBl. S. 2550.

51 VGH Kassel v. 17.6.2008 – 11 C 2089/07.T –, ZUR 2009, 42. Wysk, Rechtliche Aspekte des neuen Fluglärmgesetzes, Lärmbekämpfung 2 (2007), S. 243 (247 f.); Mechel, Der Fluglärmschutz nach der Gesetzesnovelle 2007, ZUR 2007, S. 561 (566); Umweltgutachten 2008 des Rates von Sachverständigen für Umweltfragen (SRU) „Umweltschutz im Zeichen des Klimawandels", Juni 2008, Tz. 825; Reidt/Schiller, in: Landmann/Rohmer, Umweltrecht, Band III, Stand: August 2008, FluglSchG § 13 Rn. 9 f.; Schiller, Erstattungs- und Entschädigungsansprüche der Grundstücksanwohner von Flugplätzen nach der Novelle zum Fluglärmgesetz 2007, ZLW 2008, S. 192 (202 f.); Giemulla/Rathgeb, Das neue Fluglärmgesetz, DVBl. 2008, S. 669 (677).

52 Dazu Storost, Umweltprobleme bei der Zulassung von Flughäfen – Materielle Schutzstandards (Immissions- und Naturschutz), NVwZ 2004, S. 257.

53 BVerwG v. 29.1.1991 – 4 C 51/89 –, BVerwGE 87, 332 (356 ff.).

nahmen (etwa Betriebsbeschränkungsmaßnahmen) zu bestimmen ist. Da die Grenzwerte des § 2 Abs. 2 FluglärmG Ansprüche auf passiven Schallschutz bzw. eine sog. Außenwohnbereichsentschädigung im Blick haben, fehlen normativ verbindliche Vorgaben für den aktiven Schallschutz. Hätte diese zur Folge, dass es insofern auch künftig dabei bliebe, dass die Zumutbarkeitsschwelle anhand der konkreten Umstände des Einzelfalles festzulegen wäre, hätte das zur Folge, dass eine Vorbelastung durch andere Geräuschquellen nicht „additiv" zu berücksichtigen wäre, sondern sich für den betroffenen Nachbarn schutzmindernd[54] auswirken würde[55]. Für Lärmbelastungen aus unterschiedlichen Quellen, die in der Summe die Schwelle zur Gesundheitsgefahr überschreiten, ist allerdings auch beim Fluglärm eine Gesamtlärmbetrachtung geboten[56].

c) Ergebnis

Für Gewerbe- und Sportlärm enthalten die TA Lärm und die 18. BImSchV verbindliche Berechnungs- bzw. Messverfahren und Immissionsrichtwerte zur Ermittlung der einfachrechtlichen Zumutbarkeitsschwelle. Lärmvorbelastungen aus anderen Quellen als der zu beurteilenden Anlage werden „additiv" nur berücksichtigt, wenn es sich um Lärm aus bestimmten, gleichartigen Anlagen handelt. Für eine Gesamtlärmbewertung sieht die TA Lärm, nicht aber auch die 18. BImSchV eine Sonderfallprüfung vor.

Für Lärm aus Freizeitanlagen fehlen normativ verbindliche Vorgaben. Die einfachrechtliche Zumutbarkeitsschwelle muss anhand einer umfassenden Würdigung aller Umstände des Einzelfalles unter Berücksichtigung der durch die Gebietsart und die tatsächlichen Verhältnisse bestimmten Schutzwürdigkeit und Schutzbedürftigkeit ermittelt werden. Dabei dient die LAI-Freizeitlärmrichtlinie als Orientierungshilfe. Eine bereits vorhandene Vorbelastung aus anderen Quellen hat dabei Einfluss auf die Schutzwürdigkeit und damit die Schutzbedürftigkeit des Immissionsorts. Das hat nicht zur Folge, dass – zu Lasten des Verursachers – „nichts mehr hinzukommen dürfte", sondern führt – aus Sicht der Betroffenen – zu einem „Weniger an Schutzwürdigkeit".

Bei Verkehrswegen, für die die 16. BImSchV gilt (Straßen und Schienenwege), ist nach st. Rspr. nur der Lärmbeitrag des neu zu bauenden oder zu ändernden Ver-

---

[54] Dazu Koch, Umweltprobleme des Luftverkehrs, NVwZ 2003, S. 1153 (1159). Siehe auch Storost, Umweltprobleme bei der Zulassung von Flughäfen – Materielle Schutzstandards (Immissions- und Naturschutz), NVwZ 2004, S. 257 (261).

[55] Vgl. dazu oben 2 b).

[56] BVerwG v. 17.6.1998 – 11 VR 9/97 –, ZLW 1999, S. 244; v. 16.3.2006 – 4 A 1075/04 –, BVerwGE 125, 116 (Berlin Schönefeld); 9.11.2006 – 4 A 2001/06 –, BVerwGE 127, 95 (Leipzig Halle); v. 14.5.2008 – 4 B 46/07 –, zitiert nach Juris (Verkehrsflughafen Düsseldorf). VGH Mannheim v. 4.6.2002 – 8 S 460/01 –, NVwZ-RR 2003, 412 (Flugplatz Lahr); VGH Kassel v. 17.6.2008 – 11 C 2089/07.T –, ZUR 2009, 42 (Kassel Calden); OVG Münster v. 27.8.2008 – 20 D 5/06.AK u.a. –, zitiert nach Juris (Verkehrsflughafen Düsseldorf).

kehrswegs entscheidend. Auch beim Fluglärm hat das Bundesverwaltungsgericht einer „Verantwortungsgemeinschaft der Emittenten" eine Absage erteilt. Die Bildung eines „Summenpegels" unter Einbeziehung von Lärmbelastungen anderer Quellen ist aus verfassungsrechtlichen Gründen allerdings – und erst dann – geboten, wenn das Zusammenwirken aller Quellen zu einer die menschliche Gesundheit gefährdenden Lärmbelastung führt.

II. Lärmsummation in der Bauleitplanung

Lärmkonflikte müssen nicht erst aus Anlass einer Zulassungsentscheidung für ein konkret geplantes Projekt bewältigt werden, sondern stellen sich häufig bereits auf der vorgelagerten Planungsebene. So sind bereits bei der Aufstellung von Bauleitplänen die allgemeinen Anforderungen an gesunde Wohn- und Arbeitsverhältnisse (§ 1 Abs. 6 Nr. 1 BauGB) bzw. die umweltbezogenen Auswirkungen auf den Menschen und seine Gesundheit (§ 1 Abs. 6 Nr. 7c) BauGB) zu berücksichtigen, d. h., in der Abwägung nach § 1 Abs. 7 BauGB „abzuarbeiten". Dabei geht es um den Schutz vor schädlichen Umwelteinwirkungen i.S.d. Bundes-Immissionsschutzgesetzes[57], d. h., nicht nur um den Schutz vor Lärmbeeinträchtigungen, die Gefahren für die Gesundheit mit sich bringen, sondern auch um den Schutz vor „erheblichen Belästigungen". Auch in der Bauleitplanung stellt sich also die Frage, welche Regelwerke zur Festlegung der sog. einfachrechtlichen Zumutbarkeitsschwelle herangezogen werden können. Dabei kann wegen ihres normativ beschränkten Anwendungsbereichs nicht unbesehen auf die oben, für Zulassungsentscheidungen einschlägigen technischen Regelwerke zurückgegriffen werden.

1. Die Bedeutung der technischen Regelwerke des Lärmschutzes für die Bauleitplanung

a) Verkehrslärm

Die Verkehrslärmschutzverordnung (16. BImSchV) gilt nach § 41 Abs. 1 und § 43 Abs. 1 Nr. 1 BImSchG für den (Neu-)Bau und die wesentliche Änderung von öffentlichen Straßen und Schienenwegen (Eisenbahnen, Magnetschwebebahnen und Straßenbahnen) unabhängig davon, welches „Zulassungsverfahren" vorgesehen ist, d. h. also auch für die Bauleitplanung[58]. Damit ist die 16. BImSchV für die Bauleitplanung in den Fällen verbindlich, in denen durch einen Bebauungsplan eine öf-

[57] Krautzberger, in: Battis/Krautzberger/Löhr, BauGB, 10. Aufl. 2007, § 1 Rn. 65e; Söfker, in: Ernst/Zinkahn/Bielenberg/Krautzberger, BauGB, Stand: Juni 2008, § 1 Rn. 147; Dirnberger, in: Spannowsky/Uechtritz, BeckOK BauGB, Stand: 1.1.2009, § 1 Rn. 104.5.

[58] Etwa BVerwG v. 24.5.2007 – 4 BN 16/07 u.a. –, ZfBR 2007, 580; Michler, in: Ziekow (Hrsg.), Fachplanungsrecht, 2004, Rn. 1121 und 1125.

fentliche Verkehrsfläche (für eine Strasse oder eine Straßenbahn) neu festgesetzt oder wesentlich geändert wird[59]. In diesen Fällen gebietet die 16. BImSchV die Bildung eines Summenpegels aus Verkehrslärm und dem Lärm aus anderen Quellen – folgt man der Rechtsprechung – nicht, es sei denn, der „Gesamtlärm“ erreicht die sog. „enteignungsrechtliche Zumutbarkeitsschwelle“[60].

Bei der Bauleitplanung geht es aber nicht nur um die Beurteilung der Zumutbarkeit von Verkehrslärm anlässlich des Neubaus bzw. der wesentlichen Änderung eines Verkehrswegs. Daneben sind in der Bauleitplanung auch Lärmkonflikte zu bewältigen, die etwa durch das Heranrücken einer Wohnbebauung an einen vorhandenen Verkehrsweg oder bei der Überplanung sog. „Gemengelagen“ entstehen[61]. Dafür gilt die 16. BImSchV nicht. In der Praxis wird auf die DIN 18005 zurückgegriffen. Sie enthält Vorgaben zur Schallimmissionsberechnung für die städtebauliche Planung und – im Beiblatt 1 – schalltechnische Orientierungswerte als Zielvorstellungen für die städtebauliche Planung[62]. Die Rechtsprechung hat das gebilligt, sofern die DIN 18005 nicht schematisch, sondern als Orientierungshilfe bzw. „grober Anhalt“ herangezogen wird[63]. Allerdings steht auch die DIN 18005 einer Gesamtlärmbewertung zurückhaltend gegenüber: Die Beurteilungspegel der Geräusche verschiedener Arten von Schallquellen (Verkehr, Industrie und Gewerbe, Freizeitlärm) sollen wegen der unterschiedlichen Einstellung der Betroffenen zu verschiedenen Arten von Geräuschquellen jeweils für sich allein mit den Orientierungswerten des Beiblatts 1 zur DIN 18005 verglichen und nicht addiert werden[64]. In Nr. 4.4 DIN 18005, Teil 1, geht es um das Zusammenwirken mehrere *gleichartiger* Schallquellen. Lärm aus „ungleichartigen“ Quellen ist danach also – wegen seiner unterschiedlich empfundenen „Lästigkeit“ – nicht in einem Pegel „additiv“ zusammenzufassen.

Daraus wird man jedoch allenfalls folgern können, dass aus Pegeln „ungleichartiger“ Quellen kein *Summenpegel* gebildet werden muss. Eine *Gesamtlärmbetrachtung* kann jedoch gleichwohl geboten sein. Denn bei den Orientierungswerten und den Berechnungsverfahren der DIN 18005 handelt es sich nicht um verbindliche, normative Vorgaben, sondern lediglich um eine „Orientierungshilfe“ bzw. um einen

---

[59] Uechtritz, Bewertung von Lärm in der Bauleitplanung, in: Festschrift für Ernst Hoppe, 2000, S. 567 (573); Schink, Straßenverkehrslärm in der Bauleitplanung, NVwZ 2003, S. 1041 (1042).

[60] Oben I. 2. c) aa).

[61] Uechtritz, Bewertung von Lärm in der Bauleitplanung, in: Festschrift für Ernst Hoppe, 2000, S. 567 (574); Schink, Straßenverkehrslärm in der Bauleitplanung, NVwZ 2003, S. 1041 (1042).

[62] DIN 18005-1, Schallschutz im Städtebau, Teil 1, Grundlagen und Hinweise für die Planung, Juli 2002; Beiblatt 1 zu DIN 18005 Teil 1, Berechnungsverfahren – Schalltechnische Orientierungswerte für die städtebauliche Planung, Mai 1987.

[63] BVerwG v. 18.12.1990 – 4 N 6/88 –, NVwZ 1991, 881; v. 1.9.1999 – 4 BN 25/99 –, NVwZ-RR 2000, 146; v. 22.3.2007 – 4 CN 2/06 –, BVerwGE 128, 238.

[64] Nr. 1.2 Abs. 3 des Beiblatts 1 zur DIN 18005 Teil 1, Berechnungsverfahren – Schalltechnische Orientierungswerte für die städtebauliche Planung, Mai 1987.

„groben Anhaltspunkt", der eine Beurteilung im Einzelfall nicht erübrigt[65]. Der Rückgriff auf die DIN 18005 befreit den Plangeber nicht davon, die sich aus dem Abwägungsgebot ergebenden (§ 1 Abs. 7 BauGB) Anforderungen zu beachten. Dabei ist zu unterscheiden: Geht es darum, ob beispielsweise eine an eine Strasse heranrückende Wohnbebauung schädlichen Umwelteinwirkungen durch Lärm ausgesetzt wird, geht es nicht um eine Frage, die das planerische Abwägungsgebot beantwortet, sondern um die Auslegung des unbestimmten Rechtsbegriffs der „schädlichen Umwelteinwirkungen". Hier gilt das bereits oben Ausgeführte[66]: fehlen normativ verbindliche Vorgaben, ist eine Einzelfallbetrachtung geboten mit der Folge, dass eine bereits vorhandene Lärmvorbelastung (des „heranrückenden" Wohngebiets) Einfluss auf die Schutzwürdigkeit und Schutzbedürftigkeit, also auf das „Schutzniveau", hat. In der Abwägung sind allerdings nicht nur solche Lärmbeeinträchtigungen zu berücksichtigen, die die Zumutbarkeitsschwelle erreichen oder überschreiten. Es sind vielmehr alle Belange einzustellen, die „nach Lage der Dinge" berücksichtigt werden müssen[67]. Damit tendiert das Abwägungsmaterial eher „zur Weite". Folge ist, dass auch Lärm, der nicht die Schwelle der „erheblichen Belästigung" erreicht, aber auch nicht nur geringfügig ist, in der planerischen Abwägung „abzuarbeiten" ist[68]. Eine Gesamtlärmbetrachtung ist in Fällen einer bereits vorhandenen Vorbelastung somit grundsätzlich abwägungserheblich[69].

b) Sportlärm

Die 18. BImSchV gilt unmittelbar nur für die Errichtung und den Betrieb immissionsschutzrechtlich nicht genehmigungsbedürftiger Anlagen, wozu auch Sportanlagen zählen, nicht aber auch für die Bauleitplanung. Das heißt nun aber nicht, dass der 18. BImSchV bei der Aufstellung eines Bebauungsplans, in dem Sportanlagen zulässig sein sollen, keinerlei Bedeutung zukommen würde. Denn ein Bebauungsplan, der eine Nutzung vorsähe, die aus Rechtsgründen nicht zulässig wäre – etwa weil eine für eine im Bebauungsplan vorgesehne Sportanlage erforderliche Genehmigung wegen der Nichteinhaltung der Anforderungen der 18. BImSchV nicht erteilt werden dürfte – wäre nicht vollzugsfähig und damit wegen eines Verstoßes

---

[65] BVerwG v. 18.12.1990 – 4 N 6/88 –, NVwZ 1991, 881; v. 1.9.1999 – 4 BN 25/99 –, NVwZ-RR 2000, 146; v. 22.3.2007 – 4 CN 2/06 –, BVerwGE 128, 238. Uechtritz, Bewertung von Lärm in der Bauleitplanung, in: Festschrift für Ernst Hoppe, 2000, S. 567 (587 f.); Schink, Straßenverkehrslärm in der Bauleitplanung, NVwZ 2003, S. 1041 (1047).

[66] Vgl. dazu oben I. 2. b).

[67] Grundlegend BVerwG v. 12.12.1969 – 4 C 105/66 –, BVerwGE 34, 301 (309).

[68] Das gilt selbst in den Fällen, in denen die normativ verbindlichen Grenzwerte der 16. BImSchV herangezogen werden müssen, vgl. etwa OVG Münster v. 16.10.1997 – 11a D 116/96. NE –, NVwZ-RR 1998, 632; VGH Mannheim v. 28.1.2002 – 5 S 2328/99 –, BImSchG-Rspr § 41 Nr 71. Michler, Lärmsummation, in: Ziekow (Hrsg.), Aktuelle Probleme des Fachplanungs- und Raumordnungsrechts 2004, 2005, S. 195 (205 f.).

[69] Uechtritz, Bewertung von Lärm in der Bauleitplanung, in: Festschrift für Ernst Hoppe, 2000, S. 567 (576 f.).

gegen das in § 1 Abs. 3 BauGB enthaltene Gebot der Erforderlichkeit nichtig[70]. Die Anforderungen an die Zulassungsentscheidung „strahlen" damit bereits auf die Planungsebene „aus"[71], die 18. BImSchV hat „präventive" Bedeutung auch für die Bauleitplanung[72].

Hinsichtlich der Bindungswirkung der 18. BImSchV für die Bauleitplanung wird man zu unterscheiden haben. Beschließt die Gemeinde einen Bebauungsplan für eine Sportanlage, hat sie bereits im Bauleitplanverfahren der Frage der Zulassungsfähigkeit des Vorhabens nachzugehen. Bei einer solchen „Vorhabens-" oder „Objektplanung" kommt den Richtwerten der 18. BImSchV – vermittelt über § 1 Abs. 3 BauGB – im Bauleitplanverfahren erhöhte Bindungswirkung zu[73]. Folge ist, dass bereits im Bauleitplanverfahren zu prüfen ist, ob die geplante Sportanlage „unter Einrechnung der Geräuschimmissionen anderer Sportanlagen" die Immissionsrichtwerte des § 2 Abs. 1 18. BImSchV einhält. Plant demgegenüber die Gemeinde ein Baugebiet an eine Sportanlage heran, ist die 18. BImSchV „nur" Orientierungshilfe im Rahmen der Einzelfallbewertung, ob es zu schädlichen Umwelteinwirkungen kommt oder nicht. Ihre Bindungswirkung ist dann gelockert.

Die 18. BImSchV hat also auf die planerische Abwägung „wertbestimmenden"[74] Einfluss insofern, als die Einhaltung ihrer Richtwerte Indiz für eine ordnungsgemäße Abwägungsentscheidung ist. D. h. nun aber weder, dass eine Planung, die zu einer Überschreitung der verordnungsrechtlich vorgegebenen Richtwerte in der Nachbarschaft führt, immer abwägungsfehlerhaft wäre[75], noch, dass die Gemeinde jegliche Überlegungen hinsichtlich einer geringeren Beeinträchtigung der Nachbarschaft durch Sportlärm allein unter Berufung darauf, die Richtwerte der 18. BImSchV würden eingehalten, unterlassen dürfte[76]. Denn diese markieren zwar die Schwelle der *Zumutbarkeit*, nicht aber auch die der *Abwägungserheblichkeit*[77]. Die Beachtung der Richtwerte der 18. BImSchV entbindet demnach nicht von der Beachtung der materiell-rechtlichen Anforderungen des Abwägungsgebots (§ 1 Abs. 7 BauGB). Die Gemeinde dürfte somit nicht allein unter Hinweis darauf, dass § 2 Abs. 1 18. BImSchV nur eine Summation von Lärm aus *mehreren Sportanla-*

---

70 BVerwG v. 12.8.1999 – 4 CN 4/98 –, BVerwGE 109, 246.

71 Halama/Stüer, Lärmschutz in der Planung, NVwZ 2003, S. 137 (138).

72 Berkemann, Sport und Freizeitaktivitäten in der gerichtlichen Auseinandersetzung, NuR 1998, S. 565 (575). Auch Nr. 7.6.1 der DIN 18005 verweist auf die Sportanlagenlärmschutzverordnung.

73 Dazu Rojahn, Lärmschutzbezogene Normen und Richtlinien in der Bauleitplanung, in diesem Band.

74 Berkemann, Sport und Freizeitaktivitäten in der gerichtlichen Auseinandersetzung, NuR 1998, S. 565 (575).

75 VGH Mannheim v. 15.12.2003 – 3 S 2827/02 –, ESVGH 54, 190.

76 BVerwG v. 12.8.1999 – 4 CN 4/98 –, BVerwGE 109, 246. Uechtritz, Bewertung von Lärm in der Bauleitplanung, in: Festschrift für Ernst Hoppe, 2000, S. 567 (579); ders., Zur baurechtlichen Beurteilung der Sportanlagenlärmschutzverordnung (18. BImSchV) besonders in Gemengelagen, NVwZ 2000, S. 1006 (1007).

77 Uechtritz, Zur baurechtlichen Beurteilung der Sportanlagenlärmschutzverordnung (18. BImSchV) besonders in Gemengelagen, NVwZ 2000, S. 1006 (1007).

gen, nicht aber auch aus anderen Quellengebieten, eine Gesamtlärmbetrachtung „von vornherein" unterlassen.

c) Gewerbelärm

Die TA Lärm gilt unmittelbar für das Genehmigungsverfahren, nicht für die kommunale Bauleitplanung (Nr. 1 TA Lärm). Gleichwohl wird sie – wie die 18. BImSchV – als Anhaltspunkt zur Beurteilung von Gewerbelärm in der planerischen Abwägung herangezogen[78]. Es handelt sich dabei nicht um verbindliche Vorgaben, die die Gemeinde strikt zu beachten hätte, sondern wiederum um eine Orientierungshilfe zur Bestimmung der Zumutbarkeit von Gewerbelärm im Rahmen der Abwägung nach § 1 Abs. 7 BauGB.

Dabei sind die Gesamtverhältnisse in dem zu überplanenden Gebiet zu berücksichtigen. Das ergibt sich daraus, dass das immissionsschutzrechtlich zu beurteilende „Vorhaben" der Bebauungsplan mit seinen Festsetzungen ist. Zu beurteilen sind alle Lärmbeeinträchtigungen, für die der Bebauungsplan Baurecht schafft bzw. verantwortlich ist. Lärm aus mehreren Anlagen, die im Plangebiet liegen, darf insgesamt nicht zu unzumutbaren Lärmbeeinträchtigungen der Nachbarschaft führen. Mehrere gewerbliche Anlagen bilden also eine „Verantwortungsgemeinschaft". Das hat nicht nur Auswirkungen auf das Verhältnis der geplanten Anlagen – im Außenverhältnis – zur Nachbarschaft, sondern wirkt sich auch im Verhältnis der Anlagen zueinander (wenn man so will: im Innenverhältnis) aus. Denn es wäre mit einer ordnungsgemäßen Abwägung schwerlich zu vereinbaren, wenn das zulässige Immissionsschutzniveau von nur einem Teil der im Bebauungsplan zulässigen gewerblichen Anlagen insgesamt ausgeschöpft werden dürfte[79]. Der Plangeber hat also – planintern – für eine Geräuschkontingentierung zu sorgen[80]. Lärmbeiträge aus unterschiedlichen Quellen innerhalb des Plangebiets sind ebenfalls gemeinsam zu betrachten, wobei jedoch die DIN 18005 die Bildung eines Summenpegels nicht verlangt[81].

Trifft der Lärm aus dem Plangebiet auf Lärm bereits vorhandener Quellen außerhalb des Plangebiets, wird sich die Gemeinde im Rahmen der planerischen Abwä-

---

[78] Aus der Rechtsprechung jüngst BVerwG 13.12.2007 – 4 BN 41/07 –, NVwZ 2008, 426 (für Nr. 7.4 der TA Lärm). Uechtritz, Bewertung von Lärm in der Bauleitplanung, in: Festschrift für Ernst Hoppe, 2000, S. 567 (585 f.). Ebenso Nr. 7.5 der DIN 18005.

[79] Uechtritz, Bewertung von Lärm in der Bauleitplanung, in: Festschrift für Ernst Hoppe, 2000, S. 567 (586).

[80] Nr. 7.5 DIN 18005. Die Rechtsprechung hat die Festsetzung sog. „flächenbezogener Schallleistungspegel" (BVerwGv. 18.12.1990 – 4 N 6/88 –, NVwZ 1991, 881) ebenso gebilligt, wie die sog. „immissionswirksamer flächenbezogener Schalleistungspegel" (BVerwG v. 27.1.1998 – 4 NB 3/97 –, NVwZ 1998, 1067). In beiden Fällen wird – verkürzt – einer bestimmten Fläche im Plangebiet ein bestimmtes Kontingent an der zulässigen Gesamtimmission zugewiesen. Vgl. dazu etwa Fischer/Tegeder, Geräuschkontingentierung als Konfliktlösung in der Bauleitplanung, NVwZ 2005, S. 30.

[81] Oben II. 1. a).

gung nach § 1 Abs. 7 BauGB an den Wertungen der technischen Regelwerke zu orientieren haben, wonach – verkürzt – der Lärm aus gleichartigen Quellen (bei Gewerbelärm also die Vorbelastung aus Anlagen, für die die TA Lärm gilt[82], und bei Sportanlagen der Lärm aus anderen Sportanlagen[83]) zu berücksichtigen ist, ohne allerdings – da die TA Lärm und die 18. BImSchV in der Bauleitplanung nicht verbindlich sind – daran strikt gebunden zu sein.

2. Lärmsummation in der Abwägung?

TA Lärm, 18. BImSchV und DIN 18005 eignen sich bei der Bauleitplanung als Orientierungshilfe, vermögen die bauleitplanerische Abwägung aber nicht zu ersetzen. Die Hoffnung aber, die hinsichtlich einer Lärmsummation lückenhaften technischen Regelwerke könnten – außerhalb ihres unmittelbaren Anwendungsbereichs – in der Bauleitplanung unter Rückgriff auf das planerische Abwägungsgebot „nachgebessert“ werden, könnte enttäuscht werden. Das hängt damit zusammen, dass es im Lärmschutz keinen Grundsatz gibt, dass zu einer bereits bestehenden Vorbelastung keine weitere Zusatzbelastung „hinzukommen dürfe“. Im Gegenteil: nach ständiger Rechtsprechung richtet sich, sofern Grenz- bzw. Richtwerte nicht in technischen Regelwerken normativ festgelegt sind, die Antwort auf die Frage nach der „Zumutbarkeit“ von Lärmbeeinträchtigungen u. a. nach der Schutzwürdigkeit und Schutzbedürftigkeit des betroffenen Grundstücks. Dabei gilt das bereits oben Ausgeführte: eine bereits vorhandene Vorbelastung hat Einfluss auf die Frage der Schutzwürdigkeit des betroffenen Grundstücks mit der Folge, dass ein lärm(vor)belastetes Grundstück gegenüber einem unvorbelasteten Grundstück als minder schutzwürdig angesehen wird[84]. Auch hier gilt: Eine Vorbelastung hat außerhalb normativer Festlegungen bei der Bestimmung der Zumutbarkeitsschwelle nicht zur Folge, dass – zu Lasten des Verursachers – „nichts mehr hinzukommen darf“, sondern führt – aus Sicht der Betroffenen – zu einem „Weniger an Schutzwürdigkeit“.

3. Ergebnis

Die 16. BImSchV gilt in der Bauleitplanung unmittelbar, wenn eine Straße oder ein Schienenweg durch einen Bebauungsplan neu geplant oder wesentlich geändert werden. In diesen Fällen ist ein Summenpegel nicht zu ermitteln. In allen anderen Fällen, in denen es um die Beurteilung von Verkehrslärm in der Bauleitplanung geht, kann im Rahmen der planerischen Abwägung auf die DIN 18005 zurückgegriffen werden, die allerdings eine „Summenpegelbildung“ von Lärm aus ungleichartigen Quellen nicht verlangt.

---

[82] Oben I. 2. a) aa).
[83] Oben I. 2. a) bb).
[84] Vgl. oben I. 1. a).

TA Lärm und 18. BImSchV gelten für die Bauleitplanung nicht unmittelbar, können aber als Orientierungshilfe bei der Festlegung der Zumutbarkeitsschwelle herangezogen werden. Sie entbinden jedoch nicht von der Beachtung des planerischen Abwägungsgebots (§ 1 Abs. 7 BauGB). Dasselbe gilt für die LAI-Freizeitlärmrichtlinie.

Die Hoffnung, die nur unzureichende Berücksichtigung einer „Summenbewertung" in den technischen Regelwerken könne in der Bauleitplanung unter Rückgriff auf das planerische Abwägungsgebot „nachgebessert" werden, wird enttäuscht. Denn eine Vorbelastung des Immissionsorts aus anderen Quellen hat bei der Festlegung der einfachrechtlichen Zumutbarkeitsschwelle in der planerischen Abwägung nicht zur Folge, dass – zu Lasten des Verursachers – „nichts mehr hinzukommen darf", sondern führt – aus Sicht der Betroffenen – zu einem „Weniger an Schutzwürdigkeit".

III. Lärmsummation in der Umweltprüfung

Die Umweltprüfung[85] verlangt eine Bewertung der Umweltauswirkungen und die Berücksichtigung im Rahmen der Entscheidung über das geplante Projekt bzw. den Plan. Dabei stellt sich die Frage nach den Maßstäben der Bewertung der Umweltauswirkungen in der Umweltprüfung. Fordert die Umweltprüfung andere Bewertungsmaßstäbe an Umweltauswirkungen als das Fachrecht mit der – möglichen – Folge, dass innerhalb der Umweltprüfung der Frage der Lärmsummation breiterer Raum eingeräumt werden müsste, als es das Fachrecht tut? Darauf soll zunächst eingegangen werden. Daraus ergeben sich die Anforderungen, die beim sog. „Screening" nach § 3c UVPG zu beachten sind.

1. „Bewerten" und „Berücksichtigen"

Für die Projekt-UVP verlangt § 12 UVPG der Behörde eine *Bewertung* der Umweltauswirkungen des Vorhabens auf der Grundlage der zusammenfassenden Darstellung nach § 11 UVPG ab, die bei der Entscheidung über die Zulässigkeit des Vorhabens im Hinblick auf eine wirksame Umweltvorsorge im Sinne der §§ 1, 2 Abs. 1 S. 2 und 4 nach Maßgabe der geltenden Gesetze *zu berücksichtigen ist.*

Auch die Strategische Umweltprüfung (SUP) verpflichtet zur Bewertung auf der einen und zur Berücksichtigung des Ergebnisses der Bewertung auf der anderen Seite. Für die SUP hat zunächst – in einer ersten Phase – eine vorläufige Bewertung

[85] § 1 Nr. 1 UVPG verwendet den Begriff der „Umweltprüfung" als Oberbegriff für die „Umweltverträglichkeitsprüfung", die im Zweiten Teil (§§ 3a ff. UVPG) geregelt ist, und die „Strategische Umweltprüfung", die für bestimmte Pläne und Programme gilt und sich in §§ 14a ff. UVPG findet.

der voraussichtlich erheblichen Umweltauswirkungen im Umweltbericht zu erfolgen. Die vorläufige Bewertung hat sich – in nahezu wörtlicher Anlehnung an § 12 UVPG – an einer wirksamen Umweltvorsorge im Sinne der §§ 1 und 2 Abs. 4 Satz 2 in Verbindung mit § 2 Abs. 1 Satz 2 UVPG nach Maßgabe der geltenden Gesetze zu richten, § 14g Abs. 1 S. 2 i. V. m. Abs. 3 UVPG. Nach Abschluss der Behörden- und Öffentlichkeitsbeteiligung folgt – als Phase 2 der Bewertung – eine endgültige Bewertung des Umweltberichts unter Berücksichtigung der Erkenntnisse aus der Beteiligung der Öffentlichkeit und anderer Behörden, § 14k Abs. 1 UVPG. Die Maßstäbe sind wiederum § 14g Abs. 3 UVPG zu entnehmen, § 14k Abs. 1 S. 2 UVPG. Das Ergebnis der Bewertung ist dann im Verfahren zur Aufstellung des Plans oder Programms *zu berücksichtigen*, § 14k Abs. 2 UVPG.

Bei der Umweltprüfung in der Bauleitplanung sind die Belange des Umweltschutzes (§ 1 Abs. 6 Nr. 7 und § 1a BauGB) in einem Umweltbericht nach Maßgabe der Anlage 1 zum BauGB zu beschreiben und zu *bewerten*, § 2 Abs. 4 S. 1 und § 2a S. 2 Nr. 2 BauGB. Das Ergebnis der Umweltprüfung ist in der Abwägung *zu berücksichtigen*, § 2 Abs. 4 S. 4 BauGB. Anders als für die Projekt-UVP und die SUP findet sich im Baugesetzbuch keine § 12 UVPG bzw. § 14g Abs. 3 UVPG vergleichbare Vorschrift. Bei der Umweltprüfung handelt es sich ausweislich der Gesetzesmaterialien nicht um ein selbstständiges Zusatzverfahren, sondern um einen integrierten Bestandteil des Aufstellungsverfahrens eines Bauleitplans[86]. Die Bewertung der Umweltauswirkungen in der Umweltprüfung richtet sich demnach nach den Vorschriften des Baugesetzbuchs, die die Berücksichtigung der umweltschützenden Belange in der planerischen Abwägung regeln[87]. Maßgeblich sind also die materiellrechtlichen Vorgaben des Fachrechts, die sich für die Bauleitplanung aus den Anforderungen des planerischen Abwägungsgebots ergeben. In der Abwägung können Lärmschutzbelange einfache Abwägungsbelange sein, besondere Beachtung erfordern (etwa § 50 BImSchG) bzw. der planerischen Abwägung äußerste Grenzen setzen, die in der Abwägung nicht überwindbar sind (etwa die Lärmgrenzwerte der 16. BImSchV)[88].

2. „Bewerten" nach § 12 UVPG

Die Literatur hat zu § 12 UVPG schon früh die Frage bewegt, welche Maßstäbe für die Bewertung in der Umweltprüfung heranzuziehen sind. Ohne die einzelnen Facetten dieser Diskussion erneut aufbereiten zu wollen, lässt sich doch eine gewisse

---

[86] BT-Drs. 15/2250 S. 42.

[87] Hoppe, Die Abwägung im EAG Bau nach Maßgabe des § 1 VII BauGB 2004 – unter Berücksichtigung von § 2 III/IV BauGB 2004, NVwZ 2005, S. 903 (906 ff.); Battis, in: Battis/Krautzberger/Löhr, BauGB, 10. Aufl. 2007, § 2 Rn. 14; Krautzberger, in: Ernst/Zinkahn/Bielenberg/Krautzberger, BauGB, Loseblatt, Stand: Oktober 2008, § 2 Rn. 236; Uechtritz, in: Spannowsky/Uechtritz, BeckOK BauGB, Stand: 1.1.2009, § 2 Rn. 72.

[88] Michler, Rechtsprobleme des Verkehrsimmissionsschutzes, 1993, S. 19 ff. Zur Abwägung in der Bauleitplanung Hoppe, Die Abwägung im EAG Bau nach Maßgabe des § 1 VII BauGB 2004 – unter Berücksichtigung von § 2 III/IV BauGB 2004, NVwZ 2005, S. 903 (909); Uechtritz, in: Spannowsky/Uechtritz, BeckOK BauGB, Stand: 1.1.2009, § 2 Rn. 94.

Zurückhaltung gegenüber den Umweltstandards des Fachrechts wie beispielsweise der TA Lärm (oder der TA Luft) als tauglicher Bewertungsgrundlage feststellen. Diese Zurückhaltung wird damit begründet, dass es der *„Bewertung"* in der Umweltprüfung um eine Bewertung der Umweltauswirkungen – und damit um eine rein „ökologische Bewertung" – gehe, die es ausschließe, „außerökologische Belange" bereits bei der Bewertung der Umweltauswirkungen einbeziehen zu dürfen. Das dürfe erst auf der Stufe des *„Berücksichtigens"* erfolgen. Erst dort erlaube § 12 UVPG, die Umweltauswirkungen des Vorhabens mit anderen Belangen, die für die Zulassungsentscheidung relevant seien (wie etwa den Eigentumsbelangen usw.), abzuwägen. Da bei der Festlegung von Umweltstandards – seien sie in Rechtsverordnungen oder Allgemeinen Verwaltungsvorschriften nach § 48 BImSchG fixiert – zum einen politische Wertungsentscheidungen und Fragen des finanziell Mach- und Zumutbaren – und damit „außerökologische Aspekte" – eingeflossen seien und zum anderen bei der untergesetzlichen Normierung dem medienübergreifenden Aspekt, den die Umweltprüfung verfolge, nicht ausreichend Rechnung getragen worden sei, dürften diese als Bewertungsmaßstab nicht herangezogen werden bzw. erst dann, wenn sie selbst eine Umweltprüfung durchlaufen hätten[89].

Diese Absage an die Tauglichkeit von Umweltstandards für die Bewertung in der Umweltprüfung könnte dazu verleiten, die – zurückhaltende – Sicht des Fachrechts zur Berücksichtigung von Lärmeinwirkungen aus unterschiedlichen Quellen mit Hilfe der Anforderungen der Umweltprüfung auf ein „akzeptorableres" Maß anzuheben.

Das würde jedoch voraussetzen, dass sich die Umweltprüfung Fragen des Lärmschutzes nicht nur „sektoral", mit Blick auf die einzelne Lärmquelle, annimmt. Das ist der Fall. Denn der Umweltprüfung geht es um „Auswirkungen eines Vorhabens auf Menschen, einschließlich der menschlichen Gesundheit" (§ 2 Abs. 1 S. 2 Nr. 1 UVPG). Entscheidend ist der weite Begriff der *„Auswirkungen"*, der – anders als der sonst im Umweltrecht verwandte Begriff der „Einwirkungen" – auch die *Folgen* von Einwirkungen auf Schutzgüter in die Umweltprüfung mit einbezieht[90]. Auswirkungen auf die Umwelt können etwa nicht nur durch Einzelursachen, sondern auch durch Ursachenketten oder durch das Zusammenwirken mehrerer Ursachen her-

---

[89] Zu dieser Diskussion vgl. Hoppe/Püchel, Zur Anwendung der Art. 3 und 8 EG-Richtlinie zur UVP bei der Genehmigung nach dem Bundes-Immissionsschutzgesetz, DVBl. 1988, S. 1 (2); Steinberg, Die Bewertung der Umweltauswirkungen eines Vorhabens nach dem Gesetz über die Umweltverträglichkeitsprüfung (UVP), DVBl. 1990, S. 1369 (1372); Schink/Erbguth, Die Umweltverträglichkeitsprüfung im immissionsschutzrechtlichen Zulassungsverfahren, DVBl. 1991, S. 413 (417); Vallendar, Bewertung von Umweltauswirkungen – Gibt § 12 UVPG sein Geheimnis preis?, UPR 1993, S. 417; Hoppe/Appold, Umweltverträglichkeitsprüfung – Bewertung und Standards aus rechtlicher Sicht, DVBl. 1991, S. 1221 (1225); Schmidt-Preuß, Der verfahrensrechtliche Charakter der Umweltverträglichkeitsprüfung, DVBl. 1995, S. 485 (486); Schink/Erbguth, UVPG, 2. Aufl. 1996, § 2 Rn. 15 ff und § 12 Rn. 7 ff.; Beckmann, in: Hoppe (Hrsg.), UVPG, 3. Aufl. 2007, § 12 Rn. 21 ff.

[90] Schink/Erbguth, UVPG, 2. Aufl. 1996, § 2 Rn. 9; Appold, in: Hoppe (Hrsg.), UVPG, 3. Aufl. 2007, § 2 Rn. 20.

beigeführt werden[91]. Auswirkungen sind also auch die Folgen von Einwirkungen summativer Art[92]. Geschützt wird der „*Mensch, einschließlich der menschlichen Gesundheit*". Das beschränkt sich nicht auf einen engen Schutz vor Körperschäden, Krankheiten oder Beeinträchtigungen der körperlichen Integrität, sondern erfasst auch – wie im Immissionsschutzrecht – Beeinträchtigungen unterhalb der Schwelle der Gesundheitsgefahr[93]. Gleichwohl sind Bedenken angebracht, ob die Standards zum Lärmschutz als taugliche Bewertungsmaßstäbe in der Umweltprüfung tatsächlich ausscheiden müssen.

a) „Ökologische" Standards für den Lärmschutz?

Zunächst ist schon der Ausgangspunkt der Kritik fraglich. Denn rein an ökologischen Kriterien ausgerichtete Standards zur Bewertung von Umweltauswirkungen sind generell, speziell aber im Lärmschutz, schwer vorstellbar.

Gesichert ist, dass „Lärm"[94] nicht allein durch physikalische Größen wie den Schallpegel und andere messbare akustische Größen bestimmt werden kann. Neben Stärke, Dauer und Frequenzzusammensetzung des Schallereignisses spielen „außerphysikalische" Aspekte wie die Häufigkeit, die Tageszeit des Auftretens, die Auffälligkeit (Lärmart nebst Impulshaltigkeit), die Informationshaltigkeit, die Tonhaltigkeit, die (allgemeine) Ortsüblichkeit, die (individuelle) Gewöhnung, die subjektive Befindlichkeit des Betroffenen nach physischen und psychischen Merkmalen, seiner Tätigkeit, die Art und Betriebsweise der Geräuschquelle, die subjektiv angenommene Vermeidbarkeit des Geräusches und der soziale Sympathiewert der Geräuschquelle eine Rolle[95]. Erst diese – auch subjektiv gefärbten – Faktoren machen aus der physikalischen Größe „Schall" subjektiv als lästig empfundenen „Lärm". Folge ist, dass die Festlegung von Lärmstandards – das betrifft sowohl die Festlegung von Schwellenwerten, als auch die dazu gehörigen Verfahren zur Ermittlung der Beurteilungspegel – kein Akt „reiner" physikalisch-technischer Erkenntnis ist, sondern in hohem Maße von Wertungen abhängt.

Auch kann die Lärmmedizin nur Erkenntnisse über Auswirkungen von Lärmereignissen auf den Menschen liefern, ohne die Schwelle der Zumutbarkeit bzw. der Gesundheitsgefahr allgemein gültig fixieren zu können. Das scheitert etwa schon daran, dass Lärmereignisse zu körperlichen Reaktionen führen können, aber keine verlässliche Aussage darüber möglich ist, ob diese Reaktionen auch zu Schäden an der

---

[91] Nr. 0.3 UVPVwV; Schink/Erbguth, UVPG, 2. Aufl. 1996, § 2 Rn. 9b; Appold, in: Hoppe (Hrsg.), UVPG, 3. Aufl. 2007, § 2 Rn. 21.

[92] Schink/Erbguth, UVPG, 2. Aufl. 1996, § 2 Rn. 9b; Karkaj, Die Gesamtlärmbewertung im Immissionsschutzrecht, 2007, S. 249.

[93] Schink/Erbguth, UVPG, 2. Aufl. 1996, § 2 Rn. 9a; Appold, in: Hoppe (Hrsg.), UVPG, 3. Aufl. 2007, § 2 Rn. 25.

[94] Lärm ist unerwünschter Schall, oder, salopp formuliert, „zu 30% Physik, der Rest ist Subjektivität".

[95] Aufzählung aus BVerwG, Urt. v. 20.10.1989 – 4 C 12/87 –, BVerwGE 84, 31 (40 f.).

Gesundheit führen werden[96]. Schwierig ist auch, wenn es nicht um die Schwelle der Gesundheitsgefahr, sondern um erhebliche Belästigungen – also um die einfachrechtliche Zumutbarkeitsschwelle – geht. Ob Lärmbeeinträchtigungen letztlich zu Kommunikationsstörungen führen oder nicht, kann die Lärmmedizin nicht abschließend beantworten. Das verlangt nach Wertungen, was in einer Industriegesellschaft den Betroffenen auf der einen, aber auch den Emittenten auf der anderen Seite, zugemutet werden soll.

D. h., für Standards des Lärmschutzes gilt in besonderer Weise, was für Umweltstandards generell gilt: „Umweltstandards sind keine Naturgesetze“[97]. Sie beruhen zwar auf wissenschaftlichen Erkenntnissen, sind aber ohne Wertungen nicht denkbar. Rein ökologische Standards im Lärmschutzrecht gibt es daher nicht!

b) Der „Primat des Fachrechts“[98]

Hinzu kommt, dass bei einer Bewertung, die an rein ökologischen Kriterien ausgerichtet ist, zu sehr aus den Augen verloren wird, dass die Umweltprüfung der Vorbereitung der Entscheidung über die Zulassung des Projekts oder des Plans dient[99]. Bei der abschließenden Zulassungsentscheidung sind aber die Ergebnisse der Bewertung der Umweltauswirkungen nur zu berücksichtigen und die Umweltprüfung ändert – folgt man der h.M.[100] – die materiell-rechtlichen Anforderungen an die Zulassung eines Projekts oder Plans nicht ab. D. h., spätestens dann „schlägt“ die Stunde der technischen Standards des Lärmschutzes. Es macht nun aber wenig Sinn, die Umweltauswirkungen zunächst in einer rein „ökologisch ausgerichteten“ Phase zu bewerten, um dann in der nachfolgenden Phase, in der es um die Zulässigkeit des Projekts oder Plans geht, Standards heranzuziehen, in die zulässiger Weise „außerökologische“ Wertungen einfließen durften, die von dem zunächst

---

[96] Das mag das „Ringen“ der vergangenen Jahre um die „richtigen Nachtwerte“ für den Schutz der Nachbarschaft von Flughäfen anschaulicher belegen, etwa BVerwG v. 16.3.2006 – 1075/04 – , BVerwGE 125, 116 (Berlin Schönefeld); 21.9.2006 – 4 C 4/05 –, BVerwGE 126, 340 (Köln-Bonn); v. 9.11.2006 – 4 A 2001/06 –, BVerwGE 127, 95 (Leipzig-Halle). Auch wenn die Erkenntnisse eindeutig belegen, dass die lärmbedingte Störung des Nachtschlafs gesundheitlich bedenklich sein kann, sind die Wirkungszusammenhänge nach wie vor nicht bekannt.

[97] Vallendar, Bewertung von Umweltauswirkungen – Gibt § 12 UVPG sein Geheimnis preis?, UPR 1993, S. 417 (419). Dazu auch Vorwerk, Die Bewertung von Umweltauswirkungen im Rahmen der Umweltverträglichkeitsprüfung nach § 12 UVPG, Verw 29 (1996), S. 241 (257).

[98] Schmidt-Preuß, Der verfahrensrechtliche Charakter der Umweltverträglichkeitsprüfung, DVBl. 1995, S. 485 (489).

[99] Schmidt-Preuß, Der verfahrensrechtliche Charakter der Umweltverträglichkeitsprüfung, DVBl. 1995, S. 485 (486); Schink, Die Umweltverträglichkeitsprüfung – eine Bilanz, NuR 1988, S. 173 (178).

[100] So bereits die Gesetzesmaterialien, BT-Drs. 11/3919, S. 27. Schmidt-Preuß, Der verfahrensrechtliche Charakter der Umweltverträglichkeitsprüfung, DVBl. 1995, S. 485 (489 f.); Schink, Die Umweltverträglichkeitsprüfung – eine Bilanz, NuR 1998, S. 173 (176 f.); Beckmann, in: Hoppe, UVPG, 3. Aufl. 2007, § 12 Rn. 69 und 78. BVerwG v. 25.1.1996 – 4 C 5/95 –, BVerwGE 100, 238; v. 21.3.1996 – 4 C 19/94 –, BVerwGE 100, 370.

gewonnenen Bewertungsergebnis wieder abweichen. Ein solcher Mehraufwand ohne Erkenntnisgewinn für die abschließende Entscheidung kann der Gesetzgeber nicht gewollt haben – und er hat es auch nicht gewollt. Die Umweltprüfung ist lediglich ein unselbstständiger Teil verwaltungsbehördlicher Verfahren, § 2 Abs. 1 S. 1 UVPG (für die Projekt-UVP) und § 2 Abs. 4 UVPG (für die Plan-UP). Als Bestandteil des Verfahrens dient sie der bestmöglichen Verwirklichung des materiellen Rechts. Da macht es keinen Sinn, verfahrensrechtlich der Behörde eine Bewertung der Umweltauswirkungen nach Maßstäben abzuverlangen, die mit den materiellrechtlichen Zulassungsanforderungen nichts zu tun haben[101]. Darüber hinaus kann § 12 UVPG unschwer auch so verstanden werden, dass nicht nur die *Berücksichtigung* des Ergebnisses der Bewertung der Umweltprüfung nach Maßgabe der geltenden Gesetze[102], sondern dass bereits die *Bewertung* selbst „nach Maßgabe der geltenden Gesetze" zu erfolgen hat. Für die Plan-UP hat der Gesetzgeber das ausdrücklich so geregelt (§ 14g Abs. 1 S. 2 i. V. m. Abs. 3 UVPG). Damit werden die fachrechtlichen Zulässigkeitsanforderungen an ein Projekt bzw. einen Plan zum Maßstab auch für die Bewertung der Umweltauswirkungen[103]. Die materiell-rechtlichen Anforderungen des Fachrechts steuern demnach (auch) die Bewertung der Umweltauswirkungen in der Umweltprüfung. Damit können die Rechtsverordnungen des Lärmschutzes (etwa 16. und 18. BImSchV) – da verbindliches Recht – und die TA Lärm[104] – da Auslegungshilfe für die Exekutive, erst recht aber als „normkonkretisierende Verwaltungsvorschrift"[105] – als Bewertungsmaßstab in der Umweltprüfung herangezogen werden.

Dieser Vorrang des Fachrechts entscheidet auch darüber, ob die Bewertung in der Umweltprüfung eine Gesamtlärmbetrachtung erfordert. Hintergrund ist der Streit, ob die Bewertung in der Umweltprüfung mit einer Saldierung der einzelnen, medial erhobenen Umweltauswirkungen zu enden hat oder nicht. Das wird in der Literatur sowohl bejaht[106], als auch verneint[107]. Im Kern geht es darum, ob es auch Aufgabe der Bewertung in der Umweltprüfung ist, eine – nicht auf die bloße Addition einzelner Auswirkungen beschränkte – Gesamtsaldierung der Umweltauswirkungen

---

[101] Schmidt-Preuß, Der verfahrensrechtliche Charakter der Umweltverträglichkeitsprüfung, DVBl. 1995, S. 485 (486).

[102] BT-Drs. 11/3919, S. 27; Vallendar, Bewertung von Umweltauswirkungen – Gibt § 12 UVPG sein Geheimnis preis?, UPR 1993, S. 417 (418); Schmidt-Preuß, Der verfahrensrechtliche Charakter der Umweltverträglichkeitsprüfung, DVBl. 1995, S. 485 (486 und 489). Bedenken bei Beckmann, Bewerten und Gesetzesanwendung bei der Umweltverträglichkeitsprüfung, DVBl. 1993, 1335 (1336); ders., in: Hoppe, UVPG, 3. Aufl. 2007, § 12 Rn. 25.

[103] Nr. 0.6.2.UVPVwV.

[104] Steinberg, Die Bewertung der Umweltauswirkungen eines Vorhabens nach dem Gesetz über die Umweltverträglichkeitsprüfung (UVP), DVBl. 1990, S. 1369 (1372); Hoppe/Appold, Umweltverträglichkeitsprüfung – Bewertung und Standards aus rechtlicher Sicht, DVBl. 1991, S. 1221 (1225); Schmidt-Preuß, Der verfahrensrechtliche Charakter der Umweltverträglichkeitsprüfung, DVBl. 1995, S. 485 (486).

[105] BVerwG v. 29.8.2007 – 4 C 2/07 –, BVerwGE 129, 209.

[106] Schink/Erbguth, UVPG, 2. Aufl. 1996, § 12 Rn. 11 ff.

[107] Beckmann, in: Hoppe, UVPG, 3. Aufl. 2007, § 12 Rn. 37 ff.

vorzunehmen, was nur durch eine (umweltinterne) Abwägung zu leisten sei, oder ob diese Abwägung nicht vielmehr erst Aufgabe der nachfolgenden Entscheidungsphase, also der über die Zulassung über das Projekt oder den Plan, ist[108]. Obwohl es dabei vor allem um die Frage der Bewertung von Wechselwirkungen (§ 2 Abs. 1 S. 2 Nr. 4 UVPG) geht, also darum, wie sich Auswirkungen auf *unterschiedliche Schutzgüter* des UVPG zueinander verhalten, lässt es sich auf die Frage, wie mit dem Problem der Summation von Belastungen aus unterschiedlichen Quellen für *ein Schutzgut* in der Umweltprüfung umgegangen werden soll, übertragen. Auch hier gilt der Vorrang des Fachrechts: in den Fällen, in denen das Fachrecht Maßstäbe für die Berücksichtigung summierter Beeinträchtigungen vorhält, kann es nicht angehen, in der Phase der Bewertung der Umweltauswirkungen auf andere Maßstäbe zurückzugreifen, als auf die, die in der nachfolgenden Entscheidungsphase über die Zulassung des Projekts oder Plans entscheiden[109]. Dabei gehören zu den Bewertungsmaßstäben des Fachrechts nicht nur die Anforderungen, die sich aus dem Bundes-Immissionsschutzgesetz selbst ergeben. Denn der Gesetzgeber hat, wie bereits ausgeführt, nicht zu erkennen gegeben, was er unter einer „erheblichen Belästigung" durch Lärm i.S.d. § 3 Abs. 1 BImSchG versteht. Er hat es vielmehr dem untergesetzlichen Normgeber überlassen, die einfachrechtliche Zumutbarkeitsschwelle verbindlich festzulegen. Zu den Anforderungen des Fachrechts gehören also auch die der untergesetzlichen Regelwerke[110] und damit auch die dort getroffenen Entscheidungen über die Berücksichtigung einer Vorbelastung. D. h., eine Gesamtlärmbewertung ist nach Maßgabe des einschlägigen untergesetzlichen Regelwerks geboten. Im Umkehrschluss bedeutet das aber, dass in den Fällen, in denen das untergesetzliche Regelwerk eine Gesamtlärmbetrachtung nicht vorsieht und sich dies aus den Anforderungen des Fachrechts auch sonst nicht ergibt, in der Umweltprüfung eine „summative Betrachtung" nicht vorgenommen werden muss. Bewertungsmaßstab in der Umweltprüfung ist also nicht allein die „akzeptorbezogene" Sicht des § 3 Abs. 1 BImSchG, sondern die den unbestimmten Rechtsbegriff der „schädlichen Umwelteinwirkungen durch Lärm" konkretisierende Sicht des untergesetzlichen Regelwerks, im Übrigen die des Fachrechts, also etwa des Abwägungsgebots.

3. „Screening"

Bei § 3c UVPG stößt man auf Anforderungen, die eine Berücksichtigung der Gesamtbelastung – zumindest innerhalb der Einzelfallprüfung, ob eine Umweltverträglichkeitsprüfung für ein Projekt durchzuführen ist – nahelegen könnten. Gemeint ist Anlage 2 zum UVPG, die Kriterien für die Vorprüfung des Einzelfalles im Rahmen einer Umweltverträglichkeitsprüfung enthält. Nach Nr. 2, wo sich Kriterien sowohl für die allgemeine (§ 3c S. 1 UVPG), als auch die standortbezogene Vorprüfung (§ 3c S. 2 UVPG) des Einzelfalles finden, ist die ökologische Empfind-

---

108 Beckmann, in: Hoppe, UVPG, 3. Aufl. 2007, § 12 Rn. 41.

109 Vallendar, Bewertung von Umweltauswirkungen – Gibt § 12 UVPG sein Geheimnis preis?, UPR 1993, S. 417 (420).

110 Nr. 0.1.6.2 UVPVwV.

lichkeit eines Gebietes, das durch ein Vorhaben möglicherweise beeinträchtigt wird, unter Berücksichtigung der *Kumulierung mit anderen Vorhaben* in ihrem gemeinsamen Einwirkungsbereich zu beurteilen. Das unterscheidet sich insofern von den Vorgaben der EG-Richtlinie zur Änderung der UVP-Richtlinie[111], als sich dort im Anhang III die Berücksichtigung einer Kumulierung mit anderen Projekten unter der Nr. 1 findet, die sich mit den „Merkmalen der Projekte" befasst. Der deutsche Gesetzgeber hat die Berücksichtigung einer Kumulierung mit anderen Vorhaben den Kriterien der Nr. 2 zugeordnet, die den „Standort des Vorhabens" betreffen[112].

Die Pflicht kumulierender Betrachtung erinnert an die Anforderungen des Anlagenzulassungsrechts, nicht lediglich isoliert auf den einzelnen Beitrag des beantragten Vorhabens, sondern auf die am Einwirkungsort entstehende Gesamtbelastung unter Einschluss vorhandener Vorbelastungen abzustellen[113]. Allerdings beschränkt § 3c UVPG die Einzelfallprüfung auf solche erheblichen nachteiligen Umweltauswirkungen, die „nach § 12 (UVPG) zu berücksichtigen wären". D. h., auch im Rahmen des „Screenings" sind dem Fachrecht die Anforderungen zu entnehmen, ob ein geplantes Vorhaben erhebliche nachteilige Umweltauswirkungen haben kann. Folge ist, dass nachteilige Umweltauswirkungen im Rahmen der Einzelfallprüfung dann keine Rolle spielen, wenn sie für die Zulassungsentscheidung nicht erheblich sind[114]. Dafür gilt das bereits oben ausgeführte: Entscheidend ist die Sicht des normkonkretisierenden, untergesetzlichen Regelwerks, im übrigen die des Fachrechts. Was danach als vorhandene Lärmbelastung nicht zu berücksichtigen ist, spielt auch in der Einzelfallprüfung – als „erhebliche nachteilige Umweltauswirkung" – keine Rolle.

4. Ergebnis

Die Umweltprüfung ist nicht dazu berufen, materiell-rechtliche Defizite des Fachrechts „aufzufangen". In der Umweltprüfung geht es darum, durch eine besondere Verfahrensgestaltung das Augenmerk auf die Umweltauswirkungen eines geplanten Projekts bzw. Plans zu richten. Sie ist kein Verfahren zur „Schaffung von Umwelt-

---

[111] Richtlinie 97/11/EG des Rates v. 3.3.1997 zur Änderung der Richtlinie 85/337/EWG über die Umweltverträglichkeitsprüfung bei bestimmten öffentlichen und privaten Projekten, ABl. Nr. L 73, S. 5.

[112] Zu den Gründen vgl. BT-Drs. 14/4599, S. 124.

[113] Sangenstedt, in: Landmann/Rohmer, Umweltrecht, Band III, Stand: August 2008, UVPG § 3c Rn. 24.

[114] Beckmann, Die allgemeine Vorprüfung zur Feststellung der UVP-Pflicht immissionsschutzrechtlich genehmigungsbedürftiger Anlagen, DVBl. 2004, S. 791 (796). Ebenso im Ergebnis Schink, Die Vorprüfung in der Umweltverträglichkeitsprüfung nach § 3c UVPG, NVwZ 2004, S. 1182 (1186); Dienes, in: Hoppe (Hrsg.), UVPG, 3. Aufl. 2007, § 3c Rn. 11. Für eine eher an (rein) umweltbezogenen Anforderungen ausgerichtete Prüfung der „Erheblichkeit" möglicher nachteiliger Umweltauswirkungen auch im Rahmen der Einzelfallprüfung Sangenstedt, in: Landmann/Rohmer, Umweltrecht, Band III, Stand: August 2008, UVPG § 3c Rn. 26.

standards“[115], aber auch keines zur Reparatur fehlerhafter oder zur Korrektur als unzureichend empfundener materiell-rechtlicher Anforderungen des Fachrechts.

IV. „Was tun?“

Lässt man das eben Vorgestellte Revue passieren, ist beispielsweise in folgenden Fällen eine Gesamtlärmbetrachtung geboten: Auf der „Anlagenseite“, wenn mehrere Anlagen als Einheit betrachtet werden müssen (etwa bei Sportanlagen nach § 1 Abs. 3 der 18. BImSchV oder wenn mehrere, in räumlichem Zusammenhang stehende Anlagen vom Betreiber im Sinne eines integrativen Konzepts zu einer Einheit zusammengefasst werden), auf der „Immissionsseite“ in den Fällen einer Sonderfallprüfung nach Nr. 3.2.2 der TA Lärm oder wenn von Verfassungs wegen eine Gesamtlärmbetrachtung geboten ist, weil das Zusammenwirken mehrerer Quellen eine die menschliche Gesundheit gefährdende Lärmbelastung bewirken kann.

1. Probleme einer Gesamtlärmbewertung

Eine Gesamtlärmbetrachtung stößt jedoch aus mehreren Gründen auf erhebliche tatsächliche und rechtliche Schwierigkeiten[116]. Zum einen fehlt es an einem Modell zur Ermittlung und Bewertung von Gesamtlärm. Zwar gibt es zwischenzeitlich für fast alle relevanten Lärmquellen (wie Straßen- und Schienenlärm, Industrie- und Gewerbe- sowie Sport- und Freizeitlärm) Mess- bzw. Beurteilungsverfahren. Die aufgrund dieser Regelwerke – sektoral – ermittelten Lärmpegel können aber wegen erheblicher Unterschiede der zugrundeliegenden Mess- und Beurteilungsverfahren nicht ohne weiteres zu einem Summenpegel zusammengefasst werden. Hinzu kommen Unsicherheiten in der Bewertung. Erkenntnisse der Lärmwirkungsforschung deuten darauf hin, dass ein „Geräusch-Mix“ nicht immer als lästiger empfunden wird wie die Einzelgeräusche, aus denen es sich zusammensetzt. So kann es von Fall zu Fall – abhängig von den Lärmarten – zu verstärkenden, aber auch zu abschwächenden Effekten kommen. Die Praxis stößt somit bei der Ermittlung und Bewertung von Lärmbeeinträchtigungen aus mehreren Quellen auf erhebliche Erkenntnisdefizite.

---

[115] BVerwG v. 25.1.1996 – 4 C 5/95 –, BVerwGE 100, 238; v. 21.3.1996 – 4 C 19/94 –, BVerwGE 100, 370.

[116] Vgl. dazu etwa das Sondergutachten des Rates von Sachverständigen für Umweltfragen (SRU) „Umwelt und Gesundheit – Risiken richtig einschätzen“ vom Juli 1999, veröffentlicht als Bundestags-Drucksache 14/2300, Tz 408, 461 ff., 496 f. und 504 ff.; Ortscheid/Wende, Lärmwirkungen und Lärmsummation, in: Landesanstalt für Umwelt und Verkehr Baden-Württemberg (Hrsg.), Lärmkongress 2000, S. 67; Dolde, Rechtliche Aspekte einer Gesamtlärmbetrachtung, ebenda, S. 69; ders., Immissionsschutzrechtliche Probleme der Gesamtlärmbewertung, in: Dolde (Hrsg.), Umweltrecht im Wandel, 2001, S. 451; Steinebach/Rumberg, Raumplanerische Fragestellungen an die Gesamtgeräuschbetrachtung, Zeitschrift für Lärmbekämpfung 2003, S. 82.

a) Unterschiedliche Mess- und Beurteilungsverfahren

Probleme ergeben sich schon wegen unterschiedlicher Mess- und Beurteilungsverfahren für die verschiedenen Lärmquellen[117]. Das ist deshalb von Belang, weil die Immissionsgrenzwerte und das Verfahren zur Ermittlung der Beurteilungspegel in einem nicht trennbaren Zusammenhang zueinander stehen[118]. Einem bestimmten Beurteilungspegel kommt solange keine Aussagekraft zu, solange nicht bekannt ist, mit Hilfe welchen Verfahrens er ermittelt wurde. Die Unterschiede sollen an ein paar wenigen Beispielen verdeutlicht werden: Die TA Lärm, die 18. BImSchV und die Freizeitlärm-Richtlinie heben auf die *lauteste Nachtstunde* ab, während nach der 16. BImSchV (und der Magnetschwebebahn-Lärmschutzverordnung) ein *Mittelungspegel* für die Nachtzeit (von 22.00 h bis 6.00 h) zu bilden ist. Zur Beurteilung von Fluglärm zur Nachtzeit wird der *Dauerschall-* und der *Maximalpegel,* bezogen auf die sechs verkehrsreichsten Monate des Prognosejahres, herangezogen. Unterschiedlich sind ferner die Regelungen über *Ruhezeiten* (18. BImSchV und Freizeitlärm-Richtlinie) bzw. für *Tageszeiten mit erhöhter Empfindlichkeit* (TA Lärm), und zwar sowohl hinsichtlich der Zeiträume[119], als auch hinsichtlich der Ermittlung: während nach der 18. BImSchV (und der Freizeitlärm-Richtlinie) eigene Beurteilungspegel für die Ruhezeiten zu bilden sind, „fließt" nach der TA Lärm die erhöhte Störwirkung von Geräuschen in Zeiten erhöhter Empfindlichkeit in die Ermittlung des Beurteilungspegels mit ein. Die 16. BImSchV und das FluglärmG kennen solche besonders schutzbedürftigen Zeiten nicht. Folge davon sind unterschiedliche Beurteilungszeiträume für die Tageszeit. Hinzukommen Unterschiede hinsichtlich der Prognose- und Messverfahren, der Berücksichtigung von Zu- und Abschlägen für akustische Besonderheiten[120], für die Berücksichtigung seltener Ereignisse[121] und, nicht zuletzt, hinsichtlich der Höhe der Schwellenwerte für das Vorliegen erheblicher Belästigungen. Das macht deutlich, dass für die Beurteilung von Gesamtlärm bereits bei den einzelnen Beurteilungsverfahren anzusetzen wäre und ein einheitli-

[117] Sondergutachten des Rates von Sachverständigen für Umweltfragen (SRU) „Umwelt und Gesundheit – Risiken richtig einschätzen" vom Juli 1999, veröffentlicht als Bundestags-Drucksache 14/2300, Tz 496 f.; Dolde, Immissionsschutzrechtliche Probleme der Gesamtlärmbewertung, in: Dolde (Hrsg.), Umweltrecht im Wandel, 2001, S. 451 (458 ff.); Steinebach/Rumberg, Raumplanerische Fragestellungen an die Gesamtgeräuschbetrachtung, Zeitschrift für Lärmbekämpfung 2003, S. 82 (84).

[118] BVerwG v. 20.10.1989 – 4 C 12/87 –, BVerwGE 84, 31; v. 21.3.1996 – 4 C 9/95 –, BVerwGE 101, 1.

[119] Die Ruhezeiten der 18. BImSchV und der Freizeitlärm-Richtlinie sind andere als die Tageszeiten erhöhter Empfindlichkeit nach der TA Lärm.

[120] Als „prominentes" Beispiel mag der sog. „Schienenbonus" der Anlage 2 zur 16. BImSchV dienen. Es gibt aber auch unterschiedliche Regelungen über *Zuschläge für die Ton- und Informationshaltigkeit bzw. Impulshaltigkeit* von Geräuschen oder *Messabschläge*, die die 18. BImSchV und die TA Lärm, nicht aber auch die Freizeitlärm-Richtlinie kennen.

[121] 18 Tage bei der 18. BImSchV bzw. 10 Tage bei der Freizeitlärm-Richtlinie und der TA Lärm.

ches Beurteilungssystem (mit einheitlichen Kennwerten für die einzelnen Geräuscharten) geschaffen werden müsste[122].

b) Gesamtlärmwirkungen

Weitere Unsicherheiten kommen hinzu. Erkenntnisse der Lärmwirkungsforschung deuten darauf hin, dass bei der Beurteilung von Gesamtgeräuschen von einer (den bestehenden Regelwerken zugrunde liegenden) linearen Dosis-Wirkungs-Beziehung nicht in allen Fällen ausgegangen werden kann. Nicht immer, so die bislang vorliegenden Erkenntnisse, werden offenbar zwei (oder mehr) gleichzeitig einwirkende Geräusche unterschiedlicher Quellen „in ihrer Summe" als lästiger empfunden als die Einzelgeräusche. Vielmehr sind sowohl verstärkende, als auch abschwächende Effekte zu beobachten[123]. Folgende Beispiele[124], die nicht einen gesicherten Erkenntnisstand der Lärmwirkungsforschung wiedergeben, aber zur Veranschaulichung geeignet erscheinen, mögen dies verdeutlichen: Bei Flug- und Straßenverkehrsgeräuschen kann die Gesamtbelästigung größer sein als die höchste quellenspezifische Einzelbelästigung. Bei gleichzeitig einwirkenden Schieß- und gleichmäßigen Geräuschen kann demgegenüber die quellenspezifische Einzelbelästigung (Schießgeräusch) die Gesamtbelästigung überragen. Zuletzt kann eine quellenspezifische Einzelbelästigung durch Vorhandensein einer zweiten Quelle abgeschwächt (etwa Straßenverkehr bei Anwesenheit von Geräuschen mit lauten Einzelereignissen) oder aber verstärkt werden (etwa Schienenverkehrsgeräusche bei zusätzlichem Dauergeräusch, das die Lärmpausen füllt)[125]. Erklärt werden kann dieses Phänomen mit dem unterschiedlichen Lästigkeitsempfinden gegenüber unterschiedlichen Schallquellen. Die „nichtakustischen" Einflussgrößen, die ein Schallereignis als lästig erscheinen lassen, führen zu unterschiedlichem Lästigkeitsempfinden nicht nur

---

[122] Sondergutachten des Rates von Sachverständigen für Umweltfragen (SRU) „Umwelt und Gesundheit – Risiken richtig einschätzen" vom Juli 1999, veröffentlicht als Bundestags-Drucksache 14/2300, Tz 496 f.; Dolde, Immissionsschutzrechtliche Probleme der Gesamtlärmbewertung, in: Dolde (Hrsg.), Umweltrecht im Wandel, 2001, S. 451 (460 f.); Steinebach/Rumberg, Raumplanerische Fragestellungen an die Gesamtgeräuschbetrachtung, Zeitschrift für Lärmbekämpfung 2003, S. 82 (85 f.); Tegeder, Summation von Schallpegeln verschiedener Geräuscharten, in: Landesanstalt für Umwelt und Verkehr Baden-Württemberg (Hrsg.), Lärmkongress 2000, S. 51.

[123] Sondergutachten des Rates von Sachverständigen für Umweltfragen (SRU) „Umwelt und Gesundheit – Risiken richtig einschätzen" vom Juli 1999, veröffentlicht als Bundestags-Drucksache 14/2300, Tz 461 ff.; Dolde, Immissionsschutzrechtliche Probleme der Gesamtlärmbewertung, in: Dolde (Hrsg.), Umweltrecht im Wandel, 2001, S. 451 (462 ff.); Steinebach/Rumberg, Raumplanerische Fragestellungen an die Gesamtgeräuschbetrachtung, Zeitschrift für Lärmbekämpfung 2003, S. 82 (84). Vgl. auch Quehl/Basner, Nächtlicher Flug-, Straßen- und Schienenverkehrslärm: Belästigungsunterschiede und kumulative Wirkungen, Zeitschrift für Lärmbekämpfung 2008, S. 240.

[124] Ortscheid/Wende, Lärmwirkungen und Lärmsummation, in: Landesanstalt für Umwelt und Verkehr Baden-Württemberg (Hrsg.), Lärmkongress 2000, S. 67.

[125] Ortscheid/Wende, in: Landesanstalt für Umwelt und Verkehr Baden-Württemberg (Hrsg.), Lärmkongress 2000, S. 67.

hinsichtlich einzelner Schallereignisse[126], sondern (wohl) auch „in der Summe" bei gleichzeitig einwirkendem Lärm aus unterschiedlichen Quellen. Die Wahrnehmung eines Gesamtgeräuschs darf daher nicht „mit der Summe der Wahrnehmung der Einzelgeräusche gleichgesetzt werden"[127]. „Belastbare" Summationsregeln zur Bestimmung der *„Lästigkeitsschwelle"* (Erheblichkeits- oder Zumutbarkeitsschwelle) vermag die Lärmwirkungsforschung derzeit noch nicht zu liefern. Vielmehr besteht insofern noch ein erheblicher Forschungsbedarf.

Die Folgerungen, die daraus gezogen werden, sind unterschiedlich. Zum einen besteht aufgrund des unsicheren Kenntnisstandes Zurückhaltung dahingehend, die verschiedenen, einwirkenden Lärmereignisse (wie auch immer) zu einem Summenpegel zusammenzufassen. Vielmehr wird vorgeschlagen, die Gesamtlärmsituation aufgrund einer Sonderfallprüfung zu bewerten, deren Grundlage die einzelnen geräuschartspezifischen Immissionsrichtwerte sind[128]. Das soll vor allem dann gelten, wenn es um die Bestimmung der – von subjektiven Faktoren beeinflussten – *Lästigkeitsschwelle* geht und die einwirkenden Geräusche von *ungleichartigen* Lärmquellen stammen. Für Gesamtlärmwirkungen oberhalb der Schwelle zur *Gesundheitsgefährdung* wird demgegenüber eine Summation unterschiedlicher Schallquellen für möglich gehalten. Der Unterschied liegt darin, dass es hier vor allem auf die Lautstärke – also auf akustische Messgrößen wie den Schallpegel – und nicht so sehr auf subjektive Empfindungen ankommt und deshalb durch eine energetische Addition verschiedener Geräuscharten ein Gesamtpegel gebildet werden kann, der sich zur Beurteilung von Gesundheitsgefahren eignet[129]. Insofern scheint die Summation verschiedener Schallquellen die Dosis-Wirkungs-Beziehung (zumindest annähernd) abzubilden[130], wobei die energetische Addition möglicherweise zu einer Überschätzung der Gesundheitsgefährdung führt[131]. Zutreffend wird aber darauf hingewie-

---

[126] Sondergutachten des Rates von Sachverständigen für Umweltfragen (SRU) „Umwelt und Gesundheit – Risiken richtig einschätzen" vom Juli 1999, veröffentlicht als Bundestags-Drucksache 14/2300, Tz 408.

[127] Steinebach/Rumberg, Raumplanerische Fragestellungen an die Gesamtgeräuschbetrachtung, Zeitschrift für Lärmbekämpfung 2003, S. 82 (83).

[128] Sondergutachten des Rates von Sachverständigen für Umweltfragen (SRU) „Umwelt und Gesundheit – Risiken richtig einschätzen" vom Juli 1999, veröffentlicht als Bundestags-Drucksache 14/2300, Tz 505; Dolde, Immissionsschutzrechtliche Probleme der Gesamtlärmbewertung, in: Dolde (Hrsg.), Umweltrecht im Wandel, 2001, S. 451 (468 f.).

[129] Sondergutachten des Rates von Sachverständigen für Umweltfragen (SRU) „Umwelt und Gesundheit – Risiken richtig einschätzen" vom Juli 1999, veröffentlicht als Bundestags- Drucksache 14/2300, Tz 505; Dolde, Immissionsschutzrechtliche Probleme der Gesamtlärmbewertung, in: Dolde (Hrsg.), Umweltrecht im Wandel, 2001, S. 451 (465 f.); Steinebach/Rumberg, Raumplanerische Fragestellungen an die Gesamtgeräuschbetrachtung, Zeitschrift für Lärmbekämpfung 2003, S. 82 (83).

[130] Steinebach/Rumberg, Raumplanerische Fragestellungen an die Gesamtgeräuschbetrachtung, Zeitschrift für Lärmbekämpfung 2003, S. 82 (83).

[131] Sondergutachten des Rates von Sachverständigen für Umweltfragen (SRU) „Umwelt und Gesundheit – Risiken richtig einschätzen" vom Juli 1999, veröffentlicht als Bundestags- Drucksache 14/2300, Tz 505; Dolde, Immissionsschutzrechtliche Probleme der Gesamtlärmbewertung, in: Dolde (Hrsg.), Umweltrecht im Wandel, 2001, S. 451 (465).

sen, dass die einzelnen in die Addition einzubeziehenden Kennwerte in einem einheitlichen Verfahren ermittelt werden müssen. Ohne einheitliches Ermittlungs- und Bewertungsverfahren ist eine energetische Addition verschiedener Einzelpegel zu einem Gesamtpegel als problematisch zu beurteilen[132].

2. Pragmatischer Lösungsansatz

Verschiedene Vorschläge, wie eine Gesamtlärmbewertung vorgenommen werden könnte, werden diskutiert[133], von denen sich – soweit ersichtlich – noch keiner durchgesetzt hat. Das Recht gibt kein bestimmtes „Modell" vor. D. h., eine Gesamtlärmbetrachtung *muss* von Rechts wegen nicht durch Bildung eines alle Geräusche erfassenden Gesamtbeurteilungspegels (eines „Summenpegels"), erfolgen[134]. Das ließe sich auch – solange die unterschiedlichen Berechnungsverfahren nicht harmonisiert sind – nicht leisten. Das entbindet jedoch nicht von der Pflicht, die Einwirkungen aus unterschiedlichen Quellen auf einen Einwirkungsort – soweit rechtlich geboten – zu bewerten. Als „pragmatisches" Vorgehen wird vorgeschlagen, eine einzelfallbezogene, abwägende Beurteilung, die sowohl die Schutzwürdigkeit und Schutzbedürftigkeit der betroffenen Nutzung (etwa Art der Nutzung und Nutzungsgeschichte), als auch die Besonderheiten der gemeinsam einwirkenden Geräuschquellen („Vergleichbarkeit" der Geräusche, deren „Lästigkeit" und Verursachungsanteil) berücksichtigt, vorzunehmen, was verbal-argumentativ erfolgen könne[135]. Als Anhaltspunkt dafür, wann der Pegel aus anderen Quellen den aus der

---

[132] Sondergutachten des Rates von Sachverständigen für Umweltfragen (SRU) „Umwelt und Gesundheit – Risiken richtig einschätzen" vom Juli 1999, veröffentlicht als Bundestags-Drucksache 14/2300, Tz 505; Dolde, Immissionsschutzrechtliche Probleme der Gesamtlärmbewertung, in: Dolde (Hrsg.), Umweltrecht im Wandel, 2001, S. 451 (465); Steinebach/Rumberg, Raumplanerische Fragestellungen an die Gesamtgeräuschbetrachtung, Zeitschrift für Lärmbekämpfung 2003, S. 82 (84).

[133] Vgl. Sondergutachten des Rates von Sachverständigen für Umweltfragen (SRU) „Umwelt und Gesundheit – Risiken richtig einschätzen" vom Juli 1999, veröffentlicht als Bundestags-Drucksache 14/2300, Tz 505; Tegeder, Summation von Schallpegeln verschiedener Geräuscharten, in: Landesanstalt für Umwelt und Verkehr Baden-Württemberg (Hrsg.), Lärmkongress 2000, S. 51; TÜV Rheinland/Berlin-Brandenburg (Hrsg.), Beurteilung und Bewertung von Gesamtlärm (Gesamtlärmstudie), 2000 (www.lubw.baden-wuerttemberg.de/servlet/is/13580, besucht am 8.3.2009); Steinebach/Rumberg, Raumplanerische Fragestellungen an die Gesamtgeräuschbetrachtung, Zeitschrift für Lärmbekämpfung 2003, S. 82 (83 f.).

[134] BVerwG v. 16.5.2001 – 7 C 16/00 –, NVwZ 2001, 1167; Koch, Die rechtliche Beurteilung der Lärmsummation nach BImSchG und TA Lärm 1998, in: Immissionsschutzrecht in der Bewährung, Festschrift für Gerhard Feldhaus, 1999, S. 215 (220).

[135] Feldhaus, 30 Jahre Lärm – Auf dem Weg zum gesetzeskonformen Lärmschutz?, in: Koch (Hrsg.), Aktuelle Probleme des Immissionsschutzrechts, 1988, S. 181 (185 f.); Sondergutachten des Rates von Sachverständigen für Umweltfragen (SRU) „Umwelt und Gesundheit – Risiken richtig einschätzen" vom Juli 1999, veröffentlicht als Bundestags-Drucksache 14/2300, Tz 505; Dolde, Immissionsschutzrechtliche Probleme der Gesamtlärmbewertung, in: Dolde (Hrsg.), Umweltrecht im Wandel, 2001, S. 451 (468 f.); Karkaj, Die Gesamtlärmbewertung im Immissionsschutzrecht, 2008, S. 157. Ähnlich für eine Gesamtlärmbewertung im Rahmen von Lärmakti-

zu beurteilenden Anlage stammenden beeinflussen kann, wird in der Praxis darauf abgestellt, ob die unterschiedlichen Geräusche die für sie jeweils maßgebenden Beurteilungswerte so deutlich unterschreiten, dass sie „in der Summe" die Gesamtbelastung nicht relevant verändern können. Dann bestehen keine Anhaltspunkte dafür, dass die Zumutbarkeitsschwelle durch das Zusammenwirken der Geräuschimmissionen aus den verschiedenen Quellen überschritten wird[136].

V. Ausblick

Ob die Umgebungslärmrichtlinie[137] und die zu ihrer Umsetzung in das Bundes-Immissionsschutzgesetz aufgenommen Vorschriften über die Lärmminderungsplanung (§§ 47a ff. BImSchG)[138] einer Lärmsummation neuen Ansporn verleihen werden, ist zweifelhaft.

Denn zum einen sind die *Lärmkarten* (§ 47c BImSchG) getrennt für jede relevante Lärmart auszuarbeiten, § 4 Abs. 2 der 34. BImSchV[139]. Auf dieser Stufe der Lärmminderungsplanung werden also – betrachtet man das nationale Recht – Hoffnungen, die Lärmminderungsplanung werde „Wege zu einer Gesamtlärmbewertung aufzeigen", enttäuscht[140]. Ob die noch zu erstellenden *Lärmaktionspläne* (§ 47d

---

onsplänen Hansmann, in: Landmann/Rohmer, Umweltrecht, Band I, Stand August 2008, § 47d Rn. 25; Schulze-Fielitz, Verkehrslärmschutz und Bauleitplanung – unter veränderten rechtlichen Rahmenbedingungen, UPR 2008, S. 401 (405); Wysk, in: Giesberts/Reinhardt, BeckOK BImSchG, Stand: 1.1.2009, § 47d Rn. 24.

[136] So schon Nr. 2.4.3 der Musterverwaltungsvorschrift zur Ermittlung, Bewertung und Verminderung von Geräuschimmissionen des LAI vom Mai 1995; Müller, Die TA-Lärm als Rechtsproblem, 2001, S. 188; Hansmann, in: Landmann/Rohmer, Umweltrecht, Band II, Stand: April 2008, Nr. 3 TA Lärm Rn 47.

[137] Richtlinie 2002/49/EG des Europäischen Parlaments und des Rates v. 25.6.2002 über die Bewertung und Bekämpfung von Umgebungslärm, ABl. L 189, S. 12.

[138] Vgl. dazu etwa Feldmann, Wandel im Lärmschutz: Die Umgebungslärmrichtlinie und ihre Umsetzung in deutsches Recht, ZUR 2006, S. 352; Mitschang, Die Umgebungslärmrichtlinie und ihre Auswirkungen auf die Regional- und Bauleitplanung, ZfBR 2006, S. 430; Umweltgutachten 2008 des Rates von Sachverständigen für Umweltfragen (SRU) „Umweltschutz im Zeichen des Klimawandels", Juni 2008, Tz. 828 ff.; Schulze-Fielitz, Verkehrslärmschutz und Bauleitplanung – unter veränderten rechtlichen Rahmenbedingungen, UPR 2008, S. 401 (403 ff.).

[139] Diese sektorale Sicht findet sich – bezogen auf Ballungsräume – in Nr. 8 des Anhangs IV der Umgebungslärmrichtlinie wieder, Wysk, in: Giesberts/Reinhardt, BeckOK BImSchG, Stand: 1.1.2009, § 47c Rn. 20. Allerdings ist nach Art. 3 Buchst. r) der Umgebungslärmrichtlinie die „strategische Lärmkarte" eine Karte zur *Gesamtbewertung* der auf verschiedene Lärmquellen zurückzuführenden Lärmbelastung in einem bestimmten Gebiet oder für die Gesamtprognosen für ein solches Gebiet, woraus sich eine Verpflichtung zur Erstellung von Lärmkarten zur Gesamtsituation ergeben könnte, Hansmann, in: Landmann/Rohmer, Umweltrecht, Band I, Stand August 2008, § 47c Rn. 10.

[140] Wysk, in: Giesberts/Reinhardt, BeckOK BImSchG, Stand: 1.1.2009, § 47c Rn. 20. Das hindert jedoch nicht, Summenkonflikte gegebenenfalls in separaten Karten deutlich zu machen,

BImSchG) eine Geräuschsummenbelastung erfordern, wird unterschiedlich beurteilt. Auf der einen Seite wird darauf verwiesen, dass auch die Aktionsplanung sektoral angelegt sei und eine Betrachtung des Gesamtlärms mangels geeigneter Bewertungsverfahren nicht vorgesehen sei[141]. Auf der anderen Seite wird aus unterschiedlichen Anforderungen der Umgebungslärmrichtlinie hergeleitet, dass das EG-Recht eine Betrachtung der Gesamtbelastung in der Aktionsplanung erfordere, was bei der Auslegung des § 47d BImSchG zu berücksichtigen sei[142]. Die Möglichkeit einer EG-rechtskonformen Auslegung könnte § 47d Abs. 1 S. 3 BImSchG eröffnen, der die Aufforderung („...sollte...") enthält, in Lärmaktionsplänen die Belastung durch mehrere Lärmquellen zu berücksichtigen[143]. Das stößt allerdings derzeit, wie im Anlagenzulassungsrecht, auf das Problem, dass eine Gesamtlärmbetrachtung – weil die Berechnungsverfahren für die unterschiedlichen Lärmquellen noch nicht vereinheitlicht sind[144] – nicht durch die Bildung eines alle Lärmbelastungen berücksichtigenden Summenpegels erfolgen kann[145]. Hinzu kommt, dass es sich bei Lärmaktionsplänen um vorhabenunabhängige Pläne handelt, deren Maßnahmen nur nach Maßgabe des § 47d Abs. 6 i. V. m. § 47 Abs. 6 BImSchG Wirkungen für das Anlagenzulassungsrecht entfalten[146]. Auf Anstöße der Lärmminderungsplanung für eine umfangreichere Gesamtlärmbewertung muss das Raumplanungs- und Anlagenzulassungsrecht also noch warten.

Feldmann, Wandel im Lärmschutz: Die Umgebungslärmrichtlinie und ihre Umsetzung in deutsches Recht, ZUR 2006, S. 352 (357), was der Sachverständigenrat für Umweltfragen (SRU) für „unverzichtbar" hält, Umweltgutachten 2008 „Umweltschutz im Zeichen des Klimawandels", Juni 2008, Tz. 830 und 838.

[141] Wysk, in: Giesberts/Reinhardt, BeckOK BImSchG, Stand: 1.1.2009, § 47d Rn. 24.

[142] Hansmann, in: Landmann/Rohmer, Umweltrecht, Band I, Stand August 2008, § 47d Rn. 25. Für eine Gesamtlärmbetrachtung auch Schulze-Fielitz, Verkehrslärmschutz und Bauleitplanung – unter veränderten rechtlichen Rahmenbedingungen, UPR 2008, S. 401 (405).

[143] Auf § 47d Abs. 1 S. 3 BImSchG weist Wysk, in: Giesberts/Reinhardt, BeckOK BImSchG, Stand: 1.1.2009, § 47d Rn. 24 hin. Ebenso das Umweltgutachten 2008 des Rates von Sachverständigen für Umweltfragen (SRU) „Umweltschutz im Zeichen des Klimawandels", Juni 2008, Tz. 838.

[144] Zwar hat man sich – § 5 Abs. 1 der 34. BImSchV folgend – auf vorläufige Berechnungsverfahren für den Umgebungslärm verständigt (veröffentlicht im Bundesanzeiger vom 17.8.2006). Diese Berechnungsverfahren betrachten allerdings die einzelnen Schallquellen (Schienenwege, Straßen, Flugplätze, Industrie und Gewerbe) getrennt voneinander und fußen auf den bislang gängigen Regelwerken des Fachrechts (Schall 03, RLS 90, AzB, TA Lärm), die untereinander nicht „kompatibel" sind.

[145] Mitschang, Die Umgebungslärmrichtlinie und ihre Auswirkungen auf die Regional- und Bauleitplanung, ZfBR 2006, S. 430 (436); Hansmann, in: Landmann/Rohmer, Umweltrecht, Band I, Stand August 2008, § 47d Rn. 25; Schulze-Fielitz, Verkehrslärmschutz und Bauleitplanung – unter veränderten rechtlichen Rahmenbedingungen, UPR 2008, S. 401 (405); Wysk, in: Giesberts/Reinhardt, BeckOK BImSchG, Stand: 1.1.2009, § 47d Rn. 24.

[146] VGH Kassel v. 17.6.2008 – 11 C 2089/07.T –, ZUR 2009, 42; BVerwG v. 14.5.2008 – 4 B 43/07 –, zitiert nach Juris. Zur Bindungswirkung von Lärmaktionsplänen Mitschang, Die Umgebungslärmrichtlinie und ihre Auswirkungen auf die Regional- und Bauleitplanung, ZfBR 2006, S. 430 (439 f.); Cancik, Aktionspläne zur Lärmminderung – effektives Instrument oder Aktionismus?, ZUR 2007, S. 169 (175).

XII Aktuelle Entwicklungen beim Freizeitlärmschutz

Wolfgang Schrödter/ Marta Kuras

Einleitung

Etwa seit den 70er Jahren hat sich eine Freizeitindustrie entwickelt, die im Rahmen von „*Events*„ Stadtmarketing und Traditionspflege vielfältige neue Formen von Freizeitveranstaltungen „*kreiert*“ hat. Nur beispielhaft sind zu nennen, *Rock- und Popkonzerte, Freilichttheater, klassische Konzerte, Seefeste, Altstadtfeste, Stadtstrände, Disco auf dem Eis* und last, but not least, Aktivitäten bei der *Love-Parade* und das immer mehr Anhänger findende *Public Viewing*. Nicht zuletzt wegen moderner, kaum an den Richt- und Grenzwerten von Lärm ausgerichteten Beschallungstechniken leiden die Anlieger derartiger Veranstaltungen immer stärker unter dem Freizeitlärm. Im folgenden Beitrag sollen einige Aspekte des Freizeitlärmes angesprochen werden.[1]

I. Die Freizeitlärm-Richtlinie als Grundlage für die Beurteilung des Freizeitlärms

1. Entscheidungshilfe mit Indizcharakter

Der Freizeitlärm kann rechtlich insbesondere für die Nachbarn von Freizeitanlagen eine „*schädliche Umwelteinwirkung*“ im Sinne des § 3 Abs. 1 BImSchG sein, da er geeignet ist, „*Gefahren, erhebliche Nachteile oder erhebliche Belästigungen für die Allgemeinheit oder die Nachbarschaft*“ herbeizuführen. Eine schädliche Umwelteinwirkung in diesem Sinne ist regelmäßig zu bejahen, wenn Grenz- oder Richtwerte für Lärm überschritten werden, die entweder durch eine Verordnung nach § 23 BImSchG oder eine Verwaltungsvorschrift nach § 48 BImSchG festgesetzt wurden. Für den Freizeitlärm wurden bisher keine Grenz- oder Richtwerte nach diesen Bestimmungen erlassen. Die zuständige Genehmigungs- oder Überwachungsbehörde sowie die Städte und Gemeinden als Träger der Bauleitplanung, insbesondere aber als Veranstalter, müssen somit gewährleisten, dass nach dem Schutzprinzip des § 22 BImSchG keine schädlichen Umwelteinwirkungen entstehen. Damit stellt sich die Frage, nach welchen Kriterien, die mit den Freizeitveranstaltungen verbundenen Lärmbelastungen immissionsschutzrechtlich nach § 3 BImSchG beurteilt werden.

---

[1] Zur Bedeutung von Volksfesten lesenswert BT-Drs. 14/3786.

Die *Sportanlagenlärmschutzverordnung*[2] – 18. BImSchV – ist nach Sinn und Zweck nicht anzuwenden auf den von Freizeitanlagen ausgehenden Lärm, der dadurch entsteht, dass Menschen ohne Bindung an die formalen Regeln des Sports ihre Freizeit gestalten. Damit sind die von Freizeitparks, Spaßbädern, Schützenfesten, Freilichtbühnen, Stadtteilfesten, Rockkonzerten u. ä. ausgehenden Geräusche ebenso wie die Nutzung von Spielplätzen lärmschutzrechtlich i.d.R. nicht nach der 18. BImSchV zu beurteilen.[3] Für die Ermittlung und Bewertung des Freizeitlärms sind in den jeweiligen Genehmigungsverfahren die Hinweise des Länderausschusses für Immissionsschutz (LAI – Hinweise zum Freizeitlärm) zugrunde zu legen, die erstmals im Jahr 1982 verabschiedet und 1987 grundlegend überarbeitet wurden.[4] Im Mai 1995 hat der LAI seine Hinweise in der Form einer Musterverwaltungsvorschrift „*Freizeitlärm–Richtlinie*" aktualisiert.[5] Das Nds. OVG hatte schon in einer wichtigen Entscheidung aus dem Jahr 1995 zur Zulässigkeit eines **Open-Air-Konzertes** im Niedersachsenstadion in Hannover entschieden, dass für die Beurteilung der zulässigen Geräusche die Freizeitlärm-Richtlinie, Fassung 1987, zugrunde gelegt werden kann.[6] Lehre und Rechtsprechung haben sich inzwischen dieser Auffassung angeschlossen.[7] Die Freizeitlärm-Richtlinie ist danach als „*Entscheidungshilfe mit Indizcharakter*", als „*Anhaltspunkt*" oder „*Orientierungshilfe*" für die Beurteilung des Freizeitlärms einzuordnen.[8]

Die zuständigen Behörden sollten sich daher an den Empfehlungen der Freizeitlärm-Richtlinie „*orientieren*", ohne dass diese Richtlinie schematisch, also wie eine Rechtsnorm, angewendet werden darf. Vielmehr sind jeweils die Konflikte des Einzelfalles unter Beachtung der Bedeutung der Freizeitveranstaltung und der schutzwürdigen Belange der betroffenen Nachbarschaft besonders sorgfältig abzuwägen.[9] Insbesondere die Rechtsprechung zu den „*seltenen*" oder „*sehr seltenen*" *Ereignissen* zeigt, dass die Freizeitlärm-Richtlinie auch geeignet ist, neue Entwicklungen beim

---

[2] Vom 18.07.1991 BGBl. I 1588, ber. 1790 i. d. F. vom 05.02.2006 BGBl. I 2006, 324, dazu Reidt/Schiller, 18. BImSchV in Landmann/ Rohmer, Umweltrecht II, 12/2006 unter 2.18 und Ketteler, Sportanlagenlärmschutzverordnung,

[3] Anders ist die Rechtslage z. T. in **Bayern**, **Bremen** und in **Niedersachsen**, dazu unter I. 1. am Ende. Zur Beurteilung der **Geräuschen von Freibädern** nach der 18. BImSchV BayVGH 24.08.2007 – 22 B 05.2870, juris (**Freibadbetrieb**).

[4] NVwZ 1985, 98 und NVwZ 1988, 135.

[5] NVwZ 1997, 469.

[6] OVG Lüneburg 15.09.1994 NJW 1995, 900.

[7] Aus dem Schrifttum zur Freizeitlärm-Richtlinie vgl. etwa Koch/Maaß, NuR 2000, 69; Stühler, BauR 2004, 614; Spies, GewArch. 2004, 453; Wellhöfer, NuR 2005, 575; Rudolph, KommJur 2004, 41; Kiefer, LKRZ 2008, 410 und Ketteler, DVBl. 2008, 220; Schock, BWGZ 2005, 861 und 2003, 298.

[8] BVerwG 16.05.2001, NVwZ 2001, 1167 (**Stadthalle**); ähnlich BGH 26.09.2003 NJW 2003, 3699 (**Rockkonzert**) und OVG Schleswig Holstein 11.06.2006 NordÖR 2007, 370 (**17 Tage Jahrmarkt**).

[9] So besonders VG Düsseldorf 06.11.2008 – 9 K 2466/07, juris (**Außengastronomie im WA-Gebiet**).

Freizeitlärm angemessen zu berücksichtigen, ohne dass dadurch schutzwürdige Rechte und Belange der Nachbarn ihre Bedeutung verlieren dürfen.

Soweit ersichtlich, wird die Freizeitlärm-Richtlinie hinsichtlich ihrer Qualität als „*Entscheidungshilfe mit Indizcharakter*" nur von Wellhöfer in Frage gestellt.[10] Wellhöfer sieht eine Schwäche darin, dass sich die Freizeitlärm-Richtlinie an einer nicht veröffentlichten Musterverwaltungsvorschrift und außerdem an der ebenfalls zurückgezogenen Richtlinie VDI 2058 Bl. 1 orientiere.[11]

Die meisten Bundesländer haben die Freizeitlärm-Richtlinie inzwischen in unterschiedlicher Weise übernommen.[12] Soweit einzelne Länder, etwa die Freizeitlärm-Richtlinie für das jeweilige Genehmigungsverfahren für verbindlich erklärt haben, muss diese Richtlinie strikt eingehalten werden. Dieses gilt insbesondere für Baugenehmigungsverfahren, für die gewerberechtliche Festsetzung von Märkten und Volksfesten nach den § 60 b und § 68 Abs. 2 GewO sowie für gaststättenrechtliche Konzessionen, soweit nicht die TA Lärm[13] vorrangig gilt (Nr. 1 Abs. 2 c TA Lärm).

Einzelne Bundesländer haben für die Beurteilung des Freizeitlärmes im Erlasswege allerdings nicht die Freizeitlärm-Richtlinie für sinngemäß anwendbar erklärt. So soll in Bayern und Bremen die 18. BImSchV und in Niedersachsen die TA Lärm mit gewissen Modifikationen, etwa zu den seltenen Ereignissen, anwendbar sein.[14] In der bayerischen Verweisung auf die 18. BImSchV wird begründet, dass viele Parallelen zwischen der 18. BImSchV und der Freizeitlärm-Richtlinie bestehen.[15] Soweit Niedersachsen die TA Lärm in den jeweiligen Genehmigungsverfahren für anwendbar erklärt, bestehen hiergegen rechtliche Bedenken. Denn die TA Lärm ist auf gewerbliche Nutzungen zugeschnitten und erfasst damit nicht die vielfältigen Besonderheiten des Freizeitlärms.[16]

In der Praxis werden Freizeitveranstaltungen häufig auch in öffentlichen Einrichtungen, etwa auf Festplätzen, Schulhöfen, Bädern, in Veranstaltungszentren oder auf Straßen durchgeführt.[17] In diesen Fällen muss die Kommune auch als Eigentümerin gewährleisten, dass die lärmrechtliche Beurteilung dieser Veranstaltungen auf

---

[10] Wellhöfer, NuR 2005, 575, 581; dazu unter IV.

[11] Dieses gilt für den Begriff des seltenen Ereignisses nach Nr. 4.4, für den auf die Musterverwaltungsvorschrift verwiesen wird.

[12] Gute Übersicht bei Ketteler, DVBl. 2008, 220 Fußn. 7.

[13] Technische Anleitung zum Schutz gegen Lärm vom 26.08.1998 GMBl. 503, dazu etwa die umfassende Kommentierung von Hansmann in Landmann/Rohmer, Umweltrecht, Band III, Nr. 7.2, sowie Übersichten bei Kutscheidt, NVwZ 1999, 577 und Hansmann ZUR 2002, 207.

[14] Für Bayern: AllMBl. 1998, S. 117, 135, Rdn. 149 b; für Niedersachsen: Nds.MBl. 2001, S. 201.

[15] Dazu insbesondere Wellhöfer, NuR 2005, 575. Aus der bayerischen Verwaltungspraxis VG Augsburg 23.07.2008 – Au 4 K 07.1029, Au 4 K 07.1048, juris, das die Geräusche eines **Jugendzentrums** nach der 18. BImSchV beurteilt.

[16] So etwa BVerwG 17.07.2003 BRS 66, 167; BGH 26.09.2003 NJW 2003, 3699; anders VG Göttingen 23.02.2005 – 1 A 1214/02, juris, Umdruck Rdn. 56 ff.

[17] OVG Rheinland-Pfalz 12.09.2007 – 7 A 10789/07, juris (**faktischer Bolzplatz auf einer Straße**).

der Grundlage der Freizeitlärm-Richtlinie erfolgt und durchgesetzt wird. Entsprechendes gilt, wenn die Kommune ein Grundstück als Fiskus, etwa eine Wiese im Außenbereich, einen **Stadtstrand** oder Wasserflächen für Freizeitveranstaltungen (**Maschseefest in Hannover**) zur Verfügung stellt.[18]

Schon diese Übersicht zeigt, dass die Anwendung der Freizeitlärm-Richtlinie in der Praxis eine große Bedeutung erlangt hat.

3. Die von der Freizeitlärm-Richtlinie erfassten Anlagen; Abgrenzung zu anderen Sportanlagen, Spielplätzen und Motorsportanlagen

In der Praxis ist es nicht immer einfach, die „*Freizeitanlagen*" zu bestimmen, die unter die Freizeitlärm-Richtlinie fallen.[19] Erfasst werden in jedem Fall die in Nr. 1 Abs. 2 der Freizeitlärm-Richtlinie beispielhaft aufgeführten Betriebsstätten oder ortsfesten Einrichtungen im Sinne des § 3 Abs. 5 Nr. 1 BImSchG, etwa Vergnügungsparks, Badeplätze, Freilichtbühnen und Rummelplätze, um nur einige Beispiele zu nennen. Bereits eingangs wurde erwähnt, dass nach § 1 Abs. 3 der Freizeitlärm-Richtlinie die *Sportanlagen* hinsichtlich ihrer Lärmauswirkungen nicht erfasst werden. Vielmehr ist zumindest der nach Regeln durchgeführte Sport nach der 18. BImSchV zu beurteilen, die wegen der hohen gesellschaftlichen und damit auch politischen Bedeutung des Sportes zum Teil großzügigere Regelungen für die Beurteilung des Sportlärmes enthält als die Freizeitlärm-Richtlinie.[20]

Auch die rechtliche Einordnung der *Bolz-* und *Abenteuerspielplätze* ist in diesem Zusammenhang zu nennen.[21] Die Beurteilung der von den Bolz- und Spielplätzen ausgehenden Geräusche bereitet, nicht zuletzt vor dem Hintergrund der Rechtsprechung zum Sportlärm, erhebliche Schwierigkeiten. Nach der herrschenden Meinung fallen zumindest die klassischen Kinderspielplätze nicht unter den Begriff der Freizeitanlagen. Die Freizeitlärm-Richtlinie ist daher nicht anzuwenden, ebenso wenig die TA Lärm.[22]

Nach der Auffassung des BVerwG, sind die Immissionswerte der 18. BImSchV für „*Geräuschimmissionen, die von der bestimmungsgemäßen Nutzung von Ballspielplätzen und ähnlichen Anlagen für Kinder ausgingen*", nicht unmittelbar anzuwenden.[23] Allerdings bestünden keine Bedenken, die von Kinderspielplätzen ausgehenden Geräuschimmissionen nach dem Verfahren der 18. BImSchV zu bestimmen. Die Zumutbarkeit sei hingegen einzelfallbezogen zu betrachten, wobei die Herkömmlichkeit, die soziale

---

[18] Zu den jeweiligen Genehmigungsverfahren unter IV. 1.
[19] Ausführlich Ketteler, DVBl. 2008, 220, 221.
[20] Siehe unten II. 1.
[21] BVerwG 11.02.2003 BRS 66 Nr. 171 (**Bolzplätze/Skateanlagen**).
[22] So ausdrücklich der Erlass zur Freizeitlärm-Richtlinie in Niedersachsen (oben Rdn. 14) unter Nr. 1 Abs. 2 Satz 2.
[23] BVerwG 11.02.2003 NuR 2003, 548; ausführlich Schrödter in Schrödter u. a., BauGB, 7. Auflage (beck-Verlag Vahlen), § 9 Rdn. 78e.

und allgemeine Akzeptanz zur Würdigung herangezogen werden müssten.[24] Abenteuerspielplätze werden daher zum Teil nach der Freizeitlärm-Richtlinie oder der 18. BImSchV beurteilt.

Für die Genehmigung und Betrieb von *Gaststätten* gilt nach Nr. 1 Abs. 2 der Freizeitlärm-Richtlinie in der Regel die TA Lärm, und zwar auch für Feste und Tanzveranstaltungen, die nicht mehr von der eigentlichen Gaststättenerlaubnis erfasst werden. Diese müssen nach § 12 GastG gesondert genehmigt werden. Allerdings wird auch die Auffassung vertreten, dass zumindest einzelne Regeln der TA Lärm *„mit der gebotenen Differenzierung"* auf Freiluftgaststätten und Freizeitanlagen anzuwenden sind.[25] Mit einer gewissen Berechtigung hat daher das VG Düsseldorf angeführt, dass bei der Beurteilung von Geräuschen der Außengastronomie *„insbesondere die TA Lärm, aber auch die Freizeitrichtlinie nur eine begrenzte Aussagekraft (haben), da sie nicht alle Aspekte erfassen, so dass regelmäßig eine situationsbezogene Abwägung der Umstände des Einzelfalles geboten ist"*.[26]

Motorsportanlagen sind regelmäßig nicht nach der 18. BImSchV zu beurteilen, soweit sie einer Genehmigung nach § 4 BImSchG bedürfen (§ 1 Abs. 1 der 18. BImSchV). Dienen diese Anlagen *„an fünf Tagen oder mehr je Jahr der Übung oder Ausübung des Motorsports"*, unterliegen sie einer Pflicht zur Genehmigung im vereinfachten Verfahren nach § 19 BImSchG (§ 2 Abs. 1 Nr. 2 der 4. BImSchV i. V. m. Spalte 1 10.17). Beurteilungsgrundlage ist damit grundsätzlich die TA Lärm.[27] Finden Motorsportveranstaltungen an weniger als fünf Tagen im Jahr statt, kommt es darauf an, ob sie ein *„Freizeitvergnügen"* sind oder ob sie wegen des körperlichen Einsatzes der Teilnehmer eher als *„Motorsport"* zu bewerten sind.[28] Danach dürfte ein *„Treckerrennen"* zum Erntedankfest ein Freizeitvergnügen sein, während ein von Hobbysportlern durchgeführtes Motorcrossrennen in einer Kiesgrube schon als Motorsport bewertet werden könnte. Weitere Einzelheiten dieser sehr schwierigen Frage können in diesem Beitrag nicht erörtert werden.[29]

---

[24] Ähnlich BayVGH 26.02.1991 NVwZ-RR 1994, 246; VGH Baden-Württemberg 16.04.2002 NVwZ-RR 2002, 643.

[25] Wagner in Friauf u. a., GewO, 11/2008, § 69 Rdn. 18; ähnlich Nds. OVG 2008, 117 und NordÖR 2008, 493 (**Stadtstrand**) und BayVGH 27.05.2005.

[26] VG Düsseldorf 06.11.2008 – 9 K 2466/07, juris (**Außengastronomie neben einer Verkaufshalle für Pflanzen**). Zu Rechtsfragen des Gaststättenlärms ausführlich Spies, GewArch 2004, 453.

[27] Dazu etwa VG Würzburg 22.05.2007 – W 4 K. 06.707, juris (**Off-Road-Anlage**) und VGH BW 23.04.2002 NVwZ 2003, 365 mit Anm. von Kemm, IBR 2002, 570 (**Kartrennbahn**) und VG Minden 19.06.2002 NWVBl. 2003, 154, 156 (**Gokartbahn**).

[28] VG Minden a. a. O. mit kritischen Hinweisen zur Definition des Motorsport im Entwurf einer Verwaltungsvorschrift zur 4. BImSchV, abgedruckt in NVwZ 1991, 853 ff.

[29] Instruktiv zum Motorsport Hainz, Emissionsdaten von Motorsportanlagen, BayLfU 1999.

3. Besondere landesrechtliche Regelungen zur Beurteilung des Freizeitlärms

Einzelne Länder haben im Rahmen der §§ 22 Abs. 2, 23 Abs. 2 und § 49 Abs. 2 BImSchG Gesetze oder Verordnungen erlassen, die bei der Beurteilung bestimmter Freizeitveranstaltungen zu beachten sind. Zu nennen sind hier neben den Immissionsschutzgesetzen einzelner Bundesländer[30] insbesondere die „Bayerische Biergartenverordnung„[31], die als Folge der so genannten „*Biergartenentscheidung*" des BVerwG[32] neu gefasst wurde und auf den klassischen, mit Bäumen bestandenen Biergarten zugeschnitten ist. Zu erwähnen sind in diesem Zusammenhang auch die „Saarländische Verordnung zum Schutz vor Geräuschimmissionen durch Musikdarbietungen bei Volksfesten"[33] oder die Berliner Verordnung zur Bekämpfung des Lärms[34], die bei der rechtlichen Beurteilung der **Love Parade**[35] eine Rolle gespielt hat. Baden-Württemberg hat zur Fußballweltmeisterschaft 2006 und damit zum Public Viewing eine Verordnung auf der Grundlage des § 23 Abs. 2 BImSchVO erlassen.[36]

Diese rechtlichen Regelungen sind auch für die Rechtsprechung verbindlich, soweit sie sich im Rahmen der Ermächtigungen des BImSchG halten. Sie zeichnen sich dadurch aus, dass für bestimmte Veranstaltungen verbindliche Regeln zum Lärmschutz getroffen wurden, die zugunsten der Freizeitveranstaltung großzügiger sind als die Empfehlungen der Freizeitlärm-Richtlinie. Zu nennen ist hier beispielhaft § 9 Abs. 2 Nr. 2 des Landesimmissionsschutzgesetzes von Nordrhein-Westfalen[37], nach dem vom „Schutz der Nachtruhe" (von 22 - 6 Uhr) Ausnahmen bis 24 Uhr für die Außengastronomie gelten (§ 9 Abs. 1 Nr. 2 LImSchG). Weitere Ausnahmen sind zulässig „*im öffentlichen Interesse*" oder im überwiegenden Interesse eines Beteiligten.

II. Hinweise zur Ermittlung und Bewertung des Freizeitlärms

Im Folgenden sollen im Wege einer Übersicht einige Hinweise zur Ermittlung und Bewertung des Freizeitlärms auf der Grundlage der Freizeitlärm-Richtlinie gegeben werden.

---

30 Übersicht bei Jarass, BImSchG, 7. Auflage 2008, Einl. Rdn. 25.

31 Vom 20.04.1999 GVBl. S. 142.

32 BVerwG 28.01.1999 NVwZ 1999, 651.

33 Vom 10.06.2003 Saarl. Amtsbl. 2003, 1642; dazu Kiefer, LKRZ 2008, 410.

34 Berliner LärmVO i. d. F. vom 23.03.2004 GVBl. S. 148; dazu OVG Berlin-Brandenburg 12.05.2009 – 11 N 83.05, juris (**Freiluftkino**).

35 OVG Berlin-Brandenburg 11.07.2002 NVwZ 2002, 1266.

36 Vom 21.03.2006 GBl. S. 93.

37 I. d. F. vom 12.12.2006 GV NRW S. 622.

1. Empfehlung gebietsbezogener Immissionsrichtwerte

In Anlehnung an die Systematik der 18. BImSchV und der TA Lärm empfiehlt Nr. 4 der Freizeitlärm-Richtlinie gebietsbezogene „*Immissionsrichtwerte*". Diese „*markieren die Schwelle, oberhalb der in der Regel mit erheblichen Belästigungen*" im Sinne des § 3 Abs. 1 BImSchG zu rechnen ist. Die Freizeitlärm-Richtlinie definiert Immissionsrichtwerte „*Außen*", die für Immissionswerte außerhalb von Gebäuden für unterschiedliche Beurteilungszeiten festgelegt werden.[1] Diese gebietsbezogenen Richtwerte sind nach den Festsetzungen eines Bebauungsplanes zu ermitteln (Nr. 2 Abs. 3 Satz 1 Freizeitlärm-Richtlinie). Weicht die tatsächliche Nutzung von den Festsetzungen des Bebauungsplanes ab, soll die tatsächliche Nutzung maßgeblich sein (Nr. 2 Abs. 3 Satz 2 Freizeitlärm-Richtlinie). Im Übrigen sind die Gebiete nach den zu § 34 BauGB maßgeblichen Kriterien zu ermitteln. Für den *Außenbereich* ist in Anlehnung an die Rechtsprechung zur 16. BImSchV[2] davon auszugehen, dass die Immissionsrichtwerte für Kern-, Dorf- und Mischgebiete einzuhalten sind (Nr. 4.1 der Freizeitlärm-Richtlinie).[3] Von erheblicher praktischer Bedeutung ist die Empfehlung, dass beim Freizeitlärm im Vergleich zu § 2 Abs. 2 der 18. BImSchV, die um 5 dB(A) niedrigere Werte während der Ruhezeiten an Sonn- und Feiertagen *ganztags*, also auch von 8 - 20 Uhr und *werktags* von 20 - 22 Uhr, gelten. Eine weitere Privilegierung von Sportanlagen besteht darin, dass auf den Impulszuschlag für die menschliche Stimme verzichtet wird.[4] Außerdem ist der Messabschlag von 3 dB(A) nach Anhang 1.6 des Anhangs zur 18. BImSchV bei Freizeitanlagen nicht zu berücksichtigen.[5]

Bedingt durch die auf Ruhezeiten beschränkten Beurteilungszeiten bildet die 18. BImSchV einen „*strengeren*" Maßstab als die TA Lärm, nach der zwar das besondere Schutzbedürfnis der Nachbarschaft während der Ruhezeiten durch einen Pegelzuschlag von 6 dB(A) berücksichtigt wird, in allen Fällen jedoch eine Mittelwertbildung über die gesamte Beurteilungszeit von 16 Stunden (6 - 22 Uhr) erfolgt.

Da die Richtwerte auf gemittelten Beurteilungsregeln beruhen, bestimmt Nr. 4.3 der Freizeitlärm-Richtlinie, dass strenger als nach der 18. BImSchV kurzfristige Geräuschspitzen die Richtwerte tags um nicht mehr als 30 dB(A) und nachts um nicht mehr als 20 dB(A) überschreiten dürfen. Ausnahmen gelten für „*seltene Ereignisse*" oder Veranstaltungen, die unter besonderen strengen Voraussetzungen die Qualität eines „*sehr seltenen Ereignisses*" haben.[6]

---

1 Zur Bestimmung des Messpunktes Nr. 3 der Freizeitlärm-Richtlinie.

2 BVerwG 17.03.1992 NVwZ 1992, 885.

3 Sächs. OVG 06.05.2009 – 1 A 87/08, juris (**Kunsteisbahn im Außenbereich**); VG München 20.07.2007 – M 22 E 07.2814, juris (**Disco-Betrieb am See im Außenbereich**).

4 Zu den Unterschieden zwischen der 18. BImSchV und der Freizeitlärm-Richtlinie sehr instruktiv die Tabelle bei Wellhöfer, NuR 2005, 575.

5 Ketteler, DVBl. 2008, 220, 222; BVerwG 16.05.2001 NVwZ 2001, 1167 (**Bürgerhaus und Jugendhaus**).

6 Ausführlich unter II. 5. und 6.

2. Summation von Geräuschen mehrerer Freizeit- und/oder Sportanlagen

Gerade in dicht besiedelten städtischen Gebieten können die Geräusche verschiedener Freizeiteinrichtungen und Sportanlagen zusammenwirken und die Lärmbelastung der Nachbarschaft erhöhen. Zu denken ist etwa daran, um ein Beispiel aus der Stadt Hannover zu erwähnen, dass zeitgleich ein Bundesligaspiel und ein Schützenfest stattfinden und die Bevölkerung darüber hinaus noch durch ein 19 Tage dauerndes „*Maschseefest*" belastet wird. Nach der bisher herrschenden Meinung findet bei Immissionen durch unterschiedliche Lärmquellen keine Summenpegelbildung statt. Vielmehr ist der Lärm nach dem für die jeweilige Anlage maßgeblichen Regelwerk getrennt zu beurteilen.[7] Von diesem im Schrifttum zu Recht kritisch beurteilten Grundsatz[8] hat die Rechtsprechung aber Ausnahmen zugelassen, wenn die Geräusche durch mehrere Freizeitanlagen verursacht werden oder wenn eine Sportanlage und eine Freizeitanlage als Einheit bewertet werden können.[9] Stammen die den Freizeitlärm verstärkenden Geräusche aus Anlagen, die nach der TA Lärm zu beurteilen sind, dieses ist bei Gastwirtschaften und möglicherweise auch bei Biergärten der Fall, bietet es sich an, im Rahmen der ergänzend anwendbaren TA Lärm eine Sonderprüfung nach Nr. 3.2.2. durchzuführen.[10]

3. Lärmbelästigung durch An- und Abfahrtverkehr; Bühnenaufbau u. ä.

In der Praxis bereitet es häufig Probleme, die für Anlieger oft besonders belastenden Geräusche des Zu- und Abfahrtverkehrs und auch des Verkehrs auf der Freizeitanlage, etwa beim Bühnenaufbau, zu berücksichtigen. Anders als Nr. 1 des Anhangs zur 18. BImSchV, der für die Mittelungspegel des auf öffentlichen Zufahrtsstraßen entstehenden Verkehrslärms auf die RLS 90 verweist, enthält die Freizeitlärm-Richtlinie zu diesem Problem keine ausdrückliche Empfehlung. Aus allgemeinen Grundsätzen des Lärmschutzes und mittelbar aus Nr. 5 Abs. 1 der Freizeitlärm-Richtlinie ergibt sich aber, dass der Zu- und Abfahrtsverkehr dem Veranstalter zuzurechnen ist, bis die Fahrzeuge den allgemeinen Straßenverkehr erreichen bzw. diesen verlassen.[11] Für die Bewertung kommt im Übrigen eine ergänzende Anwendung der Nr. 7.4 der TA Lärm in Betracht.[12] In jedem Fall sollte im Rahmen

---

7 BVerwG 16.05.2001 NVwZ 2001, 1167 (**Sporthalle/Bürgerhaus**).

8 Koch, NVwZ 2000, 490 und Michler, VBlBW 2004, 361, 362 sowie in diesem Band.

9 BVerwG 16.05.2001 und VGH Baden-Württemberg 27.06.2002 GewArch 2003, 204 (**Lärm** aus Einkaufs- und Erlebniscenter).

10 Ketteler, DVBl. 2008, 220, 225.

11 VG Gießen 02.07.2004 GewArch 2004, 493 f. (**Seefest/Disco am Baggersee**).

12 Wellhöfer, NuR 2005, 575, 579. Viele praktische Hinweise enthält die Parkplatzlärmstudie des Bayerischen Landesamtes für Umweltschutz, 4. Auflage, Schrifttumsreihe des BayLfU Band 89.

der Genehmigung einer Freizeitveranstaltung das Problem des Verkehrslärms, ggf. über Auflagen, gesteuert werden.[13]

Der Auf- und Abbau der Bühnen sowie die Installation und Proben der Beschallungstechnik werden oft unter großem Zeitdruck und ohne Rücksicht auf die Sensibilität der betroffenen Nachbarn durchgeführt. Diese Geräusche sind der Anlage zuzurechnen. Strenge und auch „*vollstreckungsfähige*" Auflagen, die weiter unten erörtert werden[14], sind geeignet, unter Umständen auch diese Lärmbelastungen auf das zumutbare Maß zu reduzieren.[15]

4. Die Privilegierung seltener Ereignisse nach Nr. 4.4 der Freizeitlärm-Richtlinie

a) Abschwächung der Immissionsrichtwerte bei „*seltenen Ereignissen*" im Wege einer Ausnahme

Für Veranstaltungen, die als „*seltene Ereignisse*" zu bewerten sind, können die Immissionsrichtwerte nach Nr. 4.1 der Veranstaltung abgeschwächt und zeitlich modifiziert werden. Zum Begriff des seltenen Ereignisses verweist Nr. 4.4 Satz 1 der Freizeitlärm-Richtlinie auf Nr. 2.3.5 der nur im Entwurf vorliegenden „*Verwaltungsvorschrift zur Ermittlung, Beurteilung und Verminderung von Geräuschemissionen*".[16] Damit gilt für das seltene Ereignis die folgende Definition:

„Verursacht eine Anlage trotz Einhaltung des Standes der Lärmminderungstechnik nur in seltenen Fällen oder über eine begrenzte Zeitdauer, aber an nicht mehr als zehn Tagen oder Nächten eines Kalenderjahres und in diesem Rahmen auch nicht an mehr als zwei aufeinander folgenden Wochenenden einen relevanten Beitrag zur Überschreitung der Immissionsrichtwerte nach Nr. 2.321 Buchstaben b bis f TA Lärm, so sind schädliche Umwelteinwirkungen durch die Anlage nicht anzunehmen ... ."

Sind diese *begrifflichen Merkmale* eines seltenen Ereignisses erfüllt, sollen die Beurteilungspegel „*vor den Fenstern (im Freien)*"[17] die folgenden Werte nicht überschreiten:

---

[13] Zur Bewertung von Verkehrsgeräuschen auf öffentlichen Verkehrsflächen außerhalb durch des vom **Freizeitbad** verursachten Lärms, VG Ansbach 08.11.2008 – AN 18 K 06.00043, juris.

[14] Siehe unter IV. 2.

[15] Ketteler, DVBl. 2008, 220, 224 unter Hinweis auf OVG Nordrhein-Westfalen Städte- und Gemeinderat 1994, 286, 288.

[16] Abgedruckt in Feldhaus, Bundesimmissionsschutzrecht, Bd. 4 C 4.7.

[17] Zur Messart Nr. 3 der Richtlinie i. V. m. Nr. 1.2 i. V. m. 3.2.2.1 des Anhangs zur 18. BImSchV.

- tags außerhalb der Ruhezeit 70 dB(A),
- tags innerhalb der Ruhezeit 65 dB(A),
- nachts 55 dB(A).

Außerdem sollen *Geräuschspitzen* diese Werte tagsüber um nicht mehr als 20 dB(A) und nachts um nicht mehr als 10 dB(A) überschreiten. Soweit die in der Freizeitlärm-Richtlinie aufgeführten allgemeinen Beurteilungskriterien weniger strenge Anforderungen stellen, sind diese auch für seltene Störereignisse maßgeblich. Rechtstechnisch können diese seltenen Ereignisse in Anlehnung an das Baurecht (§ 31 Abs. 1 BauGB) als „*Ausnahme*" von den im Regelfall geltenden Immissionsrichtwerten bestimmt werden. Diese Werte gelten in *allen Baugebieten*.[1] Es ist außerdem zu gewährleisten, dass der „*Stand der Lärmminderungstechnik*" in jedem Fall eingehalten wird. Eine ähnliche Privilegierung seltener Ereignisse enthält Nr. 7.2 Abs. 1 der TA Lärm für Freizeitanlagen, die, wie etwa Gaststätten, der TA Lärm unterliegen. Die zu dieser Regelung entwickelten Grundsätze können daher nach zutreffender Auffassung bei der Auslegung der Nr. 4.4 der Freizeitlärm-Richtlinie entsprechend angewendet werden, zumal die in Nr. 4.4 der Freizeitlärm-Richtlinie erwähnte Musterverwaltungsvorschrift Vorbild für die TA Lärm 1998 und damit auch für die Regelung zum seltenen Ereignis gewesen ist.[2]

Ein Ereignis „*in seltenen Fällen*" ist nach der schwer verständlichen Definition des seltenen Ereignisses anzunehmen, wenn die Beurteilungspegel der Nr. 4.1 der Freizeitlärm-Richtlinie schon zu *einer* Beurteilungszeit, also tags außerhalb der Ruhezeit, innerhalb der Ruhezeit oder nachts, überschritten werden. Beispielhaft zu nennen ist ein Schützenfest, das an einem Montag Abend während der Ruhezeit von 20 – 22 Uhr (Nr. 3.4 der Freizeitlärm-Richtlinie) mit einem Feuerwerk abgeschlossen wird, das die maßgeblichen Immissionsrichtwerte überschreitet. Unter dieser Voraussetzung kann der Beurteilungspegel in allen Baugebieten, also auch in einem angrenzenden Wohngebiet, bis zu 65 dB(A) betragen und damit den Immissionsrichtwert nach Nr. 4.1 von 50 dB(A) um dann 15 dB(A) überschreiten.

Außerdem können bei seltenen Ereignissen die Richtwerte der Nr. 4.1 an maximal „*zehn Tagen oder Nächten eines Kalenderjahres*" überschritten werden. Dieser Zeitraum ist aber *nicht nach Kalendertagen zu ermitteln*. Vielmehr kommt es auf die *Beurteilungszeiten* eines Tages an. Werden somit täglich die Immissionsrichtwerte während zwei Beurteilungszeiten überschritten, verkürzt sich das maximal auf zehn Tage zulässige Ereignis auf fünf Tage im Kalenderjahr.[3] Beschränken sich die seltenen Ereignisse auf einen Teil eines Jahres, etwa die kurze Badesaison, ist nach Auffassung des

---

1 So zu Recht OVG Rheinland-Pfalz 16.04.2003 BauR 2003, 1187, 1189 (**Popkonzert im Vereinsheim im WA-Gebiet**).

2 Hansmann in Landmann/Rohmer (oben Fußn. 2), TA Lärm Nr. 7.2, Rdn. 17.

3 Hansmann, TA Lärm a. a. O. Rdn. 17; a. A. Feldhaus/Tegeder, TA Lärm, Band. 4 B. 3.6, Nr. 7 Rdn. 21.

Nds. OVG die Zahl der zulässigen seltenen Ereignisse nicht anteilig zu reduzieren.[4] Diese Auslegung privilegiert insbesondere Bade- und Kurorte an der See mit ihrer kurzen Saison.

Ein seltenes Ereignis ist nicht mehr anzunehmen, wenn die Immissionsrichtwerte an zwei aufeinander folgenden Wochenenden überschritten werden. Das Privileg eines Wochenendes ist bereits ausgeschöpft, wenn nur *eine* Beurteilungszeit zwischen Samstag 0 Uhr und Sonntag 24 Uhr betroffen ist.[5]

b) Bewertung und Hinweise für die Praxis

Der „*Boom*" von immer neuen, oft mit eindrucksvoller „*Beschallungstechnik*" durchgeführten Freizeitveranstaltungen begründet die Gefahr, dass das seltene Ereignis nach Nr. 4.4 der Freizeitlärm-Richtlinie immer häufiger als Grund für eine Überschreitung der Immissionsrichtwerte nach Nr. 4.1 dient. Es ist daher auch in diesem Zusammenhang daran zu erinnern, dass die Freizeitlärm-Richtlinie hinsichtlich der seltenen Ereignisse nicht schematisch anzuwenden ist.[6] Schon der Wortlaut der Nr. 4.4 der Freizeitlärm-Richtlinie bestimmt für seltene Ereignisse eine Obergrenze („*an nicht mehr als zehn Tagen oder Nächten*") und lässt damit eine Ausnutzung der Obergrenze nur in besonders begründeten Ausnahmefällen zu. Es ist auch bei der Annahme eines seltenen Ereignisses daher sorgfältig zu prüfen, ob eine Überschreitung der Immissionsrichtwerte der betroffenen Nachbarschaft zugemutet werden kann und ob die maximal zehn Ereignisse anzunehmen sind.[7] Insbesondere die soziale Akzeptanz der Veranstaltung kann die Annahme des seltenen Ereignisses rechtfertigen. Zugunsten der Nachbarschaft ist aber zu berücksichtigen, ob die Freizeitnutzung erst entstanden ist, nachdem die Wohnbebauung abgeschlossen war oder ob die Nachbarschaft durch andere Veranstaltungen zu anderen Zeiten und insbesondere über große Teile des Jahres belastet ist. Insbesondere eine faktische Umwidmung von öffentlichen Flächen, etwa die Duldung von Musikveranstaltungen auf Schulhöfen, Stadtstränden, an Gewässern und durch Sport auf öffentlichen Straßen[8] u. ä. kann auch aus dem Blickwinkel des seltenen Ereignisses nicht ohne detaillierte, die Belange der Nachbarschaft besonders berücksichtigende Begründung „*legalisiert*" werden.

---

4 Vom 11.07.2008 NordÖR 2008, 493 zu Nr. 7.2 TA Lärm (**Stadtstrand „Laguna Beach"**) und OVG Lüneburg 22.04.2009 1 – LA 129/08, juris (**Stadion am Meer**).

5 Hansmann, TA Lärm a. a. O. Rdn. 19; Feldhaus/Tegeder, TA Lärm, a. a. O.

6 Oben I. 1.

7 Dazu Nds. OVG 11.07.2008 a. a. O. und 22.04.2009 a. a. O., Rdn. 10.

8 Besonders instruktiv OVG Rheinland-Pfalz 12.09.2007 – 7 A 10789/07, juris (**faktischer** Bolzplatz auf einer Straße).

5. Die weitere Privilegierung von „*sehr seltenen Ereignissen*"

a) Voraussetzung und Folge eines sehr seltenen Ereignisses

Für Freizeitveranstaltungen von herausragender Bedeutung hat die Rechtsprechung in den letzten Jahren die Rechtsfigur des „*sehr seltenen Ereignisses*" entwickelt, die weitere Ausnahmen von den Empfehlungen der Freizeitlärm-Richtlinie zum seltenen Ereignis zulässt. Die wesentlichen Voraussetzungen und Rechtsfolgen eines sehr seltenen Ereignisses hat der BGH in einem grundsätzlichen Urteil vom 26.09.2003[9] entwickelt. In diesem Urteil war aufgrund einer Unterlassungsklage nach § 906 BGB über die Zulässigkeit eines *Rockkonzertes* zu entscheiden, das im Rahmen eines Vereinsjubiläums für einen Zeitraum von drei Tagen auf einem WA-Gebiet liegenden Sport- und Schulgelände durchgeführt wurde. Der BGH hat dieses Rockkonzert, das nur an einem Tag im Jahr stattfindet, als sehr seltenes Ereignis bewertet und die Beurteilungszeit „*nachts*" (22 - 6 Uhr) im Sinne der Freizeitlärm-Richtlinie sogar bis 24 Uhr ausgedehnt und einen Bewertungspegel von 70 dB(A) mit einer Geräuschspitze von 90 dB(A) zugelassen.

Ein sehr seltenes Ereignis, das rechtssystematisch im Gegensatz zur „Ausnahme" des seltenen Ereignisses[10] als eine „*Befreiung*" von den Immissionsrichtwerten der Freizeitlärm-Richtlinie bezeichnet werden kann, rechtfertigt nach Auffassung des BGH eine derartige weitere Überschreitung der Immissionsrichtwerte sowie der für sie maßgeblichen Beurteilungszeiten. Das sehr seltene Ereignis zeichnet sich nach Auffassung des BGH dadurch aus, dass sie „*für den Zusammenhalt der örtlichen Gemeinschaft von großer Bedeutung sein können, dabei auch die Identität dieser Gemeinschaft stärken und für viele Bewohner einen hohen Stellenwert besitzen*".[11]

Ist eine Freizeitveranstaltung als sehr seltenes Ereignis in diesem Sinne zu definieren, darf nach der Rechtsprechung der Immissionsrichtwert für seltene Ereignisse nochmals überschritten werden. Voraussetzung für diese Abweichung von den Empfehlungen der Freizeitlärm-Richtlinie ist aber, dass, ähnlich wie beim seltenen Ereignis, die Lärmminderungstechnik eingehalten wird und kein alternativer Standort zur Verfügung steht, der zu zumutbaren Bedingungen von den Veranstaltungen gemietet werden kann.[12]

---

[9] BGH NJW 2003, 3699 f.; ausführlich Ketteler, DVBl. 2008, 220, 226 f. (**Rockkonzert**). Zu den LAI-Hinweisen 1988 (NVwZ 1988, 135), die zum Sport- und Freizeitlärm erlassen wurden, hatte die Rechtsprechung schon ausdrücklich (HessVGH 08.10.1996 GewArch 1997, 162, 163: **Altstadtkirmes** als eine sehr seltene und nahezu einmalige bzw. letztmalige Veranstaltung) oder sinngemäß (Nds. OVG 17.05.1995 GewArch 1996, 117 (**Schützenfest seit 1910**) angesprochen.

[10] Siehe oben II 5. a).

[11] BGH 26.09.2003 a. a. O., 3699.

[12] So z. B. OVG Nordrhein-Westfalen 23.10.2008 – 7 D 72/07.NE (**Berücksichtigung bei einer Skateranlage**) und VG Braunschweig 30.09.2008 - 2 A 50/08 Rdn. 41 (**Osterfeuer**).

b) Bewertung

Diese lärmtechnische Privilegierung von „*sehr seltenen Ereignissen*" ist grundsätzlich zulässig, da die Freizeitlärm-Richtlinie als „*Entscheidungshilfe mit Indizcharakter*" nur einen „*Anhaltspunkt*" für die Beurteilung des Freizeitlärms bietet, der im Einzelfall Abweichungen zulässt. Allerdings müssen die für das „*seltene Ereignis*" geltenden oben dargestellten Grundsätze auch und erst recht bei der Annahme eines sehr seltenen Ereignisses beachtet werden. Insbesondere kann diese Rechtsfigur kein „*Freibrief*" dafür sein, attraktive neue „*Events*" schon deshalb als sehr seltene Ereignisse zu privilegieren, weil sie auf großes Interesse in Teilen der Öffentlichkeit stoßen und, nicht zuletzt aus diesem Grund, auch von erheblicher kommerzieller Bedeutung sind. Das entscheidende Kriterium für die Annahme eines sehr seltenen Ereignisses ist darin zu sehen, dass diese Veranstaltung wirklich bei der überwiegenden Mehrheit der Bevölkerung und damit auch bei den betroffenen Nachbarn eine herausragende Zustimmung findet. Ist diese „*sehr seltene*" Voraussetzung erfüllt, sollte der Zeitraum auf möglichst wenige Ereignisse bzw. Tage beschränkt werden. Beispielhaft sind zu nennen, besondere Stadt- und Vereinsjubiläen und historisch überlieferte Festveranstaltungen. Die schon fast „*üblichen*" Altstadtfeste, Discoveranstaltungen, Vereinsfeste, Schlagerparaden, Klassikfestivals u. ä. erfüllen diese Kriterien jedenfalls nicht. Sie können jedoch als seltene Ereignisse im Sinne der Nr. 4.4 der Freizeitlärm-Richtlinie privilegiert sein.

Zu Recht hat daher das VG Köln in seiner Entscheidung vom 05.03.2009 mit beachtlichen Gründen die Rechtsprechung des BGH in Frage gestellt, denn, so die Begründung, eine „*Tradition und die in diesem Zusammenhang vorgetragene angebliche Sozialadäquanz führen nicht dazu, dass jenseits der regelmäßig vorgegebenen Grenzen nach Belieben Geräuschimmissionen verursacht werden dürfen*".[13] Auf der gleichen kritischen Linie liegt eine Entscheidung des VGH Kassel vom 25.02.2005.[14] In dieser Entscheidung führt das Gericht aus, dass es „*nicht sachgerecht (wäre), die unter Ziff. 4.4 der Freizeitlärm-Richtlinie genannten Beurteilungspegel unter dem allgemeinen Gesichtspunkt der Sozialadäquanz etwa von Volksfesten (nochmals) generell zu erhöhen*".[15]

Bei Annahme eines seltenen Ereignisses muss in jedem Fall durch rigide Auflagen und Kontrollen gewährleistet werden, dass die großzügigen Abweichungen von den Empfehlungen der Freizeitlärm-Richtlinie „*minutengenau*" eingehalten werden und Verstöße sofort und spürbar geahndet werden.[16]

---

[13] VG Köln 05.03.2009 – 1 K 1485/08, Rdn. 44 (Strandfest/Volksfest seit 1930 und Herbstkirmes).

[14] Az.: 2 UE 2890/04 = NVwZ-RR 2006, 531.

[15] Sehr kritisch zum sehr seltenen Ereignis Fickert/Fieseler, BauNVO, 11. Auflage 2008, § 4a Rdn. 20.3.

[16] OVG Lüneburg 17.05.1995 GewArch 1996, 117, 119 und OVG Lüneburg 15.09.1994 NJW 1995, 900 (**Rockkonzert im Niedersachsenstadion**); siehe auch Stühler, BauR 2004, Heft 4 Fußn. 24 und 6 und 8.

Aus der neueren Rechtsprechung zum seltenen und sehr seltenen Ereigniss:

- **Grundsatzentscheidung:** BGH 26.09.2003 NJW 2003, 3699 (**Rockkonzert**)
- Sächs. OVG 06.05.2009 – 1 A 87/08 (**Kunsteisbahn – Eisdisco nur i. R. seltener Ereignisse**)
- OVG Lüneburg 22.04.2009 – 1 LA 129/08 (**„Stadion am Meer" – konzentrierter Betrieb in Sommermonaten schließt Charakter der Seltenheit nicht aus**)
- VG Köln 05.03.2009 – 1 K 1485/08 (**Strandfest/Volksfest seit 1930 und Herbstkirmes – kritische Auseinandersetzung mit dem Beschluss des BGH 26.09.2003: Werteüberschreitung ist nicht schon deshalb gerechtfertigt, weil Traditionsveranstaltung durchgeführt wird**)
- VG Braunschweig 30.09.2008 – 2 A 50/08 (**Osterfeuer – Bezugnahme auf BGH-Grundsätze**)
- BayVGH NJOZ 2006, 2695 (**Beschränkung des Lärmschutzes bei Fastnachtumzug auf Gesundheitsgefahren**)
- BayVGH 22.11.2005 BayVBl. 2006, 351 (**Volksfest an vier Tagen nur bis 24 h mit 74 dB(A)**)
- HessVGH 25.02.2005 NVwZ-RR 2006, 531, 533 (**Volksfest – kritische Auseinandersetzung mit dem BGH 26.09.2003: Erhöhung von Werten wegen Sozialadäquanz unsachgerecht**)
- VG Göttingen 23.02.2005 – 1 A 1214/02 (**Altstadtfest mit 18 seltenen Ereignissen zulässig**)
- VG Freiburg 28.01.2005 – 1 K 2854/04 (**dreitägige Fastnacht – Gesundheitsgefahr als Grenze**)
- OVG Rheinland-Pfalz 14.09.2004 GewArch 2004, 495 (**Kirmes mit drei Musikveranstaltungen**)
- VG Gießen 02.07.2004 NVwZ-RR 2005, 103 (**Mehrtägiges Seefest – Anwendbarkeit der Freizeitlärm-Richtlinie bei Freiluftgaststätten**)
- OVG Rheinland-Pfalz 13.02.2004 NVwZ-RR 2004, 485 (**Karnevalveranstaltung als im Rheinland überliefertes Kulturgut, Kappensitzung, Schwerdonnerstag, Weiberfastnacht als sehr seltenes Ereignis**)
- BVerwG 17.07.2003 NJW 2003, 2330 = BRS 66 Nr. 167

- VG Meiningen 06.09.2000 GewArch 2001, 86, 87 (**jährliche viertägige Kirmes als Traditionsveranstaltung**)

III. Berücksichtigung der Freizeitlärm-Richtlinie in der Bauleitplanung

Weist die Gemeinde im Rahmen der Bauleitplanung ein Grundstück für Freizeitaufgaben aus, ist die Freizeitlärm-Richtlinie im Rahmen der Abwägung zu berücksichtigen, soweit nicht die normativen Bestimmungen der 18. BImSchV unmittelbar gelten.[17] Beispielhaft sind zu erwähnen Bebauungspläne, durch die Schützen- und Festplätze, Spaßbäder, Skaterflächen und Kinder- bzw. Abenteuerspielplätze sowie Freizeitparks festgesetzt werden sollen. Im Rahmen der Abwägung auf der Grundlage der nur als „*Entscheidungshilfe*" zu berücksichtigenden Freizeitlärm-Richtlinie, ggf. im Zusammenhang mit der TA Lärm und der 18. BImSchV, muss die Gemeinde den Freizeitlärm nach § 2 Abs. 4 BauGB umfassend im Umweltbericht würdigen und im Rahmen der Abwägung die notwendigen Festsetzungen treffen. Dabei muss sie auch berücksichtigen, wo die notwendigen Stellplätze und Zufahrten angelegt werden.[18] Nicht notwendig ist es, dass im Wege der Abwägung auch eklatant rechtswidrige Nutzungen berücksichtigt werden.[19] Zulässig dürfte es sein, auf der Grundlage des § 9 Abs. 1 Nr. 24 BauGB den Standort von Freisprecheranlagen, Schallpegelbegrenzern, Ballfangzäune sowie reflexionsärmere, also den Lärm verbindende Bodenbeläge (Rasen statt Asphalt), als technische Vorkehrungen festzusetzen.[20]

In der Praxis stellt sich immer wieder die Frage, ob die Nutzungszeiten einer Freizeitanlage, ggf. abweichend von der Freizeitlärm-Richtlinie bzw. der 18. BImSchV oder der TA Lärm festgesetzt werden dürfen. Diese Frage ist mit dem VGH Baden-Württemberg zu verneinen.[21] Als Rechtsgrundlage käme aus dem abschließenden Katalog des § 9 Abs. 1 BauGB nur § 9 Abs. 1 Nr. 24 in Betracht. Nutzungszeiten sind aber gerade keine „*technischen*" Vorkehrungen im Sinne dieser Regelungen. Aus diesem Grunde ist es auch unzulässig, im Bebauungsplan die Zahl der seltenen oder sehr seltenen Ereignisse festzusetzen. Auch eine Gliederung eines Baugebietes

---

[17] Zur Bedeutung der Freizeitlärm-Richtlinie in der Bauleitplanung ausführlich W. Schrödter in Schrödter u. a., BauGB, 7. Auflage 2006 (Beck-Verlag Vahlen), § 19 Rdn. 78.

[18] OVG Nordrhein-Westfalen 24.10.2006 BRS 70 Nr. 48 (**Fußballstadion**).

[19] Dazu instruktiv OVG Nordrhein-Westfalen 23.10.2008 – 7 D 72/07.NE a. a. O. (**Skateranlage**)

[20] Zur Planung eines Platzes für ein **Schützenfest** lesenswert: Nds. OVG 17.11.2005 BRS 69 Nr. 18.

[21] VGH BW 14.11.1996 NVwZ-RR 1997, 694; zustimmend Gierke in Brügelmann, BauGB 2/2005, § 9 Rdn. 465.

mit der Festsetzung von Nutzungszeiten nach § 1 Abs. 4 Satz 1 Nr. 5 BauGB ist unzulässig.[22]

Soweit private Investoren die Freizeiteinrichtung betreiben, sollte die Gemeinde zumindest bei einer problematischen Nachbarschaft die möglichen Konflikte in einem städtebaulichen Vertrag oder besser noch in einem Vorhaben- und Erschließungsplan nach § 12 BauGB verbindlich vereinbaren. In diesen Verträgen können auch Nutzungszeiten und damit auch die Zahl der seltenen bzw. sehr seltenen Ereignisse vereinbart werden, soweit dieses für den Investor zumutbar ist. Es kommt daher bei einer kritischen Nachbarschaft auch eine Reduzierung der nach der Freizeitlärm-Richtlinie zulässigen Nutzungszeiten bzw. der seltenen bzw. sehr seltenen Ereignisse in Betracht.

Die Gemeinde ist im Übrigen nicht an die Erlasse der Länder gebunden, da die Bauleitpläne im Rahmen der verfassungsrechtlich geschützten Planungshoheit aufgestellt werden. Dieses gilt auch für ein bei staatlichen Behörden angesiedeltes Plangenehmigungsverfahren nach den §§ 6 und 10 BauGB. In den Ländern Bayern, Bremen und Niedersachsen können die Planungsbehörden somit nicht durchsetzen, dass die Bebauungspläne auf der Grundlage auf der 18. BImSchV (Bayern, Bremen) oder der TA Lärm (Niedersachsen) aufgestellt werden.[23]

IV. Die wesentlichen Instrumente zur Durchsetzung der Freizeitlärm-Richtlinie

1. Die Anwendung im Genehmigungs- und Gestattungsverfahren für Freizeitveranstaltungen

Nahezu alle Freizeitveranstaltungen – die in der Praxis bedeutsamsten werden in Nr. 1 Abs. 2 der Freizeitlärm-Richtlinie beispielhaft genannt – unterliegen einer öffentlich-rechtlichen Pflicht zur Genehmigung, Gestattung oder auch Anzeige. In diesen Verfahren ist nach dem Schutzprinzip des § 22 BImSchG zu gewährleisten, dass keine schädlichen Umwelteinwirkungen im Sinne des § 3 BImSchG durch Freizeitlärm entstehen. Die Freizeitlärm-Richtlinie ist zwar nur als „*Entscheidungshilfe mit Indizcharakter*" für die Beurteilung von Freizeitlärm anerkannt.[24] Dennoch ist es sachgerecht, sie im Rahmen dieser Genehmigungs-, Anzeige- und Gestattungsverfahren anzuwenden. Auch die Aussagen des BGH[25] zur Zulässigkeit des Freizeit-

[22] VGH BW 14.11.1996 a. a. O.
[23] Oben I. 1.
[24] Oben I. 1.
[25] BGH 26.09.2003 NJW 2003, 3699, dazu oben.

lärms bei *„sehr seltenen Ereignissen"* sind entsprechend zu berücksichtigen. Im Einzelnen ist auf die folgenden Aspekte hinzuweisen:

a) Anwendung im Baugenehmigungsverfahren

Soweit Freizeitanlagen bauordnungsrechtlich genehmigt werden müssen, ist § 3 Abs. 1 BImSchG als öffentliche Vorschrift im Sinne des jeweiligen Bauordnungsrechtes zu beachten. Dieses gilt insbesondere in den Bundesländern, die die Freizeitlärm-Richtlinie durch Erlass für die nachgeordneten Genehmigungsbehörden für verbindlich erklärt haben.[26]

b) Anwendung im Gewerberecht für die Festsetzung von Volksfesten und Jahrmärkten

Praktische Bedeutung hat die Freizeitlärm-Richtlinie insbesondere bei der Genehmigung von Volksfesten und Marktveranstaltungen. In dem für diese Veranstaltung vorgeschriebenen Gestattungsverfahren nach der Gewerbeordnung, insbesondere nach dem § 60 b GewO (*Volksfest*) und § 68 Abs. 2 GewO (*Jahrmarkt*) ist zu gewährleisten, dass die Durchführung der Veranstaltung nicht *„dem öffentlichen Interesse widerspricht"* (§ 69 a Abs. 1 Nr. 3 GewO). Diese öffentlichen Interessen sind insbesondere beeinträchtigt, wenn durch den Freizeitlärm dieser Veranstaltungen die Immissionsrichtwerte überschritten werden, ohne dass die Voraussetzungen eines seltenen Ereignisses nach Nr. 4.4 der Freizeitlärm-Richtlinie oder eines sehr seltenen Ereignisses vorliegen.[27]

c) Genehmigung nach dem Gaststättenrecht

Im Rahmen der Genehmigung von Gaststätten ist zwar grundsätzlich nach der TA Lärm zu prüfen, ob der Betrieb Immissionen erzeugt (§ 4 Abs. 1 Nr. 3 Halbsatz 2 i. V. m. § 5 Abs. 1 Nr. 3 GastG). Die Freizeitlärm-Richtlinie kann aber Bedeutung erlangen, da die TA Lärm, wie oben ausgeführt wurde[28], nach Nr. 1 Abs. 2 TA Lärm nicht uneingeschränkt für *„Freiluftgaststätten"* gilt. Soweit keine besonderen landesrechtlichen Rechtsnormen für die Freiluftgaststätten gelten, kommt hier auch eine Anwendung der Freizeitlärm-Richtlinie in Betracht.

Besondere Bedeutung für die Genehmigung von Freizeitveranstaltungen hat die Gestattung nach § 12 Abs. 1 GastG.[29] Nach dieser Bestimmung kann für *„unter erleichterten Voraussetzungen"* die für Stadteilfeste, Wein- und Biermärkte, Feinschme-

---

[26] Siehe oben I. 1.

[27] So ausdrücklich VG Köln 05.03.2009 – 1 K 1485/08, juris (**Volksfest seit 1930 mit Strandfest / Herbstkirmes in einem Jahr**); Pielow, GewO, 2009, § 69 a Rdn. 21.

[28] Siehe oben I. 1.

[29] Bsp. Nds. OVG 17.05.1995 GewArch 1996, 117 (**Schützenfest**). Ausführlich zur Beurteilung des Gaststättenlärms Spies, GewArch 2004, 453 und Rudolph, KommJur 2007, 41, 47.

ckermärkte u. ä. notwendige Festsetzung ausgesprochen werden. In diesem Verfahren ist ggf. über Auflagen nach § 5 GastG zu gewährleisten, dass keine unzumutbaren Nachteile, Belästigungen oder Gefahren für die Nachbarschaft entstehen. Diese Umweltauswirkungen werden in der Regel auf der Grundlage der Freizeitlärm-Richtlinie beurteilt.[30] Hat die Veranstaltung, etwa ein besonderes Stadtjubiläum oder ein traditionelles Heimatfest, eine einmalige oder zumindest hervorragende Bedeutung für das Gemeinschaftsleben, kommen Abschwächungen aus dem Blickwinkel der seltenen oder sehr seltenen Ereignisse in Betracht. Insoweit darf auf die obigen Ausführungen verwiesen werden.[31]

d) Sondernutzung nach dem Straßenrecht

Freizeitveranstaltungen finden häufig auf öffentlichen Straßen statt. In diesen Fällen ist dem Veranstalter nach § 29 StVZO i. V. m. den jeweiligen Straßenrecht einer Sondernutzungserlaubnis zu erteilen. Insbesondere Freilichtspiele, Umzüge, wie auch die Love-Parade, finden häufig auf öffentlichen Verkehrsflächen statt.[32] In diesen Verfahren ist durch Nebenbestimmungen zu gewährleisten, dass die Immissionsrichtwerte der Freizeitlärm-Richtlinie eingehalten werden.[33] Werden von privaten Eigentümern oder der Gemeinde als Fiskus weitere Flächen, an die gewidmeten Straßen angrenzend, zur Verfügung gestellt, ist im Rahmen der jeweiligen Genehmigung und nach Möglichkeit zusätzlich vertraglich zu gewährleisten, dass die Richtwerte der Freizeitlärm-Richtlinie eingehalten werden.

e) Sonstige Genehmigungsverfahren

Rechtsgrundlagen für die Genehmigungen von Freizeitveranstaltungen können auch kommunale Verordnungen und Satzungen sein. Beispielhaft zu nennen sind Satzungen nach dem Polizeirecht, etwa für die Durchführung eines **Osterfeuers.**[34] In diesen Genehmigungsverfahren ist nach allgemeinen polizeirechtlichen Grundsätzen zu gewährleisten, dass die öffentliche Sicherheit und Ordnung nicht durch schädliche Umwelteinwirkungen im Sinne des § 3 BImSchG verletzt wird. Auch für diese Feststellung ist die Freizeitlärm-Richtlinie eine geeignete Beurteilungsgrundlage.

---

[30] BayVGH 22.10.1998 NVwZ 1999, 555 f. (**Fränkische Kirchweih**).

[31] Oben II. 4. und 5.

[32] OVG Schleswig Holstein 12.07.2006 – 4 MB 55/06 (**Eulenspiegel-Festspiele in Mölln**).

[33] Bsp. VG Ansbach 07.12.2007 – AN 1vK 06.02910, AN 1vK 06.03593 (**Oldtimer-Rennen**); siehe auch OVG Rheinland-Pfalz 12.09.2007 – 7 A 10789/07, juris (**faktischer Bolzplatz auf einer Straße**).

[34] VG Braunschweig 30.09.2008 a. a. O. (**Osterfeuer**).

f) Überlassung von gemeindeeigenen Grundstücken oder Einrichtungen für Freizeitveranstaltungen

In der Praxis überlassen die Städte und Gemeinden häufig öffentliche Einrichtungen, etwa Schulen, Sportplätze, Schwimmbäder, Eisbahnen (Disco auf dem Eis) Dritten, die aus Gründen der Tradition, oft aber auch aus rein kommerziellen Gründen, auf diesen Flächen vielfältige Freizeitveranstaltungen mit erheblichen Lärmbelastungen durchführen. Soweit ausnahmsweise nicht eine der genannten Genehmigungen notwendig ist, muss die Gemeinde zumindest im Rahmen der zivilrechtlichen oder öffentlich-rechtlichen Überlassung der Einrichtung gewährleisten, dass die Immissionsrichtwerte der Freizeitlärm-Richtlinie, ggf. mit Abschwächungen aus dem Blickwinkel der seltenen/sehr seltenen Ereignisse, eingehalten werden.[35]

2. Maßnahmen zur Lärmminderung

Nach allgemeinen Grundsätzen des Verwaltungsrechts muss die zuständige Behörde durch Nebenbestimmungen, insbesondere durch Auflagen nach den §§ 69 a Abs. 2 GewO und § 5 Abs. 3 und 12 Abs. 3 GastG, sicherstellen, dass die maßgeblichen Zeiten und die diesen zugeordneten Immissionsrichtwerte eingehalten werden. Dabei müssen diese Auflagen auch vollziehbar sein, damit zumindest schwerwiegende Verstöße sofort geahndet werden können. Für detaillierte Nebenbestimmungen besteht insbesondere ein Grund, wenn die Veranstaltung in der Vergangenheit Gegenstand von Konflikten mit der Nachbarschaft gewesen ist.[36] Beispielhaft sind die folgenden Auflagen zu nennen:

a) Festsetzung von Nutzungszeiten

Ein in der Praxis übliches Instrument besteht darin, die Öffnungs- und Nutzungszeiten der Veranstaltung, insbesondere die Anfangs- und Endzeit, festzusetzen. Zur Gewährleistung der Nachtruhe kann somit bestimmt werden, dass das „*Ende der Veranstaltung*" im wörtlichen Sinne auch bei einem sehr seltenen Ereignis auf 24 Uhr festgesetzt wird. Zu diesem Zeitpunkt müssen somit alle Lärmquellen der Veranstaltung, insbesondere die Lautsprecher auf den Bühnen, die Tanzmusik und die Musik an den Ständen, beendet sein oder abgeschaltet werden. Flankierend kann bestimmt werden, dass alle Verkaufsstände zu diesem Zeitpunkt oder zu einem bestimmten Zeitpunkt vorher zu schließen sind und Besucher und Fahrzeuge das Gelände innerhalb einer festgesetzten Frist verlassen müssen. Neben den Anfangs- und Endzeiten der Veranstaltung sollten insbesondere auch die maßgeblichen Beurteilungszeiten sowie die innerhalb dieser Zeiten zulässigen Immissionsrichtwerte

---

[35] Rudolph, KommJur 2007, 41, 44; Nds. OVG 15.09.1995 NJW 1995, 900 (**Open-Air-Konzert im Niedersachsen-Stadion in Hannover**).

[36] VG Gelsenkirchen 21.06.2007 – 8 K 3694/06, juris (**Oktoberfest**).

(Nr. 4.1) die Maximalpegel (Nr. 4.3) und die zulässigen Geräuschspitzen (Nr. 4.4) festgesetzt werden. Insbesondere bei Großveranstaltungen können die Veranstalter verpflichtet werden, Schallpegelbegrenzer nach dem Stand der Technik in Musikanlagen einzubauen.[37] Die Einpegelung dieser Schallbegrenzer sollte durch einen Sachverständigen nach § 26 BImSchG durchgeführt werden und in einem Protokoll vermerkt werden.[38] Auch die Festsetzung eines Abstrahlpegels kommt in Betracht. In der Schweiz hat es sich bewährt, dass bei Überschreitung des festgelegten Dezibelwertes die Beschallungstechnik automatisch abgeschaltet wird. Darüber hinaus sollten bei einer drohenden Überschreitung der festgesetzten Werte auf der Grundlage schriftlich vereinbarter Bedingungen Schallpegelmessungen durchgeführt werden, die auch nach § 26 BImSchG zu protokollieren sind.[39]

b) Auflagen zur Lärmminderung beim Aufbau von Bühnen und Lautsprechern

Es ist selbstverständlich, dass besonders stark emittierende Anlagen, etwa Bühnen, möglichst weit weg von den Anliegern aufgebaut werden. Eine spürbare Reduzierung der Lärmbelastungen kann schließlich auch durch Ausnutzung der – erheblichen – Richtwirkung der Lautsprecher bzw. der Bühne sowie dadurch erreicht werden, dass die Nachbarn von der Bühne durch mobile (z. B. aufblasbare) Lärmschutzwände im wahren Sinne des Wortes „*abgeschirmt*" werden.[40]

c) Bestimmtheit der Auflagen und Durchsetzung

Verstöße gegen diese Auflagen können nach allgemeinen Grundsätzen im Wege des Verwaltungszwanges mit der Festsetzung eines Zwangsgeldes durchgesetzt werden. Dieses setzt voraus, dass die Auflage so bestimmt ist, dass der Adressat ohne technischen oder juristischen Sachverstand den Inhalt der Auflage erkennen kann. Eine Auflage, die eine Belastung der Nachbarn „*in unzumutbarer Weise*" verbietet, erfüllt diese Voraussetzungen nicht.[41] Bei Verstößen gegen Auflagen kann die zuständige Behörde die Genehmigung nach § 49 Abs. 2 Nr. 2 VwVfG widerrufen, sofern der Grundsatz der Verhältnismäßigkeit gewahrt ist und der Widerruf die einzige Möglichkeit ist, die unzumutbare Lärmbelastung auszuschließen. Der Widerruf muss nach § 80 Abs. 2 Nr. 4 VwGO für sofort vollstreckbar erklärt werden, damit ein Verstoß sofort geahndet werden kann.

---

[37] Bsp. VG Düsseldorf 15.01.2002 – 3 K 3905/01 ZUR 2002, 304 (**Volksfest**).
[38] Ketteler, DVBl. 2008, 220, 229 unter Hinweis auf VG Göttingen 23.02.2005 – 1 A 1214/02, juris (Altstadtfest/Veranstaltungen auf dem Marktplatz).
[39] VG Göttingen 23.02.2005 a. a. O.
[40] Schock, BWGZ 2005, 861, 865 unter Hinweis auf Mehra, L. Weber, Zeitschrift für Lärmbekämpfung 52/1, 2005.
[41] VG Düsseldorf 15.01.2002 – 3 K 3905/01 ZUR 2002, 304 (**Volksfest**).

Adressat der Auflagen ist in der Regel der Veranstalter des jeweiligen „*Events*". Tritt er – dieses ist oft bei Märkten und Volksfesten der Fall – für die anderen „*Beschicker*" und Aussteller auf, ist zu gewährleisten, dass er diese Auflagen individuell an seine Vertragspartner weitergibt.[42] Außerdem muss gewährleistet werden, dass die Behörde die von ihr dem Veranstalter auferlegten Auflagen auch unmittelbar gegenüber dem jeweiligen Aussteller durchsetzen kann. Dieses Ziel wird erreicht, wenn die Auflage, ähnlich wie die Festsetzung eines Marktes nach § 69 a GewO, in der Form einer Allgemeinverfügung erlassen wird und dadurch auch gegenüber den Ausstellern verbindlich wird.[43] Diese Wirkung tritt aber nur ein, wenn die Allgemeinverfügung öffentlich bekannt gemacht wurde.

Da die Durchsetzung von Auflagen erfahrungsgemäß schwierig ist, bietet es sich an, neben Bestimmungen zur Reduzierung der Lärmbelastungen in einem öffentlich-rechtlichen Vertrag mit dem Veranstalter zu vereinbaren. In diesem Vertrag können spürbare, aber noch angemessene Vertragsstrafen vereinbart werden, für die Sicherheitsleistungen hinterlegt werden (§§ 62 VwVfG i. V. m. § 339 ff. BGB).[44] Andernfalls besteht die Gefahr, dass einzelne Veranstalter oder Aussteller, die oft dem „*reisenden Gewerbe*" angehören, sich ihrer Zahlungspflicht entziehen können.

d) Anordnungen nach § 24 BImSchG

Zur Durchführung der Schutzpflicht des § 22 BImSchG kann die zuständige Behörde auch Anordnungen nach § 24 BImSchG gegen die Veranstalter oder einzelne Aussteller erlassen (Nr. 1 Abs. 8 Freizeitlärm-Richtlinie).[45] Mit der Anordnung können insbesondere die unter 2. angesprochenen Maßnahmen durchgesetzt werden, soweit sie nicht in der eigentlichen Genehmigung als Nebenbestimmungen erlassen wurden. Eine rechtskräftige Genehmigung, etwa nach dem Baurecht oder der GewO, schließt eine Anordnung nicht aus.[46] Nach zutreffender Auffassung sind Anordnungen nach § 24 BImSchG auch gegen andere Hoheitsträger zulässig. Gemeinden können daher als Betreiber von Freizeitveranstaltungen und -einrichtungen oder von Märkten und Volksfesten Adressaten einer Anordnung nach § 24 BImSchG sein.[47]

---

[42] Pielow, GewO, a.a.O., § 69 a Rdn. 34.

[43] Wagner in Friauf, GewO, 11/2008, § 69 Rdn. 36 und § 69 a Rdn. 34 mit Hinweisen zur kommunalen „*Selbstfestsetzung*".

[44] Zur Anwendung der § 339 BGB bei öffentlichen Verträgen OVG Hamburg 22.11.2002 NordÖR 2003, 492.

[45] Ketteler, DVBl. 2008, 220, 228.

[46] BVerwG 24.09.1992 NJW 1993, 342, 344 (**Zur Bedeutung der TA Lärm beim Betrieb von nicht genehmigungsbedürftigen Anlagen, hier Nachtbetrieb einer Tankstelle**).

[47] BVerwG 25.07.2002 NVwZ 2003, 346 (**Panoramabad**).

V. Rechtsschutz zur Durchsetzung der Freizeitlärm-Richtlinie

Die von einer Freizeitveranstaltung, etwa einem Popkonzert, einem Jahrmarkt, einem Seefest oder einem klassischen Klavierkonzert mit Lang Lang als „*Verursacher*“ des Freizeitlärms betroffenen Nachbarn haben verschiedene Möglichkeiten, sich gegen diese möglicherweise belastenden Geräusche gerichtlich zu Wehr zu setzen. Im Wege einer Übersicht ist auf die folgenden Klagetypen hinzuweisen:

1. Anfechtungsklagen gegen die Genehmigung der Freizeitveranstaltung

Wurde die Veranstaltung durch einen Verwaltungsakt, auch in der Form einer Allgemeinverfügung bei der Festsetzung eines Marktes oder eines Volksfestes[48], können betroffene Nachbarn gegen diese Entscheidung, ggf. nach Durchführung eines nicht mehr in allen Bundesländern vorgesehenen Vorverfahrens, Anfechtungsklage erheben. In diesem Verfahren ist auf der Grundlage der §§ 3, 22 BImSchG, die hinsichtlich des Schutzprinzips drittschützende Wirkung hat, zu prüfen, ob die Freizeitlärm-Richtlinie ordnungsgemäß angewendet wurde. Davon kann im Regelfall ausgegangen werden, wenn die gebietsbezogenen Immissionswerte eingehalten wurden.[49] Im Rahmen dieses Verfahrens kann beantragt werden, Auflagen zum Lärmschutz festzusetzen oder bestehende Auflagen zu verschärfen. Bei einer drohenden eklatanten Verletzung, etwa der ausdrücklichen Zulassung oder Duldung einer Missachtung der Nachtruhe, kommt auch der Erlass einer einstweiligen Anordnung nach § 123 VwGO in Betracht mit dem Ziel, die zuständige Behörde zum Einschreiten zu verpflichten.[50] Dieser Ansatz könnte zulässig sein, wenn der Veranstalter bzw. die Behörde sich nicht an die aufschiebende Wirkung von Widerspruch und Anfechtungsklage hält. Wegen möglicher Haftungsrisiken (§ 123 VwGO i. V. m. § 717 Abs. 2 ZPO) dürfte es auch zulässig sein, dass der Kläger unter dieser Voraussetzung beim Gericht beauftragt, die aufschiebende Wirkung der Klage festzustellen.

2. Fortsetzungsfeststellungsklage

Hat sich die Anfechtungsklage dadurch erledigt, dass die Veranstaltung abgeschlossen wurde oder dem Antrag, z. B. auf Verschärfung von Auflagen, stattgegeben wurde, können betroffene Nachbarn einen Fortsetzungsfeststellungsantrag stellen. Dieser hat das Ziel, für den Fall einer erneuten Durchführung der Veranstaltung

---

[48] Oben IV. 1. b) und c).
[49] Sellner/Reidt/Ohms, Immissionsschutzrecht und Industrieanlagen.
[50] Wagner in Friauf, GewO, a.a.O., § 69 a Rdn. 22; siehe auch BayVGH 24.08.2007 – 22 B 05.2870, juris (**Freibad**).

(*„Wiederholungsgefahr"*)[51] gerichtlich feststellen zu lassen, dass die Genehmigung für die Veranstaltung ganz oder teilweise, etwa wegen unzulässiger Überschreitung der Immissionswerte oder wegen nicht vollziehbarer Auflagen, rechtswidrig war.

3. Anspruch auf Einschreiten, insbesondere nach § 24 BImSchG

Der betroffene Nachbar kann weiter versuchen, die Behörde während der Veranstaltung gerichtlich zu verpflichten, gegen die ganz oder teilweise unter Verletzung der Freizeitlärm-Richtlinie durchgeführte Veranstaltung, einzuschreiten.[52] Beispielhaft ist zu nennen, dass nach § 24 BImSchG eine Anordnung zum Lärmschutz erlassen wird. Auch der Erlass einer einstweiligen Anordnung nach § 123 VwGO im Rahmen einer Verpflichtungsklage kommt in Betracht.

4. Abwehransprüche analog §§ 906, 1004 BGB

Abwehransprüche können auch auf der Grundlage von §§ 1004, 906 BGB vor den Zivilgerichten geltend gemacht werden.[53] Auch eine ggf. vorbeugende Unterlassungsklage in Form einer Leistungsklage vor den Verwaltungsgerichten kommt in Betracht, die sich auf einen entsprechenden Anspruch der §§ 906, 1004 BGB stützt.[54]

5. Normenkontrollverfahren gegen einen Bebauungsplan nach § 47 VwGO; Umweltverbandsklage nach dem Umwelt-Rechtsbehelfsgesetz

Wird in einem Bebauungsplan eine Fläche für eine Freizeiteinrichtung, etwa ein **Spaßbad**, eine **Eisbahn** oder eine **Skateranlage**[55], festgesetzt, kann dieser Bebauungsplan nach allgemeinen Grundsätzen von möglicherweise abwägungserheblich betroffenen Anliegern im Wege eines Normenkontrollverfahrens nach § 47 Abs. 1 Nr. 1 VwGO angegriffen werden. Im Rahmen dieses Normenkontrollverfahrens muss das Oberverwaltungsgericht gegebenenfalls überprüfen, ob die Freizeitlärm-Richtlinie im Wege der Abwägung ordnungsgemäß angewendet wurde. Dabei spielen auch die Fragen der An- und Zufahrt, der bestimmungsgemäßen Nutzung sowie der Betriebszeiten und der Installation von technischen Vorkehrungen im Sinne § 9 Abs. 1 Nr. 24 BauGB eine Rolle.[56]

---

[51] VG Köln – 1 K 1485/08 – zu einem Feststellungsantrag; OVG Berlin-Brandenburg 12.05.2009; Sächs. OVG 06.05.2009 a. a. O. (**Kunsteisbahn**).

[52] BayVGH 24.08.2007 a. a. O.

[53] BGH 26.09.2003 NJW 2003, 3699.

[54] Beispiel: VG Göttingen 23.02.2005 – 1 A 1214/05, juris.

[55] OVG Nordrhein-Westfalen 23.10.2008 – 7 D 72/07.NE a. a. O.

[56] Dazu oben unter III.

Abschließend ist darauf hinzuweisen, dass gegen einen Bebauungsplan für eine lärmtechnisch problematische Freizeitanlage, etwa eine Eisbahn, auf der Disco-Veranstaltungen auf dem Eis durchgeführt werden sollen, nach dem Umwelt-Rechtsbehelfsgesetz[57] auch Umweltverbände ein Normenkontrollverfahren gegen den Bebauungsplan durchführen können. Diese Umweltverbandsklage ist aber nur zulässig, wenn das geplante Projekt eine UVP-Pflicht unterliegen kann oder wenn der Bebauungsplan Grundflächen festsetzt, die nach der Anlage 18 Nr. 1 bis 7 der Anlage zum UVPG eine UVP-Pflicht oder aber eine Vorprüfungspflicht des jeweiligen Bebauungsplans begründet. In diesem Verfahren können die Umweltverbände auch die Verletzung drittschützender Umweltvorschriften rügen (§ 2 Abs. 1 Nr. 1 URG). Zu diesem gehören auch Entscheidungshilfen mit Indizcharakter, die, wie die Freizeitlärm-Richtlinie, schädliche Umwelteinwirkungen im Sinne des § 3 BImSchG ausschließen oder vermindern sollen.[58]

VI. Ausblick

Der vorliegende Beitrag sollte im Wege einer Übersicht zeigen, dass die rechtliche Beurteilung des Freizeitlärmes mit erheblichen Schwierigkeiten verbunden ist. Die Aufgabe der zumeist kommunalen Genehmigungsbehörden und der Städte und Gemeinden als Veranstalter und als Träger der Bauleitplanung besteht darin, einen vernünftigen Ausgleich zwischen den berechtigten Interessen der modernen Freizeitgesellschaft und dem Recht der Nachbarschaft auf Lärmschutz zu finden. Die Freizeitlärm-Richtlinie bietet hierfür eine insgesamt geeignete Beurteilungsgrundlage. Da die Unterschiede zur 18. BImSchV nicht wesentlich sind, sollte im Rahmen einer Reform der 18. BImSchV und der Freizeitlärm-Richtlinie entsprechend dem Vorschlag von Wellhöfer[59] geprüft werden, künftig einheitliche Grundlagen für die Beurteilung von Freizeitlärm und Sportlärm zu schaffen. Diese Zusammenfassung hätte immerhin den Vorteil, dass die oft schwierige Abgrenzung von Sport- und Freizeitanlagen entfiele und schwer nachvollziehbare Unterschiede bei der Beurteilung der Lärme entfiele. Angesichts der Unsicherheit bei der Annahme sehr seltener Ereignisse gehört auch diese – problematische – Konstruktion auf den Prüfstand. Alternativ wäre zu prüfen, ob nicht nach dem Vorbild der 16. und 18. BImSchV eine Freizeitlärm-VO erlassen werden sollte, um mehr Rechtsicherheit für die Veranstalter und Nachbarn von Freizeitveranstaltungen zu schaffen.[60]

[57] Umwelt-Rechtsbehelfsgesetz vom 07.12.2006 BGBl. I, 2816.
[58] Schrödter, LKV 2008, 391.
[59] Wellhöfer, NuR 2005, 575, 580 mit guter Zusammenfassung.
[60] So der Vorschlag von Fickert/Fieseler, BauNVO, 11. Auflage 2008, § 4a Rdn. 30.

Berliner Schriften zur Stadt- und Regionalplanung

Herausgegeben von Prof. Dr. Stephan Mitschang

Band 1 Stephan Mitschang (Hrsg.): Umweltprüfverfahren in der Stadt- und Regionalplanung. 2006.

Band 2 Stephan Mitschang (Hrsg.): Stadt- und Regionalplanung vor neuen Herausforderungen. 2007.

Band 3 Stephan Mitschang (Hrsg.): Flächennutzungsplanung – Aufgabenwandel und Perspektiven. 2007.

Band 4 Stephan Mitschang (Hrsg.): BauGB-Novelle 2007. Neue Anforderungen an städtebauliche Planungen und die Zulassung von Vorhaben. 2008.

Band 5 Stephan Mitschang (ed./Hrsg.): Soil Protection Law in the EU. Bodenschutzrecht in der EU. 2008.

Band 6 Stephan Mitschang (Hrsg.): Innenentwicklung – Fach- und Rechtsfragen. 2008.

Band 7 Stephan Mitschang (Hrsg.): Klimaschutz und Energieeinsparung in der Stadt- und Regionalplanung. 2009.

Band 8 Stephan Mitschang (Hrsg.): Fach- und Rechtsprobleme der Baunutzungsverordnung. 2009.

Band 9 Stephan Mitschang (Hrsg.): Aktuelle Fach- und Rechtsfragen des Lärmschutzes. Bauleitplanung, Fachplanung und Zulassung von Bauvorhaben. 2010.

Band 10 Stephan Mitschang / Gerd Schmidt-Eichstaedt (Hrsg.): Die Umweltprüfung in der Regionalplanung. 2010.

www.peterlang.de

Stephan Mitschang (ed./Hrsg.)

Soil Protection Law in the EU
Bodenschutzrecht in der EU

Frankfurt am Main, Berlin, Bern, Bruxelles, New York, Oxford, Wien, 2008.
VI, 290 pp., num. tab.
Berliner Schriften zur Stadt- und Regionalplanung.
Edited by Stephan Mitschang. Vol. 5
ISBN 978-3-631-57461-4 · pb. € 49.80*

In view of the Thematic Strategy for Soil Protection of the European Commission and the draft of the European Soil Protection Framework Directive, a symposium on the topic "Strategies for legislating soil protection in the European Union" was held in March 2007 at the Technische Universität (TU) Berlin. At the centre of the symposium were reports on EU thematic soil protection strategies and the soil protection framework presented in the draft by six different European countries (Spain, Poland, Finland, Denmark, Austria, and Germany), providing an overview of the state of soil protection laws in these member states. The conference transcript includes these individual reports as well as the symposium's most important findings.

Ausgehend von der thematischen Bodenschutzstrategie der EU und der im Entwurf vorliegenden Bodenschutz-Rahmenrichtlinie hat im März 2007 an der Technischen Universität Berlin ein Symposium unter dem Thema „Strategien für den gesetzlichen Bodenschutz in der Europäischen Union" stattgefunden. Im Mittelpunkt des Symposiums standen Berichte aus sechs verschiedenen europäischen Ländern (Spanien, Polen, Finnland, Dänemark, Österreich und Deutschland), die einen Überblick zum Stand des Bodenschutzrechts in diesen Mitgliedstaaten gaben und Anforderungen an eine künftige Europäische Bodenschutz-Rahmenrichtlinie formulierten. Die einzelnen Länderberichte sowie die wichtigsten Ergebnisse, die im Rahmen des Symposiums erarbeitet wurden, enthält dieser Tagungsband.

Kolibri 360 GmbH
Ferdinand-Jühlke-Straße 7
99095 Erfurt, Deutschland
produktsicherheit@kolibri360.de

Druck:
CPI Druckdienstleistungen GmbH
im Auftrag der
Kolibri 360 GmbH
Ferdinand-Jühlke-Str. 7
99095 Erfurt